全国高等农林院校"十一五"规划教材

农业螨类学

洪晓月　主编

中国农业出版社

主　编　洪晓月

副主编　范青海　刘　怀　贝纳新

编写单位和人员

南京农业大学	洪晓月	薛晓峰
福建农林大学	范青海	
西南大学	刘　怀	王进军
沈阳农业大学	贝纳新	
贵州大学	金道超	郅军锐
长江大学	桂连友	
甘肃农业大学	张新虎	沈慧敏
海南大学	程立生	
内蒙古农业大学	孟瑞霞	
山东农业大学	孙绪艮	
石河子大学	张建萍	
广东省农业科学院	宋子伟	
江苏大学	谢蓉蓉	

审稿专家

新西兰皇家科学院	张智强
复旦大学	梁来荣
西南大学	赵志模

前　言

　　随着农业生产的不断发展和科学技术水平的逐渐提高，人们越来越清醒地认识到农业螨类的危害和重要性，国内外从事农业螨类学专门研究的人数迅速增加，介绍农业螨类学方面的专著相继出版，不少高等院校也开设了农业螨类学课程（中国）、植物螨类学课程（日本、巴西等）以及农业螨类学讲习班（美国）。但是，国内外至今没有一本完全按照教学体系和要求编写的农业螨类学教材，植物保护专业学生缺乏系统的农业螨类学方面的知识。国内的同行们经过多年的不懈努力，终于让农业螨类学教材被出版社列入出版计划，在这里要非常感谢中国农业出版社领导和编辑的慧眼。

　　农业螨类学是高等院校植物保护专业的重要选修课程，其理论性和实践性都很强。因此，要编好这样一本教材，需要同行的通力协作。在中国农业出版社的大力支持下，我们组织了国内从事农业螨类学研究的同行，在南京召开编写会议，确定编写大纲，分解任务。国内经常存在同类教材泛滥、教材之间雷同等不良想象，农业螨类学教材则不然，没有可借鉴的同类教材，编写人员克服了资料少、时间紧、难度大等困难，兢兢业业，一丝不苟，参考了国内外大量的最新研究成果，自主地、高质量地完成了各自的编写任务。所以我特别真诚地感谢国内农业螨类学同行的鼎力相助。

　　本教材在编写过程中，参考了忻介六、匡海源、马恩沛、梁来荣、王慧芙、张智强、吴伟南等专家编写的农业螨类学方面的专著，感谢各位前辈和同行专家的大力支持。感谢南京农业大学昆虫学系李保平教授、李国清教授、刘向东教授和刘泽文教授等所提的宝贵修改意见。感谢我的研究生谢霖、李婷、刘颖、于明志、李国庆、孙荆涛、张开军和蒋欣雨等的协助。由于我们水平有限，书中难免会有错漏，敬请同行专家和广大读者批评指正。

洪晓月

2011年9月

目　录

前言

第1章　绪论 ………………………………… 1
　1.1　蜱螨的定义及其与昆虫的区别 …… 1
　1.2　蜱螨学的发展历程 ……………………… 1
　　1.2.1　螨类的历史记载 ………………… 1
　　1.2.2　林奈的螨类命名 ………………… 2
　　1.2.3　当代螨类学的发展 ……………… 2
　　1.2.4　国际蜱螨学大会和蜱螨学培训班 … 4
　1.3　农业螨类的经济意义 ………………… 5
　　1.3.1　农业螨类对作物的危害 ………… 5
　　1.3.2　农业螨类传播植物病毒病 ……… 9
　1.4　农业螨类学研究内容及意义 ……… 10
　1.5　中国蜱螨学发展历程 ……………… 11
　　1.5.1　中国蜱螨学发展历程 ………… 11
　　1.5.2　中国昆虫学会历届蜱螨学术
　　　　　讨论会介绍 …………………… 13
　1.6　系统与应用蜱螨学会成立及其
　　　　对中国蜱螨学事业的推动 ……… 14
　思考题 ……………………………………… 15

第2章　蜱螨的形态特征和分类 ……… 16
　2.1　蜱螨身体基本构造 ………………… 16
　　2.1.1　颚体 ………………………… 17
　　2.1.2　躯体 ………………………… 20
　　2.1.3　足 …………………………… 25
　　2.1.4　气门 ………………………… 27
　　2.1.5　隙孔 ………………………… 27
　2.2　蜱螨体壁特征 ……………………… 27
　　2.2.1　体壁的构造 ………………… 27
　　2.2.2　体壁的衍生物 ……………… 28
　2.3　蜱螨的分类体系 …………………… 30
　　2.3.1　分类体系历史沿革 ………… 30
　　2.3.2　蜱螨高级阶元 ……………… 31

　2.4　叶螨总科（Tetranychoidea）的
　　　　形态特征和分类 ………………… 37
　　2.4.1　异毛螨科（Allochaetophoridae）
　　　　　……………………………… 38
　　2.4.2　线叶螨科（Linotetranidae） … 38
　　2.4.3　细须螨科（Tenuipalpidae） … 38
　　2.4.4　叶螨科（Tetranychidae） … 39
　　2.4.5　杜克螨科（Tuckerellidae） … 39
　2.5　瘿螨总科（Eriophyoidea）的
　　　　形态特征和分类 ………………… 39
　　2.5.1　瘿螨总科的形态特征 ……… 39
　　2.5.2　瘿螨总科的分类 …………… 41
　2.6　跗线螨总科（Tarsonemoidea）的
　　　　形态特征和分类 ………………… 43
　　2.6.1　蚴螨科（Podapolipidae） … 43
　　2.6.2　跗线螨科（Tarsonemidae） … 44
　2.7　真足螨总科（Eupodoidea）的
　　　　形态特征和分类 ………………… 44
　　2.7.1　真足螨科（Eupodidae） …… 45
　　2.7.2　叶爪螨科（Penthaleidae） … 45
　　2.7.3　檐形喙螨科（Penthalodidae） … 45
　　2.7.4　莓螨科（Rhagidiidae） …… 45
　　2.7.5　斯珂特螨科（Strandtmanniidae）
　　　　　……………………………… 46
　2.8　镰螯螨总科（Tydeoidea）的
　　　　形态特征和分类 ………………… 46
　　2.8.1　蛞蝓螨科（Ereynetidae） … 47
　　2.8.2　镰寄螨科（Iolinidae） …… 47
　　2.8.3　镰螯螨科（Tydeidae） …… 47
　　2.8.4　三植镰螨科（Triophtydeidae） … 47
　2.9　粉螨总科（Acaroidea）的形态
　　　　特征和分类 ……………………… 47
　　2.9.1　粉螨科（Acaridae） ……… 48

2.9.2 小高螨科（Gaudiellidae） …… 48
2.9.3 甜粉螨科（Glycacaridae） …… 48
2.9.4 脂螨科（Lardoglyphidae） …… 49
2.9.5 皱皮螨科（Suidasiidae） …… 49
2.10 植绥螨总科（Phytoseioidea）
的形态特征和分类 …… 49
2.10.1 美绥螨科（Ameroseiidae） …… 50
2.10.2 蛾螨科（Otopheidomenidae） …… 50
2.10.3 植绥螨科（Phytoseiidae） …… 50
2.10.4 足角螨科（Podocinidae） …… 51
思考题 …… 51

第3章 蜱螨的内部解剖生理和分子
生物学 …… 52
3.1 消化与排泄系统 …… 52
3.2 生殖系统 …… 56
3.2.1 雄性生殖系统 …… 56
3.2.2 雌性生殖系统 …… 59
3.3 非表皮的腺体系统 …… 60
3.3.1 基节腺 …… 60
3.3.2 头足腺复合体 …… 61
3.3.3 唾液腺 …… 61
3.4 神经系统 …… 62
3.5 其他系统 …… 64
3.5.1 呼吸系统 …… 64
3.5.2 肌肉系统 …… 64
3.6 分子生物学技术在蜱螨学研究
中的应用 …… 68
3.6.1 分子标记技术在蜱螨学研究中的
应用 …… 68
3.6.2 基因组DNA多态性分析在蜱螨
系统学研究中的应用 …… 75
3.7 寄生菌 Wolbachia 和 Cardinium
对螨类生殖的影响 …… 78
3.7.1 Wolbachia 对寄主生殖活动的
调控 …… 79
3.7.2 Cardinium 的研究进展 …… 84
3.7.3 Cardinium 与 Wolbachia 共同
感染 …… 86
3.7.4 共生菌的生殖调控作用与应用 …… 87

3.8 二斑叶螨全基因组DNA …… 88
思考题 …… 89
第4章 螨类生物学和生态学 …… 90
4.1 繁殖方式 …… 90
4.1.1 两性生殖 …… 90
4.1.2 孤雌生殖 …… 90
4.1.3 伪胎生 …… 90
4.1.4 两性生殖兼孤雌生殖 …… 91
4.2 个体发育和变态 …… 91
4.2.1 个体发育 …… 91
4.2.2 变态 …… 91
4.3 世代和生活史 …… 96
4.4 生活型和食性 …… 97
4.4.1 自由生活型 …… 97
4.4.2 寄生生活型 …… 99
4.5 发生与环境条件的关系 …… 100
4.5.1 非生物因子 …… 100
4.5.2 生物因子 …… 112
4.6 滞育与休眠 …… 116
4.6.1 滞育 …… 116
4.6.2 休眠 …… 118
4.7 生命表技术的应用 …… 120
4.7.1 生命表的类型和基本形式 …… 121
4.7.2 生命表的编制 …… 121
4.7.3 以螨为研究对象作生命表 …… 121
4.8 螨类与寄主植物的关系 …… 124
4.8.1 协同进化 …… 124
4.8.2 寄主植物的抗螨性 …… 124
思考题 …… 128
第5章 害螨综合治理 …… 129
5.1 检疫措施 …… 129
5.1.1 植物检疫的概念 …… 129
5.1.2 植物检疫的必要性 …… 129
5.1.3 植物检疫的任务和内容 …… 130
5.1.4 植物检疫对象的确定和疫区、
保护区的划分 …… 130
5.1.5 植物检疫的实施方法 …… 131
5.2 农业防治 …… 132
5.2.1 农业防治的理论根据 …… 132

5.2.2 农业防治的优缺点 ·············· 133

5.2.3 农业防治的措施 ·············· 133

5.3 生物防治 ·············· 137

5.3.1 捕食性天敌 ·············· 138

5.3.2 害螨病原微生物的利用 ·············· 143

5.3.3 其他有益动物的利用 ·············· 144

5.3.4 不育防治法 ·············· 144

5.3.5 害螨激素的利用 ·············· 145

5.3.6 植物源物质的利用 ·············· 145

5.4 物理防治 ·············· 146

5.4.1 诱杀 ·············· 146

5.4.2 温度的利用 ·············· 146

5.4.3 阻隔分离 ·············· 146

5.4.4 辐射防治 ·············· 147

5.5 遗传防治 ·············· 147

5.5.1 生殖不亲和性 ·············· 147

5.5.2 辐射不育 ·············· 148

5.5.3 杂交不育 ·············· 148

5.5.4 化学不育 ·············· 149

5.6 化学防治 ·············· 149

5.6.1 杀螨剂的类别 ·············· 150

5.6.2 科学使用化学农药 ·············· 152

5.6.3 安全使用化学杀螨剂 ·············· 153

5.6.4 农业抗性害螨治理途径 ·············· 153

思考题 ·············· 154

第6章 螨类研究技术 ·············· 155

6.1 螨类标本采集、制作和保存 ·············· 155

6.1.1 螨类标本采集 ·············· 155

6.1.2 螨类标本制作 ·············· 157

6.1.3 螨类标本保存 ·············· 160

6.2 螨类饲养技术 ·············· 160

6.2.1 麦岩螨和麦圆螨的饲养 ·············· 161

6.2.2 朱砂叶螨和二斑叶螨的饲养 ·············· 161

6.2.3 山楂叶螨的饲养 ·············· 161

6.2.4 植绥螨的饲养 ·············· 162

6.2.5 其他螨类的饲养 ·············· 162

6.3 螨类调查方法 ·············· 163

6.3.1 朱砂叶螨的调查方法 ·············· 163

6.3.2 柑橘全爪螨的调查方法 ·············· 165

6.3.3 柑橘锈瘿螨的调查方法 ·············· 167

6.4 螨类观察技术 ·············· 168

6.5 螨类毒力测定 ·············· 169

6.5.1 室内毒力测定 ·············· 169

6.5.2 田间药效试验 ·············· 170

6.6 螨类分子生物学研究技术 ·············· 170

6.6.1 叶螨总 DNA 的提取 ·············· 171

6.6.2 PCR 扩增体系和条件 ·············· 171

6.6.3 PCR 产物纯化 ·············· 171

6.6.4 连接和转化反应 ·············· 172

6.6.5 序列测定 ·············· 172

6.6.6 序列分析 ·············· 173

思考题 ·············· 173

第7章 粮食作物害螨 ·············· 174

7.1 稻鞘狭跗线螨 ·············· 174

7.1.1 概述 ·············· 174

7.1.2 形态特征 ·············· 175

7.1.3 发生规律 ·············· 175

7.1.4 螨情调查和预测 ·············· 176

7.1.5 防治方法 ·············· 177

7.2 具沟掌瘿螨 ·············· 177

7.2.1 概述 ·············· 177

7.2.2 形态特征 ·············· 178

7.2.3 发生规律 ·············· 178

7.2.4 防治方法 ·············· 179

7.3 稻裂爪螨 ·············· 179

7.3.1 概述 ·············· 179

7.3.2 形态特征 ·············· 179

7.3.3 发生规律 ·············· 180

7.3.4 防治方法 ·············· 181

7.4 麦叶爪螨 ·············· 181

7.4.1 概述 ·············· 181

7.4.2 形态特征 ·············· 181

7.4.3 发生规律 ·············· 182

7.4.4 螨情调查和预测 ·············· 183

7.4.5 防治方法 ·············· 183

7.5 麦岩螨 ·············· 184

7.5.1 概述 ·············· 184

7.5.2 形态特征 ·············· 184

7.5.3 发生规律 ·············· 185

7.5.4 田间调查与预测 ·············· 185

7.5.5 防治方法 ………………… 186
7.6 截形叶螨 ……………………… 186
7.6.1 概述 …………………… 186
7.6.2 形态特征 ………………… 186
7.6.3 发生规律 ………………… 187
7.6.4 螨情调查和预测 ………… 188
7.6.5 防治方法 ………………… 189
思考题 ………………………… 189
第8章 经济作物害螨 …………… 190
8.1 朱砂叶螨 ……………………… 190
8.1.1 概述 …………………… 190
8.1.2 形态特征 ………………… 190
8.1.3 发生规律 ………………… 191
8.1.4 螨情调查和预测 ………… 192
8.1.5 防治方法 ………………… 193
8.2 茶橙瘿螨 ……………………… 193
8.2.1 概述 …………………… 193
8.2.2 形态特征 ………………… 194
8.2.3 发生规律 ………………… 195
8.2.4 螨情调查和预测 ………… 195
8.2.5 防治方法 ………………… 196
8.3 龙首丽瘿螨 …………………… 197
8.3.1 概述 …………………… 197
8.3.2 形态特征 ………………… 197
8.3.3 发生规律 ………………… 198
8.3.4 螨情调查与预测 ………… 198
8.3.5 防治方法 ………………… 200
8.4 神泽叶螨 ……………………… 200
8.4.1 概述 …………………… 200
8.4.2 形态特征 ………………… 200
8.4.3 发生规律 ………………… 201
8.4.4 螨情调查和预测 ………… 202
8.4.5 防治方法 ………………… 202
8.5 卵形短须螨 …………………… 203
8.5.1 概述 …………………… 203
8.5.2 形态特征 ………………… 203
8.5.3 发生规律 ………………… 204
8.5.4 螨情调查和预测 ………… 204
8.5.5 防治方法 ………………… 205
8.6 侧多食跗线螨 ………………… 205

8.6.1 概述 …………………… 205
8.6.2 形态特征 ………………… 205
8.6.3 发生规律 ………………… 206
8.6.4 螨情调查和预测 ………… 208
8.6.5 防治方法 ………………… 208
8.7 枸杞刺皮瘿螨 ………………… 208
8.7.1 概述 …………………… 208
8.7.2 形态特征 ………………… 209
8.7.3 发生规律 ………………… 210
8.7.4 防治方法 ………………… 210
8.8 六点始叶螨 …………………… 211
8.8.1 概述 …………………… 211
8.8.2 形态特征 ………………… 211
8.8.3 发生规律 ………………… 212
8.8.4 防治方法 ………………… 214
思考题 ………………………… 214
第9章 果树害螨 ………………… 215
9.1 柑橘全爪螨 …………………… 215
9.1.1 概述 …………………… 215
9.1.2 形态特征 ………………… 215
9.1.3 发生规律 ………………… 215
9.1.4 螨情调查和预测 ………… 217
9.1.5 防治方法 ………………… 217
9.2 柑橘始叶螨 …………………… 217
9.2.1 概述 …………………… 217
9.2.2 形态特征 ………………… 218
9.2.3 发生规律 ………………… 218
9.2.4 防治方法 ………………… 219
9.3 橘皱叶刺瘿螨 ………………… 219
9.3.1 概述 …………………… 219
9.3.2 形态特征 ………………… 219
9.3.3 发生规律 ………………… 220
9.3.4 防治方法 ………………… 221
9.4 柑橘瘤瘿螨 …………………… 221
9.4.1 概述 …………………… 221
9.4.2 形态特征 ………………… 222
9.4.3 发生规律 ………………… 222
9.4.4 防治方法 ………………… 222
9.5 山楂叶螨 ……………………… 223
9.5.1 概述 …………………… 223

9.5.2　形态特征 ………………… 223
9.5.3　发生规律 …………………… 224
9.5.4　螨情调查和预测 …………… 224
9.5.5　防治方法 …………………… 225
9.6　二斑叶螨 ……………………… 225
9.6.1　概述 ………………………… 225
9.6.2　形态特征 …………………… 225
9.6.3　发生规律 …………………… 226
9.6.4　防治方法 …………………… 227
9.7　苹果全爪螨 …………………… 227
9.7.1　概述 ………………………… 227
9.7.2　形态特征 …………………… 228
9.7.3　发生规律 …………………… 228
9.7.4　防治方法 …………………… 229
9.8　荔枝瘤瘿螨 …………………… 229
9.8.1　概述 ………………………… 229
9.8.2　形态特征 …………………… 229
9.8.3　发生规律 …………………… 230
9.8.4　防治方法 …………………… 231
9.9　梨植羽瘿螨 …………………… 231
9.9.1　概述 ………………………… 231
9.9.2　形态特征 …………………… 232
9.9.3　发生规律 …………………… 232
9.9.4　防治方法 …………………… 233
9.10　葡萄缺节瘿螨 ……………… 233
9.10.1　概述 ………………………… 233
9.10.2　形态特征 …………………… 233
9.10.3　发生规律 …………………… 234
9.10.4　防治方法 …………………… 234
9.11　苹果斯氏瘿螨 ……………… 235
9.11.1　概述 ………………………… 235
9.11.2　形态特征 …………………… 235
9.11.3　发生规律 …………………… 236
9.11.4　防治方法 …………………… 236
9.12　黑醋栗生瘿螨 ……………… 236
9.12.1　概述 ………………………… 236
9.12.2　形态特征 …………………… 237
9.12.3　发生规律 …………………… 237
9.12.4　防治方法 …………………… 238
思考题 ……………………………… 238

第10章　天敌螨类 ………………… 239
10.1　植绥螨科及其重要种类 …… 239
10.1.1　植绥螨科功能结构和分类
特征 …………………… 239
10.1.2　植绥螨科生物生态学特征 … 241
10.1.3　植绥螨主要种的概述 …… 245
10.2　肉食螨科及其代表性种类 … 262
10.2.1　形态特征 …………………… 262
10.2.2　生物学特性 ………………… 262
10.2.3　利用情况或潜力 …………… 263
10.2.4　代表种简述 ………………… 263
10.3　长须螨科及其代表性种类 … 263
10.3.1　形态特征 …………………… 264
10.3.2　生物学特性 ………………… 264
10.3.3　利用情况或潜力 …………… 264
10.3.4　代表种简述 ………………… 265
10.4　绒螨科及其代表性种类 …… 265
10.4.1　形态特征 …………………… 266
10.4.2　生物学特性 ………………… 266
10.4.3　利用情况或潜力 …………… 267
10.4.4　代表种简述 ………………… 267
10.5　大赤螨科及其代表性种类 … 268
10.5.1　形态特征 …………………… 268
10.5.2　生物学特性 ………………… 268
10.5.3　利用情况或潜力 …………… 269
10.5.4　代表种简述 ………………… 269
10.6　赤螨科及其代表性种类 …… 269
10.6.1　形态特征 …………………… 269
10.6.2　生物学特性 ………………… 270
10.6.3　利用情况或潜力 …………… 271
10.6.4　代表种简述 ………………… 271
10.7　吸螨科及其代表性种类 …… 271
10.7.1　形态特征 …………………… 271
10.7.2　生物学特性 ………………… 273
10.7.3　利用情况或潜力 …………… 273
10.7.4　代表种简述 ………………… 273
10.8　巨须螨科及其代表性种类 … 274
10.8.1　形态特征 …………………… 274
10.8.2　生物学特性 ………………… 275
10.8.3　利用情况或潜力 ………… 275

10.8.4　代表种简述 ……………… 276

10.9　蒲螨科及其代表性种类 ……… 276

10.9.1　形态特征 ………… 276

10.9.2　生物学特性 ………… 277

10.9.3　利用情况或潜力 ……… 277

10.9.4　代表种简述 ………… 277

10.10　镰螯螨科及其代表性种类 …… 278

10.10.1　形态特征 ………… 278

10.10.2　生物学特性 ……… 279

10.10.3　利用情况或潜力 …… 279

10.10.4　代表种简述 ……… 280

10.11　寄螨科及其代表性种类 ……… 281

10.11.1　形态特征 ………… 281

10.11.2　生物学特性 ……… 281

10.11.3　利用情况或潜力 …… 281

10.11.4　代表种简述 ……… 281

10.12　厉螨科及其代表性种类 ……… 282

10.12.1　形态特征 ……………… 282

10.12.2　生物学特性 ……………… 283

10.12.3　利用情况或潜力 ………… 283

10.12.4　代表种简述 ……………… 283

10.13　囊螨科及其代表性种类 ……… 284

10.13.1　形态特征 ……………… 284

10.13.2　生物学特性 ……………… 285

10.13.3　利用情况或潜力 ………… 285

10.13.4　代表种简述 ……………… 286

10.14　巨螯螨科及其代表性种类 …… 287

10.14.1　形态特征 ……………… 287

10.14.2　生物学特性 ……………… 288

10.14.3　利用情况或潜力 ………… 288

10.14.4　代表种简述 ……………… 289

思考题 ……………………………… 289

主要参考文献 ………………………… 290

第 1 章

绪 论

1.1 蜱螨的定义及其与昆虫的区别

蜱螨是节肢动物门（Arthropoda）、蛛形纲（Arachinida）、蜱螨亚纲（Acari）动物的总称，包括蜱（tick）和螨（mite）。据 Radford(1950) 估计，全世界有隶属于 1 700 属的蜱螨描述种 3 万个；Walter 和 Proctor(1999) 统计，已经描述和认定的蜱螨物种有 5 500 种。不过 Evans(1992) 推测世界蜱螨的种类在 60 万种以上。目前已知的蜱螨有 5 500 属和 1 200 亚属，代表 124 总科 540 科（Krantz 和 Walter，2009）。

蜱螨是蛛形纲里种类最多的类群，广泛分布于世界各地，生活在各种环境中，如陆地、水域、森林、土壤和废墟等。自由生活的蜱螨种类里，生活史全部或部分生活在作物、乔木或灌木上，也有些种类生活在洞穴中（cavernicolous），甚至有的种类能生活在淡水、温泉和海水里。非自由生活的种类中，有的与别的动物形成共生或寄生的关系，有的类群则临时生活在别的动物身体上，靠别的动物进行扩散。

蜱螨身体微小，大多数在 1 mm 以下，多数椭圆形，一体化的躯体分不出头、胸、腹，其前方突出的部分为颚体，口器在其中。蜱螨和昆虫同属于节肢动物，它们的区别见表 1-1。

表 1-1 蜱螨、蜘蛛和昆虫的成虫期形态区别

	昆虫纲	蛛形纲	
		蜘蛛	蜱螨
体段	分头部、胸部和腹部 3 部分	分头胸部和腹部 2 个部分	分颚体和躯体 2 个部分
触角	1 对	无	无
翅	通常有 2 对	无	无
足	3 对	4 对	4 对或 2 对（瘿螨）

1.2 蜱螨学的发展历程

1.2.1 螨类的历史记载

螨作为一个独立的实体被承认要早于蜱螨学这个学科的诞生。早在公元前 1550 年，在古埃及人纸草纸制成的古书（papyrus scroll）中有关于蜱热（tick fever）的记载。荷马史诗中提到公元前 850 年尤利西斯狗（Ulysses' dog）身上蜱的发生。亚里士多德在 500 年后，在他的"De Animalibus Historia Libri"中，描述了蝗虫身上的寄生螨（可能是真绒蟎)。亚里士多德用希腊语 kroton 或 kynoraistis 指蜱,用 akari 描述非硬蜱的蟎 (nonixodoid mite)。acari 的另一个可能的来源是希腊语 akares,意思是短的或小的。在中世纪,蟎常被指作为虱 (lice)、(beesty) 或小昆虫 (little insect)。在亚里士多德时代以及后来,蜱被认为不同于蟎的独立体,常用 ticia (古英语) 代表;在古英语中,单词 mite 指非常小,很可能来源于 widow's mite,它是一个具有很低价格的早佛兰芒时期硬币。术语 akari 或 acari 重新被发现可能发生在 1650 年,但直到 20 世纪初,术语 acarology 才在各种文献中被应用。

1.2.2 林奈的蟎类命名

林奈在 1738 年第一版的《Systema Naturae》(《自然系统》) 中使用了属名 *Acarus*,后来命名了模式种为 *Acarus siro*;在该书的第 10 版中,记载了约 30 种蟎类,全部属于 *Acarus*。在后来的 100 年中,有几位学者介绍了关于高级分类单元的系统,代表性的包括 DeGeer(1778)、Latreille(1806—1809)、Leach(1815)、Dugès(1839) 和 C. L. Koch(1842)。

1.2.3 当代蟎类学的发展

1.2.3.1 当代蟎类发展中的代表人物

作为一门当代科学,蜱蟎学出现在 19 世纪末 20 世纪初,主要集中在欧洲和北美洲,重要的贡献者包括 Michael(1884)、Kramer(1877)、Mégnin(1876)、Canestrini(1891)、Banks (1904)、Oudemans (1906)、Reuter (1909)、Jacot (1925)、Trägårdh (1946)、Sig Thor (1929) 以及 Vitzthum (1940—1943)。特别需要提及两个人,一个是 Antonio Berlese (1863—1927),另一位是 François Grandjean(1882—1975),前者在蜱蟎的系统学和分类方面的贡献对蜱蟎学作为独立的学科的建立起着重要的作用;后者通过 50 年的刻苦钻研,在蟎类分类学、形态学、支序进化学和个体发育方面做出了卓越的贡献。这些少数先驱者的工作为第二次世界大战前的蜱蟎学奠定了坚实基础。第二次世界大战后,蜱蟎学的觉醒主要受回归平民生活的美国、日本、澳大利亚和英国的军队医学工作者的影响,他们想继续进行他们在战时从事的关于蜱、蟎传播的疾病及蟎本身的研究。在那些参加战后蜱蟎学复兴工作的人中,George W. Wharton 尤为突出,他是恙蟎的专家,他不仅在战后出版了许多关于恙蟎的论文,而且意识到在更广的领域进行研究的必要性,只有这样,才能对 Vitzthum(1931、1940—1943) 经典的和无法获得的早期工作进行更新。Wharton 的志向得到了 Edward E. Baker 博士的积极响应,他们俩于 1952 年合著了《Introduction to Acarology》,Baker 和同事 1958 年合著了《Guide to the Families of Mites》,作为《Introduction to Acarology》的补充。《Introduction to Acarology》在世界范围内作为标准的蜱蟎学教材达十多年。它作为现代蜱蟎学诞生的一个主要因素,其重要性怎么强调都不过分。

1.2.3.2 蟎类学的代表著作

在《Introduction to Acarology》之后,出版了十多本重要的参考书和分类方面的著作,这些包括下述各部。

a. Hughes(1959),*Mites or the Acari*. London:Arthlone Press.

b. Radford(1950),*Systematic check list of mite genera and type species*. International Union of Biological Sciences, ser. C. (Entomol.) 1. Paris.

c. Evans，Sheals and MacFarlane（1961），*The terrestrial Acari of the British Isles*：*An introduction to their morphology，biology，and classification*. Vol. 1. Introduction and biology. London：British Museum（Natural History）.

d. Sasa（1965），Mites：*An introduction to classification，bionomics and control of acarina*. Tokyo：University of Tokyo Press.

e. Hirschmann（1966），*Milben（Acari）. Einfübrung in die Kleinlebewelt*. Stuttgart：Kosmos - Verlag.

f. Krantz（1970），*A manual of acarology*. Corvallis：Oregon State University. Bookstores.

g. Flechtmann（1976），*Elementos de acarologia*. Sao Paulo：Livr. Nobel S. A.

h. Krantz（1978），*A manual of acarology* （2nd ed）. Corvallis：Oregon State University. Bookstores.

i. Doreste（1984），*Acarologia*. San Jose，Costa Rica：Inst. Inter - americano de Cooperacion para la Agricultura.

j. Woolley（1988），*Acarology：Mites and human welfare*. New York：John Wiley & Sons.

k. Van der Hammen（1989），*An introduction to comparative arachnology*. The Hague：SPB Publishing.

l. Evans（1992），*Principles of acarology*. Wallingford，Oxon，UK：CAB International.

m. Walter and Proctor（1999），*Mites：Ecology evolution and behaviour*. Wallingford，Oxon，UK：CAB International.

n. Walter and Proctor（2001），*Mites in soil，an interactive key to mites and other soil microarthropods*. ABRS Identification Series. Collingswood，Victoria，Queesland：CSIRO Publishing.

o. Krantz and Walter（2009），*A manual of acarology* （3rd ed）. Lubbock，Texas，USA：Texas Tech University Press.

在这些著作中，美国学者 Krantz 编写的《A Manual of Acarology》对当代蜱螨学的发展影响深远，自第一版于 1970 年出版后，第二版、第三版相继于 1978 年和 2009 年出版。第三版改变了过去 Krantz 一个人写书的局面，邀请了美国、加拿大和澳大利亚的 10 位著名蜱螨学家联合撰写，总结和引用了蜱螨学最新研究成果，增加了许多新内容，尤其在建立分类系统方面。按照书中观点，蜱螨亚纲分成 2 个总目：真螨总目（Acariformes）和寄螨总目（Parasitiformes），前者下分为绒螨目（Trombidiformes）和疥螨目（Sarcoptiformes）2 个目，后者分为节腹螨目（Opilioacarida）、巨螨目（Holothyrida）、蜱目（Ixodida）和中气门目（Mesostigmata）4 个目。蜱螨亚纲共有 125 总科。新的分类系统建立在支序系统学研究的科学基础上，更加符合客观规律，将会被国际同行广泛认同。本教材采用《A Manual of Acarology》（第三版）的分类系统。

1. 2. 3. 3 农业螨类学的代表著作

在农业螨类学方面，国际上还有几本重要专著，包括下述各部。

a. Jeppson，Keifer and Baker（1975），*Mites injurious to economic plants*. Berkeley，Los

Angeles and London：University of California Press.

b. Helle and Sabelies(1985)，*Spider mites：Their biology*，*natural enemies and control*．Volumes 1A and 1B．World Crop Pests，1A and 1B．Amsterdam，Oxford，New York，Tokyo：Elsevier.

c. Ehara and Shinkaji(1996)，*Principles of plant acarology*．Tokyo：National Countryside Education Association.

d. Lindquist，Sabelis and Bruin(1996)，*Eriophyoid mites：Their biology*，*natural history and control*．World Crop Pests，Vol. 6．Amsterdam：Elsevier.

e. Zhang and Liang（1997），*An illustrated guide to mites of agricultural importance*．Shanghai：Tongji University Press.

f. Ehara and Gotoh(2009)，*Colored guide to the plant mites of Japan*．Tokyo：National Countryside Education Association.

1.2.4 国际蜱螨学大会和蜱螨学培训班

在谈到蜱螨学发展历程时，有必要提到国际蜱螨学大会（International Congress of Acarology）和美国俄亥俄州立大学（The Ohio State University）蜱螨学暑期培训班（Acarology Summer Program）。国际蜱螨学大会自1963年举办第一届以来，每4年举行一次，各届情况见表1-2。最近的一次大会为第13届国际蜱螨学大会，于2010年8月在巴西海滨城市累西腓（Recife）举行，海外中国学者及中国蜱螨学家温廷桓、张智强、Andrew Li、范青海和洪晓月等人与会，洪晓月当选国际蜱螨学大会执行理事会成员。在海外长期从事螨类学研究工作的张智强先生曾经是第11届和第12届国际蜱螨学大会执行理事。

美国俄亥俄州立大学昆虫学系蜱螨学实验室每年举办蜱螨学暑期培训班，为美国和世界各地培训蜱螨学人才。到2010年，该培训班已经举办到第59届。每年暑期举办的培训班在4个专题（Introductory Acarology 1周、Agricultural Acarology 2周、Soil Acarology 3周、Medical - Veterinary Acarology 2周）选前2个或后2个进行培训，邀请美国和欧洲的蜱螨学家授课。该培训班历史悠久，影响深远，效果明显，已经成为蜱螨学人才短期培训的重要阵地，国际上许多蜱螨学家都曾经在该班接受培训。该培训班为推动蜱螨学发展做出了重要的贡献。

表1-2　国际蜱螨学大会举办情况

届别	举办时间	举办地	代表情况
1	1963年9月2～7日	美国科罗拉多州柯林斯堡	23个国家146名代表
2	1967年7月19～25日	英国诺丁汉大学农学院	超过200名代表
3	1971年8月31～9月6日	捷克布拉格捷克科学院	32个国家200多名代表
4	1974年8月12～19日	奥地利萨尔费尔登（Saalfelden）	32个国家200多名代表
5	1978年8月6～12日	美国密歇根州立大学	39个国家300多名代表
6	1982年9月5～11日	英国爱丁堡大学	39个国家近300名代表
7	1986年8月3～9日	印度班加罗尔	24个国家157名代表
8	1990年8月6～11日	捷克南捷克州捷克布杰约维采市（České Budějovice）	45个国家317名代表

届别	举办时间	举办地	代表情况
9	1994 年 7 月 17～22 日	美国俄亥俄州立大学	40 个国家 399 名代表
10	1998 年 7 月 5～10 日	澳大利亚堪培拉	29 个国家 219 名代表
11	2002 年 9 月 8～13 日	墨西哥尤卡坦州梅尼达市（Merida）	37 个国家 245 名代表
12	2006 年 8 月 21～26 日	荷兰阿姆斯特丹大学	58 个国家 386 名代表
13	2010 年 8 月 23～27 日	巴西伯南布哥州累西腓市（Recife）	45 个国家 381 名代表

1.3 农业螨类的经济意义

1.3.1 农业螨类对作物的危害

近年来，由于不科学地使用农药，生态平衡遭到破坏，不少次要害虫上升为主要害虫，农业螨类是其中之一。农业螨类以口针刺吸植物，主要危害作物的叶、嫩茎、叶鞘、花蕾、花萼、果实、块根和块茎等。此外，属于粉螨总科的一些仓库害螨，它们能取食种胚，使种子失去发芽力，也能危害加工的农产品（如面粉、玉米粉、米糠、麸皮和牲畜的各种饲料等），使这些加工品被污染、变质、失去营养价值，感染严重的，饲喂后能使家畜中毒。

1.3.1.1 农业螨类危害对植物生理的影响

国内外在叶螨、瘿螨危害后对植物生理指标的影响方面有不少研究。它们用口针刺入植物组织吸取细胞汁液和叶绿体，引起植物体产生一系列的生理变化，主要包括下述几个方面。

（1）光合作用受制抑制 根据被害叶的切片观察，多数害螨是从叶背将其口针刺入下表皮细胞，深入到海绵组织和栅状组织，吸取细胞内含物，使受害细胞萎缩，表皮细胞坏死，叶绿素损失，光合作用明显受制抑制。张艳璇等发现，毛竹叶片受南京裂爪螨危害程度与叶绿素含量呈明显直线负相关关系；蔡双虎等报道，不同密度的二斑叶螨危害同一寄主时叶绿素减少量差异显著。季延平和刘爱兴研究表明，枣树受锈瘿螨危害后，光合速率平均降低37.05%，受害叶比健叶叶绿素含量减少。Royalty 等人测定，番茄被番茄刺皮瘿螨［Aculops lycopersici（Tryon）］取食危害后，叶片净光合作用率降低，净光合作用率与小叶上单位面积螨数之间存在着显著的关系。

（2）植物体内酶、糖、氨基酸等物质的变化 王梅玉、吴娟等发现，番茄刺皮瘿螨危害对番茄幼苗叶片叶绿素、糖、蛋白质、氨基酸、脯氨酸含量有较大影响。张艳璇等报道了毛竹叶片受南京裂爪螨危害后还原糖含量、总糖含量呈明显直线负相关关系。朱砂叶螨危害豇豆幼苗后，氧化代谢酶 SOD 和 ASP 活性升高。

（3）植物机械损伤 叶片被害部分的气孔关闭机能失调，呈不正常的张开，蒸腾作用随之增加，造成失水过多，使植物的抗旱能力下降。许宁等发现，形态学特征主要构成了螨取食行为的障碍因子。抗茶橙瘿螨的茶叶品种叶表气孔密度小，茸毛密度大，表皮角质化程度高，而感性品种则相反。

（4）引起植物组织增生 农业害螨里的一些种类，在刺吸植物汁液的同时，会分泌化学物质，通过唾液进入植物体内，促使被害部分细胞增生，形成虫瘿还是毛毡。无论是虫瘿还是毛毡，后期都变成褐色坏死，造成落叶、落蕾、落果。

1.3.1.2　危害禾谷类粮食作物

在我国，危害水稻、小麦和玉米上的螨类主要有稻鞘狭跗线螨、稻裂爪螨、麦圆叶爪螨、麦岩螨和截形叶螨等。

稻鞘狭跗线螨（*Steneotarsonemus spinki* Smiley，也称为斯氏狭跗线螨 Spinki mite、稻穗螨 panicle rice mite）在亚洲热带地区、中美洲和加勒比地区危害水稻，不仅直接刺吸叶鞘部位的组织和稻穗，还能传播真菌病害，能使水稻减产 5%～90%，尤其在中美洲，该螨可造成水稻减产 30%～90%。研究还发现，如果该螨与引起水稻细菌性谷枯病（bacterial panicle blight）的病原菌 *Burkholderia glumae* 和稻帚枝霉（水稻叶鞘腐败病 sheath rot）的病原菌 *Sarocladium oryzae* 联合作用，可导致重大损失。该螨 2007 年在美国被发现，目前已在美国路易斯安那州、阿肯色州、得克萨斯州、俄亥俄州、纽约州和加利福尼亚州分布，引起了美国农业界的广泛关注。

稻裂爪螨（*Schizotetranychus yoshimekii* Ehara et Wongsiri）以成螨、幼螨和卵在寄主杂草上越冬。在广东和广西，4～6 月间有少量迁移到早稻上危害，但主要危害晚稻，9～10 月间开始数量激增，由田边向田中央蔓延，渐满全田。靠近山林附近的稻田发生较重，氮肥施用过量、长势嫩绿茂密的稻田受害重。

洪晓月等发现，在广东韶关晚稻大面积遭受具沟掌瘿螨（*Cheiracus sulcatus* Keifer）的危害，被害稻株叶片从基部向端部逐渐退绿变白，后发展为黄白色，严重影响产量，该螨在广西也已发现，其中广西田东县 60% 的晚稻被此螨危害。

麦叶爪螨［*Penthaleus major*（Dugés）］是世界性分布的小麦害螨，北美、北欧、澳大利亚、新西兰、中国、南美和南非等地均有发生，在我国主要分布在江淮流域的水浇地和低洼麦地以及台湾。它以成螨和若螨吸食麦叶汁液，植株生长受阻，麦叶和麦粒较小；严重受害麦田呈灰色或银色，叶尖像烧焦一样，然后变棕褐色，整个植株死亡。近年来随着小麦生产水平的提高及生态环境的变化，麦叶爪螨在江苏扬州邗江、南通海安和山东菏泽等地呈加重的趋势。例如，在菏泽市，常年发生面积约 3.0×10^5 hm²，占全市小麦种植面积的 40%。由其危害造成一般地块减产 8%～10%，严重地块达 30% 以上。1990 年以前，此螨在该市秋季和冬季危害较轻，主要集中在春季危害。但近 10 年来，由于暖冬年份增多，加上秋苗期此螨数量较大，出现秋季、冬季和春季 2 个明显的危害时期。其中秋季和冬季发生面积占全年发生总面积的 10% 左右。

麦岩螨［*Petrobia latens*（Müller）］同样也是世界性分布的小麦重要害螨，在我国分布较广，主害危害区是长城以南黄河以北的旱地和山区麦地，如在河南省丘陵干旱麦田危害严重，豫西麦区是其典型发生区，一般减产 10%～20%；对宁夏冬小麦的调查发现，未防治田块百株虫量达 400～800 头，个别田块达到 1 000～1 500 头，使小麦严重减产，造成巨大的经济损失。

玉米上害螨以截形叶螨（*Tetranychus truncatus* Ehara）为主，该螨刺吸玉米叶片，在叶片上产生针头大小的退绿斑块，严重时使整个叶片发黄、皱缩，直至干枯脱落，造成减产、绝收。20 世纪 80 年代中期以来，随着玉米、小麦种植面积的扩大和干旱天气的影响，该螨危害日趋严重，由原来的次要害虫上升为北方玉米生产的重要害虫，如近几年在内蒙古、甘肃、新疆、陕西、辽宁、吉林、河南和河北等地都有关于该螨严重危害的报道。

1.3.1.3 危害经济作物

经济作物（如棉花、花生、大豆、茶叶和枸杞等）上的害螨种类很多，其中造成较大经济损失的有朱砂叶螨 [*Tetranychus cinnabarinus* (Boisduval)]、二斑叶螨（*Tetranychus urticae* Koch）、土耳其斯坦叶螨 [*Tetranychus turkestani* (Ugarov et Nikolski)]、截形叶螨（*Tetranychus truncatus* Ehara）、咖啡小爪螨 [*Oligonychus coffeae* (Nietner)]、茶橙瘿螨（*Acaphylla steinwedeni* Keifer，也叫做斯氏尖叶瘿螨）和枸杞瘿螨（又名大瘤瘿螨）[*Aceria macrodonis* (Keifer)] 等。

危害棉花的叶螨全世界达 33 种，以朱砂叶螨、二斑叶螨、土耳其斯坦叶螨和卢氏叶螨（*Tetranychus ludeni* Zacher）等较严重，有的地方只有 1 种叶螨，有的地方是两种或 3 种叶螨混合发生。例如，在我国长江流域棉区，多为朱砂叶螨；新疆棉花上则以土耳其斯坦叶螨为主。棉花受害后，植株高度降低，果枝数和蕾铃数减少，铃重减轻。在伊朗和伊拉克等中东地区，土耳其斯坦叶螨造成 13%～22% 的产量损失。20 世纪 80 年代以来，叶螨在棉花上危害加重，与广泛使用拟除虫菊酯类农药、大量施用氮肥、天气干旱以及推广转基因抗虫棉等有关。

危害茶叶的螨类，主要有咖啡小爪螨、神泽叶螨（*Tetranychus kanzawai* Kishida）、茶橙瘿螨、卵形短须螨（*Brevipalpus obovatus* Donnadieu）和龙首丽瘿螨 [*Calacarus carinatus* (Green)] 等。世界各茶区的害螨种类和危害程度不一致。例如，在印度北部和孟加拉国，咖啡小爪螨发生普遍；在日本，神泽叶螨是主要的茶叶害螨。在我国江苏、安徽和浙江等省，茶橙瘿螨是茶叶上主要害螨，它以成螨和幼螨、若螨刺吸茶树汁液，在螨量少时危害不明显，螨量较多时使被害叶呈现黄绿色，叶片主脉发红，叶片失去光泽；严重被害时叶背出现褐色锈斑，芽叶萎缩、干枯，状似火烧，造成大量落叶，对茶叶产量、品质和树势均有严重的影响。在四川一些茶区侧多食跗线螨 [*Polyphagotarsonemus latus* (Banks)] 的危害较为严重，被害叶卷曲发脆，芽叶数可损失 63.2%，粗茶的青重量损失 51.9%，细茶的青重量损失 81%，茶叶里的水浸出物和鞣质含量都显著减少，茶叶质量变劣。

近年来在我国宁夏等地的枸杞上，枸杞瘿螨等害螨危害有加重趋势，给产品质量和出口造成一定的影响。枸杞瘿螨危害叶片后，被害部位密生黄绿色近圆形隆起小点，叶片扭曲，类似病毒病，植株生长严重受阻，叶片和嫩茎不能食用，果实畸形，产量和品质降低，当地农民形容为瘿螨病。

1.3.1.4 危害果树和蔬菜

危害各种果树和蔬菜的螨类很多。

(1) 果树害螨 全世界范围来看，果树上常见的害螨有苹果全爪螨 [*Panonychus ulmi* (Koch)]、山楂叶螨 [*Amphitetranychus viennensis* (Zacher)]、二斑叶螨、柑橘全爪螨 [*Panonychus citri* (McGregor)]、柑橘始叶螨（*Eotetranychus kankitus* Ehara）、橘皱叶刺瘿螨（俗称柑橘锈壁虱）[*Phyllocoptruta oleivora* (Ashmead)]、柑橘瘤瘿螨（*Aceria sheldoni* Ewing）和荔枝瘤瘿螨 [*Aceria litchii* (Keifer)] 等，各地因气候、品种等差异，同类型果树上害螨的优势种有较大的差异，如在美国东北部、加拿大东部、南美洲、新西兰、澳大利亚塔斯马尼亚岛（Tasmania）和日本等地，梨果（含苹果和梨等）上最常见的是苹果全爪螨；而在南欧、东欧、美国中西部、澳大利亚、南非以及南美洲的一部分地区，二斑叶螨、麦克丹涅利叶螨（*Tetranychus mcdanieli* McGregor）、李始叶螨 [*Eotetranychus*

pruni（Oudemans）、土耳其斯坦叶螨和山楂叶螨等是危害最严重的害螨。在我国北方果园，苹果全爪螨、山楂叶螨和二斑叶螨常混合发生，20世纪90年代，二斑叶螨曾经上升很快，在山东、辽宁、陕西和江苏等地果园成为优势种，防治十分困难，近年种群下降迅速，而苹果全爪螨再度成为发生面积大、危害重、防治难的优势种。据调查，苹果受螨害后，减产35.8%～64.8%，严重被害的苹果树，可使新芽叶全部枯萎，当年苹果完全无收。

危害柑橘类的害螨主要有柑橘全爪螨、柑橘始叶螨、橘皱叶刺瘿螨和柑橘瘤瘿螨等，在有干旱夏季的地区（如地中海地区、南部非洲的部分地区和美国加利福尼亚州部分地区），二斑叶螨也是柑橘上的重要害螨。在这些害螨中，柑橘全爪螨无疑是世界柑橘种植地区分布最广泛、危害最严重的害螨，它群集于嫩叶、枝梢及果实上刺吸汁液，造成表面青铜色或银白色，严重危害时造成落叶、落果，影响树势生长和橘果产量。二斑叶螨常群集发生在柑橘下部叶片表面，并吐丝结网，取食幼叶造成生长受抑和退色。此外，二斑叶螨还取食果实，造成果实变褐。橘皱叶刺瘿螨（俗称柑橘锈壁虱），分布于各柑橘产区，群集危害，引起叶片卷缩、叶面粗糙，以至于枯黄脱落，削弱树势；果实受害后，在果面凹陷处出现赤褐色斑点，后逐渐扩展整个果面而呈黑褐色，果小、味酸、皮厚，在我国一些地区俗称为黑皮果、紫柑、象皮果等。柑橘瘤瘿螨则主要危害柑橘春梢的腋芽、花芽、嫩叶等幼嫩组织，春芽受害后形成虫瘿，抽梢和开花结果受影响。

（2）蔬菜害螨　蔬菜上的害螨有二斑叶螨、朱砂叶螨、侧多食跗线螨、番茄刺皮瘿螨、刺足根螨［*Rhizoglyphus echinopus*（Fumouze et Robin）］、腐食酪螨［*Tyrophagus putrescentiae*（Schrank）］、兰氏布伦螨［*Brennandania lambi*（Krczal）］以及速生薄口螨［*Histiostoma feroniarum*（Dufour）］等。在欧洲各地温室蔬菜上，二斑叶螨是重要的害螨，常危害黄瓜、南瓜、菜豆、茄子、辣椒和菠菜等多种蔬菜。朱砂叶螨主要取食豆科、茄科和葫芦科蔬菜，是常见的蔬菜害螨。侧多食跗线螨，主要危害茄科蔬菜，茄子受害后，表面木栓化、龟裂，呈开花馒头状；青椒受害后，叶片变窄，僵直直立，皱缩或扭曲；黄瓜受害后，叶片边缘卷曲。

番茄刺皮瘿螨是世界性分布的害螨，能够对番茄造成严重危害。该螨危害一般从植株下部开始，然后危害叶片，继而危害花、果实。早期危害症状是下部叶片背面呈银色，后变为青铜色，被害叶片从叶柄处开始变黄，茎秆下部表面绒毛退去，变为锈色甚至在表面有细裂纹，危害严重时能造成叶片干枯，甚至整株死亡。番茄刺皮瘿螨虫口密度大时也危害果实，被害果实颜色发白或变为青铜色，果实上有裂纹。被害植株的直径和高度、叶片数量均减少。研究表明，70%的番茄刺皮瘿螨危害叶片，而且比较喜欢集中在叶脉周围。该螨近十年在上海市发生危害严重，呈急剧上升趋势。

刺足根螨是蔬菜和花卉的重要害螨，以成螨和若螨群聚于球根鳞片内及块根表面刺吸危害，鳞茎受害后溢流汁液，细胞组织坏死，后变褐色，腐烂；地上部植株矮小、瘦弱，花朵不开或畸形开放，且花朵小，无鲜艳的颜色。近几年来，该螨在河南濮阳市大蒜、大葱、洋葱和韭菜田大面积发生，尤其在大蒜和洋葱上危害最盛。大蒜、大葱、洋葱和韭菜集中产区有螨地块达30%～40%，严重地块单株有螨200～400头，一般经济损失可达15%～20%，严重地块达40%以上，严重影响大蒜、大葱、洋葱和韭菜的产量和质量。在河南商丘市蒜田普遍发生，常年发生面积在6 000 hm³ 左右，约占大蒜种植面积的60%，其中偏重发生面积为1 000 hm²，中等发生面积为3 000 hm²，轻度发生面积为2 000 hm²。在山东济宁，一般大蒜田单株有螨 100～200 头，重的达到 300～500 头，造成叶鞘腐烂，叶片枯黄，长势减弱。

（3）食用菌害螨 食用菌上常发生各种害螨，如腐食酪螨、兰氏布伦螨、速生薄口螨、长食酪螨 [*Tyrophagus longior* （Gervais）] 和椭圆嗜粉螨（*Aleuroglyphus ovatus* Troupeau）等。它们咬食蘑菇的嫩菌丝和子实体，造成蘑菇减产，常在菇房群集发生，也能随菌种扩散，随人员活动或昆虫携带而大面积发生。例如，兰氏布伦螨在上海和江苏等地发生严重，在上海郊区菇场的发生率为 30%～60%。蘑菇受害后，菌丝断裂老化，几乎无绒毛状菌丝，培养料发霉发臭。螨量大时，成团栖息于土表或爬满小蘑菇，危害幼菇致使其变黄僵死。速生薄口螨不仅在四川和上海等地严重危害栽培蘑菇，还能使人的皮肤发痒，产生小丘疹；吉林还发现速生薄口螨是人参坏死病的传播媒介。

1.3.2 农业螨类传播植物病毒病

在蜱螨亚纲里，叶螨科（Tetranychidae）、细须螨科（Tenuipalpidae）和瘿螨科（Eriophyidae）的螨类传播植物病毒病。叶螨科的二斑叶螨被报道在温室里传播马铃薯 Y 病毒（potato virus Y），但有待进一步确定，这种病毒通常由桃蚜 [*Myzus persicae*（Sulzer）] 和其他多种蚜虫传播。所以，这里只介绍瘿螨和细须螨传播植物病毒的情况。

1.3.2.1 瘿螨传播植物病毒病

目前已知有十几种病毒病是由瘿螨传播的，而且这些瘿螨均属于瘿螨总科里的瘿螨科。

（1）禾谷类病毒的传播 在禾谷类病毒病中，小麦线条花叶病毒（wheat streak mosaic virus，WSMV）是一种唾液可传的棒状病毒，主要发生在加拿大、美国、欧洲、中东、印度和新西兰等地。郁金香瘤瘿螨 [*Aceria tulipae*（Keifer）] 是小麦线条花叶病毒唯一已知的传播媒介。小麦线条花叶病毒不能通过郁金香瘤瘿螨的卵传播，但能通过其幼期阶段和成螨传播，且是一种半持久性传毒方式。小麦斑点花叶病（wheat spot mosaic pathogen）是 1952 年首次在加拿大发现的，它通过郁金香瘤瘿螨的活动虫态传播，不能够经卵传；也有人认为小麦斑点花叶病是瘿螨分泌的毒汁所致。黑麦草花叶病毒（ryegrass mosaic virus，RgMV）是一种长约 703 nm 的棒状病毒，通常分布在英国和欧洲大部，在北美洲的西北部也有报道。多刺畸瘿螨（*Abacarus hystrix* Nalepa）是黑麦草花叶病毒唯一已知传播媒介，它传毒很快，所有活动虫态都能传播。冰草花叶病毒（agropyron mosaic virus，AgMV）在北美洲和欧洲一些国家通常危害偃麦草，引起退绿和发育迟缓，由多刺畸瘿螨传播。葱属植物病毒（virus of *Allium* species）的传播已在许多国家报道过，传播媒介可能是瘤瘿螨的一个种或几个种。在我国西北地区发生的小麦糜疯病过去认为是由郁金香瘤瘿螨传播，但忻介六和董慧琴认为是拟郁金香瘤瘿螨 [*Aceria paratulipae*（Xin et Dong）] 和黍瘿螨 [*Aceria mili*（Xin et Dong）] 传播的。

（2）双子叶植物病毒的传播 在木质双子叶植物病毒病中，代表性的是黑醋栗退化病（black currant reversion）。退化病（又称为返祖病）是茶藨子属植物上最重要的病毒病或病毒状的病害，它在除美洲以外的其他地区都有分布，这种病能导致受害枝停止发育。茶藨子拟生瘿螨 [*Cecidophyopsis ribis*（Westwood）] 是退化病唯一已知的传播者，它分布于欧洲各国、澳大利亚、新西兰、加拿大和中国。无花果花叶病（fig mosaic）普遍发生于世界各地的商业性无花果园，造成叶色失绿、系统花叶和果实杂色等症状，由榕瘤瘿螨 [*Aceria ficus*（Cotte）]传播。在美国西南部和墨西哥，桃树和李属其他一些植物上有桃花叶病（peach mosaic），其典型症状是叶脉缺损、不规则退绿、叶片变小、花色变浅和丛枝，它的传播媒介是野鹅李瘿螨（*Eriophyes insidiosus* Keifer et Wilson）。樱桃斑驳花叶（cherry mottle leaf，CML）发生在从美国加利福尼亚州北部到加拿大西南部的北美洲大陆西部的樱桃种植区，其症状包括不规则的退色杂斑、叶缘破碎和叶片变小，它的传播媒介是凹凸瘿螨（*Eriophyes inaequalis* Wilson et Oldfield）。在印度次大陆，木豆上有一种分布广而且重要的病害木豆不孕花叶病（pigeon pea sterility mosaic），木豆瘤瘿螨（*Aceria cajani* Channa Basavanna）是此病的传播媒介。这种病的症状包括枝条的生长迟缓、黄化和增生，小叶的斑驳和短小，部分或完全不育。

1.3.2.2 细须螨传播植物病毒病

细须螨里的短须螨属（*Brevipalpus*）螨类是另一类值得关注的传播植物病毒病的螨类，它们传播多种病毒病，如柑橘癞病（citrus leprosis）、西番莲果实绿斑点（passion fruit green spot）、咖啡环状斑点（coffee ringspot）以及兰花雀斑点（orchid fleck）。所有这些病害都有局部的损伤，如在叶片、茎、果实上产生退绿、绿斑、环斑等症状，病毒是致病因子，病毒是短的棒状结构，可能由短须螨所传播。这些病主要发生在中美洲和南美洲。

目前可以确定的有：柑橘癞病由紫红短须螨［*Brevipalpus phoenicis*（Geijskes）]传播；兰花雀斑点病毒由加州短须螨［*Brevipalpus californicus*（Banks）]传播；女贞环状斑点病毒由紫红短须螨传播；木荆绿斑和退绿斑、悬铃花的环状斑点症状、常春藤（*Hedera canariensis* Willdenow）的绿斑症状、大青（*Clerodendron* spp.）的退绿和绿斑、茄属 *Solanum violaefolium* 的环状斑、番茉莉（*Brunfelsia*）的绿斑、夜香树的退绿叶斑、山牵牛和藤漆的绿斑以及鼠尾草的绿斑等总是与植株上紫红短须螨的危害联系在一起。在这些病害中，柑橘癞病是中美洲和南美洲国家柑橘上非常严重的病害，影响树势和产量，如果防治不力，甚至导致树的死亡。

1.4 农业螨类学研究内容及意义

与农业有关的螨类包括植食性螨类（如叶螨、瘿螨和跗线螨等）、腐食性螨类（如粉螨和甲螨等）、储藏物螨类（如粉螨和尘螨等）、捕食性螨类（如植绥螨、长须螨和肉食螨等）和寄生性螨类（如绒螨、赤螨和蛾螨等）。前三类常称为害螨，后两类被称为益螨。

农业螨类学是研究与农业有关的螨类的鉴定和识别、生物学特性、发生规律、控制和利用的原理和方法的学科，是蜱螨学的分支学科，也可算是广义的农业昆虫学的分支。农业螨类学是一门具有广泛理论基础的应用学科，研究内容复杂，任务艰巨。农业螨类不仅关系到农业生产，还影响食品安全和环境质量。

随着农业生产结构调整、耕作制度改变、农药更新换代以及农村体制改革等方面的影响，农作物害螨也发生了许多新的变化，不少螨类的危害加重，上升为主要害虫，而且由于体型小、繁殖快、抗性发展迅速，防治十分困难。这意味着农业螨类学需要一代又一代人的刻苦钻研和努力工作。

1.5 中国蜱螨学发展历程

1.5.1 中国蜱螨学发展历程

我国蜱螨学的发展自新中国成立以来逐步得到发展，在 20 世纪 50～60 年代，医学蜱螨发展较早，专业队伍较大，技术力量较雄厚，这一时期对蜱、恙螨和革螨的分类和区系调查在全国各地普遍展开，它们传播的疾病和流行病学的调查研究也相继开展，如从硬蜱中分离出森林脑炎病毒、斑疹伤寒立克次体等病原体。此外，对它们的防治等研究也取得了不少成果。为了适应我国农、林、牧、医蜱螨研究和医药卫生事业的发展需要，中国昆虫学会蜱螨专业组于 1963 年 2 月正式成立，徐荫祺任组长，成员有陈心陶、王凤振、忻介六、张宗葆、罗一权和邓国藩等。它是在中国昆虫学会领导下的学术性团体，在成立后的近 50 年中，组织各种学术会议，开展丰富多彩的学术交流活动，编辑出版《蜱螨学通讯》，有力地推动了中国蜱螨学事业的发展。

在 20 世纪 70～80 年代，医学蜱螨的研究继续广泛、深入地进行，农业蜱螨的研究开始进行，并迅速发展。这一时期，医学蜱螨代表性的研究有蠕形螨和尘螨的形态、生态、致病性、诊断方法、治疗和流行病学的调查和研究。农业螨类的研究主要集中在对叶螨、瘿螨、跗线螨、蒲螨的分类和区系调查，棉花、小麦、水稻、落叶果树、柑橘和茶叶等重要经济作物上害螨的生物学特性、发生规律、预测预报和综合治理等的研究，同时也开展了植绥螨的资源调查，柑橘园植绥螨的生物学、人工饲养、储藏、田间释放和利用价值的科学试验，积累了丰富的资料，推广应用取得了一定的社会效益和经济效益。此外，还从国外引进了智利小植绥螨和西方静走螨，分别用于防治温室叶螨和果园害螨，取得了显著效果。与此同时，我国蜱螨学论著在这一时期大量出版（表 1-3），对普及蜱螨学知识、推动蜱螨学的发展、培养专业人才起了重要作用，在一定程度上也反映这一时期我国蜱螨学发展迅速、成果累累。在这一时期，复旦大学受农业部植物保护局和中国昆虫学会委托，举办了数期蜱螨学训练班，对培养人才、建立科研队伍、促进学科发展发挥了重要作用。目前国内从事蜱螨学研究的不少专家，都曾经在复旦大学接受过短期或一年期的培训。

表 1-3 中国重要的蜱螨学专著和译著

出版时间	作者和译者	书 名	出版社
1966 年 1 月	忻介六、徐荫祺	蜱螨学进展 1965	上海科学技术出版社
1975 年 7 月	译者未署名	蜱螨分科手册	上海人民出版社
1978 年 8 月	邓国藩	中国经济昆虫志（第 15 册）蜱螨亚纲 蜱总科	科学出版社
1980 年 3 月	潘综文、邓国藩	中国经济昆虫志（第 17 册）蜱螨亚纲 革螨科	科学出版社
1981 年 11 月	王慧芙	中国经济昆虫志（第 23 册）蜱螨亚纲 叶螨总科	科学出版社
1983 年 2 月	忻介六、沈兆鹏译	储藏食物与房舍的螨类	农业出版社
1983 年 3 月	陈国仕	蜱类与疾病概论	人民卫生出版社

（续）

出版时间	作者和译者	书　名	出版社
1984 年 3 月	忻介六	蜱螨学纲要	高等教育出版社
1984 年 11 月	江西大学主编	中国农业螨类	上海科学技术出版社
1986 年 5 月	匡海源	农螨学	农业出版社
1984 年 12 月	温廷桓	中国沙螨	学林出版社
1988 年 11 月	李隆术、李云瑞	蜱螨学	重庆出版社
1988 年 12 月	忻介六	农业螨类学	农业出版社
1989 年 2 月	忻介六	应用蜱螨学	复旦大学出版社
1989 年 6 月	邓国藩、王慧芙等	中国蜱螨概要	科学出版社
1991 年 5 月	邓国藩、姜在阶	中国经济昆虫志（第 39 册）蜱螨亚纲 硬蜱科	科学出版社
1993 年 12 月	邓国藩等	中国经济昆虫志（第 40 册）蜱螨亚纲 皮刺螨总科	科学出版社
1995 年 6 月	匡海源	中国经济昆虫志（第 44 册）蜱螨亚纲 瘿螨总科（一）	科学出版社
1995 年 10 月	洪晓月、张智强	The Eriophyoid Mites of China	Associated Publishers，USA
1996 年 2 月	梁来荣、钟江等译	生物防治中的螨类——图示检索手册	复旦大学出版社
1997 年 2 月	金道超	水螨分类理论和中国区系初志	贵州科学技术出版社
1997 年 5 月	张智强、梁来荣	农业螨类图解检索	同济大学出版社
1997 年 5 月	吴伟南等	中国经济昆虫志（第 53 册）蜱螨亚纲 植绥螨科	科学出版社
1997 年 12 月	黎家灿	中国恙螨：恙虫病媒介和病原体研究	广东科技出版社
1998 年	忻介六等	捕食螨的生物学及其在生物防治中的作用	SAAS，UK
2002 年	林坚贞、张智强	Tarsonemidae of the World	SAAS，UK
2005 年 1 月	匡海源等	中国瘿螨志（二）	中国林业出版社
2006 年 9 月	李朝品	医学蜱螨学	人民军医出版社
2009 年 4 月	吴伟南	中国动物志（无脊椎动物 第 47 卷）植绥螨科	科学出版社
2010 年 6 月	张智强、洪晓月、范青海	Xin Jie - Liu Centenary：Progress in Chinese Acarology	Magnolia Press，New Zealand

　　20 世纪 90 年代以来，我国的蜱螨学事业向更广、更深的领域发展。如甲螨和水螨两大重要类群的分类区系研究在 90 年代得到迅速发展，甲螨在生态系统中的作用也有些研究。长须螨、缝颚螨、巨须螨、镰螯螨、绒螨、赤螨和自由生活的革螨等的研究开展扩大了我国蜱螨分类研究的新领域。应用新技术和新方法，微观和宏观相结合是 20 世纪 90 年代以来的另一大特点。如利用细胞学技术研究蜱类和革螨的染色体核型，使用生物化学和分子生物学技术研究蜱类基因组多态性、叶螨种群分子遗传结构、寄生菌对叶螨的生殖调控等。应用支序分类方法，深入探讨了水螨和瘿螨的相关类群的系统学，提出了一些新的假说，得到了国内外的高度评价。此外，在重要害螨的防治药剂筛选和抗性机理方面，也做了不少有益的

探索。

　　进入 21 世纪，中国蜱螨学需要加强蜱螨学人才培养和科研队伍建设；坚持应用新技术和新方法解决蜱螨学中的系统学、生物地理学、生态与环境学、分子遗传学、综合治理等各领域中的疑难问题，尤其要注重害螨控制和益螨利用的新技术研究，从宏观和微观研究上全面提高研究水平；深入开展蜱螨物种多样性的调查，向摸清我国蜱螨资源基本情况这一长远目标努力，为保护蜱螨生物多样性及其可持续利用提供新的、基础性资料，并强化生态多样性和遗传多样性领域的研究。

1.5.2　中国昆虫学会历届蜱螨学术讨论会介绍

　　中国昆虫学会第一届全国蜱螨学术讨论会于 1963 年 9 月 14～21 日在吉林省长春市召开，那时中国的蜱螨学事业刚刚起步，出席代表只有 39 人，提交论文 133 篇。会议的综述性报告，于 1965 年总结成《蜱螨学进展 1965》一书出版，这是我国蜱螨学的第一部专著，具有重要的历史意义。第二届全国蜱螨学术讨论会于 1979 年 11 月 24～30 日在江苏省苏州市召开，出席代表有 77 人，提交论文近 200 篇。第三届全国蜱螨学术讨论会于 1983 年在江西省庐山召开，出席代表有 101 人，提交论文约 200 篇。第四届全国蜱螨学术讨论会于 1988 年 11 月 2～7 日在重庆召开，由西南农业大学（今西南大学）承办，出席代表 113 人，提交论文摘要 215 篇，14 位代表做了大会发言，集中反映了中国蜱螨学在革螨、蜱类、叶螨、植绥螨以及瘿螨等领域的研究成果，此时的中国蜱螨学事业已进入蓬勃发展的大好时期。第五届全国蜱螨学术讨论会于 1991 年 11 月 8～12 日在上海召开，由上海农学院（今上海交通大学农学院）承办，出席代表达 130 人，提交论文摘要 209 篇。第六届全国蜱螨学术讨论会于 1995 年 10 月 24～28 日在安徽省黄山市召开，由安徽蚌埠医学院承办，出席代表 84 人，提交论文摘要 102 篇，论文反映了自上次会议以来，中国蜱螨学事业在分类和区系、生物和生态学特性、药物和生物防治、遗传和分子生物学研究等领域的新进展和新成就，会议还邀请了在英国 CAB International Institute of Entomology 任职的张智强博士和香港的莫乘风先生。第七届全国蜱螨学术讨论会暨系统与应用蜱螨学会（SAAS）第一届蜱螨学术讨论会于 1998 年 10 月 11～16 日在贵州省贵阳市召开，由贵州大学承办，会议收到论文 65 篇，60 多人参加了会议，有 10 位专家做了大会中文报告，6 位专家（温廷桓、张智强、胡仁杰、洪晓月、范青海、郭宪国）做了 SAAS 英文报告。第八届全国蜱螨学学术讨论会于 2005 年 10 月 26～29 日在福建省福州市与中国昆虫学会 2005 年学术年会同期套会召开，会议表彰了为中国蜱螨学事业作出突出贡献的 10 位老一辈蜱螨学家（邓国藩、李隆术、温廷桓、王敦清、王慧芙、梁来荣、姜在阶、吴伟南、孟阳春和匡海源）。专门参加蜱螨会议的人数不多，也没有印刷相应的论文集。

　　第九届全国蜱螨学术讨论会暨纪念忻介六先生诞辰 100 周年报告会于 2009 年 11 月 27～29 日在江苏省南京市召开，会议由南京农业大学承办，来自新西兰 Landcare Research、美国农业部、南京农业大学、西南大学、贵州大学、河北师范大学、中国科学院动物研究所、中国农业科学院植物保护研究所、复旦大学等国内外高等学校和科研院所的百余人参加了大会。大会邀请了 12 位国内外权威专家做大会报告，并安排了 20 多场学术报告。这次会议全面总结了上次会议以来中国农林和医学蜱螨的研究进展，是 10 年来参加人数最多、报告内容最为全面和研究水平最高的一次盛会，体现了中国蜱螨学发展欣欣向荣的良好局面。

此外，中国昆虫学会蜱螨专业委员会还分别召开了几次专门的蜱螨学术讨论会，如1989年在上海召开的农林和食用菌害螨学术讨论会，1990年在陕西省西安市召开的捕食螨利用和害螨化学防治学术讨论会，1993年10月4～9日在四川省成都市召开的全国蜱螨学术讨论会，纪念中国昆虫学会蜱螨专业委员会成立30周年。中国昆虫学会蜱螨学专业委员会及贵州大学昆虫研究所2006年8月12～19日联合举办了暑期蜱螨学研训班，邀请了国内从事蜱螨研究的专家给年青的蜱螨学工作者进行蜱螨学专门知识的培训。

我国台湾的蜱螨学研究，根据黄坤炜先生观点，大致可以分为5个时期，第一时期，由日治时期至20世纪60年代，称为寄生性蜱螨研究阶段，主要关于医学、卫生和畜牧的蜱和螨。第二时期，20世纪60～70年代，称为农业害螨研究阶段，二斑叶螨和神泽叶螨等为当时最红的研究对象。第三时期，20世纪70～80年代，称为农业益螨研究阶段。第四时期，20世纪80年代至2000年，称为生物多样性与生态学研究阶段。第五阶段，2000后，称为分子生物学研究阶段，利用分子生物学技术进行螨类分类、生态、生理等方面的研究。

我国台湾也有一支蜱螨学工作者队伍，主要集中在台湾农业试验所、中兴大学、台中自然科学博物馆、台湾大学等单位。台湾代表性的蜱螨学家有曾义雄（已退休）、黄讚（已退休）、罗干成（已退休）、何琦琛（已退休）和黄坤炜等。台湾也曾经召开专门的蜱螨学讨论会。1989年由台湾农业试验所罗干成先生召集，举办了第一届螨蜱学研讨会，广邀当时台湾的螨类学研究人员发表专题，蔚为一时盛况，12位专家提出16场专题报告。1999年3月24～25日，在台湾农业试验所举办了第二届螨蜱学研讨会，共有15个专题报告。台湾目前专职从事蜱螨分类的仅有一人，人才队伍严重匮乏。

1.6　系统与应用蜱螨学会成立及其对中国蜱螨学事业的推动

系统与应用蜱螨学会（Systematic and Applied Acarology Society，SAAS）于1995年10月1日在英国伦敦成立，由张智强倡议，得到洪晓月、秦廷奎的积极响应和一起组织。学会的组织结构完全按照国际惯例，简单、高效、科学，管理成员只有9人，全部兼职，其中张智强任主席、洪晓月任秘书长、秦廷奎任财务官，执行委员会由美国的胡仁杰、我国台湾的周延鑫、香港的莫乘风、上海的梁来荣、重庆的李隆术和赵志模担任。学会成立后，得到了美国、欧洲、日本、加拿大、中国和东南亚等地蜱螨学工作者的热情支持，参加会员从一开始的以不足百人发展到目前的几百人，会员遍及世界各地，已成为规模最大、影响最广的世界性蜱螨学会。目前，学会新的管理机构已经产生，吸纳了国际上不少知名的蜱螨学家加入，张智强任主席，洪晓月任秘书长，澳大利亚Bruce Halliday任财务官，美国、日本、巴西、以色列、新西兰和中国的16名专家任执行委员会成员。

学会出版研究性的纯英文期刊《Systematic and Applied Acarology》（SAA，ISSN 1362—1971）和学会的通讯《Acarology Bulletin》（ISSN 1361—8091）。SAA 1996年7月31日出版了第一卷，共发表27篇论文，其中25篇为中国人写的论文。从第1卷到2005年的第10卷，每年1期；2006年的第11卷2期；从2007年的第12卷至2010年的第15卷，每年3期。创刊以来至2011年底，SAA共发表研究论文461篇，其中中国作者的研究论文

165 篇，极大地推动了中国和世界蜱螨学事业的发展。2011 年 5 月，SAA 被美国 ISI 的 SCIE 收录。SAA 已经成为国际著名的四大蜱螨学期刊之一（其他 3 个分别是：Experimental and Applied Acarology、International Journal of Acarology 和 Acarologia）。将来，这个由中国人创办的、国际化程度越来越高的 SAA 一定会发展得更好。

【思考题】

1. 蜱螨在农业上的重要性如何？
2. 回顾中国蜱螨学发展的历史及展望发展前景。
3. 中国蜱螨学如何更好地走向世界？

第 *2* 章
蜱螨的形态特征和分类

　　蜱螨亚纲（Acari）个体微小，大多数体长不超过 1mm。小型种类（如寄生在蜜蜂气管里的蜂盾螨），体长不足 0.1mm；大型种类（如一些巨螨），体长可达 7mm；蜱类饱食后可达 30mm。典型的螯肢为钳状；躯体不分段，一些原始类群保持分节痕迹；通常有 4 对足，无触角、复眼和翅。

2.1　蜱螨身体基本构造

　　蜱螨身体不分段，由颚体和躯体两大部分组成（图 2-1）。颚体是取食器官，以围头沟（circumcapitular suture）与躯体分界。躯体是感觉、运动、代谢、消化和生殖等的中心。蜱螨原始类群的躯体常保留有分节的痕迹，特别是在末体部分，分节痕迹较为明显（图 2-2）。许多类群在发育过程中，末体节数随着发育历期的增加而增加。

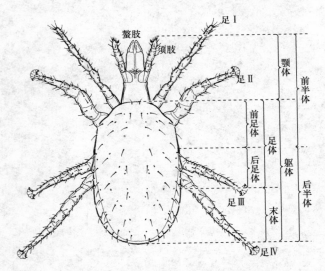

图 2-1　蜱螨身体基本构造
（仿 Krantz，1978）

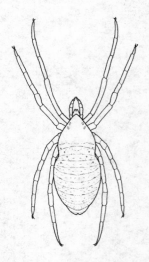

图 2-2　节腹螨目躯体分节痕迹
（仿 Krantz，1978）

　　颚体由螯前叶、第一体节和第二体节组成，着生 2 对附肢：螯肢和须肢。颚体之后的体节组成躯体；第三体节至第六体节形成足体，各着生 1 对附肢，即足 I 至足 IV；第七体节及其后方的体节形成末体。由于能支持蜱螨分节的胚胎学和解剖学依据以及化石证据很少，关于躯体分节的观点至今仍有争论；不同学者根据自己的研究对象以及所采用的特征，对末体的节数的划分有不同的观点（图 2-3）。Grandjean(1969) 提出十六节说，认为末体由 10 节组成；Bader(1982) 提出十二节说，认为末体由 6 节组成；我国金道超（1997）提出十八节说，认为末体由 12 节组成。

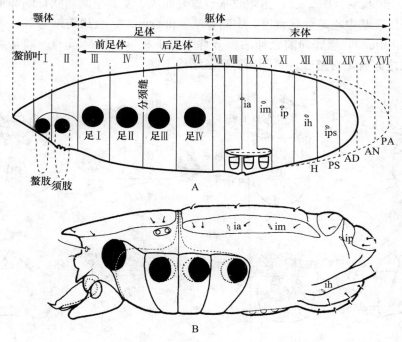

图 2-3 蜱螨身体模式

A. 蜱螨原始分节模式图 B. 绒螨目原始类群（盲蛛螨科）

（仿 Coineau，1971）

2.1.1 颚体

颚体（gnathosoma）（图 2-4）一般位于躯体的前端，在少数类群中位于躯体前端腹面。由于大脑不在颚体而在其后方的躯体里，因此颚体不同于其他节肢动物的头。在蜱目中，颚体也称为假头（capitulum）。颚体由颚基（gnathobase）、1 对螯肢（chelicera）和 1 对须肢（palpus）组成。

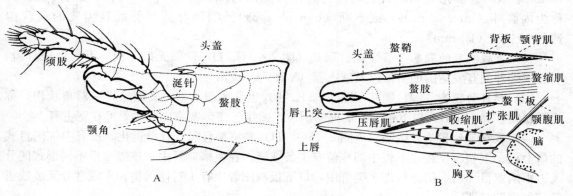

图 2-4 中气门目颚体构造

A. 侧面观 B. 侧面模式图

（仿 Evans 和 Till，1979）

2.1.1.1 颚基

颚基（gnathobase）（图 2 - 5）由须肢基节愈合而成，基部呈圆筒状，端部常延伸变细成喙（rostrum）。颚基中心是管状食道，中间有咽（pharynx），食道前端为口。颚基底壁称为颚底（subcapitulum），颚底向前延伸的部分称为口下板（hypostome）。颚基上方外侧有 1 对须肢，须肢之间有 1 对螯肢。不同类群颚基结构不同。

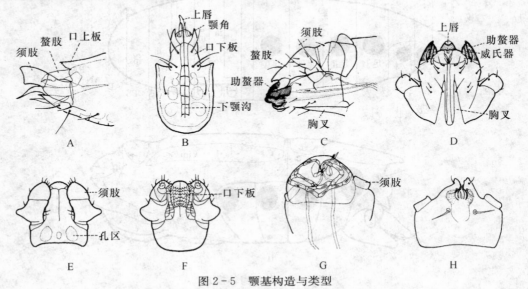

图 2 - 5 颚基构造与类型

A、B. 中气门目　C、D. 节腹螨目　E、F. 蜱目　G、H. 绒螨目

（A、B 仿 Evans 和 Till，1979；C、D 仿 Alberti 和 Coons，1999；G、H 仿 Fan 和 Walter，2006）

（1）中气门目的颚基　中气门目颚基（图 2 - 5A、B）背壁向前延伸的部分称为口上板（epistome）或头盖（tectum），覆盖于螯肢基部背面。颚底中部有一纵沟，称为下颚沟（hypognathal groove），亦称第二胸沟（deutosternal groove）或第二胸板（deutosternum），沟内有数排至十多排小齿。口下板前端两侧着生有角质化的颚角（corniculum），亦称外磨叶（external mala），该构造可能与节腹螨目和甲螨亚目的助螯器或螯搂（rutellum）同源。颚角外侧的管状物称为涎针（salivary stylet）。颚角之间具缘毛的膜状物称为内磨叶（internal mala）或下咽（hypopharynx）。咽部背面延伸的具齿突的膜状构造称为上唇（labrum）。

（2）节腹螨目的颚基　节腹螨目颚基（图 2 - 5C、D）背面无口上板，上唇边缘具齿，颚底末端外侧有发达的助螯器以及威氏器（With's organ）。

（3）蜱目的颚基　蜱目颚基（图 2 - 5E、F）也称为假头基，其侧缘有一对角状物，称为耳状突（auricula）。口下板上有成列的倒齿，适用于穿刺寄主皮肤和附着在寄主身上。

（4）绒螨目的颚基　绒螨目（图 2 - 5G、H）和疥螨目颚基背壁退化，没有中气门目式的口上板。下颚沟仅在口下板中部残留有 1 条细缝。在甲螨亚目中，该缝常呈不同形式的分叉。甲螨亚目和内气门亚目许多类群中，口下板两侧着生有 1 对棒状物，末端常分叉或成齿状，称为助螯器。

2.1.1.2 螯肢

螯肢（chelicera）（图 2 - 6）由颚基上半部中央伸出，具取食功能。一般有 2～3

节，即螯基、中节和端节。原始类群一般有完整的3节。真螨总目中，多数类群的螯基与中节愈合；中气门目尾足螨总科的中节常分成两个小节（图2-6C）。在绒螨目的一些类群中，例如缝颚螨股，螯肢基部常呈不同程度愈合，形成口针鞘（stylophore，图2-6I）。

（1）螯基 螯基（cheliceral base）也称螯杆（cheliceral shaft），基部附着有收缩肌。甲螨亚目一些类群中，螯基内侧有一扁平的指状物，称为特氏器（Trägärdh's organ）。

（2）中节 中节（middle article）（图2-6B）是螯肢的第二节，通常比较发达，其末端有不能活动的定趾（fixed digit）。定趾末端通常为钩状，内侧有齿突。中气门目定趾内侧中部常生有1根钳齿毛（pilus dentilis），基部两个隙孔，即背隙孔和逆轴隙孔。绒螨目一些类群的定趾常退化（图2-6H）。

（3）端节 端节（distal article）亦称为动趾（movable digit），位于定趾的腹侧或外侧，末端通常为钩状，内侧有齿突，与定趾相对，形成钳状构造，以便捕捉和切割食物。当定趾退化时，动趾异常发达，形态多样，呈锯状、针状、刀状等。中气门目一些类群中，动趾基部有毛刷状或束状刚毛，即螯刷（arthrodial brush）。在皮刺螨亚股（Dermanyssiae），雄螨的动趾常生长有角质化、形态多样的外长物即导精趾（spermatodactyl，图2-6D），用来把精包（spermatophore）从生殖孔（genital orifice）中取出并传送到雌螨生殖孔。在中气门目的寄螨科（Parasitidae）中，导精趾与动趾粘连，之间留有一条沟，称为导精沟（spermatotreme，图2-6E）。

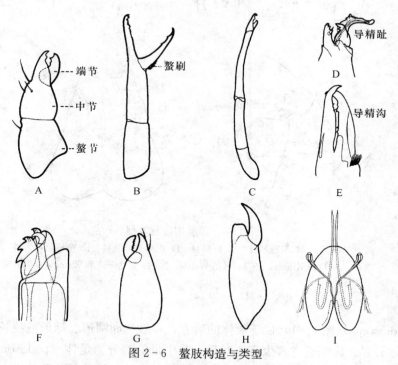

图2-6 螯肢构造与类型

A. 节腹螨目 B~E. 中气门目 B. 皮刺螨亚目 C. 尾足螨总科
D. 皮刺螨亚目雄螨 E. 寄螨科雄螨 F. 蜱目 G~I. 绒螨目
（A仿Krantz，1978；B~E、G、H仿Walter，2006；F仿Balashov，1972）

2.1.1.3 须肢

须肢 (palpus)(图 2-7) 是颚体的第二对附肢，位于螯肢外侧，具有感觉和抓握食物的功能。通常有 1～6 个活动节 (图 2-7A)：须转节 (palptrochanter)、须股节 (palpfemur)、须膝节 (palpgenu)、须胫节 (palptibia)、须跗节 (palptarsus)、须趾节 (palpal apotele)。在不同类群中，节与节之间可能愈合；在原始类群中，须股节常再分为基股节 (basifemur) 和端股节 (telofemur)。节腹螨目的须趾爪发达，位于跗节末端 (图 2-7B)。巨螨目 (图 2-7C) 和中气门目 (图 2-7A) 的须趾节常退化为叉状爪或叉状毛，位于跗节中部或基部。蜱目和真螨总目的须趾节退化消失。绒螨目的许多类群须肢胫节末端毛异常发达，与须跗节相对应形成拇爪复合体 (thumb - claw complex)(图 2-7D)。无气门股须肢退化变小，最多只有 2 节，趾节消失 (图 2-7E)。

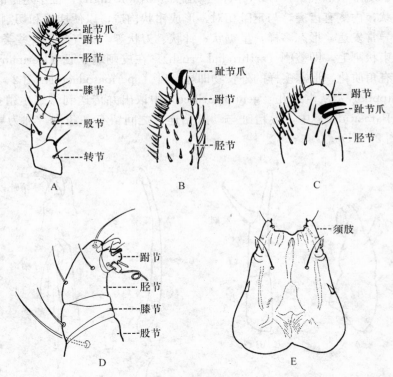

图 2-7 须肢构造与类型

A. 中气门目 B. 节腹螨目 C. 巨螨目 D. 绒螨目叶螨科 E. 疥螨目粉螨科

(A、C、D 仿 Krantz，1978；B 仿 Walter，2006；E 仿 Fan 和 Zhang，2007)

2.1.2 躯体

躯体 (idiosoma)(图 2-1) 位于颚体的后方，一般为卵圆形、球形或狭长的囊状物，以围头沟与颚体分界。成螨通常着生有 4 对足；着生足的部分为足体 (podosoma)，足体之后的部分为末体 (opisthosoma)。足体着生第一对足和第二对足的部分称为前足体 (propodo-soma)，着生第三对足和第四对足的部分称为后足体 (metapodosoma)。真螨总目在前足体与后足体之间常有一条分颈缝 (sejugal suture) 将二者隔开。后足体及其之后的部分 (即末体）称为后半体（hysterosoma），前足体加上颚体称为前半体（proterosoma）。原始类群的末体常保留有横向的沟、缝等分节痕迹。由于蜱螨个体微小，而且大多数躯体扁平，躯体常被划分为背面和腹面，很少使用侧面的概念。

2.1.2.1　背面

背面（dorsum）通常着生有背毛、背板和隙孔，许多类群还着生有眼。背板上常有饰纹。真螨总目（图2-8）原始类群背前端常有一鼻状凸起，即前突（naso），该构造由螯前叶演化而来，其背面有时着生有1对背毛，腹面着生1个或1对中眼。

（1）背板　背板（dorsal shield）是体内肌肉附着的地方，对身体具保护作用。背板常随着个体发育而发生愈合。中气门目常在足体背面有一块足体板（podonotal shield），其后的末体背面常有一块末体板（opisthonotal shield），这两块板常愈合成一块全背板（holonotal shield）。真螨总目在前足体背面常有一块前足体板（propodosomal shield），在后半体有一到数块背板。在甲螨亚目，背板之间或背板与腹板常成不同程度愈合，而绒螨目足体背板常被分割成一块大型板和数块小背片（dorsal platelet）。

（2）背毛　背毛（dorsal seta）即躯体背面的毛，有的可能位移到了腹面。背毛命名目前主要有两大系统：Lindquist-Evans系统（Lindquist-Evans system）和顶肩毛系统（vertical-scapular system）。

① Lindquist-Evans系统　Lindquist-Evans系统（图2-9）由Lindquist和Evans在1965年建立，主要适用于中气门目螨类，对寄螨总目其他目也有参考价值。该系统将背毛分成左右对称的4纵列，自内向外分别为背中毛（dorsocentral seta）、中侧毛（mediolateral

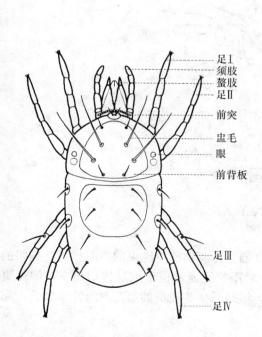

图2-8　真螨总目背面形态模式图
（仿 Evans，1992）

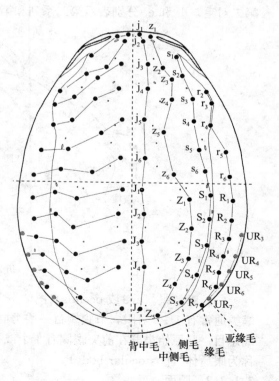

图2-9　Lindquist-Evans背毛命名系统
（仿 Lindquist 和 Evans，1965）

seta)、侧毛（lateral seta）和缘毛（marginal seta）。着生于足体背板上的背中毛、中侧毛、侧毛和缘毛分别用小写英文字母 j、z、s 和 r 表示，着生于末体背板上的背中毛、中侧毛、侧毛和缘毛分别用大写英文字母 J、Z、S 和 R 表示；在英文字母后加上阿拉伯数字，用来表示毛自前向后的排列顺序，例如 j_1 和 J_2 分别表示足体背板第一对背中毛和末体背板上的第二对背中毛。

② 顶肩毛系统　顶肩毛系统（图 2-10）是在 Grandjean 背毛命名系统基础上改进而形成的，适用于真螨总目。根据这一系统，螨的前足体有 6 对前背毛（prodorsal seta），自前向后依次为内顶毛（interior vertical seta，vi，也称 v_1）、外顶毛（exterior vertical seta，ve，也称 v_2）、内肩毛（interior scapular seta，sci，也称 si 或 s_1）、外肩毛（exterior scapular seta，sce，也称 se 或 s_2）、叶间毛（interlamellar seta，in）和后感器窝外毛（posterior exobothridial seta，exp，也称 xp）。在许多类群中，叶间毛和后感器窝外毛常退化消失。一些类群中，内顶毛和内肩毛特化为盅毛（trichobothrium），着生于凹陷或呈杯形的毛窝里，形态多样，常见的有线状、棒状和球状等。根据背毛假想模式，真螨总目后半体有数排背毛，活动期幼螨的后半体着生 c、d、e、f、h 和 ps 等 6 系列毛，分别着生在 C、D、E、F、H 和 PS 等 6 个节上；其中 c、h 和 ps 系列最多可达 4 对，而 d 和 e 系列最多可达 2 对，f 系列最多可达 3 对。在幼螨之后的发育过程中，一些类群又增加了 3 个节，即在第一若螨（protonymph）增加的 AD 节、第二若螨（deutonymph）增加的 AN 节和第三若螨（tritonymph）增加的 PA 节，相应地也分别添加了 ad、an 和 pa 等 3 系列毛。在英文字母后加阿拉伯数字，表示背毛自内向外的排列顺序，例如 c_1、c_2 分别表示第一系列的第一对和第二对毛，d_1 和 e_1 分别表示第二系列和第三系列的第一对毛。

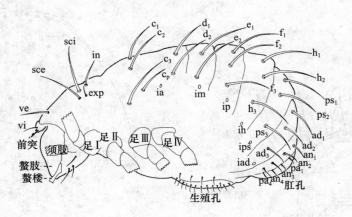

图 2-10　顶肩毛背毛命名系统
（仿 Kethley，1990）

（3）眼　眼（eye 或 ocellus）（图 2-8）是感光器官，其功能与昆虫的单眼相当。具眼的螨类通常有 1~2 对眼，节腹螨目一些类群可有 3 对眼。眼通常位于前足体前侧方，但是真螨总目一些原始类群在前突腹侧有 1 个或 1 对眼。绒螨目一些类群的第二对眼常不发达，亦称为眼后体（postocular body）。

2.1.2.2　腹面

躯体腹面（venter）（图 2-11）有胸板、腹板、肛板、生殖板、生殖孔、肛门和毛等。

寄螨总目足基节一般是活动节，以膜与躯体相连。真螨总目足基节与躯体愈合，形成基腹板（coxisternum），与躯体相连的第一个活动节是转节。

（1）胸板　胸板（sternal shield）位于第一对足和第二对足之间。在寄螨总目中常发达，着生有1对至数对胸毛。

（2）腹板　除了围绕生殖孔和肛门的板以外，第四对足后方还常有一些板即腹板（ventral shield）。

（3）克氏器　克氏器（Claparèd's organ）也被称为拟气门（urstigma），是真螨总目的前幼螨（prelarva）和幼螨（larva）的基节Ⅰ与Ⅱ之间着生的棒状或吸盘状构造，具有调节渗透压的功能，与生殖吸盘同源。

（4）肛门　肛门（anal pore）是消化道末端的开口，一般位于腹面末端或近末端，极少数位于躯体背面。

（5）肛板　肛板（anal shield）即肛孔外侧的板，中气门目的肛板常与腹板愈合形成腹肛板。

（6）生殖孔　生殖孔（genital opening）形状和位置多样。在寄螨总目，生殖孔一般位于第四对足基节之间，呈横向。在真螨总目，通常位于第四对足基节后方的末体的腹面，一般呈纵向，少数类群中呈横向。无气门股常位于第二对足与第四对足之间，呈纵向或横向。

（7）生殖板　生殖板（genital shield）即围绕生殖孔的板。巨螨目雌螨常有4块，中气门目雌螨有2～3块，其他类群一般有2块，但骨化程度常微弱。

（8）生殖吸盘　生殖吸盘（genital acetabulum）（图2-11B）亦称生殖乳突（genital papilla），是真螨总目中生殖孔两侧的杯状或盘状突起。幼螨无生殖吸盘，若螨期随着发育阶

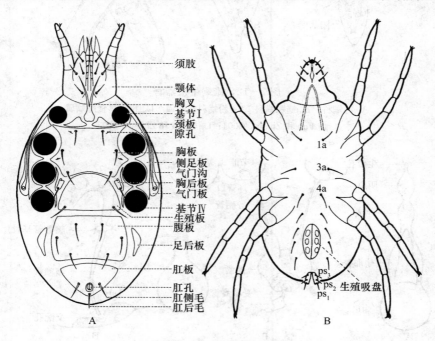

图2-11　蜱螨躯体腹面形态模式图

A. 中气门目　B. 真螨总目

（A仿 Krantz, 1978；B仿 Evans, 1992）

段增加生殖吸盘数逐渐增加，到第三若螨，生殖吸盘发育完成。典型的类群中，第一若螨有
1 对生殖吸盘，第二若螨有 2 对生殖吸盘，第三若螨有 3 对生殖吸盘；但在一些类群里，到
第二若螨时生殖吸盘数已发育完整。

（9）交配器官　交配器官（reproductive organ）是雌雄两性间进行传送和接收精子的构
造。蜱螨的精子传送形式主要有两类，一类是雄性通过交配器官即阳茎（图 2-12）直接将精
子传送到雌性生殖器官（图 2-13）；另一类是由雄性将精包（spermatophore）（图 2-14）放置
在物体表面，雌性将精包纳入生殖器官。中气门目皮刺螨亚目雄性通过由螯肢动趾形成的导
精趾（图 2-6D）或导精沟（图 2-6E）传送精包。疥螨目和绒螨目的多数类群则通过阳茎
传送精子。雌螨生殖器官由阴道（vagina）、输卵管（oviduct）、卵巢（ovary）以及子宫
（uterus）组成；卵巢数量因类群而已，可以是 1 个、2 个或多个。

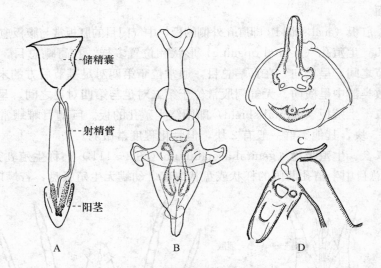

图 2-12　雄螨生殖器官

A. 叶螨科　B. 缝颚螨科　C. 粉螨科根螨属　D. 粉螨科食酪螨属

（C 仿 Fan 和 Zhang，2004；D 仿 Fan 和 Zhang，2007）

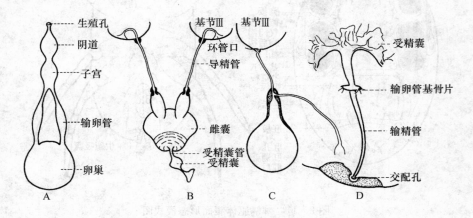

图 2-13　雌螨生殖器官

（B、C 仿 Evans 和 Till，1979；D 仿 Fan 和 Zhang，2007）

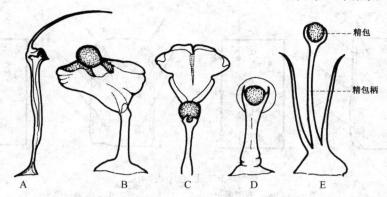

图 2-14 精 包

A. 吸螨科 B. 瘿螨科 C. 赤螨科 D. 大翼甲螨总科 E. 恙螨科

(仿 Krantz，1978)

2.1.3 足

2.1.3.1 足的数量

成螨和若螨通常有 4 对足（leg），幼螨和前幼螨有 3 对足；第四对足在第一若螨出现。少数类群中足数减少，例如，瘿螨总科螨类只有 2 对足，跗线螨总科一些类群有 3 对、2 对、1 对足、甚至无足。

2.1.3.2 足的分节

足（图 2-15）一般可分为 7 节：基节（coxa）、转节（trochan-ter）、股节（femur）、膝节（genu）、胫节（tibia）、跗节（tarsus）和前跗节（pretarsus）。在一些类群中，转节可能进一步分成两节，股节和跗节有时也出现分节。而有些类群中，节与节之间形成不同程度愈合。

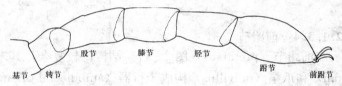

图 2-15 足的构造

2.1.3.3 毛序

足上毛的排列方式即毛序（chaetotaxy），目前常用的主要有 Grandjean 毛序表示法和 Evans-Till 毛序表示法，前者一般用于真螨总目，后者则常用于寄螨总目。

（1）Grandjean 毛序表示法（图 2-16 A、B） 将每节分成 4 个着生毛的面：背面、腹面、前侧面和后侧面，分别以 d、v、l'和 l"表示 4 个面上的毛，如果在背面或腹面同一水平有 2 根毛，则以 d'和 d"表示靠近前侧面和后侧面的背毛、以 v'和 v"表示靠近前侧面和后侧面的腹毛。如果一节较长且着生毛数较多，则将该节分成端部、中部和基部 3 部分，在 d、v 和 l 后分别加 a、m 和 p 表示位于端部、中部和基部的毛，例如：da'表示位于端部的前背毛，lm'表示位于中部的前侧毛，vp"表示位于基部的后腹毛。

（2）Evans-Till 毛序表示法（图 2-16 C、D） 将各节分成 6 个着生毛的面：前背面、后背面、前侧面、后侧面、前腹面和后腹面，着生的毛分别为前背毛（ad）、后背毛（pd）、前侧毛（al）、后侧毛（pl）、前腹毛（av）和后腹毛（pv）。当一个面上着生多根毛时，则以阿拉伯数字为下标标在字母后，数字自小到大分别表示毛自端部向基部的位置。例如，

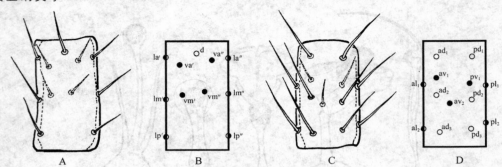

图 2 - 16 足毛序表示法

A、B. Grandjean 毛序表示法 C、D. Evans - Till 毛序表示法

(仿 Evans 和 Till，1979)

ad_1 表示第一根前背毛，pd_1 表示第一根后背毛，pd_2 表示第二根后背毛。各面上着生毛数可用以下表达式表示。

$$前侧毛（al）- \frac{前背毛（ad）}{前腹毛（av）}, \frac{后背毛（pd）}{后腹毛（pv）} - 后侧毛（pl）$$

在图 2 - 16C 中，该节有 2 前侧毛（antero - lateral）、3 前背毛（antero - dorsal）、2 前腹毛（antero - ventral）、3 后背毛（postero - dorsal）、1 后腹毛（postero - ventral）和 2 后侧毛（postero - lateral），可以用表达式表示为

$$2 - \frac{3}{2}, \frac{3}{1} - 2$$

2.1.3.4 前跗节

前跗节（pretarsus）（图 2 - 17）结构比较复杂，其末端的爪（claw）、爪间突（empodium）和爪垫（pulvillus）构成步行器（ambulacral organ），具有步行功能；步行器基部与前跗节骨片和肌腱相连。一些类群的爪常退化，由爪间突变为爪状或吸盘状构造，替代爪的功能。第一对足常有特化，可延伸变长，具触觉功能，也可变化为具捕捉功能的结构。

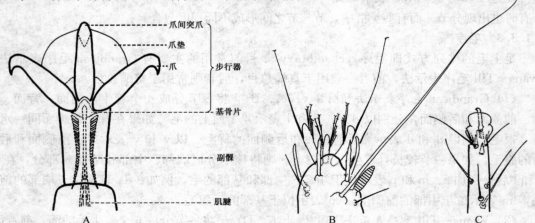

图 2 - 17 前跗节

A. 基本构造 B. 细须螨科 C. 粉螨科

(A 仿 Krantz，1978；B 仿 Zhang 和 Fan，2004；C 仿 Fan 和 Zhang，2007)

2.1.4　气门

气门（stigma）（图 2-18）是气管在体壁上的开口，气门周围常有沟或板与之相关联。节腹螨目在躯体背面有 4 对气门，但没有气门沟（peritreme）。中气门目在足Ⅲ和足Ⅳ外侧有 1 个气门，并常有向前方延伸的气门沟和围绕气门或气门沟的气门板（peritrematal shield）。蜱目的气门一般位于第四对足基节后方。绒螨目气门通常位于前足体前缘或颚体基部，但气门沟常微小或消失。疥螨目无气门和气门沟。

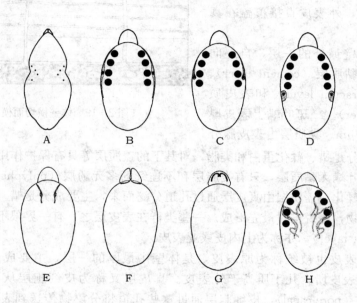

图 2-18　气门类型

A. 节腹螨目　B. 巨螨目　C. 中气门目　D. 蜱目　E～G. 绒螨目　H. 疥螨目

（仿 Krantz，1978）

2.1.5　隙孔

隙孔（lyrifissure）（图 2-10）又称琴形器（lyriform organ），是着生于躯体表面和附肢上的裂缝状或圆孔状的结构，由膜质的上表皮覆盖，具有感受肌肉张力、颤动和血淋巴压力的功能。真螨总目幼螨后半体有 4 对隙孔：C 区与 D 区之间的 ia、E 区的 im、F 区的 ip 和 H 区的 ih。在真螨总目的一些原始类群和甲螨亚目中，幼螨之后螨态的隙孔数还可能增加，第一若螨在 PS 区增加 ips、第二若螨在 AD 区增加 iad，一些甲螨第二若螨在 AN 区增加 ian。

2.2　蜱螨体壁特征

2.2.1　体壁的构造

体壁（integument）（图 2-19）是覆盖躯体和附肢的表面组织，也是气管、腺体等的开口处；在保持体内水分和为体内肌肉提供附着的场所方面具有重要作用。与昆虫体壁相似，自外向内通常由表皮层（cuticle）、真皮层（epidermis）和基底膜（lamina）组成。表皮层自外向内又可分为上表皮（epicuticle）、外表皮（exocuticle）和内表皮（endocuticle）。二斑叶螨（*Tetranychus urticae* Koch）表皮层厚度为 0.25～2.00 μm。无气门股螨类一般没有内表皮，外表皮直接覆盖在真皮层上。

上表皮是体壁最外的一层，自外向内可分为 3 层：黏质层（cement layer）、盖质层（tectostracum layer）和表皮质层（cuticulin layer）。二斑叶螨上表皮厚度为 0.05～0.15 μm。黏质层由表皮腺分

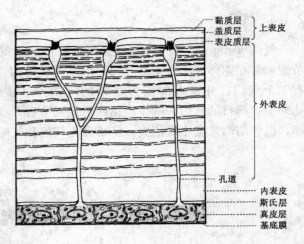

图 2-19　体壁横切面模式图

泌而来，主要成分是蜡、鞣化蛋白和类脂，对其下的盖质层等具有保护作用，可以防止体内水分过度散失。叶螨无黏质层，只有类脂层和不连续的多元酚层（polyphenol layer），多元酚可促进蛋白质鞣化。盖质层由真皮层通过孔道分泌而来，主要成分是蜡。表皮质层主要成分是脂蛋白复合物，在蜕皮时最先形成。一些类群在表皮层之下有一界限不明的薄颗粒层即斯氏层（Schmidt layer），亦称为上内皮或亚表皮。

外表皮和内表皮也被统称为原表皮，是体壁中最厚的一层，主要成分是几丁质和蛋白质复合物，内表皮所含几丁质高于外表皮。真皮层又称为皮细胞层从皮细胞层到表皮质层有许多孔道（pore canal），皮细胞层通过这些孔道将分泌物传送到表面，形成盖质层等保护层。

皮细胞层位于表皮层与基底膜之间，由一层活细胞组成，其分泌物形成了表皮层。此外，皮细胞层还可特化产生刚毛（刺）和化感毛等。

基底膜是位于皮细胞层之下的薄膜层，将皮细胞层和血腔分开，主要成分是中性黏多糖，其下附着有神经和微气管。

在不同发育螨态和身体的不同部位体壁骨化程度常有差异。一般地，由幼期发育为成熟期，体壁骨化程度不断加强，体壁的板块呈不同程度愈合。表皮层的厚度与螨类的抗药性有密切关系。

2.2.2　体壁的衍生物

体壁主要衍生物有皮细胞腺和各种毛，前者产生于体壁内，后者产生于体壁外。

2.2.2.1　皮细胞腺

皮细胞腺（图 2-20）是在外胚层组织里具有分泌功能的单个或多个细胞形成的腺体。单个细胞形成的腺体称为单细胞腺，是由一个细胞特化而成的有分泌功能的腺体，个体一般比其他细胞大，独立或数个细胞集中在一起产生分泌物。外胚层多个细胞内陷形成的腺体称为多细胞腺，其结构通常比较复杂。

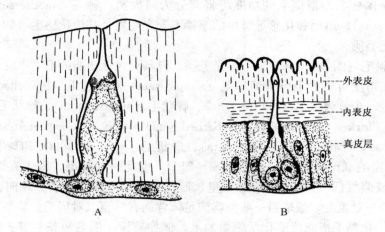

图 2-20 皮细胞腺的类型

A. 巨螨目 B. 蜱目

（仿 Evans，1992）

2.2.2.2 触毛和化感毛

（1）**毛的分类** 根据光学特性可将蜱螨的毛分为两大类（图 2-21）：含光毛质（acti-nopiline）的毛和不含光毛质的毛。含光毛质毛的质髓内部中空，在偏振光下呈双折射性，易于被碘染色。不含光毛质的毛在偏振光下呈单折射性，不易被碘染色。

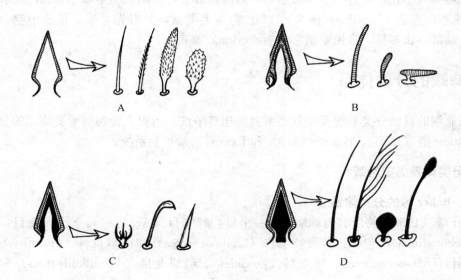

图 2-21 毛的类型

A. 触毛 B. 感棒 C. 芥毛和荆毛 D. 盅毛

（仿 Krantz，1978）

根据毛的类型可把蜱螨分为复毛类（actinotrichida）和单毛类（anactinotrichida）两大类群。复毛类包括真螨总目的螨类，该类既着生含光毛质的具有双折射性的毛，又着生不含光毛质的单折射性毛；单毛类指寄螨总目螨类，该类只着生不含光毛质的单折射性毛。

（2）触毛和化感毛 根据毛的功能可将其分为两大类：触毛（tactile seta）和化感毛（chemosensory seta）。触毛和化感毛类中的感棒不含光毛质，其他化感毛（如芥毛、荆毛和盅毛）都含有光毛质。

① 触毛 触毛（图2-21A）是不含光毛质、只具有触觉功能的毛，中空、壁薄，形状多样。根据分支情况可将触毛分为简单毛（simple seta）和有枝毛（branched seta）。根据形状可将触毛进一步分为微毛（minute seta）、棘状毛（spinose seta）、鞭状毛（whip-like seta）、叉状毛（forked seta）、细枝毛（barbed seta）、羽状毛（feathered seta）、栉状毛（comb-like seta）、叶状毛（leaf-like seta）、扇状毛（palmate seta）和球状毛（globe-like seta）等。盅毛（trichobothrium）（图2-21D）也是一种触毛，着生在凹陷的感器窝（bothridium）或假气门（pseudostigma）里，形状多样，可感受振动、风向。甲螨亚目在前足体背面常有一对盅毛，绒螨目一些类群前足体背面有一至二对盅毛。

② 化感毛 化感毛指能感受化学物质的毛，例如感棒、荆毛和芥毛等。须肢、第一对足和二对足的末节经常有化感毛。

A. 感棒：感棒（solenidion）（图2-21B）是不含光毛质的化感毛，真螨总目中着生于附肢上，光滑，一般呈棍棒状，端部钝圆，内壁有轮状细纹。有的呈刚毛状，末端变尖，轮纹不明显，易与触毛混淆。感棒用希腊字母表示，股节上用θ(theta)，膝节上用σ(sigma)，胫节上用φ(phi)，跗节上用ω(omega) 表示。

B. 荆毛：荆毛（eupathidion）（图2-21C）是一种具有光毛质的化感毛，核心中空，通常粗短，端部有小孔，常着生于须肢和第一对足跗节上，常用希腊字母ζ(zeta) 表示。

C. 芥毛：芥毛（famulus）（图2-21C）与荆毛类似，具有光毛质，核心中空，基部显著膨大，端部形状多样，常用希腊字母ε(epsilon) 等表示。

2.3 蜱螨的分类体系

蜱螨亚纲的目级分类系统及相互关系目前还有争议。历史上曾起到重要作用的分类系统主要有 Baker 等（1958）、Krantz(1978) 和 Evans(1992) 的系统。

2.3.1 分类体系历史沿革

2.3.1.1 Baker 等的分类体系

Baker 等（1958）将所有的蜱螨归为一个目：蜱螨目（Acarina），下设5亚目：爪须亚目（Onychopalpida）〔包括：节腹螨总科（Opilioacaridea）和巨螨总科（Holothyroidea）〕、中气门亚目（Mesostigmata）、蜱亚目（Ixodides）、绒螨亚目（Trombidiformes）和疥螨亚目（Sarcoptiformes）。

2.3.1.2 Krantz 的分类体系

Krantz(1978) 将蜱螨目提升为蜱螨亚纲（Acari），下设2目7亚目。

（1）寄螨目 寄螨目（Parasitiformes）包括节腹螨亚目（Opilioacarida）、巨螨亚目（Holothyrida）、革螨亚目（Gamasida）和蜱亚目（Ixodida）4亚目。

（2）真螨目 真螨目（Acariformes）包括辐螨亚目（Actinedida）、粉螨亚目（Acaridida）和甲螨亚目（Oribatida）3亚目。

2.3.1.3　Evans 的分类体系

Evans(1992) 沿用 Krantz 蜱螨亚纲的概念，在亚纲下设 3 总目 7 目。

(1) 节腹螨总目　节腹螨总目 (Opilioacariformes) 含节腹螨目 (Opilioacarida) 1 目。

(2) 寄螨总目　寄螨总目 (Parasitiformes) 包括巨螨目 (Holothyrida)、中气门目 (Mesostigmata) 和蜱目 (Ixodida) 3 目。

(3) 真螨总目　真螨总目 (Acariformes) 包括绒螨目 (Trombidiformes)、粉螨目 (Acaridida) 和甲螨目 (Oribatida) 3 目。

2.3.1.4　本书采用的分类体系

目前已知蜱螨有 546 科、5 550 多属、50 000 多种。根据前人研究基础，Krantz 和 Walter(2009) 沿用蜱螨亚纲的概念，在亚纲下设 2 总目 6 目；将 Evans(1992) 的甲螨目 (Oribatida) 和粉螨目 (Acaridida) 降格为疥螨目下的甲螨亚目 (Oribatida) 和无气门股 (Astigmatina)，将 Krantz(1978) 辐螨亚目 (Actinedida) 中的内气门总股 (Endeostigmatides) 移入疥螨目。本书参照他们的分类体系。

(1) 寄螨总目　寄螨总目 (Parasitiformes) 包括节腹螨目 (Opilioacarida)、巨螨目 (Holothyrida)、蜱目 (Ixodida) 和中气门目 (Mesostigmata) 4 目。

(2) 真螨总目　真螨总目 (Acariformes) 包括绒螨目 (Trombidiformes) 和疥螨目 (Sarcoptiformes) 2 目。

2.3.2　蜱螨高级阶元

蜱螨亚纲分目检索表

1. 各足基节与躯体腹面体壁愈合；足Ⅱ基节后方无可见的气门（图 2-18E～H）；前足体背面常有盅毛等感器（图 2-8）；头足沟常明显 ·········· 真螨总目 (Acariformes) ··· 2

   各足基节游离；足Ⅱ基节后方外侧或背面有 1 对或 4 对气门（图 2-18A～D）；前足体背面无盅毛等感器（图 2-1）；无头足沟 ·········· 寄螨总目 (Parasitiformes) ··· 3

2. 跗节爪间突呈爪状或吸盘状（图 2-17C）；螯肢动趾与定趾常形成钳状构造；无可见的气门；后半体 C 区着生的毛数常为 3～4 对 ·········· 疥螨目 (Sarcoptiformes)

   跗节爪间突着生有黏毛（图 2-17B）或呈垫状；螯肢动趾钩状（图 2-6H）或针状(2-6I)；若有气门则位于足Ⅱ基节背面前方；后半体 C 区着生的毛数常少于 3 对 ·········· 绒螨目 (Trombidiformes)

3. 有 4 对气门，位于躯体背面（图 2-18A）；须肢趾节爪位于跗节末端（图 2-7B）；躯体末体分节痕迹可见（图 2-2）；口下板前方外侧有助螯器（图 2-5C、D）·········· 节腹螨目 (Opilioacarida)

   通常有 1 对气门，位于足Ⅲ与足Ⅳ基节外侧（图 2-18C）或足Ⅳ基节后方（图 2-18D）；须肢趾节爪有或无，若有则不位于跗节末端（图 2-7A、C）；末体无分节痕迹；口下板前方外侧无助螯器，但常有颚角（图 2-5B）·········· 4

4. 口下板密生倒齿，特化为刺器（图 2-5F）；须肢无趾节爪 ·········· 蜱目 (Ixodida)

   口下板无倒齿，无特化的刺器（图 2-5B）；须肢有趾节爪（图 2-7A、C)(一些内寄生种类中退化)·········· 5

5. 口下板刚毛不多于 3 对（图 2-5B）；一般有胸叉；肛瓣至多着生有 3 根刚毛（图 2-11A）；气门后方无大型腺体开口（图 2-18C）·········· 中气门目 (Mesostigmata)

   口下板刚毛多于 3 对，通常为 6 对；胸叉严重退化或消失；肛瓣着生 2 对以上刚毛；气门后方有大型腺体 (Thon's organ) 开口（图 2-18B）·········· 巨螨目 (Holothyrida)

2.3.2.1 蜱螨亚纲分目

（1）寄螨总目　寄螨总目（Parasitiformes）亦称为单毛类（Anactinotrichida），该类的身体上只着生不含光毛质的毛。中型至大型。螯肢具隙孔和1根或数根刚毛；须肢具趾节或趾节爪（蜱目除外）；常有口上板；口下板外侧具1对颚角（中气门目、巨螨目）或助螯器（节腹螨目），在蜱目中颚角消失；颚体基部有一骨化环；胸板前方常有第三胸板齿。躯体背面通常骨化，有许多隙孔，无头足沟；雌螨无产卵器；气管系统发达，有气门；足基节游离，肛孔位于腹面；足股节和跗节分为2节，有隙孔，前跗节具一对爪和爪垫（pulvillus）。须肢跗节和足Ⅰ跗节有化感器。躯体和足均无盅毛，无吐丝器，无前幼螨期（节腹螨目除外）。寄螨总目包括4个目：节腹螨目、巨螨目、蜱目和中气门目。

① 节腹螨目　节腹螨目（Opilioacarida）（图2-2）体中型至大型，1～2.5 mm，灰褐色。螯肢着生有3～5根刚毛和2个隙孔；须肢趾节发达，1～2个发达的趾节爪着生于跗节末端；颚底有4对以上刚毛，口下板前方外侧具助螯器和膜质的威氏器（With's organ）。躯体无板，革质；前足体较小，后半体较大，二者之间有一条明显的腹沟分界，末体有13节。前足体有2～3对眼，位于前足体两侧。足Ⅰ基节和足Ⅱ基节具基节上毛。在躯体的第九至第十二节上各有1对气门，但无气门片。足Ⅰ基节之间着生有胸叉，基部分离；生殖孔横向，位于基节Ⅳ之间，肛瓣大，位于腹末端。足长，常有紫色和白色相间的带状条纹，基节游离；足Ⅰ跗节近端部具类似哈氏器（Haller's organ）的结构，具端跗器；转节Ⅲ和Ⅳ各分成两节。生活史经历卵期、前幼螨期、幼螨期、第一若螨期、第二若螨期、第三若螨期和成螨期。生活于热带和温带石块下、森林腐殖土等环境，捕食其他小型节肢动物，也可取食真菌孢子和植物花粉等。目前仅知1科9属21种，在我国尚未发现。

② 巨螨目　巨螨目（Holothyrida）（图2-22）体大型，长2～7 mm，红褐色至褐色；躯体和足强骨化，背面隆起，密生背毛。螯肢动趾与定趾相对成钳状；须肢趾节退化，在跗节近基部或中部形成1～2个趾节爪；无口上板，颚底有4对以上刚毛，口下板前方外侧具颚角。躯体背面和腹面均有发达的板，末体腹面完全骨化；眼有或无。足长，密生有毛。足Ⅰ基节之间胸叉退化或完全消失，胸叉基部分裂；足Ⅲ外侧着生1对气门，有气门片；气门后方通常有大型腺体（Thon's organ）开口。多数种类的雌螨生殖孔周围有4块板，肛瓣大，位于腹部末端，着生2对以上刚毛。足长，基节游离；足Ⅰ跗节近端部具类似哈氏器（Haller's organ）的结构。生活史经历卵期、幼螨期、第一若螨期、第二若螨期、第三若螨期和成螨期。主要生活于热带腐殖土层中、苔藓上和石块下，捕食其他小型节肢动物。目前已知3科10属30种，在我国尚未发现。

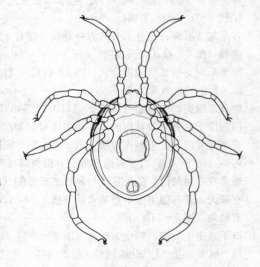

图2-22　巨螨目
（仿Evans，1992）

③ 蜱目　蜱目（Ixodida）（图 2 - 23）体中型至大型，饱食后可达 30 mm，红褐色、褐色或灰白色。螯肢特化为切割动物表皮的结构，无毛和隙孔。口下板具倒齿，前缘无颚角；颚底无第二胸板齿；须肢跗节退化，与胫节愈合。躯体表皮革质。通常具 1 对眼。硬蜱科（Ixodidae）雌性躯体背面只有前背板，雄性具全背板。无胸叉。生殖孔位于胸部，侧殖板退化。气门位于足 Ⅳ 基节后方或足 Ⅲ 至足 Ⅳ 基节外侧，无气门沟。足 Ⅰ 跗节具哈氏器（Haller's organ）。生活史经历卵期、幼蜱期、1 个至数个若蜱期和成蜱期。生活环境复杂，分布广泛，均为外寄

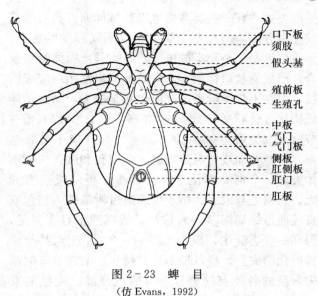

图 2 - 23　蜱　目
（仿 Evans，1992）

生，需要吸食脊椎动物血液，许多种类具有重要经济价值。

④ 中气门目　中气门目（Mesostigmata）（图 2 - 1）体小型至大型，长 0.2～2 mm，通常为浅褐色或深褐色；躯体和足较骨化。螯肢具 2 个隙孔，动趾与定趾相对成钳状，在寄生性类群里螯肢延伸；定趾基部有钳齿毛；一些类群中雄螨螯肢特化为导精趾或导精沟。须肢通常有 5 节，跗节近基部或中部有 1 个发达的趾节爪，趾节爪分裂为 2～4 叉。颚体背面有口上板即头盖；颚底一般有 3 对口下板毛和 1 对颚基毛，口下板前方外侧具颚角；颚底中部有一条纵向的第二胸板沟，沟内有成排的齿。躯体背面和腹面均有发达的板；无眼；足 Ⅰ 基节之间有胸叉，少数类群里退化或完全消失；足 Ⅰ 基节之间有 1 块胸板，着生胸毛，通常 3 对胸毛位于胸板上，1 对位于胸板后方。雌螨有 1～3 块生殖板，覆盖在生殖孔上；末体在有些类群里形成腹肛板，而有的类群里则只有肛板。雄螨腹面各板常愈合形成全腹板。基节 Ⅲ 和基节 Ⅳ 外侧有 1 气门，多数类群自气门向前形成气门沟，沟外常有板围绕。足基节游离。完整的发育过程经历卵、幼螨、第一若螨、第二若螨和成螨 5 个时期，一些寄生性类群无幼螨期。生活习性多样，有陆生、水生等，多数为肉食性（捕食或寄生），也有许多类群取食花粉等，还有一些是腐食性的。

（2）真螨总目　真螨总目（Acariformes）亦称复毛类（Actinotrichida），该类身体上着生含光毛质的和不含光毛质的两类毛。体小型到大型。螯肢基部分离或愈合，着生 0～2 毛，无隙孔；须肢细长，具 1～5 节，须肢跗节无趾节爪；无口上板；疥螨目多数类群和绒螨目的原始类群的口下板外侧常有 1 对助螯器，但绒螨目大多数类群助螯器消失；头足沟通常明显；前足体与后半体间常有分颈沟；雌螨常有产卵器；前足体完整毛序包括 6 对刚毛；后半体完整毛序有 8 排，隙孔有 7 对；基节与躯体腹面体壁愈合；肛孔通常位于腹面；足前跗节常具一对爪和爪间突。须肢跗节、足膝节、足胫节和足跗节有化感器。常有基节上毛，一些类群有吐丝器；一般有前幼螨期。常具盅毛，体节随发育而增加。包括 2 目：绒螨目和疥螨目。

① 绒螨目　绒螨目（Trombidiformes）（图 2 - 24）体微小到大型，形态复杂多样。颚体

一般发达，在一些类群里可以整体伸缩。典型的螯肢左右分离，但在不少类群中呈不同程度的愈合，形成口针鞘。个别类群里（跗线螨科）颚体整个愈合，形成囊状口针鞘。通常动趾与定趾相对应成钳状，但在不少类群里定趾退化甚至消失，动趾延伸成钩状、针状等。须肢通常有5节，少数只有4节，个别类群里减少为1节。气门开口于螯肢基部、螯肢背面或前足体前侧。生殖孔和肛孔位于躯体腹面，个别类群位于躯体背面。生殖吸盘有或无，正殖毛有或无。精子传递通过雌螨纳入精包或直接通过雄螨阳茎导入进行。成螨通常具4对足，但在一些类群中，减少为3对、2对、1对甚至全部退化消失。足呈各种形式的特化，前跗节有时消失，足的各节有的愈合，有的再分节。完整的发育过程经历卵、前幼螨、幼螨、第一若螨、第二若螨、第三若螨和成螨7个时期，但在不少类群里，一个、数个甚至所有的未成熟期均不表现。生活习性多样，有陆生、淡水生和海水生等，有植食性、菌食性、肉食性（捕食或寄生）和腐食性等。

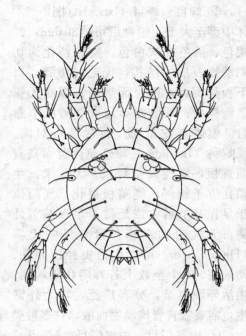

图 2 - 24　绒螨目（长须螨科神蕊螨属）

② 疥螨目　疥螨目（Sarcoptiformes）（图 2 - 25）螯肢动趾与定趾对应成钳状，通常具2毛，但无隙孔。上唇发达，舌形，侧面常具齿。口下板前侧常具发达的助螯器，无气门股里退化。吻毛1~3对。前足体通常着生1对盅毛和5对普通毛，但在粉螨和水生甲螨类群里，盅毛常退化消失。通常无眼，少数有中眼、侧眼。须肢和足Ⅰ具有基节上毛。头足沟外露。后半体一般具有8个体节，在一些原始类群里还有肛前区，有7对隙孔，在少数类群里隙孔 iad 和 ian 消失。进化的类群里，末体腺发达。生殖孔周围常有1对生殖瓣，有2~3对生殖吸盘。雌螨常有产卵器，雄螨有生殖骨片或阳茎。跗节Ⅰ具3~7感毛，膝节Ⅰ具2~7感毛，胫节感毛鞭状。前跗节具1~3爪。生活史经历卵期、前幼螨期、幼螨期、2~3个若螨期和成螨期。生活环境复杂，分布极广，有植食性、腐食性、菌食性和肉食性（外寄生、内寄生和捕食）等。

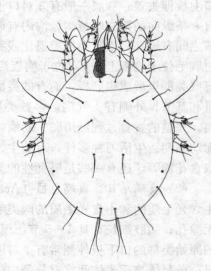

图 2 - 25　疥螨目（粉螨科根螨属）

2.3.2.2　蜱螨亚纲总科级分类系统

蜱螨亚纲目前已知有125总科，其中节腹螨目、巨螨目和蜱目各有1总科，中气门目有26总科，绒螨目有40总科，疥螨目有56总科。

（1）寄螨总目（Parasitiformes）的总科级分类

① 节腹螨目（Opilioacarida） 此目含节腹螨总科（Opilioacaroidea）1总科。

② 巨螨目（Holothyrida） 此目含巨螨总科（Holothyroidea）1总科。

③ 蜱目（Ixodida） 此目含蜱总科（Ixodoidea）1总科。

④ 中气门目（Mesostigmata） 此目含绥螨亚目、三殖板亚目和单殖板亚目，亚目下还可分为总股、股和亚股。

A. 绥螨亚目（Sejida）：此亚目含绥螨总科（Sejoidea）1总科。

B. 三殖板亚目（Trigynaspida）：此亚目包括梭巨螨股和角螨股2股。

a. 梭巨螨股（Cercomegistina）包含梭巨螨总科（Cercomegistoidea）1总科。

b. 角螨股（Antennophorina）包含迷螨总科（Aenictequoidea）、角螨总科（Antennophoroidea）、黑面螨总科（Celaenopsoidea）、费螨总科（Fedrizzioidea）、巨螨总科（Megisthanoidea）和步甲螨总科（Parantennuloidea）6总科。

C. 单殖板亚目（Monogynaspida）：此亚目含小雌螨股、海姿螨股、尾足螨股、异蚖螨股和革螨股5股。

a. 小雌螨股（Microgyniina）含小雌螨总科（Microgynioidea）1总科。

b. 海姿螨股（Heatherellina）含海姿螨总科（Heatherelloidea）1总科。

c. 尾足螨股（Uropodina）含尾足螨亚股和箭毛螨亚股2亚股。

ⅰ. 尾足螨亚股（Uropodiae）含多盾螨总科（Polyaspidoidea）、滨蚖螨总科（Thinozerconoidea）、糙尾足螨总科（Trachyuropodoidea）和尾足螨总科（Uropodoidea）4总科。

ⅱ. 箭毛螨亚股（Diarthrophalliae）含箭毛螨总科（Diarthrophalloidea）1总科。

d. 异蚖螨股（Heterozerconina）含异蚖螨总科（Heterozerconoidea）1总科。

e. 革螨股（Gamasina）含表刻螨亚股、狭螨亚股、寄螨亚股和皮刺螨亚股4亚股。

ⅰ. 表刻螨亚股（Epicriiae）含表刻螨总科（Epicrioidea）和蚖螨总科（Zerconoidea）2总科。

ⅱ. 狭螨亚股（Arctacariae）含狭螨总科（Arctacaroidea）1总科。

ⅲ. 寄螨亚股（Parasitiae）含寄螨总科（Parasitoidea）1总科。

ⅳ. 皮刺螨亚股（Dermanyssiae）含囊螨总科（Ascoidea）、皮刺螨总科（Dermanyssoidea）、真伊螨总科（Eviphidoidea）、植绥螨总科（Phytoseioidea）、胭螨总科（Rhodacaroidea）和维螨总科（Veigaioidea）6总科。

（2）真螨总目（Acariformes）的总科级分类

① 绒螨目（Trombidiformes） 此目含跳螨亚目和前气门亚目2亚目。

A. 跳螨亚目（Sphaerolichida）：此亚目含球螨总科（Lordalychoidea）和跳螨总科（Sphaerolichoidea）2总科。

B. 前气门亚目（Prostigmata）：此亚目含携卵螨总股、真足螨总股、大赤螨总股和异气门总股4总股。

a. 携卵螨总股（Labidostomatides）含携卵螨总科（Labidostomatoidea）1总科。

b. 真足螨总股（Eupodides）含吸螨总科（Bdelloidea）、瘿螨总科（Eriophyoidea）、真足螨总科（Eupodoidea）、海螨总科（Halacaroidea）和镰螯螨总科（Tydeoidea）5总科。

c. 大赤螨总股（Anystides）含大赤螨股和寄殖螨股2股。

ⅰ. 大赤螨股（Anystina）含阿德螨总科（Adamystoidea）、大赤螨总科（Anystoidea）、盲蛛螨总科（Caeculoidea）、桃土螨总科（Pomerantzioidea）和副镰螯螨总科（Paratydeoidea）5总科。

ⅱ. 寄殖螨股（Parasitengonina）含赤螨亚股、绒螨亚股、水螨亚股和阴绒螨亚股4亚股。

赤螨亚股（Erythraiae）含陷口螨总科（Calyptostomatoidea）和赤螨总科（Erythraeoidea）2总科。

绒螨亚股（Trombidiae）含奇泽螨总科（Chyzerioidea）、下长绒螨总科（Tanaupodoidea）、绒螨总科（Trombidioidea）和恙螨总科（Trombiculoidea）4总科。

水螨亚股（Hydrachnidiae）含雄尾螨总科（Arrenuroidea）、皱喙螨总科（Eylaoidea）、水螨总科（Hydrachnoidea）、溪水螨总科（Hydrovolzioidea）、盾水螨总科（Hydryphantoidea）、湿螨总科（Hygrobatoidea）和腺水螨总科（Lebertioidea）7总科。

阴绒螨亚股（Stygothrombiae）含阴绒螨总科（Stygothrombidioidea）1总科。

d. 异气门总股（Eleutherengonides）含缝颚螨股和异气门股2股。

ⅰ. 缝颚螨股（Raphignathina）含肉食螨总科（Cheyletoidea）、肉螨总科（Myobioidea）、蝎螨总科（Pterygosomatoidea）、缝颚螨总科（Raphignathoidea）和叶螨总科（Tetranychoidea）5总科。

ⅱ. 异气门股（Heterostigmatina）含长头螨总科（Dolichocyboidea）、异肉食螨总科（Heterocheyloidea）、蒲螨总科（Pyemotoidea）、矮蒲螨总科（Pygmephoroidea）、盾螨总科（Scutacaroidea）、附螯螨总科（Tarsocheyloidea）、跗线螨总科（Tarsonemoidea）和微轮螨总科（Trochometridioidea）8总科。

② 疥螨目（Sarcoptiformes） 此目含内气门亚目和甲螨亚目2亚目。

A. 内气门亚目（Endeostigmata）：此亚目含曲螨股、线美螨股、喜螨股和无爪螨股4股。

a. 曲螨股（Alycina）含曲螨总科（Alycoidea）1总科。

b. 线美螨股（Nematalycina）含线美螨总科（Nematalycoidea）1总科。

c. 喜螨股（Terpnacarina）含奥赫螨总科（Oehserchestoidea）和喜螨总科（Terpnacaroidea）2总科。

d. 无爪螨股（Alicorhagiina）含无爪螨总科（Alicorhagioidea）1总科。

B. 甲螨亚目（Oribatida）：此亚目含古甲螨总股、节甲螨总股、类缝甲螨总股、混甲螨总股和坚甲螨总股5总股。

a. 古甲螨总股（Palaeosomatides）含棘古甲螨总科（Acaronychidae）、栉甲螨总科（Ctenacaroidea）和古甲螨总科（Palaeacaroidea）3总科。

b. 节甲螨总股（Enarthronotides）含奇缝甲螨总科（Atopochthonioidea）、短甲螨总科（Brachychthonioidea）、异缝甲螨总科（Heterochthonioidea）、缝甲螨总科（Hypochthonioidea）和原卷甲螨总科（Protoplophoroidea）5总科。

c. 类缝甲螨总股（Parhyposomatides）含类缝甲螨总科（Parhypochthonioidea）1总科。

d. 混甲螨总股（Mixonomatides）含无角洛甲螨总科（Collohmannioidea）、上洛甲螨总科（Epilohmannioidea）、真洛甲螨总科（Eulohmannioidea）、新卷甲螨总科（Euphthiracaroidea）、竞缝甲螨总科（Nehypochthonioidea）、全洛甲螨总科（Perlohmannioidea）和卷甲螨总科（Phthiracaroidea）7 总科。

e. 坚甲螨总股（Desmonomatides）含惰甲螨股、短孔甲螨股和无气门股 3 股。

ⅰ. 惰甲螨股（Nothrina）含扁甲螨总科（Crotonioidea）1 总科。

ⅱ. 短孔甲螨股（Brachypylina）含角翼甲螨总科（Achipterioidea）、美甲螨总科（Ameroidea）、滨甲螨总科（Ameronothroidea）、步甲螨总科（Carabodoidea）、薛甲螨总科（Cepheoidea）、尖棱甲螨总科（Ceratozetoidea）、卷边甲螨总科（Cymbaeremaeoidea）、鹿甲螨总科（Damaeoidea）、龙骨足甲螨总科（Eremaeoidea）、龙足棱甲螨总科（Eremaeozetoidea）、大翼甲螨总科（Galumnoidea）、剑甲螨总科（Gustavioidea）、小赫甲螨总科（Hermannielloidea）、水棱甲螨总科（Hydrozetoidea）、扇沙甲螨总科（Licneremaeoidea）、小棱甲螨总科（Microzetoidea）、新滑甲螨总科（Neoliodoidea）、奥甲螨总科（Oppioidea）、小甲螨总科（Oribatelloidea）、山足甲螨总科（Oripodoidea）、类前翼甲螨总科（Phenopelopoidea）、迭蜕甲螨总科（Plateremaeoidea）、多翼甲螨总科（Polypterozetoidea）和顶藓甲螨总科（Tectocepheoidea）24 总科。

ⅲ. 无气门股（Astigmatina）含粉螨总科（Acaroidea）、羽螨总科（Analgoidea）、寄甲螨总科（Canestrinioidea）、嗜甜螨总科（Glycyphagoidea）、半疥螨总科（Hemisarcoptoidea）、薄口螨总科（Histiostomatoidea）、下恒螨总科（Hypoderoidea）、翅螨总科（Pterolichoidea）、疥螨总科（Sarcoptoidea）和裂甜螨总科（Schizoglyphoidea）10 总科。

蜱螨亚纲的经济类群很多，以下对与农林业生产和人类健康密切相关的叶螨总科、瘿螨总科、跗线螨总科、真足螨总科、镰螯螨总科、粉螨总科和植绥螨总科的形态特征和分类进行介绍。

2.4 叶螨总科（Tetranychoidea）的形态特征和分类

叶螨总科（图 2 - 26）为小型至中型螨类，躯体长 250～800 μm；卵圆形、圆形；身体柔软，呈红色、黄色、橙色、绿色、褐色、乳白色等。螯肢基部愈合形成口针鞘，可缩入体内或前伸在前足体前；动趾细长，鞭状，可伸缩；定趾退化，薄片状；须肢通常有 5 节，须胫节末端常有爪，与跗节形成拇爪复合体。细须螨科的须肢节数常减少，胫节末端爪消失。有 1 对气门沟，自口针鞘基部中央伸出，常先向前侧方延伸再转向前足体背面。颚底有 0～1 对刚毛。躯体表面有条纹、网纹或板，板间分界不明显；分颈沟明显或退化；前足体着生3～4 对毛，无盅毛。生活于植物上的类群常有眼。腹面常有 3 对基节间毛和 6 对基节毛；生殖孔位于足Ⅳ后方，常呈横向开裂，无生殖吸盘。各足膝节无感棒；足跗节一般有 1 对爪及爪间突，爪上有黏毛，爪间突有黏毛或针状毛。雄螨个体较小，躯体末端常变尖；两性交配通过阳具传送精子。叶螨总科有许多种类是世界性的害虫，取食植物叶绿体等营养物质，传播病菌，造成严重危害。已知有 5 科：叶螨科（Tetranychidae）、细须螨科（Tenuipalpidae）、线叶螨科（Linotetranidae）、杜克螨科（Tuckerellidae）和异毛螨科（Allochaetophoridae），共 130 属约 2 000 种。

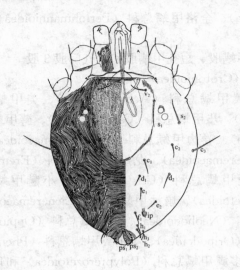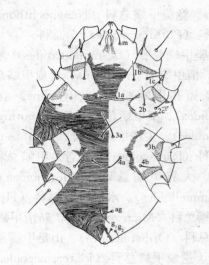

图 2-26 叶螨科

叶螨总科分科检索表（成螨）

1. 末体后缘有 5 对或更多鞭状长毛；躯体背毛大多扁平，扩展成叶形或扇形；c 系列具 5 对毛或更多；d
   系列具 5 对毛 ··· 杜克螨科（Tuckerellidae）
   末体后缘无鞭状长毛，若有则不多于 2 对；躯体背毛大多为刚毛状，通常不扩展成叶形或扇形；c 系
   列和 d 系列最多各有 3 对毛 ·· 2
2. 足 II 基节内侧附近具 2a 毛；无眼 ······················· 线叶螨科（Linotetranidae）
   无 2a 毛；常有眼 ·· 3
3. 后半体无 c_1 毛；体长超过体宽的 2 倍；伪肛毛分叉 ··············· 异毛螨科（Allochaetophoridae）
   后半体常有 c_1 毛；体长一般不超过体宽的 2 倍；伪肛毛不分叉 ····················· 4
4. 须肢胫节无端爪；口针鞘周围有膜状构造包裹 ··············· 细须螨科（Tenuipalpidae）
   须肢胫节具端爪，与跗节形成拇爪复合体；口针鞘外无膜状构造 ········· 叶螨科（Tetranychidae）

2.4.1 异毛螨科（Allochaetophoridae）

异毛螨科成螨体狭长，长大于宽的 2 倍，无色。须肢胫节有 1 爪；跗节 I 有 2 根粗短的
感棒；伪肛毛二叉状；有 2 对眼。已知有 1 属 2 种。生活于草本植物上。

2.4.2 线叶螨科（Linotetranidae）

线叶螨科成螨体卵圆形或狭长，无色、淡红色或绿色。须肢胫节有 1 爪；跗节 I 有 2 根
粗短的感棒；伪肛毛简单，不分叉；无眼。已知有 3 属 9 种。常生活于土表腐殖土和土
壤中。

2.4.3 细须螨科（Tenuipalpidae）

细须螨科成螨体扁平，红色、绿色、黄色等。口针鞘被膜状构造包围，可在其中伸缩。
须肢 1～5 节，胫节无爪。前足体通常有 3 对背毛和 2 对眼。生殖孔横裂，常有生殖板覆盖；

伪肛毛简单,不分叉;各足前跗节有1对爪,腹侧有梳状黏毛,爪间突垫状,着生有梳状黏毛。足Ⅰ和足Ⅱ跗节上各有1~2根棒状感毛,刚毛数不多于6根;胫节Ⅰ无感棒;胫节Ⅲ和胫节Ⅳ上着生1~2根刚毛;膝节Ⅲ和膝节Ⅳ的毛数少于2根;足Ⅳ在个别属中完全消失。已知有30属800余种。生活于各种植物上。

2.4.4 叶螨科(Tetranychidae)

叶螨科成螨体卵圆形或圆形,红色、绿色、黄色、褐色等。口针鞘周围无膜状构造,可伸缩;须肢胫节爪发达;足Ⅰ和足Ⅱ跗节感毛细长,不呈棒状;c系列毛不多于3对;躯体末端毛无特化。已知有95属1 200余种。生活于各种植物上,少数生物于土壤表层。

2.4.5 杜克螨科(Tuckerellidae)

杜克螨科成螨体卵圆形,通常为红色。口针鞘周围有膜状构造,可在其中伸缩;须肢胫节爪发达,形成拇爪复合体;足Ⅰ跗节感毛细长或消失,不为棒状;c系列毛多于4对;躯体末端边缘毛特化,鞭状或二叉状。已知有1属17种。生活于各种植物上。

2.5 瘿螨总科(Eriophyoidea)的形态特征和分类

2.5.1 瘿螨总科的形态特征

瘿螨(图2-27)是农业螨类中体型最小的类群之一,一般体长160~280 μm,宽40~80 μm,蠕虫形或梭形,体乳白色、淡黄色、淡红色、棕红色或褐色。瘿螨只有两对足,故又称四足螨,俗称锈螨、锈壁虱。瘿螨体躯分颚体(gnathosoma)、前足体(propodosoma)和后体(opisthosoma)3部分。瘿螨的分类特征一般以雌成螨的形态特征为主。

2.5.1.1 颚体

瘿螨颚体由口针(图2-27E、F)、喙和须肢组成。口针由7~9根组成,由螯肢演化而来,与身体呈直角或钝角下伸。须肢在口针两侧,包裹口针。须肢上有须肢基节刚毛(图2-27N:ep,O:ep)、须肢背膝刚毛(图2-27N:d)和须肢亚端刚毛(图2-27N:v),须肢背膝刚毛分叉还是单一是瘿螨分类的重要特征。

2.5.1.2 前足体

瘿螨前足体是颚体和后体之间的体段,由4个体节组成,前两个体节的附肢为足Ⅰ和足Ⅱ,后两个体节的附肢在胚胎发育过程中消失。这些体节的背面形成一个近似三角形的背盾板。

(1)背盾板 背盾板一般呈三角形、近四边形或半圆形,通常由背线(图2-27J:m、ad、sm)、背瘤和背毛(图2-27K:sc)组成。背盾板前端突出的部分叫做前叶突,前叶突的形状以及缺失情况是分类的特征。背盾板背瘤和背毛的着生位置通常有5种情况:背毛和背瘤生于背盾板后缘、背毛和背瘤生于背盾板后缘之前、背毛和背瘤生于近盾后缘、背毛和背瘤缺失、背瘤微小背毛缺失。背毛的指向分为内指、后指和外指。植羽瘿螨科瘿螨不同于瘿螨科和羽爪瘿螨科瘿螨,通常有前背毛(图2-27K:vi、ve)和亚背毛。背盾板上背线一般由背中线(图2-27J:m)、侧中线(图2-27J:ad)和亚中线(图2-27J:sm)组

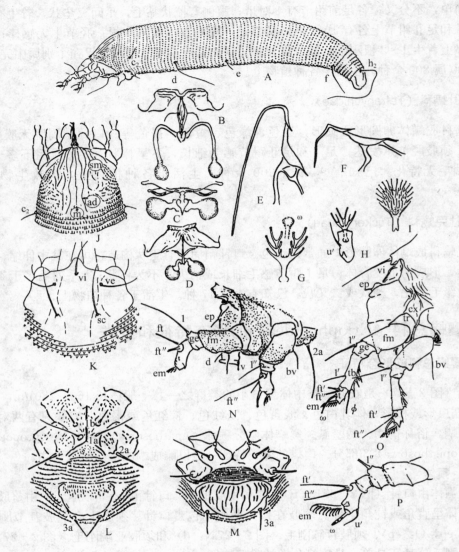

图 2-27 瘿螨分类特征图

A. 侧面观　B~D. 雌螨内部生殖器　E~F. 口针　G~I. 羽状爪
J~K. 背盾板　L~M. 足基节和雌螨外部生殖器　N~O. 足Ⅰ和足Ⅱ　P. 足Ⅰ
(仿 Amrine, 1996)

成，背线的形状和缺失情况是瘿螨很重要的分类特征。

（2）足　瘿螨的足只有前面两对，后足退化。瘿螨的足通常由 6 节组成：基节（图2-27O：cx）、转节（图2-27O：tr）、股节（图2-27O：fm）、膝节（图2-27O：ge）、胫节（图2-27O：tb）和跗节（图2-27O：t）。足Ⅰ和足Ⅱ一般有股节刚毛（图2-27N：bv，O：bv）和膝节刚毛（图2-27N：l″），股节刚毛较短，膝节刚毛较长。足Ⅰ有胫节刚毛（图2-27O：l′），较短，不同的种胫节刚毛有不同的着生位置，通常生于背基部 1/3 处，有些羽爪瘿螨科的种在胫节端部还会生有较粗壮的端刺。足Ⅱ无胫节刚毛。足Ⅰ和足Ⅱ跗节各生有 1 对跗节刚毛（图2-27N：ft″、ft′）；在跗节的端部生有爪间突，称为羽状爪（图 2 - 27 N：em，G、H、I），羽状爪侧面观似单栉齿状，每一栉齿称为轮或枝。羽状爪的分支数也是分类的依据，羽状爪分为单一和分叉两种情况。在跗节的末端生有 1 根较粗壮的爪（图 2 - 27 O：ω），爪端部叫爪端球，爪端球呈球状、较尖形、木棒状等形状。

（3）足基节　足基节一般有 3 对刚毛：基节刚毛Ⅰ（图 2 - 27 L：1b）（较短，有些种类会缺失）、基节刚毛Ⅱ（图 2 - 27 L：1a）（长度居中）、基节刚毛Ⅲ（图 2 - 27 L：2a）（较长）。足基节有腹板线或无，足基节纹饰有圆形微瘤、锥形微瘤、短线形或光滑等 4 种情况。

2.5.1.3　后体

瘿螨后体由一系列背环和腹环组成，后体背环有些种生有微瘤，背环微瘤呈圆形、椭圆形、线形或刺状，这些都是分类的重要特征；腹环微瘤通常圆形。后体背面观有些种具有一系列的背脊或背槽，背脊和背槽的数目和形状以及背环的形状也是分类的特征。后体一般有侧毛 1 对（图 2 - 27 A：c₂），位于后体前端的两侧，背腹环的交界处；腹毛Ⅰ 1 对（图 2 - 27 A：d），位于后体中部的腹环上，一般较长；有的种类在背盾板后，后体背面生有 1 对亚背毛，通常较短；腹毛Ⅱ 1 对（图 2 - 27 A：e），一般生于后体 3/5 处；腹毛Ⅲ 1 对（图 2 - 27 A：f），生于近体末端，通常距体末 10 环左右。后体末端一般由 5～10 环组成，背面和腹面环数大致相当，体末生有 1 对较短的副毛和 1 对较长的尾毛。

大体腹面生有雌性生殖器和雄性生殖器，位于后体腹部前端，生殖器距足基节的距离是分亚科的重要特征。雌螨生有生殖器盖片，生殖器盖片分为光滑和具有纵肋两种情况，纵肋通常一排，有些种类有两排，纵肋的条数是分种的特征。生殖器后缘生有生殖毛 1 对（图 2 - 27 L：3a，M：3a）。雌螨生殖器内部有一对受精囊（图 2 - 27 B、C、D），受精囊的长短是分亚科的特征。

雄性生殖器着生位置同雌性生殖器，但向前面凸起，横开口，在中线两侧各有一个感觉器。瘿螨无阳茎，以精包给雌螨受精。

2.5.2　瘿螨总科的分类

2.5.2.1　瘿螨分类系统及研究历史

瘿螨个体微小，肉眼难以发现，危害寄主植物会形成虫瘿和毛毡等症状，很长时间以来都把它当做一种病害。von Siebold 1851 年首先把这类螨归并在一起成立瘿螨属（*Eriophyes*）；Nalepa 1898 年以瘿螨属（*Eriophyes*）为模式属成立瘿螨科（Eriophyidae），同时成立瘿螨总科（Eriophyoidea）。关于其分类，国际上曾经有 4 种分类系统（表 2 - 1）。目前国际上普遍采用 Amrine、Stansy 和 Flechtmann 2003 年的分类系统。

奥地利学者 Nalepa 在 1884—1929 年，进行了 46 年的瘿螨分类研究，共描述了 479 种，可以称得上是瘿螨分类研究的奠基人。美国人 Keifer 一生致力于瘿螨分类的研究，1938—1982 年的 45 年间，共描述了 711 种，是目前世界上描述瘿螨种类最多的瘿螨分类学家。印度人 Mohanasundaram 从 1978—1994 年共描述了 236 种瘿螨。波兰人 Bocezk 从 1960 年开始研究瘿螨分类，共描述了约 345 种瘿螨。巴西人 Flechtmann 从 1971 年开始研究瘿螨分类，共描述了约 125 种。此外，美国的 James Amrine、俄罗斯的 Shevtchenko 等分类学家，为瘿螨的分类事业作出了巨大的贡献。

表 2-1　瘿螨总科分类系统

Newkirk 和 Keifer (1975)	Boczek、Shevtchenko 和 Davis (1989)	Amrine 和 Stansy (1994)	Amrine、Stansy 和 Flechtmann (2003)
纳氏瘿螨科（Nalepellidae）	小盾瘿螨科（Ashieldophyidae）	植羽瘿螨科（Phytoptidae）	植羽瘿螨科（Phytoptidae）
瘿螨科（Eriophyidae）	五毛瘿螨科（Pentasetacidae）	瘿螨科（Eriophyidae）	瘿螨科（Eriophyidae）
大嘴瘿螨科（Rhynacaphytoptidae）	纳氏瘿螨科（Nalepellidae）	羽爪瘿螨科（Diptilomiopidae）	羽爪瘿螨科（Diptilomiopidae）
	植羽瘿螨科（Phytoptidae）		
	瘿螨科（Eriophyidae）		
	羽爪瘿螨科（Diptilomiopidae）		

中国瘿螨总科的分类研究始于 20 世纪 80 年代，1980 年南京农业大学匡海源发表了《无毛瘿螨属一新种记述》一文，记述了杉无毛瘿螨（*Asetacus cunnighamiae* Kuang），填补了我国瘿螨分类上的空白。经过南京农业大学等单位 20 多年的研究，共报道 735 种瘿螨，取得了显著成绩。

2.5.2.2　瘿螨总科各科的主要形态特征

（1）植羽瘿螨科　植羽瘿螨科（Phytoptidae Murray，1877）　体梭形或蠕虫形；喙较大，与身体呈斜下伸；背盾板有 1～5 根刚毛，通常有 1～3 根前背毛；大体具有模式刚毛，常有亚背毛 1 对，副毛通常较长；足具有模式刚毛，胫节通常有端刺；羽状爪单一，不分叉。

植羽瘿螨科世界包括 5 亚科：四毛瘿螨亚科（Prothricinae Amrine，1996）、新植羽瘿螨亚科（Novophytoptinae Roivainen，1953）、纳氏瘿螨亚科（Nalepellinae Roivainen，1953）、植羽瘿螨亚科（Phytoptinae Murray，1877）、锯瘿螨亚科（Sierraphytoptinae Keifer，1944）、我国有纳氏瘿螨亚科、植羽瘿螨亚科和锯瘿螨亚科 3 亚科。植羽瘿螨科是瘿螨总科里最小的一个科，只有 4% 的瘿螨属于植羽瘿螨科。

（2）瘿螨科　瘿螨科（Eriophyidae Nalepa，1898）　体梭形或蠕虫形；喙较小，与身体呈斜下伸；背盾板无前背毛，背毛有或无；大体无亚背毛，副毛较小，有时缺失；足通产具有正常的分节，羽状爪通常单一，但有些种类分叉。

瘿螨科共有 6 亚科：似铲瘿螨亚科（Aberoptinae Keifer，1966）、伪足瘿螨亚科（Nothopodinae Keifer，1956）、无毛瘿螨亚科（Ashieldophyinae Mohanasundaram，1984）、生瘿螨亚科（Cecidophyinae Keifer，1966）、瘿螨亚科（Eriophyinae Nalepa，1898）、叶刺瘿螨亚科（Phyllocoptinae Nalepa，1892）。我国分布有 4 亚科：伪足瘿螨亚科、生瘿螨亚科、瘿螨亚科和叶刺瘿螨亚科。瘿螨科是瘿螨总科里最大的一个科，87% 以上的瘿螨种类属于该科。

（3）羽爪瘿螨科　羽爪瘿螨科（Diptilomiopidae Keifer，1944）　体梭形或蠕虫形；喙较大，与身体呈直角下伸；须肢弯曲，包裹长的口针；足具有模式刚毛，羽爪单一或分叉，较大。

本科包括羽爪瘿螨亚科（Diptilomiopinae）和大嘴瘿螨亚科（Rhyncaphytoptinae）两亚科，这两亚科在中国都有分布。羽爪瘿螨科约占瘿螨总科的 9%。

2.6 跗线螨总科 (Tarsonemoidea) 的形态特征和分类

跗线螨总科 (图 2-28) 成螨个体微小，躯体长 90～350 μm；卵圆形、圆形；乳白色、黄色或绿色。螯肢与下颚体愈合成囊状结构，在背面和腹面各着生一对毛；动趾针状，可部分伸缩；颚体有时延长；须肢极微小或完全退化。躯体背面有 1～3 块背板；雌成螨前背板有 1 对气门。跗线螨科多数种类有一对膨大或刚毛状的盅毛，但蚴螨科的种类无此结构。雌成螨外顶毛退化。足 I 和 II 之间胸板沿腹中线愈合。跗线螨科雌螨有足 IV，股节和膝节愈合，无前跗节爪和爪间突；蚴螨科多数类群雌螨足 IV 消失甚至有些类群只有一对足；跗线螨科雄螨若有足 IV，则常有 4 节，有一根长刚毛，末端直接伸出一大型爪。雌螨通过产卵或产幼螨进行生殖，无若螨。食性复杂，许多种类是食菌性的，有的取食植物，是重要的农林业害虫，有的与其他节肢动物共生或寄生。已知有 2 科：跗线螨科 (Tarsonemidae) 和蚴螨科 (Podapolipidae)，共 74 属近 800 种。

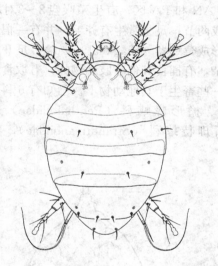
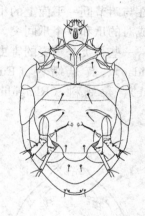

图 2-28 跗线螨科

(仿 Lindquist，1986)

跗线螨总科分科检索表 (成螨)

1. 雌螨足 I 胫节与跗节愈合形成胫跗节；足 IV 3 节，股节和膝节愈合；雄螨足 IV 位于躯体腹面，有一根长刚毛，末端直接伸出一大型爪 ·················· 跗线螨科 (Tarsonemidae)
   雌螨足 I 胫节与跗节分离，各自独立存在；雌螨若有足 IV，则为 5 节；雄螨足 IV 位于躯体背面，无长刚毛，末端无大型爪 ·················· 蚴螨科 (Podapolipidae)

2.6.1 蚴螨科 (Podapolipidae)

蚴螨科雌螨通常有 1～3 对足，雄螨有 3～4 对足；若有足 IV，则为 5 节，雄螨足 IV 位于躯体背面。已知有 30 属 200 多种。全部为寄生性，与其他节肢动物相关。

2.6.2 跗线螨科（Tarsonemidae）

跗线螨科雌螨通常有 4 对足，足Ⅳ有 3 节，纤细；雄螨足Ⅳ有 3 节或 4 节，位于躯体腹面。已知有 40 属 530 多种。多数取食植物，有的为腐生性，有的则寄生其他动物特别是节肢动物，个别种类捕食叶螨的卵。

2.7 真足螨总科（Eupodoidea）的形态特征和分类

真足螨总科成螨体（图 2 - 29）小型至中型，体柔软，弱骨化，个别类群骨化程度较高；卵圆形、圆形；黄色、绿色、乳白色或褐色等。螯肢动趾与定肢相对成钳状，或者定趾退化动趾刀状，有 1～2 螯肢毛；气门位于螯肢基部，但无气门沟；须肢简单、纤细，分成 4 节；胫节无端爪；口下板外侧无助螯器。前足体背面具有明显的前突，前足体有 1 对盅毛和 3 对以上的刚毛；常有眼。后半体 c 系列、f 系列和 h 系列毛一般各有 2 对，但在少数类群里，可能密生许多新毛（neotrichous）；无 AN 和 PA 区；有生殖吸盘 2～3 对，有时有许多正殖毛；肛瓣无毛。各足无盅毛；股节分成两节；足Ⅰ常生有芥毛，并有一根或数根特化的感棒横卧在与跗节同一平面上的小凹槽里形成莓螨器（rhagidial organ）。足Ⅱ至足Ⅳ的前跗节通常有成对的爪和一个爪间突。食性复杂，有捕食其他节肢动物的，有取食真菌的，有取食植物的，一些种类是重要的害虫，还有一些寄生于其他动物上。已知有 6 科：瘿刺螨科（Eriorhynchidae）、真足螨科（Eupodidae）、檐形喙螨科（Penthalodidae）、叶爪螨科（Penthaleidae）、莓螨科（Rhagidiidae）、斯珊特螨科（Strandtmanniidae），共 39 属约 230 种。

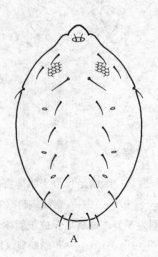 

图 2 - 29 真足螨科
（仿 Kethley，1990）

真足螨总科分科检索表（成螨）

1. 躯体强骨化，背面有 V 形或 Y 形沟或在末体有平行沟，密布五边形网纹或颗粒状饰纹；前足体前缘伸出，覆盖于颚体上 ·· 檐形喙螨科（Penthalodidae）

躯体弱骨化或不骨化，背面无 V 形或 Y 形沟，无网纹，前足体前缘不伸出 ·········· 2

2. 颚体底着生 15～34 对毛；须肢胫节有 6 根或 7 根毛 ············· 瘿刺螨科（Eriorhynchidae）

颚体底毛数少于 5 对；须肢胫节毛数不多于 3 根 ··· 3

3. 肛孔开口于躯体背面或背端部；基节之间毛数多于 15 对；须肢股膝节有 2～6 根毛 ············
　　··· 叶爪螨科（Penthaleidae）

肛孔开口于躯体腹面或腹端部；基节之间毛数少于 10 对；须肢股膝节最多有 2 根毛 ·········· 4

4. 足Ⅱ胫节感棒不横卧在小凹槽里；颚底着生有 2 对毛（包括吻毛）；足Ⅰ跗节最多有 2 感棒 ············
　　··· 真足螨科（Eupodidae）

足Ⅱ胫节感棒横卧在小凹槽里形成莓螨器；颚底着生有 4 对毛（包括吻毛）；足Ⅰ跗节有 3 根以上感棒
　　··· 5

5. 须肢胫节具 2～3 根毛；前足体着生 3 根刚毛和 1 根盅毛 ·········· 莓螨科（Rhagidiidae）

须肢胫节具 1 根毛；前足体着生 4 根刚毛和 1 根盅毛 ········ 斯珊特螨科（Strandtmanniidae）

2.7.1　真足螨科（Eupodidae）

真足螨科成螨体弱骨化；螯肢毛 1 根；须肢股节有 2 根毛；颚底有 2 对毛；躯体背面表皮无饰纹，不密生刚毛；肛孔位于腹面或腹端；跗节Ⅰ最多有 2 根感棒；足Ⅱ跗节和胫节感棒不横卧于小凹槽里；基节Ⅲ有 3～4 根毛。一些类群的股节Ⅳ膨大，适于跳跃。已知有 10 属 80 多种。食性复杂，生活在土壤、腐殖土、苔藓和树皮等环境。

2.7.2　叶爪螨科（Penthaleidae）

叶爪螨科成螨体弱骨化；螯肢毛 1 根；须肢股节有 4 根毛；颚底有 2 对毛；躯体背面表皮无饰纹，但密生刚毛；肛孔位于背面或背端；足Ⅱ跗节感棒横卧于小凹槽里。已知有 4 属 23 种。一些种类是重要的害虫，例如麦叶爪螨（*Penthaleus major*）即麦圆蜘蛛，严重危害小麦等禾本科植物。

2.7.3　檐形喙螨科（Penthalodidae）

檐形喙螨科成螨体强骨化；螯肢毛 1 根；须肢股节有 3 根毛；颚底有 2 对毛；躯体背面有一 V 形或 Y 形沟，或前足体前缘覆盖于颚体之上，密布五边形网纹，不密生刚毛；肛孔位于躯体腹端；足Ⅱ跗节感棒横卧于小凹槽里。已知有 4 属 35 种。生活在土壤、腐殖土和苔藓等环境。

2.7.4　莓螨科（Rhagidiidae）

莓螨科成螨体弱骨化；螯肢强壮，常有 2 根螯肢毛；须肢股节有 2 根毛，须膝节有 3 根毛；颚底有 4 对毛；躯体背面表皮无饰纹，不密生刚毛；肛孔位于腹面或腹端；足Ⅰ跗节通常有 3 根或更多感棒，胫节有 2 根或更多感棒；足Ⅱ胫节感棒横卧于小凹槽里；基节Ⅲ至少有 4 对刚毛。已知有 26 属 146 种。均为捕食性螨类，生活在土壤、腐殖土、苔藓、树皮和洞穴中。

2.7.5 斯圳特螨科（Strandtmanniidae）

斯圳特螨科成螨体弱骨化；螯肢钳状，不强壮，常有 2 根螯肢毛；须肢股节有 2 根毛，须膝节有 1 根毛；颚底有 4 对毛；躯体背面表皮无饰纹，有 21～26 对毛；肛孔位于腹面或腹端；足 I 跗节通常常有 3 根或更多感棒，胫节有 1 根感棒；足 II 胫节感棒横卧于小凹槽里；基节 III 至少有 4 对刚毛。已知有 1 属 2 种。食性未知，生活在腐殖土中。

2.8 镰螯螨总科（Tydeoidea）的形态特征和分类

镰螯螨总科成螨（图 2-30）体微小，体柔软或弱骨化，有纹饰。眼有或无。螯肢愈合或左右紧密相接，定趾退化或消失，动趾针状。无气门和气门沟。须肢简单，1～4 节。除镰寄螨科外，前足体一般有一对感器，蛄蝓螨科末体背面还有第二对感器，无前突；一些类群腹面有生殖吸盘和正殖毛。第一对足爪和爪间突在一些类群里退化消失；第二对足至第四对足有爪及爪间突；无芥毛，第一足跗节有一至数条直立感棒；股节 III 和股节 IV 常分为两节。已知有 4 科：蛄蝓螨科（Ereynetidae）、镰寄螨科（Iolinidae）、三植镰螨科（Triophtydeidae）和镰螯螨科（Tydeidae），共有 105 个属约 530 种。食性复杂，有菌食性、植食性和肉食性（捕食和寄生）等，生活于植物叶片、茎干、地表腐殖土、土壤、仓库、动物巢穴和动物体等。

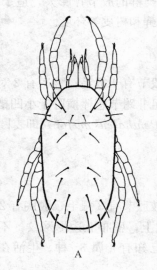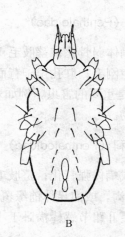

图 2-30 镰螯螨科
(仿 Strandtmann，1967)

镰螯螨总科分科检索表（成螨）

1. 足 I 胫节有蛄蝓螨器（即感棒着生于深度内陷的囊状凹窝里），末体常有 1 对盅毛；前足体和足表面常有网状纹 ···································· 蛄蝓螨科（Ereynetidae）

   足 I 胫节无蛄蝓螨器，无末体盅毛 ··· 2

2. 雌螨生殖孔横向，雄螨阳具发达，位于腹面末端；足 I 跗节无爪或爪间突 ········· 镰寄螨科（Iolinidae）

雌螨生殖孔纵向，雄螨阳具小，位于腹面近端部；足Ⅰ跗节爪或爪间突有或无 ·············· 3
3. 前足体板无 3 个眼斑 ·· 镰螯螨科（Tydeidae）
   前足体板有 3 个眼斑 ··· 三植镰螨科（Triophtydeidae）

2.8.1 蚝蝓螨科（Ereynetidae）

蚝蝓螨科成螨躯体背面和足表面常有网状饰纹；自由生活种类的末体常有 1 对盅毛；足Ⅰ胫节有蝓螨器，即感棒着生于深度内陷的囊状凹窝里，凹窝端部开口于胫节前缘。已知有 11 属 180 种。自由生活的种类一般生活于苔藓、腐殖土和树皮上等；寄生性的种类常生活于蚝蝓、水生鞘翅目昆虫体外，以及两栖动物、哺乳动物和鸟类的鼻腔中。

2.8.2 镰寄螨科（Iolinidae）

镰寄螨科成螨躯体和足表皮常有细纹；须肢有 2 节或 4 节；足Ⅰ无前跗节；足Ⅱ至足Ⅳ前跗节有 1 对光滑的爪，有刚毛状或丛毛状爪间突；雌螨生殖孔横向；雄螨阳具外翻。已知有 36 属 125 种，均寄生于昆虫体外。

2.8.3 镰螯螨科（Tydeidae）

镰螯螨科成螨躯体背面和足表皮常有细条纹，有些类群里形成网状结构；前足体板上最多只有 2 个眼斑；末体常无盅毛；足Ⅰ胫节感棒着生于该节表面，不形成蝓螨器；股节Ⅲ不分节；股节Ⅳ有时分成两节。已知有 30 属 340 种。绝大部分为自由生活的种类，有菌食性、植食性和肉食性（捕食）生活等，生活于植物叶片、茎干、地表腐殖土、土壤、仓库、动物巢穴和动物体外等。

2.8.4 三植镰螨科（Triophtydeidae）

三植镰螨科成螨与镰螯螨科极为相似，成螨躯体背面和足表皮有细条纹；雌螨生殖孔纵向，雄螨阳具小，位于腹面近端部。足Ⅰ胫节无蝓螨器，无末体盅毛，前足体板上有 3 个眼斑；现知 3 属 40 种；生活于植物叶片、茎干、地表腐殖土和土壤等环境中。

2.9 粉螨总科（Acaroidea）的形态特征和分类

粉螨总科成螨（图 2-25）为小型至中型螨类，躯体长为 $300\sim900\,\mu m$；卵圆形、圆形或水滴状；身体柔软，无色、乳白色或褐色等。表皮光滑或着生刺或鳞片状凸起。螯肢动趾和定趾相对应成钳状；须肢基部与颚基愈合，端部 2 节游离，微小；口下板腹面一般有 1 对刚毛。前足体通常着生有 1 块完整的或中部纵裂的板，在一些类群中，该板消失。无气门，通常无眼，但一些类群的前足体板两侧有小眼一对。分颈沟通常明显。腹面各足基节内突发达，基节Ⅱ后方有一对分颈沟内突。足Ⅲ之间或足Ⅳ之间有一纵向开裂的生殖孔，成螨有 2 对生殖吸盘。足Ⅰ至足Ⅳ的完整毛序：基节 1，0，2，1，转节 1，1，1，0，股节 1，1，0，1，膝节 $2+2\sigma$，$2+1\sigma$，$1+1\sigma$，0，胫节 $2+1\phi$，$2+1\phi$，$1+1\phi$，$1+1\phi$，附节 $13+3\omega+1\varepsilon$，$12+1\omega$，10，10。前跗节爪发达，步行器（ambulacrum）短，副髁（condylophore）通常较粗短。雄螨肛孔两侧通常具1对副肛吸盘，跗节Ⅳ各具2个由毛特化成的跗节吸盘。异型雄螨（heteromorphic male）足Ⅲ特化、粗壮。发育到第一若螨期后，由于环境因素的影响，常经历一个特殊形态即休眠体（hypopus）。食性复杂，有取食真菌的、取食植物的、捕食其他小节肢动物的，有的则寄生其他动物。该总科中不少种类是重要的储藏物和卫生害虫。已知有5科：粉螨科（Acaridae）、小高螨科（Gaudiellidae）、甜粉螨科（Glycacaridae）、脂螨科（Lardoglyphidae）和皱皮螨科（Suidasiidae）。共有126个属440余种。

粉螨总科分科检索表（成螨）

1. 雌螨各足爪间突爪末端分叉，基部副髁细长 ……………………………… 脂螨科（Lardoglyphidae）
  爪间突爪末端不分叉，基部副髁较短 ……………………………………………………………………… 2
2. 跗节背端毛（tc）不同型；爪毛（u）比前端毛（p）粗壮 …………………………………………… 3
  跗节背端毛均为刚毛状；爪毛不比前端毛粗壮，前端毛刺状或爪状 ……………………………………… 4
3. 前背板纵向分裂为1对狭长的板；雄螨足Ⅲ粗大；足Ⅳ跗节无吸盘…………… 甜粉螨科（Glycacaridae）
  若有前背板则为长方形或中部有纵向内陷，但不形成1对狭长板；雄螨足Ⅲ与其他足大小相当，若粗大（异型雄螨）则前跗节末端特化，与其他足形态完全不同；足Ⅳ跗节有2吸盘 … 粉螨科（Acaridae）
4. 躯体长度与宽度接近，一些背毛具明显齿突，个别属中背毛光滑；前端毛（p）和爪毛（u）同型 ……
  …………………………………………………………………………………………… 小高螨科（Gaudiellidae）
  躯体长大于宽，背毛均光滑、无齿突；前端毛粗壮，爪状，爪毛退化或完全消失 …………………………
  …………………………………………………………………………………………………… 皱皮螨科（Suidasiidae）

2.9.1 粉螨科（Acaridae）

粉螨科成螨体中型，表皮光滑。须肢微小，紧靠于口下板两侧；分颈沟明显；前足体背面常有一完整或在后缘呈纵向内陷的板；末体背毛通常较短，光滑或具微小刺突；足长或短，毛数完整，稀有减少；各足均有爪间突爪，末端不分叉；前跗节步行器微小或完全退化。雄螨具副肛吸盘，足Ⅳ跗节通常有2个由毛特化而形成的吸盘；有些类群雌雄异型，异型雄螨足Ⅲ异常膨大，末端有1大型钩状爪。生活环境复杂，发生于动物巢穴、储藏物、植物地下部、地表层等环境，许多种类具有重要经济价值。粉螨科是无气门亚目中最大的自由生活类群，已知有79属500余种，其中15属有成螨和休眠体，20个属仅知成螨，37个属仅知休眠体；其余的7属目前尚无法明确识别。

2.9.2 小高螨科（Gaudiellidae）

小高螨科成螨体中型，表皮光滑。颚体形态似粉螨科；分颈沟明显；前足体板完整或后缘纵向内陷；背毛光滑或具微小刺突；爪间突爪末端不分叉，基部副髁较短；跗节背端毛（tc）均为刚毛状；爪毛（u）不比前端毛粗壮，前端毛（p）与爪毛（u）同型，刺状或爪状；躯体长度与宽度接近，一些背毛具明显齿突，个别属中背毛光滑。已知有3属6种，生活于膜翅目昆虫巢穴中。

2.9.3 甜粉螨科（Glycacaridae）

甜粉螨科成螨体中型，表皮光滑。须肢基节上毛长，有细枝刺；前足体背板中部纵裂，未成熟期螨态分颈沟明显；末体毛极长，并有致密的枝刺；末体有一外露的交配管。足Ⅰ基节上毛基部膨大，跗节触毛长短不一，短的位于长的后方，刺状；爪毛刺状，长于前端毛。雄螨副肛吸盘明显；足Ⅲ比其他足粗壮，足Ⅳ跗节无吸盘。目前仅知 1 属 1 种；生活于海燕巢。

2.9.4　脂螨科（Lardoglyphidae）

脂螨科成螨个体较大，表皮光滑、具条纹或鳞纹，前背板中部纵向开裂或消失，分颈沟不明显或完全消失；末体毛细长，副肛毛完整，生殖孔位于足Ⅲ基节之前；雄螨交配器位于末体腹面。足毛式完整，跗节Ⅰ个别毛有时消失。雌螨各爪间突爪末端分叉，基部副髁细长。雄螨有明显的副肛吸盘，凸起；足Ⅲ特化变粗，跗节短；足Ⅳ跗节吸盘明显。休眠体躯体骨化较强，有网状饰纹；颚体明显；足Ⅰ至足Ⅲ有爪间突爪和膜质爪垫。已知 1 属 6 种，常生活于储藏物肉干、哺乳动物和鸟类巢穴中。

2.9.5　皱皮螨科（Suidasiidae）

皱皮螨科成螨体圆形或卵圆形，表皮背面常有细致凸起或鳞片状饰纹。前背板通常明显；外顶毛微小，位于该板外侧中间部分。分颈沟显著；后半体毛通常光滑、短小，生殖孔狭长，副肛毛通常完整；足较短，具全序列毛，个别种类中有减少；跗节端背毛爪状，前端毛常为爪状，大于爪毛。胫节腹毛有或无。雄螨副肛吸盘不明显或完全退化。跗节Ⅳ吸盘明显。休眠体无基节毛，基节内突左右分离，生殖吸盘自基部逐渐变细，足Ⅳ无端跗节，跗节Ⅰ感棒 ω_3 位于该节末端。已知 5 属 9 种，世界性分布，生活于储藏物、动物巢穴或表层土壤等环境。

2.10　植绥螨总科（Phytoseioidea）的形态特征和分类

植绥螨总科成螨（图 2-31）螯肢常为钳状，定趾发达，少数类群中动趾退化；须肢跗节爪常为二叉状；颚角末端逐渐变细，个别类群中末端变形。躯体背面常覆盖有一块完整的背板或两块大型板，着生 13～29 对毛，背毛呈刚毛状、锯齿状、叶片状或棒状。胸板有 2～3 对胸毛，胸后毛位于分离的小板上或板间膜上，有腹肛板或肛板；气门位于腹侧方，有气门沟。足Ⅲ胫节有刚毛 8～9 对。雄螨动趾常特化为导精趾，导精趾前端游离。生活于地表、植物枝叶、动物巢穴以及仓库等环境，捕食其他小型节肢动物。已知有 4 科：美绥螨科（Amerosei-idae）、蛾螨科（Otopheidomenidae）、植绥螨科（Phytoseiidae）、足角螨科（Podocinidae），共 93 属 2 120 多种。

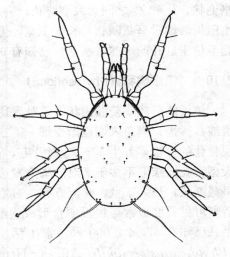

图 2-31　植绥螨科
（仿 Muma 和 Denmark，1970）

植绥螨总科分科检索表（成螨）

1. 足 I 细长，膝节和胫节与跗节长度接近；跗节末端无爪，有 1～2 根鞭状毛；背毛 J_4 和 Z_4 之间有 1 对大型背孔 ··· 足角螨科（Podocinidae）
   足 I 不极度延伸，各节长度相差悬殊；跗节端部常有爪；背毛 J_4 和 Z_4 之间无大型背孔 ·········· 2
2. 颚角末端分叉或呈其他形式变形；颚基部的第二胸板齿向两侧延伸，超出颚底毛基；胸板通常着生 2 对毛 ·· 美绥螨科（Ameroseiidae）
   颚角末端无明显变形；第二胸板齿局限于第二胸板沟内；胸板通常着生 3 对毛 ·················· 3
3. 螯肢定趾长度不及动趾的 1/4；胸叉消失或仅保留残片；肛板独立存在，不形成腹肛板 ··········
   ··· 蛾螨科（Otopheidomenidae）
   螯肢定趾与动趾大小相当；胸叉发达；肛板常与腹板愈合形成腹肛板 ············· 植绥螨科（Phytoseiidae）

2. 10. 1　美绥螨科（Ameroseiidae）

　　美绥螨科成螨螯肢钳状，定趾发达，动趾有齿或无；须肢趾节一般为二叉状，少数种类为三叉状；颚角末端分叉或呈其他形式变形；颚基部的第二胸板齿向两侧延伸，超出颚底毛基。躯体常有 1 块完整的背板，着生 29～30 对背毛，背毛呈光滑刚毛状、锯齿状、叶片状、棒状等，J_4 和 Z_4 之间无大型背孔；j_1、J_5 和后背缘毛消失。胸叉常发达；胸板常着生 2～3 对胸毛，胸后毛着生于盾间膜上；生殖板后端近截断状，长大于宽，其侧方有 1 对生殖毛；受精囊孔位于足 III 和足 IV 基节之间；肛板常与腹板愈合成宽阔的腹肛板，肛孔位于该板上。已知有 10 属 64 种；常生活于地表、仓库或昆虫体表。

2. 10. 2　蛾螨科（Otopheidomenidae）

　　蛾螨科成螨螯肢定趾退化，长度不及动趾的 1/4，动趾有齿；颚角末端逐渐变细，第二胸板齿局限于第二胸板沟内。躯体常有 1 块骨化的背板，着生 13～15 对背毛，背毛呈光滑刚毛状，J_4 和 Z_4 之间无大型背孔；胸叉退化，消失或仅保留残片；胸板常退化，无胸后板；生殖板后端常呈截断状，长大于宽，生殖毛有或无；肛板常独立存在，肛孔位于该板上，肛侧毛位于肛孔前缘前方水平。已知有 9 属 18 种；常寄生于昆虫体外。

2. 10. 3　植绥螨科（Phytoseiidae）

　　植绥螨科成螨螯肢钳状，定趾发达，动趾有齿或无；须肢趾节二叉状；头盖不突出，平滑或具微齿；颚角末端逐渐变细，第二胸板齿 6～13 列，局限于第二胸板沟内。躯体常有 1 块骨化的背板，着生 13～23 对背毛，背毛呈光滑刚毛状、锯齿状、棒状等，J_4 和 Z_4 之间无大型背孔；缘毛不多于 2 对。胸叉发达；胸板常着生 3 对胸毛，常有胸后板；生殖板后端常呈截断状，长大于宽，其侧方有 1 对生殖毛；受精囊孔位于足 III 和足 IV 基节之间，受精囊常清晰可见；肛板常与腹板愈合形成腹肛板，肛孔位于该板上，肛侧毛位于肛孔前缘后方水平。已知有 67 属 2 000 种。常生活于植物上，是重要的天敌生物，例如智利小植绥螨（*Phytoseiulus persimilis* Athias - Henriot）是叶螨的重要天敌，胡瓜新小绥螨［*Neoseiulus cucumeris* (Oudemans)］（以前常称为胡瓜钝绥螨），是蓟马和叶螨的重要天敌，目前已经进行商品化生产。

2.10.4　足角螨科（Podocinidae）

足角螨科成螨螯肢钳状，定趾发达，动趾有齿或无；须肢趾节二叉状；头盖常突出具齿；颚角末端逐渐变细，第二胸板齿局限于第二胸板沟内。躯体常有 1 块骨化的背板，着生 14～19 对背毛，背毛呈光滑刚毛状、锯齿状、棒状等，J_4 和 Z_4 之间有大型背孔。胸叉小；胸板常着生 3 对胸毛，常有胸后板；生殖板后端常变宽并呈平截状，长大于宽，其侧方有 1 对生殖毛；受精囊孔位于足Ⅲ和足Ⅳ基节之间；肛板常与腹板愈合形成腹肛板，肛孔位于该板上，肛侧毛位于肛孔前缘后方水平。足Ⅰ细长，膝节、胫节和跗节长度接近，跗节末端无爪和爪间突，有 1～2 根鞭状毛。已知有 7 属 25 种；生活于落叶层、腐殖层及啮齿类动物巢穴中，捕食其他小型节肢动物。

【思考题】

1. 试述蜱螨与蜘蛛和昆虫的区别。
2. 危害植物的螨类的主要类群有哪些？
3. 蜱螨亚纲在目一级的关键识别特征有哪些？

第 3 章

蜱螨的内部解剖生理和分子生物学

蜱螨的血腔包围和浸润着一系列复杂的内部器官。其血淋巴组成相对简单，包括多种血细胞，在蜕皮的皮层溶离过程中起到凝块、巨噬以及组织分解的作用。原血细胞在一些特定类型的血细胞发育过程中可充当生殖细胞。蜱螨的血淋巴中含氨基酸、脂类和葡萄糖等物质。

主要由于躯体运动促使血淋巴在血腔里自由地循环。通向腿部和其他附肢末端的血淋巴循环则靠背腹性的躯体肌肉收缩来完成，这种收缩也带来腿部的伸展和螯肢的伸出。因此，尽管基节后的各腿节具有屈肌，血淋巴的流体静压仍可以引发反向运动。在蜱目（Ixodida）、巨螨目（Holothyrida）以及一些中气门目（Mesostigmata）中，位于背部中央的心脏可以为血淋巴循环提供辅助手段。

蜱螨主要内部器官有消化与排泄系统、生殖系统、腺体系统以及神经系统。图 3-1、图 3-2 和图 3-3 分别显示重要的农业害螨叶螨和瘿螨的内部各系统。

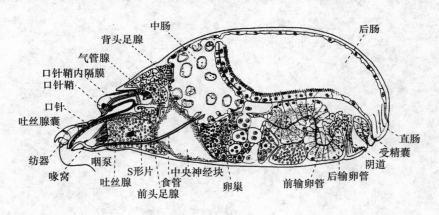

图 3-1 二斑叶螨雌螨纵切剖面图
(仿 Helle 和 Sabelis，1985)

3.1 消化与排泄系统

尽管组织学的证据主要是推测性的，很多螨类仍然被认为是利用口前消化过程（preoral digestive process）的，这个过程包括向食物表面和内部分泌唾液酶，以及摄取酶解后的液化产物。蜱类对血液的口前消化目前还没有被证实，但是检测到了与取食过程直接相关的一些唾液腺分泌物，包括抗凝血剂以及多种细胞溶解酶和蛋白水解酶。这些成分都能够在取食部位提高寄主皮肤毛细血管的渗透性，引起寄主组织的损坏。唾液腺在本章后面会有

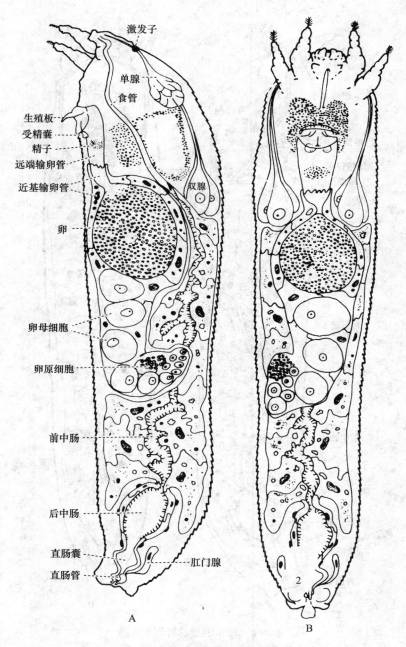

图 3-2　臻植羽瘿螨的雌螨解剖示意图
A. 矢状切面　B. 水平截面腹面观
(仿 Lindquist 等，1996)

更进一步的讨论。

　　在蜱螨中，口后消化系统有多种形式，但是有一些共同的特点。口腔开口伸向具有一个肌肉发达的外胚层咽，咽向后伸入前体的食道。在一些种类中，狭窄的食道通过一部分唾液腺或丝腺的前部，继续经过神经节或合神经节，从而到达更广阔的中肠。中肠比较简单，呈

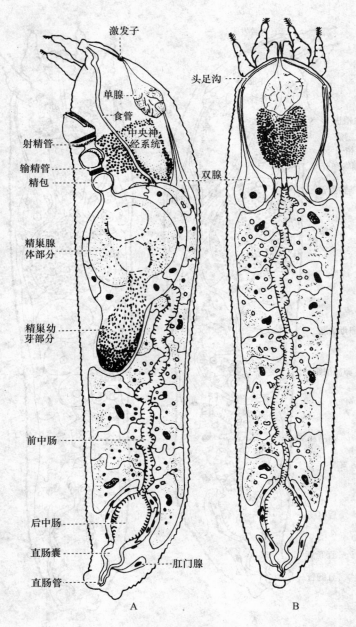

图 3-3 臻植羽瘿螨解剖示意图
A. 雄螨矢状切面 B. 雌螨背面观
（仿 Lindquist 等，1996）

囊状结构，或者有两个或更多的支囊或盲囊（caeca）。这些盲囊的延伸能提高保存和处理营养物质的能力。然而，Alberti 等（2003）观察到，礼服甲螨科（Trhypochthoniidae）一种甲螨 *Archegozetes longisetosus* Aoki 的盲囊中从没有固体的食物，而是消化酶分泌物存在和再吸收的场所。中肠直接与中肠后室（postventricular midgut，排泄器官）或结肠相通。在一些类群中，结肠可以被一个狭窄的、瓣状的中结肠（intercolon）划分为前面部分（anterior element）和后结肠（postcolon）。在非辐几丁质总目（Anactinotrichida）和无气门股（Astigmatina）的一些科中，中肠后端可能会生出一对或两对马氏管。这些小管收集和储存不溶解含氮废物，这些废物是以鸟嘌呤或尿酸的形式存在的。对这些含氮废物中水分的重吸收能够防止它们在排泄出体外之前形成糊状物。结肠或后结肠伸向肛门腔，这是废物流出的最终通道。

总体看来，绒螨的中肠比寄生螨的大，并且往往具有一对大的盲囊。大部分寄生螨的中肠一般有两对或者更多对的较大且很长的盲囊。蜱在这方面具有一定的特殊性，除了几个更小的支囊外，它还有 5 个或者更多对盲囊，这有利于它吸收大量的血。中气门的螨类可能有2～3 对盲囊，而甲螨只有一对盲囊，与相对狭长的中肠相比短而且厚。在节腹螨中发现的单对盲囊，与中肠相比，发育程度低而且很小。

在很多情况下，一个特定类群的取食习惯与它盲囊的类型和大小有关。例如，取食大量液体食物的螨类往往具有胃盲囊（gastric caeca），而且在取食过程中能够通过扩张来增加躯体的整体长度（如植食性的叶螨、吸食血液的蜱）。在有些更小的中气门寄生螨中，其甚至能够伸长到腿腔。扩大了的盲囊不仅能够增加中肠的容量从而能接受和储存更多的液体食物，而且也能够增加肠道消化和吸收这些液体食物的表面积。

蜱螨的消化大多数是细胞内的，至少是在中肠的前端。肠壁上布满成行的有空泡的上皮消化细胞和分泌细胞，前者能够吸收可溶的营养物质，后者能将分泌物释放到中肠中。这些细胞，或者说它们中的一部分，能够脱离肠壁到肠腔中，吞并一些小的食物团。在蜱中，消化分为两个阶段，首先，类型Ⅰ消化细胞（type Ⅰ digestive cell）能够吸收血液中的液体和微粒子成分；接下来，类型Ⅱ消化细胞（type Ⅱ digestive cell）能够吸收寄主的血红蛋白。蜱螨有大的肠表面积（如在蜱中），大部分甚至所有的主要内部器官都与中肠或至少一条盲囊直接相接触，所以消化细胞积累的营养物质能够直接从吸收部位被转移到利用部位。在蜱中发现了两种类型的分泌细胞，一种细胞在接触和消化食物的早期能够产生一种溶血素，另一种能够产生一种黏多糖。在螨的一些其他类群中，消化主要受摄取的食物特性所影响。尽管在中气门亚目中消化细胞与分泌细胞难以区分，它消化液体食物利用的是与蜱相似的口后消化过程。蜱的消化细胞和食血为生的鼠耳辐螨（*Spinturnix myoti* Kolenati）有很相似的生理学特点。它们的消化细胞都能够积累血色素，然后从中肠壁释放到肠腔。绒螨也能够摄取液体食物，但是消化本质与前面提到的两种都不一样。在吸螨科（Bdellidae）中，中肠的前端有易辨认的消化细胞和分泌细胞，而叶螨科（Tetranychidae）显然只有一种中肠细胞。这些细胞从中肠中吸收营养物质，但却在中肠与结肠的接合处发挥排泄的功能。

甲螨亚目大多获取固体食物，消化吸收过程与液体食物不同，需要采用另一种消化策略。因此，当无气门螨的中肠和盲囊中进行的是典型的细胞内消化与分泌，而一种主要取食房间尘土中颗粒物质的无气门螨，采用的却是细胞外消化。固体食物颗粒通过中肠形成一种无固定形状的粗糙的小团，这些食物小团在通往后端的结肠和后肠时能够破坏脆弱的肠壁上皮。然而，围食膜能够为肠壁提供保护，它能在食物颗粒通往后结肠的时候将其包裹起来。在消化过程中围食膜保持不变，继续包裹着食物团，最终随粪便将颗粒送往后肠。其他种类的无气门螨也有围食膜，也进行细胞外消化，并且在甲螨亚目的非无气门螨中也发现了一种类似的膜。一些中气门的螨［如鱼口螨科（Ichthyostomatogasteridae）以及菌食性的囊螨科（Ascidae）、美绥螨科（Ameroseiidae）］摄取固体食物，但是它们的消化过程中却没有围食膜的保护。

在一些寄殖螨股（Parasitengonina）的成螨中，消化过程产生的固体粪便副产物的命运复杂，因为它们的消化道不连续。难消化的残渣（主要是发色脂粒）被移向胃盲囊储存，直到靠近躯体表皮中积累的粪便的压力达到一个临界值，表皮会裂开，进入一个被称为 schizeckenosy 的过程（system of waste elimination found in some mites with a blindly ending midgut；the lobe breaks free from the ventriculus and is expelled through a split in the posterodorsal cuticle），含有粪便的盲囊叶或叶随粪便排出，并脱离。表皮裂缝会迅速愈合，只留下一个不明显的疤，作为对这个事件的纪念。其他前气门亚目（Prostigmata）丧失了中肠与后中肠的接合处，以至于消化道不能按照正常的模式工作，但它依然有排泄的功能。在肠道不连续的地方，肛道腺端口是泌尿孔而不是肛门口。

3.2　生殖系统

在更高级分类单元的蜱螨中，雌雄生殖系统区别很大，由一些成对或融合的多种结构组成。在雄螨中，生殖系统的基本构造是成对或者融合的睾丸和输精管、一个或更多的附腺以及一个射精管。在寄殖螨股中，一个储精囊位于附腺和射精管中间；但是，在瘿螨总科（Eriophyoidea）和蠕形螨科（Demodicidae）中，储精囊是直接从不成对的、融合的睾丸上形成的，它也可以直接由不成对的睾丸形成。在甲螨亚目、中气门目皮刺螨亚股（Dermanyssiae）和大多数的绒螨和无气门螨类的雌体中没有附腺的存在，但是在蜱类、寄殖螨股以及中气门亚目的革螨股（Gamasina）和尾足螨股（Uropodina）中，附腺是存在的。在蜱螨的一些类群中具有一个可伸出的阳茎。

雌螨生殖系统的基本构造包括一对或融合的卵巢和输卵管、一个位于中间的子宫、一个外阴腔（progenital chamber）、一个阴道和一个最端部的生殖孔（genital aperture）。在无气门股（Astigmatina）中，精子通过末端的一个交配囊（bursa copulatrix）到达雌体内，交配囊通向受精囊（seminal receptacle），从那里到达卵巢。在这里，生殖孔的功能就是产卵孔。在中气门目的许多种类中，进行着更复杂的生殖器外的授精，包括转移精子至相隔很远的导入孔（induction pore）。蜱螨生殖系统的类型见图3-4。

3.2.1　雄性生殖系统

在巨螨目、一些中气门目、无气门股和一些绒螨目（Trombidiformes）中，睾丸是原始的成对结构；而在其他蜱螨类群中，睾丸是不成对或是部分融合的，包括那些前气门类群（prostigmatic taxa），它们非常小的体型限制了复杂的内部系统发育，如二斑叶螨（图3-5）。硬蜱伸长的睾丸很特别，基部是愈合在一起的，而前气门亚目（Prostigmata）的吸螨科和寄殖螨股中，睾丸往往是多个的、多叶的或者腺泡状的。在螨类中，附腺的功能多样，包括将含有精子的精液运输到射精管等。附腺分泌物能为蜱的精细胞获得能力提供生物化学的方法，并在较为高级的前气门亚目中，能防止精包茎在沉淀过程中干燥。

雄螨射精管的出口进入到阳茎（图3-6），将精液直接输送到雌体的生殖孔，或直接注射到雌体的外生殖器孔。雄螨精包（参看图2-14）的非交配的沉积物能被可伸出的精子复位器（spermatopositor）调节，它是雌螨产卵器的同源物。在直接授精时，精子通过位于输精管和射精管之间的肌肉收缩，将精子经精子管和阳茎注射到雌体的接受囊中。在一个分离

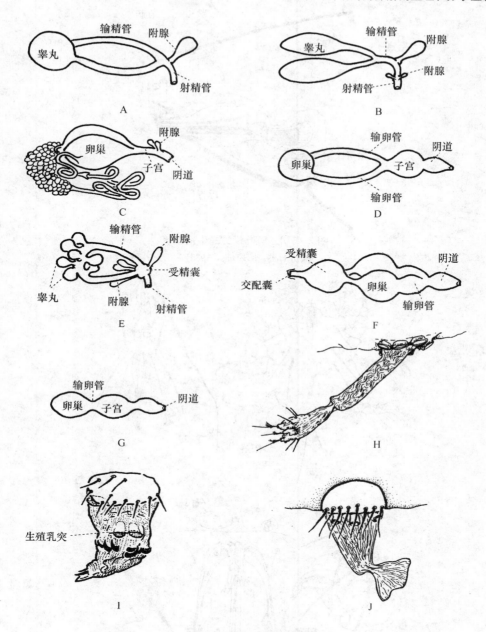

图3-4　蜱螨生殖系统类型

A. 寄螨科（雄螨）　B. 尾足螨科（雄螨）　C. 软蜱科（雌虫）　D. 雌螨生殖系统概图　E. 赤螨科
（雄螨）　F. 粉螨科（雌螨）　G. 瘿螨科（雌螨）　H. 隐爪螨属（*Nanorchestes*）产卵器　I. 一种
甲螨 *Acaronychus tragardhi* 产卵器　J. 矮汉甲螨属（*Nanhermannia*）产卵器

（仿 Krantz 和 Walter，2009）

的射精管（discrete ejaculatory）缺失的类群体内，例如中气门的尾足螨中，射精功能是通
过一个具有肌肉的生殖腔来完成的。在绒螨目中，精子的转移（sperm transfer）包括精包
的沉淀，而精包从母体中排出来。

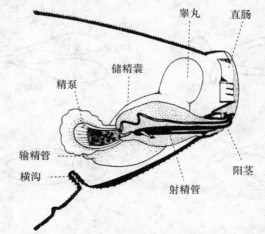

图 3-5 二斑叶螨雄螨生殖系统

(仿 Helle 和 Sabelis，1985)

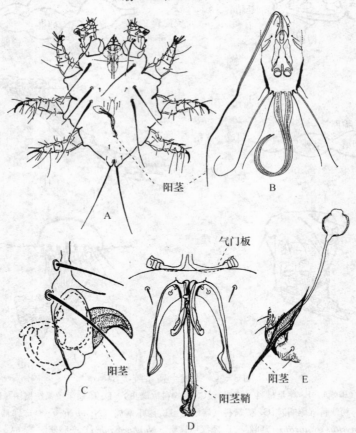

图 3-6 雄螨阳茎外观结构

A. 鼠螨科原肉螨属（*Protomyobia*）背面观 B. 尾叶羽螨科尾叶羽螨属 *Proctophyllodes longiphyllus* 后部腹面观

C. 食甜螨（*Glycyphagus destructor*）阳茎 D. 鸟喙螨属（*Harpyrhynchus*）生殖器

E. 鹅耳枥始叶螨（*Eotetranychus carpini*）阳茎

(仿 Krantz 和 Walter，2009)

　　Alberti 发现，与蛛形纲其他类群相比，蜱螨亚纲精子的超微细结构是高度派生的（highly derivative），并且精子类型在亚股或更高的分类单元上保持几乎不变（图 3-7）。这种形态的可预见性为确定分类单元相互关系提供了一种潜在性的强力工具。与较低派生的螯肢动物不同，所有已知蜱螨的精子都是无鞭毛的，尽管节腹螨目的新螨属（*Neocarus*）的精子拥有一个位于中间的丝状顶体。蜱螨的精子在形式上表现出了相当大的多样性，但是非辐毛总目（Anactinotrichida，相当于寄螨总目 Parasitiformes）与辐毛总目（Actinotrichida，相当于真螨总目 Acariformes）的精子基本形态上有非常显著的差别，前者大、复杂、有空泡的或带状的；后者小、简单、不含空泡，形式多样。在非辐毛总目中带状的精子被认为是一种衍生的状态，因为带状的精子是足纳精类中气门目（Mesostigmata）的一个特征，生殖器外的精子转移同样也是衍生的。

3.2.2　雌性生殖系统

　　无气门股的卵巢是成对的，而寄螨总目、绒螨目和绝大多数的甲螨亚目的卵巢都是不成对的。蜱和寄殖螨股的卵母细胞在卵巢的表面发育，所以卵巢外形像一串葡萄。随着卵母细胞的发育长大，它对卵巢的基膜产生相当的压力，使得自身进入到卵巢的腔中。毗邻的输卵管是成对的，但是在中气门目和绒螨目的一些类群中输卵管是一根不成对的管子。在瘿螨科（Eriophyidae）和跗线螨科（Tarsonemidae）这些体型很小的螨类中，它们的不成对输卵管可能是进化的表现。输卵管中的分泌物是形成卵壳的原料。卵壳在发育过程中的胚胎穿越子宫和阴道的过程中起到保护的作用。阴道通常形成产卵器，产卵器是阴道壁部分的一个简单的囊状或管状的外翻结构，或者是一个复杂的肌肉结构，上面有瓣和感觉刚毛，能够将一粒粒卵产于精确的场所。在中气门目中产卵器比较罕见，尽管在其他的寄螨总目类群中发现了一个退化的产卵器。

　　在蜱目（Ixodida）中，产卵之前，吉氏器（Gene's organ）会在卵表面涂上一层防水的蜡状外衣。吉氏器是一个可外翻的背部腺体，位于雌体颚体的后端；它在紧贴的颚体表面膨胀，在卵通过生殖道时来包裹每一粒卵，然后紧缩以使得突出的颚体将新上过蜡的卵添加到位于雌螨前体的一个正在增长的卵块中，供之后的产卵用。蜱的背部颚体孔区的分泌物在卵的蜡化过程中也起作用。

　　蜱螨的产卵将在第四章中有进一步的详细讨论。

　　在具有体外生殖或足纳精生殖方式的中气门目皮刺螨亚股（Dermanyssiae）中，成对的外部精子引导孔或者环管口的任何一个都通向一个被称为外生殖囊（sacculus vestibulus）的小腔。外生殖囊转而通向环状的受精囊管（spermathecal tube）或者环管（tubulus annulatus）。在足纳精中气门目中，从环管中接收精子的器官有两种主要类型。在厉螨科中，在外生殖囊里储存的精子经过小管和角状的囊状分支（ramus sacculi），到达一个位于中间的囊状的或二裂的雌囊（sacculus foemineus），然后通过狭窄的精子管，进入一个附属的受精囊（spermatheca，receptaculum seminis）。精子随后通过一个微小的腔，从受精囊转移至不成对的卵巢。在植绥螨中，环管口开向主要管（major duct）。这个主要管通过一个顶腔（atrium），而顶腔转而开口于一个杯状器官（calyx）和一个明显的盲状囊。一个纤细的小管从主要管的栓子上衍生出来，在一个二裂的滋养的琴形器（lyrate organ）与卵巢相连处终止。依据形态学判断，小管不可能是精子到卵巢的通道。因此，植绥螨的精子到卵巢的通道

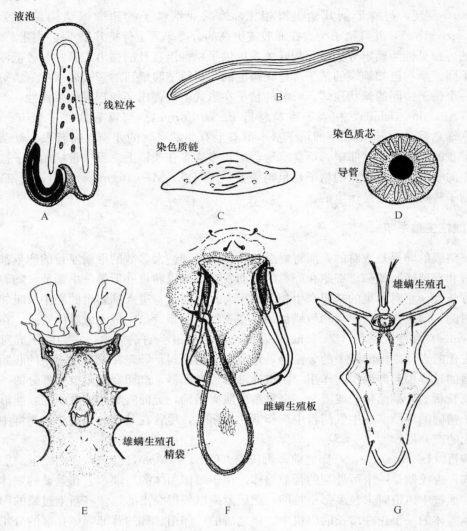

图 3-7　蜱螨精子类型

A. 尾足螨科 *Cilliba cassidea* 空泡型　B. 寄螨科 *Parasitus* sp. 线形　C. 粉螨（*Acarus* sp）. 线状染色体
D. 叶螨科二斑叶螨（*Tetranychus urticae*）染色体孔　E. 尾足螨科 *Phaulodinychus mitis* 胸殖片（示生殖孔）
F. 糙尾螨科 *Trachytes* sp. 附着在雌螨生殖板边缘的精袋　G. Veigaiidae 科 *Veigaia* sp. 胸殖片（示生殖孔）

（仿 Krantz 和 Walter，2009）

不清楚。Alberti 和 Di Palma 注意到精子细胞可能渗透囊泡的上皮细胞，通过血腔到达卵巢，而不是通过小管。

3.3　非表皮的腺体系统

3.3.1　基节腺

基节腺（coxal gland）普遍存在于绝大部分蛛形纲和蜱螨亚纲所有的目中。它们是一对排泄结构，可能起源于原始的、分节排列的原肾结构，由一个体腔小囊（coelomic sacculus）

和一个盘绕的管子或错综复杂的小管组成。在蛛形纲不同亚群中，基节腺可能存在于身体的不同区域，但是它们一般在足的基节处伸出。在多种甲螨亚目无气门股中，与足Ⅰ基部相连的基节上复杂结构覆在一对腺体上面，这对腺体长期被认为是基节腺，但是还没有组织学的证据，证明它们起源于原肾。这些腺体通常通过基节上毛（supracoxal seta）基部上的一个小裂缝而开口。但是绝大多数蜱螨的基节腺在接近足的前体（prosoma）产生，而在寄螨和中气门目皮刺螨亚股中可能位于末体（opisthosoma），且每个腺体都通过横贯大部分躯体（idiosoma）的长管与基节Ⅰ腹面的孔相连。

基节腺被认为具有渗透调节的作用，但是在一些种类中可能也有其他的功能，包括离子-水平衡和排泄。在软蜱中，基节器官包含复杂的管道系统，它们在离子浓度调节和水平衡中都起作用。硬蜱（硬蜱科，Ixodidae）中没有基节腺的存在，通过唾液分泌物来完成水的排泄。Alverti、Kaiser 和 Klauer(1996) 提出在无气门股中，与基节腺或基节相连的表皮或附属腺体可能参与渗透调节和离子-水平衡。

3.3.2　头足腺复合体

在很多蜱螨类群中，基节腺是前足体腺体复合体的最后端的部分，这个复合体伸向成对的侧向分泌小管或头足沟（podocephalic canal）。头足沟用于收集腺体产物，再把这些产物释放到颚体区域。头足沟通常为向外部开放或半开放的外部的沟，但是在前气门亚目的寄殖螨股中，它们却是完全在内部的；在无气门股中，头足沟短且不连续；但是在甲螨亚目的其他类群中，它们却是长而弯曲的，且常常模糊不清，从基节Ⅰ伸向须肢的基部。

成对的头足管接受基节腺和1～3个其他腺体的分泌物，它们的产物有多种不同的功能。在甲螨亚目中，这些腺体的部分能分泌与蜕皮有关的一种激素物质，而其他能起到唾液腺的作用。经过对吸螨科的头足系统的研究，Alberti(1973)、Alberti 和 Storch(1973) 发现附属的腺体，与单独的颚体腺一致，都与产丝有关。Mills(1973) 认为，缝颚螨股的二斑叶螨（*Tetranychus urticae* Koch）的整个头足都与产丝有关，与此同时，雌性管状的基节腺分泌一种信息素添加剂（pheromone additive），吸引附近的雄性个体到雌虫所结的网上。然而，Alberti 和 Storch(1974) 认为，叶螨产丝完全是成对的须肢单细胞腺体的功能，这些腺体开口是位于每个须肢末端的一个中空的荆毛顶端。其他类群的螨类是通过唾液腺分泌物来产丝，丝通过口向外吐，它们包括镰螯螨科（Tydeidae）、吸螨科、巨须螨科（Cunaxidae）、肉食螨科（Cheyletidae）、莓螨科（Rhagidiidae）、无爪螨科（Alicorhagiidae）和大赤螨科（Anystidae）。Ehrnsberger(1979) 证明在莓螨属（*Rhagidia*）中，只有第1和第3头足腺能用于产丝。

Moss(1962) 在前气门的异绒螨属（*Allothrombium*）中发现别的躯体腺体，包括一个唾液腺和两个毒液腺，前者与头足腺无关，后者与螯肢和口下板有关。

3.3.3　唾液腺

蜱螨亚纲中已经鉴定出了两种基本的唾液腺模式，其中较为简单的类型存在于寄螨总目，由通常位于前体的成对的泡状腺（acinous gland）组成。腺体的组成部分进入成对的普通的管子，管子伸向口腔或者口前腔区。在中气门目中，这些普通的管子在外部开口于伸长的或缩短的口前针，口前针往往沿着颚角背部近轴角度，在口下板的前面终止。尽管在特定的寄螨科（Parasitidae）中 5 种不同类型的唾液腺细胞的鉴定意味着这些器官更复杂的功能，它们的产物仅仅有助于口前消化。腹管（siphunculi）在食血种类中通管往往会变大，而在梭巨螨股（Cercomegistina）和角螨股（Antennophorina）中没有这种现象。

在蜱目中，多细胞的唾液腺连接内部开向唾窦（salivarium）的成对的管，唾窦位于口腔螯下板的腹面。蜱唾液腺细胞或腺泡呈现出不同的生理特点，具有多种功能，包括取食、排泄和渗透平衡。在微小牛蜱 [*Boophilus microplus* (Canestrini)] 和其他的一些硬蜱中，把蜱与其寄主缚牢在一起的黏合剂状物质及其前体是由一些特定的细胞分泌的。黏合剂栓塞（cement plug）不仅是蜱携带的病原体的储藏所，也是杀菌化合物的仓库，这些杀菌化合物在病原体存在的情况下活性会变化。在软蜱波斯锐缘蜱 [*Argas persicus* (Oken)] 中，一种抗凝血剂显然是由唾液腺中的 3 个 Ⅱ 型细胞中的一个所分泌的。唾液抗凝血剂含有能增强血液流动的物质，这种增强是通过阻挠寄主血小板的凝集和血管收缩来实现的。Meredith 和 Kaufman（1973）认为，安氏革蜱（*Dermacentor andersoni* Stiles）中 Ⅱ 型腺泡能分泌一种源于血淋巴的液体，在取食的过程中流向唾液腺。

在真螨总目中，我们已经介绍了前气门亚目里吸螨总科和寄殖螨股，以及特定的甲螨亚目中不同类型的唾液腺。Prasse（1968）认为，粉螨科的一种螨 *Sancassania berlesei*（Michael）中，在螯肢神经节每侧后背方伸展的 8~9 个细胞为唾液腺细胞。这表明至少在一部分真螨总目类群中，分泌唾液的功能是由组成头足腺复合体的一个或多个腺体来完成的。Woodring（1973）认为，头足腺 1 在较早衍生的甲螨亚目中起到唾液腺的作用。

3.4 神经系统

围绕在食道周围的是一块高度合生且结构紧密的中枢神经系统或神经节，由食道上神经节（supraesophageal ganglion）和食道下神经节（subesophageal ganglion）组成，包含一个外部的脑皮层（cortex）和一个内部的神经纤维网（neuropile）。硬蜱的脑皮层包括一个神经束膜（perineurium）、神经胶质细胞（glial cell）和神经元细胞体（neuronal cell body），神经元细胞体传导神经冲动，产生调节这些传导的分泌物。家蝇巨螯螨 [*Macrocheles muscaedomesticae* (Scopoli)] 的合神经节由一层薄的细胞外鞘（extracellular sheath）而不是一个复杂的神经片（neural lamella）所包围。在其他节肢动物中，分离的背部和腹部的神经节成分（ganglionic element）与食道神经环（circumesophageal commissure）相结合；而且腹神经索延伸到足体或更远。与其他节肢动物不同，蜱螨的大脑在背部和腹部没有表现出明显的中断，而是整个位于前体内。尽管触角的消失意味着在蜱螨合神经节的中脑节（deutocerebral segment）的次级损失，礼服甲螨科的长毛原甲螨（*Archegozetes longisetosus* Aoki）的 DNA 研究却表明有螯肢的节肢动物的中脑节实际上是存在的。

美洲犬革蜱 [*Dermacentor variabilis* (Say)] 合神经节的食道上神经节携带视觉和螯肢的叶（lobe），还伴有后部的口道桥（stomodeal bridge）和须肢神经节。无气门螨的须肢神经节不仅支配须肢的活动，也促使咽部肌肉组织活动。尽管在蜱中没有报道，在二斑叶螨中发现了位于前端的不成对的、为喙服务的喙神经。同样与蜱不同，二斑叶螨的须肢神经节源于神经节的食道下神经节；在一些中气门螨中也有类似的情况，例如家蝇巨螯螨和大蜂螨（*Varroa jacobsoni* Oudemans）。足神经节和一个不成对的后中部或末体神经节也起源于食道下神经节，一个不成对的腹神经可能源于正中神经节（median ganglion），向中后部和腹部伸展，并超过足体。起源于合神经节的外周神经（peripheral nerve）数量在蜱螨各亚目中变化很大，用于描述它们的名词变化也很大，包括盾板、第三胸板、口道（一至几对）、内脏、生殖和直肠神经。

除了从合神经节向外周神经系统传递神经冲动的神经元细胞，中枢神经系统还包括神经分泌细胞，它能够产生一系列调节多种生理过程的化合物，包括蜕皮、产卵和产卵滞育、唾液分泌以及蛹表皮的皮层溶离。在寄螨总目中，神经分泌发育水平上能看到一定的性二型现象，即短命雄虫的细胞比正常的雌虫细胞少。Akimov等（1988）观察到了神经分泌活动与性别之间的进一步关联，他们在已经完成交配的大蜂螨脑中未发现神经分泌行为，推断精子的转移过程受神经分泌过程的控制。在美洲犬革蜱中，神经分泌物显然通过外周神经系统，经轴突途径到达神经内分泌复合体（neuroendocrine complex）、合神经节片（synganglionic lamella）以及各类效应器位点（effector site）。其他螨类的神经分泌物在外周神经系统中的路线尚不明了。

与蜱等相比，重要的农业害螨叶螨和瘿螨的神经系统，人们了解得并不多。叶螨的中枢神经块（central nervous mass）或合神经节由愈合的食道上神经节和食道下神经节组成（Kaestner，1968）（图3-8）。其他的神经节诸如视神经节、螯肢神经节、须肢神经节和喙神经节以及足部的神经节也构成合神经节。较大的合神经节位于身体腹面，被丝腺、背头足腺和中肠包围，在雌螨中还被卵巢围住。食道从合神经节加厚的中央部分穿过，将合神经节分为背侧的食道上神经节和腹侧的食道下神经节。食道上神经节包括1对视觉神经、1对螯肢神经、1个喙神经和1个口道神经。视神经出口呈显著的扩大状态，称为视叶。视叶下方稍前的部位，螯肢神经节分支为螯肢神经，向上前方通向口针鞘。喙神经由大脑伸出食道上方，向两侧分支。前一分支进入颚体顶端，另一条分支的走向尚不清楚。口道神经由脑后面直通向胃。食道下神经节包括1对须肢神经、4对足神经和1个单独的腹神经。

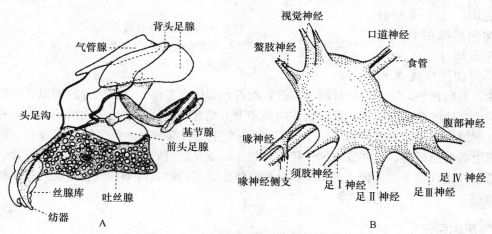

图3-8　二斑叶螨前半体腺体和神经簇

A. 二斑叶螨侧面观前半体腺体　B. 二斑叶螨中央神经块和基部神经

（仿Helle和Sabelis，1985）

瘿螨的中枢神经系统（central nervous system，CNS）正如其他螨类的一样，也是由食道穿过的一小块区域，大概分为食道上神经节和食道下神经节（图3-2、图3-3）。它位于不对称腺体后、中肠前。中枢神经系统由许多神经元组成。除一个复杂的中央神经纤维网外，Chandrapatya 和 Baker(1987) 还提出了存在细胞外神经片，这个神经片把整个合神经节和由单层小细胞组成的神经束膜插入鞘内。

3.5 其他系统

3.5.1 呼吸系统

前气门亚目的呼吸系统由位于螯肢基部的、布满表皮且连通于气门的气管构成。在叶螨或其他前气门亚目中，这一基本的结构发生变化，近基部的螯肢和其共同构成口针鞘（图3-10）。最终导致气管彻底与周围的空气分离，只剩下背部的新气门做定形的气门，这些气门和分离的骨化槽——气门沟相连。气门沟自螯肢基部延伸至一个被体壁包围的口针鞘的活动折叠。

气门沟在气门打开时确保气门的阻塞不影响呼吸。气门沟也可能在腹板呼吸（plastron respiration）中发挥作用。叶螨科的气门沟能够在口针鞘收回时缩进口针鞘基部的表皮环状圈内。叶螨因此能够阻隔气管系统同周围空气的交换。Blauvelt(1945) 认为，这一能力能够解释叶螨对特定毒气的抵抗。

主要的或背腹的气管干（tracheal trunk）经由腹面从螯肢基部的开口处向与颚体底基部的背表面成直线的一点向下伸展。气管干排列紧密，之间仅有很薄的间隔，且被一层厚几丁质壁包围；几丁质壁有一个伸向尾部的脊，脊或许与S形片（sigmoid piece）同源。脊或S形

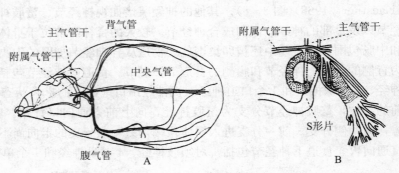

图3-9　二斑叶螨呼吸系统

A. 气管概图　B. 主气管干

（仿 Helle 和 Sabelis，1985）

片弯曲，向前伸展，在螯肢口针槽末端处，附着到颚体底基部；之后向前腹侧以翼状表皮内突延伸。二斑叶螨的气管干在翼状表皮内突稍上方离开S形片，之后依次向前、向上和向后弯曲，形成一个小的环状结构（图3-9）。每一个主气管都伸出一束气管，在腹面、背面和中央板上，向后延伸。这些成束的气管生成较小的成组的气管，最后形成一个个气管。附属的气管干在主气管下方延伸，开口于口针和颚体底之间的腔。蜱螨的气管系统细微结构与昆虫的相似。

3.5.2 肌肉系统

3.5.2.1 叶螨肌肉系统

对叶螨肌肉系统的最主要研究是由 Blauvelt(1945) 完成的（图3-10和图3-11）。他描述了3组肌肉群：腹肌、背腹肌和背纵肌（图3-11）。背纵肌的起源和插入是分别源自一对背部的表皮内突和背体壁。其他肌群的起源和插入更加复杂。两组较小的肌群构成了生

殖肌和肛门肌。在雌螨中，7 块肌肉从每个生殖板的侧缘伸出，呈扇状插入腹外侧体表。雄螨中，4 对生殖肌负责阳茎的运动，它们的插入点最接近阳茎表皮内突的末端。肛门处可以看到 2 对肛门肌。根据 Blauvelt 的研究，背腹肌 22 和背腹肌 23 的功能也是作为肛门肌。足肌的分布见图 3-10C。

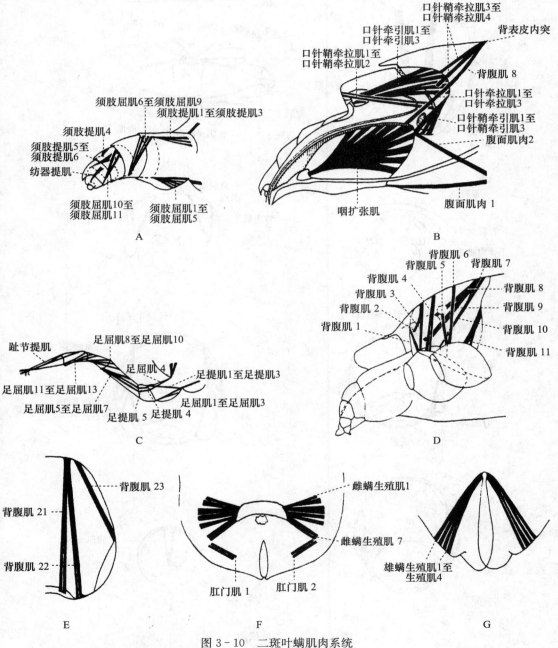

图 3-10　二斑叶螨肌肉系统

A. 须肢　B. 喙侧面观　C. 足Ⅰ　D. 前足体侧面观　E. 大体后部侧面观

F. 雌螨生殖器和肛门肌肌肉腹面观　G. 雄螨生殖器肌肉腹面观

（仿 Helle 和 Sabelis，1985）

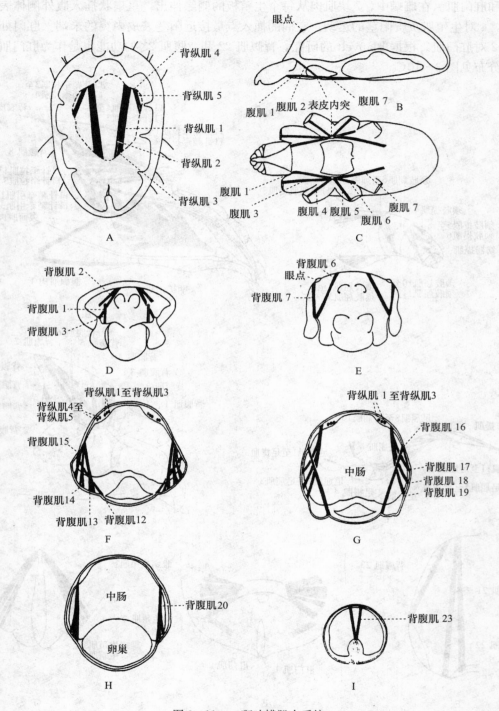

图 3-11　二斑叶螨肌肉系统

A. 背纵肌　B. 侧面纵切观　C. 腹面肌肉　D. 基节Ⅰ横切观　E. 基节Ⅱ横切观　F. 腹面表皮内突横切观

G. 中肠第二侧袋和第三侧袋之间横切观　H. 中肠第三侧袋和第四侧袋之间横切观　I. 末端横切观

(仿 Helle 和 Sabelis，1985)

和昆虫一样，叶螨的肌肉附着于外骨骼是由专化的细胞质内含丰富微管的上皮细胞参与的。这些扁平的细胞被张力丝（tonofilament）横穿。肌肉纤维通过排列成锥形的桥粒（desmosome）连接于专化的细胞上；上皮细胞由半桥粒（hemidesmosome）连接到表皮上。表皮纤维可能会深凹陷于表皮细胞的顶层。根据 Blauvelt（1945）的研究，颈沟上着生 2 对表皮内突，一对在腹面的在基节 II 下方，另一对在背侧面；颈沟也是肌肉着生的部位。一些足肌是依靠专化的上皮细胞连接在体壁上的，另一些由长的肌腱连接，肌腱是覆盖了一层上皮的表皮内突。

肌肉在参与运动时扮演的角色尚不清楚。肌肉收缩时可能会产生流体静力学压。肌肉的支持不取决于血腔压，因为叶螨体内没有血腔。一些肌肉可能附着在体壁活动的地方，肌腱和内突也可能起作用。

和其他节肢动物一样，叶螨的肌肉也是横纹肌。

3.5.2.2　瘿螨肌肉系统

肌肉细胞是在节肢动物中别的部位都没有发现的一种独有类型。它们包括粗纤丝（肌球蛋白）和细纤丝（肌动蛋白）两种类型。在身体附肢和颚体的肌肉细胞中，细纤丝依正常模式排列在粗纤丝周围，横切时易见。在外围的骨骼和内脏肌肉中，模式是比较不规则的。两种类型的纤丝都非常多，且占据了肌肉细胞内的紧凑区域。其他细胞器位于周边。在对蜕皮过程的研究中，Nuzzaci 发现每块肌肉只由一个细胞组成。人们从未发现呈一常规带状的断面，如节肢动物中普遍所见的横纹肌。这种外观导致一种解释，即瘿螨中存在平滑肌细胞，这显然被看做一种原始的标志。尽管由于骨骼和外围肌细胞中肌球蛋白和肌动蛋白的规则排列，因而可将瘿螨视为高度衍生的螨类，但是，最有可能从横纹肌细胞继发性衍生来的非横纹肌细胞是存在的（或许是小型化的结果）。有趣的是，Desch 和 Nutting(1977) 对于蠕形螨也有相似观察结果。

根据 Nuzzaci 和 Alberti 以及 Whitmoyer 等人的研究结果，Nuzzaci 和 Alberti 将瘿螨的肌肉区分为三类（图 3 - 12 和图 3 - 13）：a. 骨骼肌肉，包括足、颚体、背腹肌、附着在直肠管的肛部肌肉，有可能还包括外生殖器等部位的肌肉；b. 周围肌肉；c. 内脏肌肉。

周围肌肉是瘿螨的一个显著特性。存在许多与虫体表面平行排列的肌肉，它们在体壁的环节间纵向延伸。一些种类的肌肉表皮管（muscular dermal tube）就是以这种排列方式存在的。然而，由于没有环状肌存在，只有部分身体可以弯曲。另外，这些周围肌肉可以维持虫体饱满。

与其他螨类相比，瘿螨的末体几乎无背腹肌。Shevchenko(1983，1986) 在观察黑穗醋栗拟生瘿螨 [*Cecidophyopsis ribis* (Westwood)] 时发现，一龄幼螨的腹侧肌数量多于成螨，而且他根据其周围肌肉排列理论推断出瘿螨的末体是由 6 个体节组成的，由此也可反映出蜱螨幼螨的末体有 6 段。

与非常显著的骨骼肌肉以及周围肌肉相比，内脏肌肉较难被观察到。根据 Whitmoyer 等（1972）的描述，它们只存在于生殖系统。围绕中肠后端的一些较薄的肌肉纤维是内脏肌肉。然而，肠道的主要部分（如食道和中肠前端）似乎缺乏肌层。显然，所摄取食物的运输是通过咽泵和周围肌肉运动来完成的。

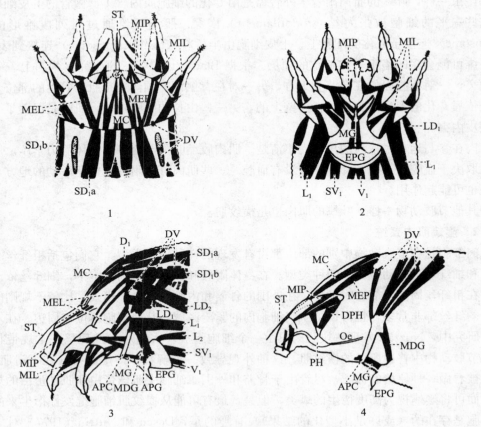

图 3-12　瘿螨前端侧板和肌肉示意图

1. 背面观　2. 腹面观　3. 侧面观　4. 纵面观

APC. 足 II 基节内突　APG. 生殖器内突　DPH. 咽扩张肌　DV. 大体前背腹肌　EPG. 雌螨生殖板
MC. 螯肢肌　MDG. 外生殖器扩张肌　MEL. 足外肌　MEP. 须肢外肌　MG. 生殖肌　MIL. 足内肌
MIP. 须肢内肌　Oe. 食管　PH. 咽　ST. 口针　D_1、L_1、L_2、LD_1、LD_2、SD_1a、SD_1b、SV_1、V_1. 大体纵向肌

(仿 Nuzzaci，1976)

3.6　分子生物学技术在蜱螨学研究中的应用

近年来，随着分子生物学的发展，越来越多的分子标记被用于种群遗传学、系统发生学以及分子生态学方面的研究。但是关于蜱螨的分子标记的研究只有零星报道，而且所用样本少，代表性不强，对问题的揭示程度不够。其中，研究得比较多的分子标记有同工酶、微卫星、核糖体 DNA 序列以及线粒体 DNA 序列。现在，随着测序技术的突破，线粒体 DNA 和核糖体 DNA 中的多个基因或区段序列分析在叶螨种群遗传研究中的应用越来越广。

3.6.1　分子标记技术在蜱螨学研究中的应用

分子标记（molecular marker）本质上是指能反映生物个体或种群间基因组中某种差异的特异性 DNA 片段。广义的分子标记是指可遗传的并可检测的 DNA 序列或蛋白质，而狭

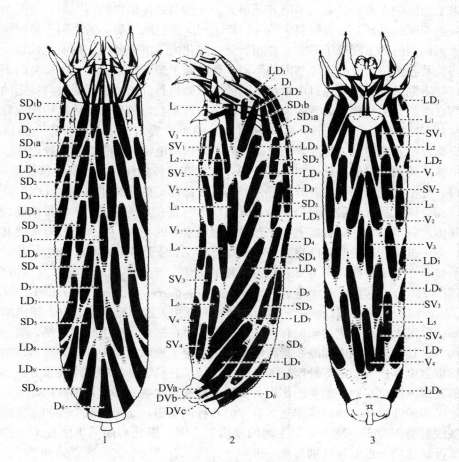

图 3-13　瘿螨周围肌肉示意图

1. 背面观　2. 侧面观　3. 腹面观

$D_1 \sim D_6$. 背纵肌　DV. 大体前部背腹肌　$DVa \sim DVc$. 肛门背腹肌　$L_1 \sim L_5$. 侧面纵肌

$LD_1 \sim LD_9$. 背侧面纵肌　$V_1 \sim V_4$. 腹面纵肌　$SD_1a \sim SD_4$. 亚背纵肌　$SV_1 \sim SV_4$. 亚腹纵肌

(仿 Nuzzaci, 1976)

义的分子标记只是指 DNA 标记，这个界定现在被广泛采纳。这里将分子标记概念界定在广义的范畴，从原理、优缺点、在蜱螨学研究中的应用等几个方面对几种主要的分子标记进行比较和分析。

3.6.1.1　蛋白质标记技术

蛋白质标记是在蛋白质多态性基础上发展的一种分子标记。蛋白质（包括酶）是基因的产物，特定蛋白质在群体内的存在与否及在个体间的分布差异可反映出群体的遗传情况。20世纪50年代以来，人们采用酶电泳技术研究群体的生理生化遗传结构，揭示了群体的生化多态性，因此，蛋白质标记又称为生化标记。在蜱螨学研究中应用最多的蛋白质标记是同工酶标记。

同工酶（isozyme）指能催化相同生化反应，但其一级结构（氨基酸的序列）存在差异的一系列酶。根据其在基因组中的对应基因座位的多少可区分为：a. 复基因位点同工酶，为由一个以上基因位点编码的酶的不同分子形式，又称为遗传独立的同工酶，酶的组成一般表现为不同组织间的差异，如乳酸脱氢酶（LDH）；b. 等位同工酶，为由同一基因位点的不同等位基因编码的酶的不同分子形式，如超氧化物歧化酶。由于各同工酶亚基数目、各亚基对应基因座位及各座位对应的等位基因的不同，导致同工酶所带电荷、分子质量的不同，人们可利用这些不同的理化性质通过电泳将不同的同工酶进行分离，然后通过与特定的底物反应，使其所在条带显色呈现其位置，通过分析其多态性可获得种群的遗传结构和变异情况。

与目前的 DNA 分子标记相比，同工酶对样品的质量要求比较高，所检测的位点数较少，难以全面反映基因组的遗传变异情况。同时，蛋白质电泳（包括淀粉凝胶电泳、聚丙烯酰胺凝胶电泳）检测变异的分辨力也不够理想，因此在遗传多样性、数量性状位点（QTL）制图与定位、分子标记辅助育种、分子进化等需要大量标记的研究中逐渐为 DNA 分子标记所取代。然而，同工酶（蛋白质）分子标记具有以下特点：共显性表达、结果准确、重复性强、作为基因产物可以在一定程度上反映转录和翻译水平的变异、操作简便等，使其仍然在种群遗传、分子进化、功能基因的克隆等方面具有 DNA 分子标记无可代替的作用。

同工酶技术在蜱螨学研究中主要表现为虫种的鉴定、亲缘关系的确定以及遗传多样性。如刘群红等（2001）通过对腐食酪螨［*Tyrophagus putrescentiae*（Schrank）］和粉尘螨（*Dermatophagoides farinae* Hughes）的酯酶同工酶及相关蛋白质电泳研究，指出酯酶同工酶谱在粉螨的分类上起到一定的辅助和补充的作用，可在一定程度上反映出科、属、种的差异。匡海源等（1992）以聚丙烯酰胺凝胶电泳方法测定了瘿螨总科中 3 科 5 种瘿螨的酯酶同工酶，最后根据电泳谱带和这 5 种瘿螨的形态性状做了各科、种间的亲缘关系分析。同工酶在近似种的鉴定方面也起到了重要的作用。如匡海源和程立生（1990）用聚丙烯酰胺凝胶电泳方法测定了朱砂叶螨和二斑叶螨非越冬群体的几种同工酶，结果这两个种的苹果酸酶同工酶及苹果酸脱氢酶 MDH_2、MDH_3 同工酶的基因型不同，因此利用同工酶技术能够把朱砂叶螨和二斑叶螨这两个近似种区别开来，进一步证明二者是两个完全独立的种。

3.6.1.2 DNA 分子标记技术

自 20 世纪 80 年代开始，随着分子生物学的飞速发展，出现了多种多样的分子标记技术，并在许多研究领域中得到了应用。DNA 分子标记突破了表达型标记的局限性，其变异只来源于基因 DNA 序列的差异，具有稳定性高、受环境条件影响小、信息含量高、可比性好等优点。主要的 DNA 分子标记技术包括以 Southern 杂交为基础的分子标记技术（如 RFLP 和 DNA 指纹谱）、以 PCR 为基础的分子标记技术（包括 RAPD、AFLP、DSCP 等技术）和以重复序列为基础的分子标记技术（如微卫星 DNA 标记）。现着重对几种主要的 DNA 分子标记的原理及其在蜱螨学研究中的应用进行阐述。

（1）限制性片段长度多态性　限制性片段长度多态性（restriction fragment length polymorphism，RFLP）是由 Bostein 于 1980 年首先建立起来的，是发展最早的 DNA 分子标记技术，其基本原理是用限制性核酸内切酶消化不同个体的基因组 DNA 后，产生大小不同的 DNA 片段，通过电泳和 Southern 印迹转移到支持膜上，利用同位素或非同位素标记的某一片段 DNA 作为探针，使酶切片段与探针杂交，从而显示与探针含同源序列的酶切片段在长度上的差异，这种差异反映了 DNA 分子水平上的差异，它可能是酶识别序列内的点突变或是部分 DNA 片段的缺失、插入、异位和倒位等。

RFLP 是一项综合技术，应用过程中涉及基因组 DNA 的提取、DNA 片段的克隆、

Southern 印迹转移、DNA 探针的制备和分子杂交等一系列分子生物学技术，有一定的技术难度，整个处理过程比较冗长，步骤繁琐，因此在应用中尤其是需要大量分子标记的研究中受到限制。但是，由于 RFLP 标记具有很高的分辨力，又以共显性的方式遗传，不受显隐性关系、环境条件、发展阶段及组织部位的影响，其结果有着很强的重复性和准确度，在高密度遗传连锁图谱、指纹图谱的构建、群体遗传与系统演化等研究领域仍然具有重要的应用价值。

Passos 等（1999）用此技术检测微小牛蜱［*Boophilus microplus*（Canestrini）］7 个种群中的基因组多样性。他们先用 *Eco*RⅠ 限制性核酸内切酶酶切这 7 个种群的 DNA，然后用从微小牛蜱 cDNA 文库中分离克隆出的 3 个 cDNA 作为探针进行 Southern 杂交，这 3 种探针分别是 P-9、P-25 和 CP-12，通过比较可以看出以 CP-12 为探针的 RFLP 所揭示的多态性较好，实验证明了巴西南部的微小牛蜱各种群间存在着复杂的基因型多样性。Osakabe 和 Sakagami(1994) 还将 RFLP 技术应用于叶螨科全爪螨属（*Panonychus*）内近似种的区分，他们先将桑全爪螨（*P. mori* Yokoyama）、柑橘全爪螨［*P. citri*（McGregor）］和苹果全爪螨［*P. ulmi*（Koch）］的 rDNA 用限制性核酸内切酶消化，接着以两个 rDNA 片段作为探针进行 Southern 杂交，最后经检测发现有 71 个大小不同的片段，证实了 RFLP 技术能够很好地用于叶螨系统发育关系的研究，而且 RFLP 所揭示的全爪螨属内的亲缘关系同形态学相吻合。

（2）微卫星　1989 年，Webe 和 May 发明了简单重复序列（simple sequence repeat，SSR），又称之为微卫星（microsatellite）、短串联重复（short tandem repeat）或简单序列长度多态性（simple sequence length polymorphism），是由 1～6 个核苷酸为重复单位串联组成的长达几十个核苷酸的重复序列，如 $(TG)_n$、$(AAT)_n$、$(GATA)_n$ 等。每个微卫星两端多为相对保守的单拷贝序列，可根据两端序列设计一对特异引物，扩增每个位点的微卫星序列，经聚丙烯酰胺凝胶电泳，检测其多态性，即检测不同个体在每个微卫星座位上遗传结构的差别。或者基因组 DNA 经过酶切、Southern 转移后，用微卫星作为探针即可得到具有高度个体特异性的指纹图谱。

微卫星 DNA 作为遗传标记具有丰富的多态性，主要表现在核苷酸重复单位的多态性和重复序列中核苷酸的替换多态性。一般认为，一个微卫星 DNA 核心序列重复数目越高，其等位基因数目也就越多，即多态性越丰富。微卫星 DNA 遵循孟德尔遗传规律，能够稳定地从上一代传给下一代，并且等位基因间呈现共显性遗传的特点，可以从电泳结果中区分纯合体和杂合体基因型。微卫星 DNA 序列短且重复频率高，这就有利于标记分析的自动化。除此之外，微卫星标记还具有 DNA 用量少、反应速度快、操作简易、结果重复性好等特点。因而，此标记已广泛地应用于目标基因的标记、遗传连锁图谱的绘制、遗传资源的鉴定和分类等方面。但对所有研究物种的一系列微卫星位点进行克隆和序列分析则是非常费时、费力且代价昂贵的工作。

Delaye 等（1998）用微卫星标记欧洲蓖子硬蜱（*Ixodes ricinus* L.），他们用自己设计的 6 对引物对 6 个蓖子硬蜱种群进行 PCR 扩增，结果发现与同工酶标记相比，微卫星具有很高的多态性。Evans(2000) 应用 9 个微卫星位点研究了大蜂螨（*Varroa jacobsoni* Oudemans）的种群结构，证明微卫星适用于种群遗传结构的研究。

李婷等（2009）选用 3 个微卫星位点对中国二斑叶螨和朱砂叶螨的种群遗传结构和多样

性进行了研究，发现表征种群遗传多样性的参数指标（N_A、N_{AE}、H_O 和 H_E 等）在二斑叶螨各个种群中普遍偏低，种群遗传多样性降低。二斑叶螨各个地理种群检测到的私有等位基因占等位基因总数的 27.3%，特有基因型占基因型总数的 54.5%，单态位点数占检测总数的 33%，总样本的基因型多样性远高于各个地理种群的基因型多样性水平，遗传分化指数平均成对 F_{ST} 为 0.569 5，当 $F_{ST} > 0.25$ 时，种群极度分化。说明二斑叶螨各个地理种群之间发生了明显的分化。种群之间遗传分化与地理距离呈现一定的相关性（$P < 0.05$，$R^2 = 0.259 4$）。朱砂叶螨种群遗传结构与二斑叶螨有许多类似的地方，如以总体样本为研究对象均能表现出显著的多态性，然而各个地理种群的遗传多样性水平普遍偏低；种群之间极度分化（$F_{ST} \gg 0.25$），朱砂叶螨种群遗传结构也表现出种群遗传多样性降低和种群之间极度分化的特点。

（3）随机扩增 DNA 多态性　随机扩增 DNA 多态性（random amplified polymorphic DNA，RAPD）技术是由美国科学家 Williams 以及 Welsh 和 McClelland 于 1990 年分别研究提出的一种以聚合酶链式反应（PCR）为基础的 DNA 分子标记。它以人工合成的随机寡核苷酸（通常为 9~10 个核苷酸）片段作为引物，以基因组 DNA 为模板进行 PCR 扩增，由于引物在 DNA 模板上的结合位点不同，所以就可以在整个基因组上随机扩增出不同长度的多态性片段，最后扩增产物通过聚丙烯酰胺凝胶或琼脂糖凝胶电泳分离，经溴化乙锭染色，可在紫外灯下检测出扩增的多态性 DNA 片段。该技术所依据的原理为：模板 DNA 在 94℃ 变性解链后，在较低的退火温度下（如 37℃）引物与模板 DNA 互补形成双链结构，如果基因组 DNA 两个位点间为可扩增的距离（200~4 000 bp），同时引物以 3′ 末端相对的方式分别位于两条互补链上，即可通过延伸、循环得到一个扩增产物，这个扩增产物在通常情况下可被视为基因组上的一个位点。就某一特定引物而言，它与基因组结合位点的序列互补，决定了扩增产物也是具有一定特异性的，如果不同个体在结合位点上的序列因突变存在差异，或者两个结合位点间由于 DNA 序列的插入、缺失造成距离变化，就会形成扩增产物的出现、消失或长度变异等多态现象，从而成为指示基因组 DNA 多态的分子标记。由于一个随机引物在基因组 DNA 上与其互补序列相结合的位点是有限的，不可能反映出总体的变异状况，通过使用大量不同的随机引物，就可得到许多的扩增产物（位点），使检测范围涵盖整个基因组，从而形成生物的特征性指纹图谱。

可以看出，RAPD 分子标记技术由于使用的是随机引物，因此一方面免除了其他如微卫星标记引物设计的繁琐、复杂，另一方面又不存在种属特异性，同样的引物可应用于任何一种未知基因组中去，因而在 DNA 分子多态的检测中得到广泛的应用，如 DNA、RNA 指纹图谱、遗传连锁图谱的构建，分子标记辅助育种、系统发育与分子进化、种群生物学以及疾病检测等许多方面。虽然 RAPD 分子标记技术有其独特的优势，但在实际应用中也必须注意到其固有的缺陷。短的引物序列只能通过较低的退火温度寻求较高的结合几率，这样做虽然提高了扩增产物的数量，使其一次检测的位点可以达到几十甚至数百个，但这种方式是以降低 PCR 反应的忠实性为代价，它可使误配的几率大大增加，检测到的变异可能是非遗传的或根本不是目标生物的，有时假阳性的比例甚至可以达到 60%。另一个根本性的限制因素是显性表达机制，只能用电泳条带的有无而不是等位基因识别多态，无法区分杂合子，因此在应用于亲缘关系很近（种属以下）的物种或同种种群中才有较高的可信度。

关于螨的 RAPD 研究最先在国内有文献报道。蓝明扬等（1996）采用 3 个随机引物对亚洲璃眼蜱的基因组 DNA 扩增做 RAPD 分析，所采用的引物不同，所扩增的多态性 DNA 数目和分子大小均不同。Lan 等（1996）对微小牛蜱（*B. microplus*）基因组 DNA 进行随机扩增，探讨了一些重要的反应条件和应用前景。乔中东等（1997）选用 6 个随机引物对血蜱属（*Hyalommae*）和璃眼蜱属（*Haemaphysalis*）各两个种进行 RAPD 研究，可迅速找出种、属的基因鉴别标志。

（4）扩增片段长度多态性　扩增片段长度多态性（amplified fragment length polymorphism，AFLP）是 1993 年由荷兰科学家 Zabeau 和 Vos 发明的一种检测 DNA 多态性的分子标记技术，其基本原理是将基因组 DNA 用成对的限制性核酸内切酶双酶切后产生的片段用接头（与酶切位点互补）连接起来，并通过 5′端与接头互补的半特异性引物扩增得到大量 DNA 片段从而形成指纹图谱进行分析。它主要通过以下步骤来实现基因组 DNA 多态性的检测：a. 两个不同的限制性核酸内切酶消化模板 DNA（通常采用一个高频的和一个低频的限制性核酸内切酶作为酶切组合）；b. 限制性核酸内切酶酶切片段末端连接到双链接头；c. 用与接头、限制性核酸内切酶酶切位点序列互补的引物对连接产物进行预扩增；d. 预扩增产物再次用选择性引物扩增并加以标记，最终形成数量非常丰富的 DNA 扩增片段库（一对引物组合通常能够得到 50～100 个扩增产物）。

AFLP 是在 RFLP 和 RAPD 的基础上发展起来的，它集 RFLP 技术的可靠性和 RAPD 技术的高效性于一体。由于使用了具有特异识别位点的限制性核酸内切酶消化模板 DNA，以及在 3′末端加入了选择性核苷酸的半特异性引物，尽管同样是一种核基因组多位点分析的分子标记技术，它避免了 RAPD 分子标记重复性差、假阳性反应过高等不利因素的影响；同时它又无需任何目的基因组 DNA 的背景资料即可完成模板 DNA 多态的检测，摆脱了 RFLP 繁琐的转膜、克隆、探针制备、分子杂交等一系列繁重而且有一定难度的工作；而且在 AFLP 分析中显示多态性的 DNA 片段不是由于限制性核酸内切酶酶切基因组 DNA 产生的，而是通过 PCR 扩增基因组 DNA 的模板产生的，因此 AFLP 能提供比 RFLP 更多的基因组的多态性信息。因此，高分辨力、准确性和重复性使 AFLP 已成为制作高密度连锁图谱、分子标记辅助育种、遗传多样性检测、系统分类、QTL 定位、基因定位等的主要分子标记。当然，AFLP 也同样存在一些技术上的不足，它所得到的主要是显性（占多态位点数的 85%～96%）而非共显性标记，制约了其在相关领域的应用。

Weeks 等（2000）首先将 AFLP 技术应用于螨类学的研究，他们对采自两种不同寄主植物上的二斑叶螨 10 个种群进行了 AFLP 分析，这些种群因为不同的寄主植物而聚类成两个分支，由此证明了 AFLP 技术可用于螨类不同种群间遗传多样性的研究。

（5）直接扩增长度多态性　直接扩增长度多态性（direct amplification of length polymorphism，DALP）是 Desmarais 等于 1998 年在 AFLP 技术的基础上发展起来的另一个长度多态性序列分析的 DNA 指纹技术。DALP 不需要酶切、连接等步骤，使用稍加改良的通用 M13 测序引物进行扩增，正向引物为选择性引物（5′端为核心序列 M13 - 40USP，3′端加 2～4 个核苷酸的选择序列），反向引物为固定不变的 M13 测序引物。在反应过程中，DNA 样品平行扩增两次，每个扩增反应前标记不同的引物，产物分别在两块变性凝胶上电泳，从放射自显影图中比较选出带有不同末端标记的产物；再将此条带提取后进行二次扩增，也就是产物的纯化。DALP 的产物可以直接测序，通过比较扩增产物的有无、片段大小来研究 DNA 的多态性。

DALP 技术从实验设计上看仍属于随机引物扩增的范畴，其最大的优点是采用了测序引物来作为 PCR 扩增的引物，极大地简化了进一步的序列分析工作，有助于对基因组的多态性做更深入细致的分子生物学分析。

由于 DALP 是按孟德尔式共显性标记遗传，因此适用于检测种群间的遗传变异，还适用于快速筛选遗传多态性、遗传等位位点的变异和分裂共显性多态位点。Perrot - Minnot 等从加州新小绥螨［*Neoseiulus californicus*（McGregor）］中用 DALP 技术检测出 5 个多态位点，他们还将该技术用于这种螨的伪产雄孤雌生殖的研究。

（6）DNA 序列分析　DNA 序列分析（DNA sequence analysis）通过直接比较不同类群个体同源核酸的核苷酸排列顺序，构建分子系统发育树，并推断类群间的系统演化关系。此方法是目前揭示遗传多样性、进行分子进化及系统发育研究最为理想的方法，因为序列测定最具说服力，且可延伸到属级甚至科级阶元的多样性检测。

DNA 序列可用于大多数系统学问题的研究，小至种内变异，大到所有生物的系统发育。但由于生物的基因组过于庞大，直接测序目前还只是集中于比较保守的 DNA 序列上，如 rDNA、mtDNA 等。而且序列分析耗资较大，也很费时，所以不适宜于大群体的遗传进化研究。但随着生物技术的不断提高，药品、试剂盒及酶制剂越来越廉价，此方法将会得到广泛应用。

以上各种方法的比较见表 3 - 1。

表 3 - 1　几种常用分子遗传标记的主要特点比较

	同工酶	RFLP	SSR	RAPD	AFLP	DALP	DNA 序列分析
重复性	高	高	高	中	高	高	高
多态性	低	低	高	中	非常高	高	取决于序列
遗传性	共显性	共显性	共显性	显性	显性为主	共显性	共显性
可靠性	高	高	较高	较低	较高	高	高
技术难度	简易	困难	简易	简易	中等	简易	困难
自动化水平	低	低	高	高	高	高	高
同位素应用	否	是/否	是/否	否	是/否	否	是/否
分辨率	中等	高	高	高	高	高	最高
检测范围	低	低	高	高	高	高	最高
费用	低	中等	高	低	高	高	高
核心技术	电泳技术	分子杂交和电泳技术	分子杂交和电泳技术	PCR 和电泳技术	PCR 和电泳技术	PCR 和 DNA 测序技术	DNA 测序技术

已对许多蜱螨核基因组中的核糖体 DNA(rDNA) 及线粒体 DNA(mtDNA) 进行了序列测定，并进行了相应的系统发育分析。Navajas 等（1999）用特异性引物扩增山楂叶螨［*Amphitetranychus viennensis*（Zacher），国内以前经常用 *Tetranychus viennensis* Zacher 作为学名］8 个种群的 mtDNA CO I 的一段序列，以检测叶螨不同种群间的遗传多样性，其中 4 个种群采自法国各地，4 个种群采自日本各地，对这 8 个种群的序列进行比对后发现有显著的差异。

3.6.2　基因组 DNA 多态性分析在蜱螨系统学研究中的应用

分子系统学是检测、描述并解释生物在分子水平上的多样性及其演化规律的学科，是一门综合性很强的交叉学科，它的理论基础来源于系统学、分类学、遗传学、比较生物学、分子生物学和进化论，其方法来源于免疫学、仪器分析、生物化学和分子生物学。目前，应用于蜱螨分子系统学研究的方法很多，主要有蛋白质电泳、核酸序列分析（DNA sequence analysis）、限制性片段长度多态性（restriction fragment length polymorphism，RFLP）、随机扩增 DNA 多态性（random amplified polymorphic DNA，RAPD）、单链构象多态性（single strand conformational polymorphism，SSCP）、双链构象多态性（double strand conformational polymorphism，DSCP）、分子杂交技术（molecular hybridization）、微卫星技术和 DNA 指纹图谱（DNA fingerprinting）等。选择合适的分子标记片段是蜱螨分子系统学研究的关键所在。目前应用于蜱螨分子系统学研究的分子标记主要有线粒体 DNA（mitochondrial DNA，mtDNA）、核糖体 DNA（ribosomal DNA，rDNA）、微卫星 DNA（microsatellite DNA）和核蛋白编码基因（nuclear protein coding Gene）等特征基因，其中 mtDNA 和 rDNA 中的多个基因在蜱螨分子系统学中应用最广。mtDNA 属于细胞器基因组，缺乏细胞核基因组中的保护机制，因而变异较为明显，能够反映较短时间内的进化事件，被广泛应用于物种及种下关系的鉴别。rDNA 是核基因组中的序列，同时具有变异区及保守区，能够反映早期及近期进化事件，主要利用其保守区进行高级分类阶元关系的研究。

3.6.2.1　线粒体 DNA 多态性在蜱螨系统学研究中的应用

自 1962 年 Nass 等首次用电子显微镜直接观察到线粒体内细丝状的 DNA 以来，关于线粒体 DNA 结构与遗传特性的研究进展很快。至 20 世纪 80 年代末 90 年代初，随着聚合酶链式反应（PCR）技术出现以及 DNA 序列测定技术的推广，人们对线粒体 DNA 已较对同等长度的核基因的研究更为深入，线粒体 DNA 分析方法迅速渗入传统的分类、系统进化、群体遗传及人类学等研究领域，并逐步取代了以往以分析蛋白质特性为基础的同工酶和免疫学实验方法而成为目前这些学科重要的研究工具。迄今为止，在线粒体 DNA 的结构、组成、复制、转录、基因表达及其调控等方面的研究已取得了瞩目的成绩。目前包括果蝇、蜜蜂、按蚊、六角硬蜱、血红扇头蜱、柑橘全爪螨等在内的 70 余种动物线粒体基因组的全序列已经完全测定，线粒体 DNA 多态性研究已涉及 200 多种动物。

（1）物种的分类鉴定及系统发育分析　线粒体 DNA 种间的多态性研究，对传统分类上的难以解决的近缘种、复合种、隐存种的鉴定和识别有重要意义。由于蜱螨体型微小，而且有些亲缘关系较近的种类形态极为相似，因此传统的形态学方法无法区分它们。Salomone 等 1996 年针对两种土壤甲螨 *Steganacarus magnus*（Nicolet）和 *S. anomalus*（Berlese）（Acari：Oribatida）基于形态学依据所产生的分类地位上的争议，对这两个物种线粒体 DNA CO I 基因的中央序列进行同源性比较，分析了序列的差异度，并以分类地位已经清晰的 *S. hirsutus* Pérez‑Inigo 作为外群，最后经分析发现虽然它们在形态上有差别，但在分子水平上并没有产生足以形成物种分化的差异，所以二者实际上是同一个种。日本学者认为二斑叶螨可以分为绿色型和红色型，究竟二者是否为同一种一直存在争议，Hinomoto 等（2001）通过比较二者 CO I 基因序列的同源性，从分子生物学角度证明了二者为同一种，但这一问题还需要进一步的研究证实。

系统发育分析是系统学研究的热点，通过分子系统发育研究，可为传统分类不能解决或存在疑问的类群的系统发生关系提供分子水平的证据，并对传统的分类系统进行验证。线粒体 DNA 在系统发育研究中作出了重要的贡献，人们可以通过线粒体 DNA 提供的遗传信息，分析群体间系统发育与地理分布之间的关系，即生物的谱系地理式样（phylogeography pattern）（黄原，1998）。蜱螨类在这方面的研究非常多。Navajas 等（1998）为了分析二斑叶螨的谱系地理式样，在世界范围内选择了 15 个地区分别进行采样，将这些种群线粒体 DNA COⅠ基因的中央序列进行 PCR 扩增和测序，分析序列中核酸的变异度，并利用序列中包含的系统发育信息构建了系统发育树，最后经分析发现这 15 个种群可以分为两个主要的世系。线粒体 DNA 还可用于种间系统发育的分析，Toda 等（2000）比较分析了全爪螨属（Panonychus）4 个种的 COⅠ基因序列，基于分子数据重建了它们的系统发育关系，结果显示木樨全爪螨（P. osmanthi Ehara et Gotoh）和柑橘全爪螨的亲缘关系最近，桑全爪螨与其他 3 个种的亲缘关系较远。谢霖等（2006）对中国二斑叶螨 13 个地理种群的 COⅠ进行研究，发现二斑叶螨各地理种群中，新疆种群和其他的 12 个种群亲缘关系较远，在两个不同的支序上，因此，中国的二斑叶螨可以分为两个不同的世系；二斑叶螨的新疆种群与地中海种群亲缘关系较近，在同一个支序上，因此，新疆种群可能是从地中海地区传入的。ROS 等（2007）基于线粒体 COⅠ的部分片段对叶螨的系统发生关系等进行了研究，研究得到二斑叶螨、神泽叶螨（Tetranychus kanzawai Kishida）和截形叶螨（T. truncatus Ehara）3 个物种分别形成了 3 个不同的进化分支，种内差异较高，二斑叶螨种内差异高达 7.2%，作者推测可能是由于叶螨体内共生菌引起的。李国庆等（2010）通过研究线粒体 COⅠ部分序列作为分子条形码来鉴定叶螨科 4 个属 9 个物种并阐述其系统发生关系。研究结果证实了形态学上定义的 4 个属 [叶螨属（Tetranychus）、全爪螨属（Panonychus）、双叶螨属（Amphitetranychus）和岩螨属（Petrobia）] 分别形成一个单系，然而在叶螨属内截形叶螨、朱砂叶螨和二斑叶螨的系统发生地位并没有被很好地解决。总体上属间差异大于种间差异，种间差异大于种内差异，但朱砂地理种群间的遗传距离最大可达 0.1018，数据统计显示河南和云南朱砂种群与其他 5 个朱砂地理种群差异较大，表明朱砂叶螨可能存在隐含种。

袁明龙等（2010）测定了柑橘全爪螨的线粒体 DNA 全基因组，发现其是双链（H 链和 L 链）超螺旋闭环状分子，以高拷贝数目存在于线粒体内，大小为 15.4~16.3 kb，是多细胞动物最小核基因组的 1/25 000，包含 2 个核糖体 RNA（12S rRNA、16S rRNA）、22 个转运 RNA、13 个编码蛋白质的基因（Cyt b、COⅠ、COⅡ、COⅢ、ATPase 6、ATPase 8、ND1、ND2、ND3、ND4、ND4L、ND5 和 ND6）以及一段非编码的 A+T 富集区。

在诸多系统发育研究中，有些结论与传统的分类系统相一致，而有些结论却与传统分类有出入，这可能是由于选择的序列类型、研究方法的不同。另外，在线粒体 DNA 分辨力范围内，基因渗入及进化速率的变异等因素也会引起系统发育分析产生误差（黄原，1998）。

（2）物种的起源和分化　线粒体 DNA 多态性还可以用于物种起源、分化、遗传变异等方面的研究。由于线粒体 DNA 是一种雌性中介的基因流，遵守严格的母性遗传方式，因而它是研究母系基因流、物种演化历史的良好标记。Hinomoto 等（2001）基于 COⅠ基因及其他基因对日本的神泽叶螨两个生物型的起源与进化关系进行了深入的分析和探讨，结果表明 T 型是从 K 型中分化出来的。

3.6.2.2　核糖体 DNA 多态性在蜱螨系统学研究中的应用

核糖体是一个致密的核糖核蛋白颗粒，执行蛋白质合成的功能。1953 年，首先在植物细胞中发现了这种颗粒。第二年在动物细胞中也观察到了这一结构，1958 年人们才将它命名为核糖核蛋白体（ribosome），简称核糖体。随着线粒体 DNA 序列的大量积累，人们越来越迫切地需要核 DNA 的信息对线粒体 DNA 的资料进行补充，以便在系统学研究中对所研究的对象有一个更加全面准确的认识。因此，自 Hillis(1991) 最先将核糖体 DNA(rDNA) 用于系统发育分析之后，核糖体 DNA 在不少昆虫类群的系统进化和分类研究中已得到广泛的应用。

核糖体 DNA 是编码核糖体 RNA 的基因，是一类中度重复的 DNA 序列，以串联多拷贝形式存在于染色体 DNA 中，每个染色体中有上百个拷贝（Wen 等，1974），每个重复单位由非转录间隔区（non - transcribed spacer，NTS）、转录间隔区（internal transcribed spacer，ITS）和 3 种 RNA(18S rRNA、5.8S rRNA、28S rRNA) 基因编码区组成（Tautz 等，1988）。其中 18S rRNA、5.8S rRNA 和 28S rRNA 基因组成一个转录元，产生一个前体 RNA，在形成 rRNA 时，有两段 RNA 被剪切：第一段是位于 5.8S rRNA 和 18S rRNA 之间的片段，称为 ITS1(internal transcribed spacer 1)，即核糖体 RNA 第一内转录间隔区；第二段位于 5.8S rRNA 和 28S rRNA 之间，称为核糖体 RNA 第二内转录间隔区，即 ITS2(internal transcribed spacer 2)。一个外转录间隔区（external transcribed spacer，ETS）位于 18S rRNA 上游，在 ITS 和 ETS 中含有核糖体 RNA 基因的转录启动子，重复片段之间为基因间隔序列（intergenic spacer，IGS）隔开（Hillis 和 Dixon，1991）。

核糖体 DNA 3 个区域的 DNA 进化速率各有不同，编码区总的来说进化速率很慢，非常保守，适合于构建生命系统树的基部分支，但编码区内又可分为高度保守区、保守区、可变区和高变区，这些不同的区域适合于不同阶元类群的系统发育研究。转录间隔区为中度保守，适合于推断 5×10^6 年左右的进化事件；非转录间隔区则进化速度较快，适合于种间关系的研究（成新跃等，2000）。由于核糖体 DNA 是生物界普遍存在的遗传结构，具有多拷贝性及上述种种优点，因而在个体及群体内有较好的均一性，少量样品能有效代表其来源群体的核糖体 DNA 的变异情况。因此，核糖体 DNA 已成为生物进化和系统发育分析研究中一个非常有用的分子标记（Hillis 和 Dixon，1991）。

（1）物种鉴定及系统发生分析　有一些物种从形态上难以区别，但从生理生化等其他方面看确实不同，这些同型种构成了种复合体（species complex）。在分类实践中，有一些复合种的分类地位争议很大，用传统分类方法一时很难统一，而将核糖体 DNA 序列作为一项分类性状可很好地解决这一问题。目前大多是利用转录间隔区（ITS 区）研究蜱螨复合种或低级分类阶元的系统发育，因为该区受到的选择压力较小，进化速率较快，信息含量较丰富。Wesson 等（1993）应用 rDNA PCR 方法鉴定美国莱姆病的传播媒介蓖子硬蜱［*Ixodes ricinus*（Linnaeus）］复合体。他们从单个冷冻保存的若蜱、成蜱或虫卵中提取 DNA，用两对引物对蓖子硬蜱复合体的 3 个种的核糖体 DNA 的 ITS 区分别进行 PCR 扩增，扩增产物经序列分析，在个体或种群间、同种不同地理种群的个体间和种间 3 个水平上，比较 ITS1 区和 ITS2 区的序列变化，证明该复合体的肩突硬蜱（*I. scapularis* Say）和 *I. dammini*（Spielman）为同种，而 *I. pacificus* Cooley et Kohls 分别与肩突硬蜱和 *I. dammini* 在基因序列上有较大差异，从 DNA 分子水平上将长期混淆的蓖子硬蜱复合种的分类地位圆满解决。Mixson 等（2004）从 12 个不同地点采集 853 个肩突硬蜱的样本，采用 DNA 单链构型多样性的分子技术对肩突硬蜱的种群结构进行了分析。核糖体 RNA 基因的内部转录间隔区 ITS1 被用为种群目标分子标记位点，在该位点上共发现 13 个基因型。基因型频率分析结果显示，沿美国东海岸分布的肩突硬蜱隶属于两个不同的南北种群，但是基因流在地理区域间频繁发生。尽管蜱自身的迁徙扩散能力有限，但地理区域内个体间的遗传变异程度仍然较大，这可能与肩突硬蜱寄主动物的频繁迁移有关。另外，他们的研究还发现南方种群的遗传变异程度明显大于北方种群。

分子系统学的一个重要目的就是通过 DNA 分子的碱基差异来构建分子系统树，以期阐明不同类群的物种、物种的不同种群之间的关系。之前关于螨类，如植绥螨科（Phytoseiidae）和叶螨科的研究表明利用 ITS2 序列间的差异可以对物种进行鉴定，甚至是相近物种、复杂物种和地理种群的鉴定（Navajas 等，1998，1999）。然而关于利用 ITS1 进行蜱螨鉴定的报道并不多，只有零星的关于其遗传结构和系统发生的研究（Navajas 等，1998；Hinomoto 等，2007；Osakabe 等，2008）。

Ben-David 等（2007）以核糖体 ITS2 作为分子条形码用于鉴定以色列 16 个叶螨物种并分析其系统发生关系，研究结果得到 ITS2 在叶螨物种的鉴定研究中是一个十分有效的分子标记，除了二斑叶螨和土耳其斯坦叶螨 [*T. turkestani* (Ugarov et Nikolski)] 的遗传距离为 1.1%～1.5%，物种间的遗传距离都大于 2%，基于 ITS2 可以将除二斑叶螨和土耳其斯坦叶螨外的其他 14 个物种准确区分开。李国庆等（2010）通过研究核糖体 ITS（ITS1 和 ITS2）部分序列作为分子条形码来鉴定叶螨科 4 属 9 种并阐述其系统发生关系。研究结果证实了形态学上定义的 4 属（叶螨属、全爪螨属、双叶螨属和岩螨属）分别形成一个单系。总体上属间差异大于种间差异，种间差异大于种内差异，除了朱砂种群外（种内差异大于 2%），基于 ITS1 的物种种间差异大于 2%，种内差异小于 2%；基于 ITS2 的系统发生关系表明，各物种除了苹果全爪螨和柑橘全爪螨处于同一进化支上，其他物种都以较高的置信度形成一个单系，但是二斑叶螨、截形叶螨及土耳其斯坦叶螨的两两核苷酸差异小于 2%，而朱砂叶螨的不同地理种群的核苷酸差异大于 2%。李国庆等（2010）通过研究核糖体 28SrRNA 的 D1-D2 部分序列作为分子条形码来阐述叶螨科 4 属 9 种的系统发生关系，研究结果证实了形态学上定义的 6 属 [叶螨属、全爪螨属、裂爪螨属（*Schizotetranychus*）、缺爪螨属（*Aponychus*）、双叶螨属和岩螨属] 分别以 99% 的置信度各形成一个进化支，然而在属内各物种的系统发生地位并没有被很好地解决。基于核糖体 28SrRNA 序列无法将叶螨鉴定到种水平，但对于属水平上的鉴定却提供了重要的参考。

（2）进化方式 Fenton 等（2000）通过对拟生瘿螨属（*Cecidophyopsis*）瘿螨与其寄主醋栗属（*Ribes*）植物的 rDNA 的研究，发现瘿螨和它的寄主植物之间存在着协同进化关系。他们用 DNA 序列分析法将瘿螨与其寄主的核糖体 DNA 序列直接测出进行分析，研究发现供试瘿螨可分为可形成虫瘿和不形成虫瘿两组，但这些侵染醋栗属的瘿螨都起源于同一个祖先，分歧时间大约在数百万年前，经分析导致两组形成最主要的原因是由于寄主的改变。

3.7 寄生菌 *Wolbachia* 和 *Cardinium* 对螨类生殖的影响

节肢动物体内广泛分布着各种胞质遗传的细胞内共生细菌。根据在寄主体内的分布和与寄主的进化关系，节肢动物体内的共生菌可以分为两类。其中一类是初生共生细菌（prima-ry symbiont），分布于特化的寄主细胞——菌胞（bacteriocyte）中。这类共生菌对宿主的生存是必需的，与寄主协同进化，如蚜虫体内的初生共生细菌 Buchnera aphidicola。而另一类则是次生共生菌（secondary symbiont）。这类共生菌广泛分布于寄主的组织细胞内，主要通过母系垂直传播，同时还能进行水平传播。次生共生菌不是寄主存活所必需的，对寄主可能有益也可能有害。研究表明，蚜虫体内的次生共生菌对寄主适应高温、防御寄生蜂寄生和真菌寄生方面起到一定作用。而另有部分次生共生菌则通过操纵寄主的生殖来促进自身在种群中的传播，Wolbachia 是其中最有名的一个例子。

Wolbachia（沃尔巴克氏体）是一类呈母性遗传的细胞内寄生细菌，属于 α 亚门的 Pro-teobacteria，能感染昆虫、螨等多种节肢动物。区域性系统调查发现，新热带地区约 16% 的昆虫物种、北美地区 19.3% 的昆虫以及日本 17% 的叶螨感染此类细菌，说明 Wolbachia 在节肢动物中的分布是非常广的。Wolbachia 细菌之所以引起国内外广泛关注，主要是由于这类细菌能够引发宿主的多种生殖异常行为，如：a. 胞质不亲和现象（cytoplasmic incompati-bility，CI），即在同一物种里，感染 Wolbachia 的雄虫与未感染 Wolbachia 的雌虫交配或感染不同株系 Wolbachia 的雌雄个体交配，往往产生不亲和现象；b. 孤雌生殖（parthenogen-esis），如在膜翅目寄生蜂、缨翅目蓟马以及蜱螨目的螨等单倍型-双倍型性别决定机制的物种体内发现感染 Wolbachia 的雌虫的未受精卵发育为雌虫；c. 雌性化（feminization），如在木虱等陆生等足类甲壳纲动物中，Wolbachia 改变宿主正常的性别决定机制，让本该发育为雄虫的个体发育成雌虫；d. 杀雄（male - killing），在鞘翅目、鳞翅目和双翅目昆虫中都有发现，由于 Wolbachia 的作用，雄虫在发育过程中死亡。

近年来，有研究表明，当观察到通常由 Wolbachia 诱导的节肢动物生殖异常现象时，却没有在该寄主体内找到 Wolbachia，这个现象使研究人员不能排除在这些节肢动物体内，还有其他种类的生殖寄生生物存在的可能性。2001 年，Zchori - Fein 等首次在匀鞭蚜小蜂属（Encarsia）寄生蜂中发现一种未知细菌与寄生蜂的产雌孤雌生殖有关，他们检测了 7 个单性生殖的地理种群，仅在其中一个种群中发现了 Wolbachia，而其余 6 个种群中均含有一种未知细菌。对该细菌的 16SrDNA 基因序列进行分析后发现，它属于 Bacteroidetes 门（Cy-tophaga - Flexibacter - Bacteroides，简称为 CFB 门）的一个独立分支，且与蛋白细菌没有关系。Weeks 等在单倍体雌虫占种群大多数的紫红短须螨［Brevipalpus phoenicis（Gei-jskes）］中，同样发现一种属于 CFB 门的寄生菌，这种寄生菌能诱导单倍体雄螨的雌性化。2003 年，同样的寄生菌被发现诱导一种匀鞭蚜小蜂（Encarsia pergandiella Howard）有性生殖种群的胞质不融和；在西方后绥伦螨［Metaseiulus occidentalis（Nesbitt）］中这种寄生菌可以提高寄主的产卵能力；Zchori - Fein 等通过对匀鞭蚜小蜂属寄生蜂体内寄生菌的 16SrDNA 基因的系统发育分析和电子显微镜的观察，提出将这类细菌在分类单元中归为 Bacte-roidetes 门的一个新属，这个属被命名为 Candidatus cardinium（简称为 Cardinium）。

3.7.1　Wolbachia 对寄主生殖活动的调控

3.7.1.1　胞质不亲和

在对寄主的生殖调控中，诱导胞质不亲和（cytoplasmic incompatibility，CI）是最常见的一种方式，在蛛形纲、甲壳纲等足目物种以及昆虫中均有报道。1959 年，Laven 发现库蚊种内的杂交不亲和，并且引起不亲和的因子是通过母系遗传的，继而把这种现象命名为细胞质不亲和（CI）。Yen 和 Barr（1971）通过抗生素处理消除 *Wolbachia* 后，发现感染的雄性个体与抗生素处理过的雌性个体是不亲和的，但反交是亲和的，证实了胞质不亲和与 *Wolbachia* 的存在有关。后来人们将胞质不亲和定义为：在同一物种里，感染 *Wolbachia* 的雄虫与未感染 *Wolbachia* 的雌虫交配（unidirectional CI，单向胞质不亲和）或感染不同品系 *Wolbachia* 的雌雄个体交配（bidirectional CI，双向胞质不亲和），往往产生不亲和现象（O'Neill 和 Karr，1990）。胞质不亲和往往表现为后代胚胎死亡和（或）性比偏重雄性。

谢蓉蓉等（2010）研究了 *Wolbachia* 对二斑叶螨辽宁兴城、江苏徐州、上海闵行和湖南长沙 4 个地理种群生殖的影响，发现上海闵行和湖南长沙种群体内的 *Wolbachia* 能诱导高强度的胞质不亲和；辽宁兴城种群体内的 *Wolbachia* 不仅能诱导中等强度胞质不亲和，而且能诱导杂交失败（hybrid breakdown）；江苏徐州种群体内的 *Wolbachia* 既不能诱导胞质不亲和，也不能诱导杂交失败。胞质不亲和程度的差异主要是由寄主的遗传背景的差异造成的。

对于 *Wolbachia* 引起胞质不亲和的作用机制有两种推测。一种是 *Wolbachia* 产生毒素特异性抑制周期蛋白 B1 在雄配子原核内的表达，从而抑制 CDK1 的活性，并推迟雄配子原核进入有丝分裂的时间。研究表明，CDK1 是调控细胞间期 G_2 期进入有丝分裂前期的重要调控因子。CDK1 与细胞周期蛋白结合才具有激酶的活性，而周期蛋白 B 的合成受阻会抑制 CDK1 的活性。具有活性的 CDK1 能使组蛋白 H_3 磷酸化从而促进染色质在临近有丝分裂时浓缩。在正常的胚胎中，CDK1 从有丝分裂前期具有活性，持续到有丝分裂后期。而在胞质不亲和的胚胎中，雌配子原核的 CDK1 从有丝分裂前期开始有活性，有丝分裂后期活性消失，雄配子原核 CDK1 直到前中期时才有活性到有丝分裂末期活性消失（Tram 和 Sullivan，2002）。CDK1 被抑制则雄配子原核染色体的浓缩推迟。另一种可能的作用机制则是 *Wolbachia* 产生毒素破坏雄配子原核的 DNA 或延缓 DNA 的复制，从而激活 G_2/M 期的 checkpoint，从而延缓雄配子进入第一次有丝分裂。研究表明，很多革兰氏阴性菌都能产生与 DNase1 同源的 CDT 毒素，破坏 DNA，活化 G_2/M 的 checkpoint，使细胞周期停留在 G_2。Landmann 等（2009）对果蝇研究发现，受精后，雄配子的核膜和精蛋白消失，来自母本的组蛋白与雄配子的 DNA 重组雄配子的核小体。*Wolbachia* 延迟了组蛋白 H_3 和 H_4 定位到雄配子，使雄配子的核小体重组推迟，并推迟雄配子的 DNA 的复制。

尽管在胞质不亲和胚胎中雌雄配子原核的细胞周期不同步，但是这并不影响雌配子原核的有丝分裂。这主要是因为昆虫受精卵的第一次有丝分裂都具有独特的纺锤体，由两种不同的微管组成，分别连接来自父本和母本的染色体。有丝分裂中期在有丝分裂中期，动粒微管连接到染色体的着丝粒上，并开始将染色单体移向两极，未连上染色体的动粒能发出等待信号，checkpoint 阻止其他染色体分离，进入等待状态。胞质不亲和的受精卵的纺锤体的两种不同的微管分别连接来自父本和母本的染色体。有丝分裂中期的等待信号以及 checkpoint 只对被同种微管连接的半个纺锤体有反应。因此有丝分裂中来自母本的染色体能正常进入后期。来自父本的染色体能否正常进入下一阶段则取决于其染色体异常的程度。异常程度足够高，不能越过 checkpoint，阻止有丝分裂进入后期，后代只有来自母本的染色体。异常程度不高，越过 checkpoint，有丝分裂进入后期，产生单倍体和非整倍体。对于二倍体的昆虫，胞质不亲和胚胎死亡。而对于双倍体-单倍体决定机制的昆虫，后代死亡或产生偏重雄性的性比不平衡。

在细胞发生机制的基础上，人们提出胞质不亲和由两个系统组成：Wolbachia 在精子发生过程中对寄主精细胞的修饰（modification）和同种 Wolbachia 感染的卵细胞对这种修饰作用的营救（rescue）。根据这个模型，种群中的个体分为 4 种类型：$mod^+ resc^+$（invasive）、$mod^- resc^+$（defensive）、$mod^+ resc^-$（suicide）、$mod^- resc^-$（helpless）。杂交实验表明，不同的 Wolbachia 株系具有不同的修饰-营救机制。因此，不同株系的 Wolbachia 间可能产生双向不亲和。最近的一项研究中，将来自果蝇不同物种中亲缘关系较远的 Wolbachia 转入同一个寄主拟果蝇（Drosophila simulans）体内，结果发现不同株系的 Wolbachia 间的关系非常复杂，同一个 Wolbachia 株系对于不同的 CI 体系，具有不同程度的拯救能力（multiple rescue factors）。同时研究还发现寄主的遗传背景对 CI 的形式以及程度都有很大的影响，来自果蝇（D. yakuba Burla）中的 wTei 进入新寄主后不能完全拯救由其引起的胞质不亲和，这也是在自然界发现的第一个具有自杀性表型（$mod^+ resc^-$）的 Wolbachia 株系。因此作者认为不能简单地用单一的修饰-营救模型来评价某一个 Wolbachia 株系。

3.7.1.2　诱导产雌孤雌生殖

节肢动物的生殖方式多种多样，包括两性生殖和孤雌生殖（parthenogenesis）。孤雌生殖又可分为产雌孤雌生殖（thelytoky，TY）和产雄孤雌生殖（arrhenotoky，AY）。Stouthamer 等发现抗生素处理能使一些产雌孤雌生殖的赤眼蜂产生雄虫，后续的研究发现这类赤眼蜂的产雌孤雌生殖与 Wolbachia 有关。Wolbachia 诱导的雌虫的产雌孤雌生殖并没有胞质不亲和那么普遍。至今只是在单倍体-双倍体性别决定机制的产雄孤雌生殖的物种中起作用，比如螨、膜翅目的寄生蜂以及蓟马。在单倍体-双倍体性别决定机制的物种中，未经交配的单倍体发育成雄虫而二倍体发育成雌虫。

与胞质不亲和一样，Wolbachia 也是通过破坏细胞周期来诱导产雌孤雌生殖的。在一种赤眼蜂 Trichogramma sp. 和一种寄生蜂 Leptopilina clavipes（Hartig）中，第一次有丝分裂前期染色体浓缩正常但在后期姊妹染色单体未分离，导致核的二倍性。在苔玫瘿蚊 [Diplolepis rosae（L.）] 和一种金小蜂 Muscidifurax uniraptor Kogan et Legner 中，减数分裂和第一次有丝分裂正常完成，产生两个单倍体细胞并进入第二次有丝分裂。第二次有丝分裂间期，相邻的两个单倍体细胞 DNA 复制并相互融合而产生四倍体，后期姊妹染色单体分离产生二倍体核。与膜翅目中的 Wolbachia 的作用不同，苜蓿苔螨（Bryobia praetiosa Koch）中的 Wolbachia 通过改变减数分裂来产生二倍体配子的。

诱导孤雌生殖的 Wolbachia 可以通过高温或抗生素处理去除从而使未受精的卵发育成雄虫。但是大多数情况下，这些雄虫交配授精能力衰退，或者是处理过的雌虫不能孤雌生殖产生雄虫（Pijls 等，1996）。在孤雌生殖的种群中，与有性生殖相关的基因并不会通过自然选择而被维持，因此这些基因的突变也不会通过选择压力而被去除。这些基因的突变可以通过颉颃性多效（antagonistic pleiotrophy，AP）的方式而积累，或者通过提高雌虫的孤雌生殖而直接被选择，从而最终影响有性生殖功能。对寄生蜂 L. clavipes（Hartig）的研究发现，通过抗生素处理的无菌的雌虫能产生雄虫，但是这些雄虫授精的成功率较低。同时通过扩增片段长度多态性（AFLP）遗传标记构建基因连锁图谱，发现了一个与雄虫授精退化显著相关的数量基因座位（QTL），被命名为 mff。Jeong 对一种寄生蜂 Telenomus nawai Ashmead 的研究发现，感染菌的雌虫不能产生有性后代源于隐性基因突变，并且这种性状可以通过少数几个主效基因遗传。

诱导孤雌生殖的 *Wolbachia* 不仅调控寄主的生殖，也影响寄主的适合度。赤眼蜂 *Trichogramma deion* Pinto et Oatman 和 *T. pretiosum* Riley 内含诱导孤雌生殖的 *Wolbachia* 的雌性个体一般比同物种不含诱导孤雌生殖的 *Wolbachia* 的雌个体的产卵量少。Tagami 等（2001）研究发现，赤眼蜂中感染诱导孤雌生殖的 *Wolbachia* 的品系的存活率显著低于不感染菌的品系。

3.7.1.3　诱导雌性化

诱导雌性化（feminization）指能改变其寄主正常的性别决定方式，使原本应发育为雄性的个体发育成为雌性。*Wolbachia* 诱导雌性化最初是在等足目的物种中发现的。在鼠妇 *Armadillidium vulgare*(Latreille) 和 *A. nasatum* Budde-Lund 中，感染 *Wolbachia* 的雄虫发育成有功能的雌虫。鼠妇的性别决定机制为雌性异配，ZZ 个体发育成雄虫，而 ZW 的个体发育成雌虫。在性别决定中促雄性腺（androgenic gland）控制雄性生殖系统的分化，而促雄性腺的形成又受到雄性激素（androgenic hormone）的诱导。被注入纯化的雄性激素的 ZW 异配型的个体将发育成有功能的雄性。感染 *Wolbachia* 的 ZZ 的个体不能形成促雄性腺，因而发育成雌虫。由此可见，*Wolbachia* 通过抑制促雄性腺的分化来诱导雌性化。诱导雌性化的 *Wolbachia* 在种群中扩散将使感染种群丢失雌性的性别决定因子 W 染色体，并使 *Wolbachia* 成为性别决定因子。

在昆虫中，目前只发现两个物种感染能诱导雌性化的 *Wolbachia*，包括鳞翅目的普通黄粉蝶［*Eurema hecabe*（Linnaeus）］以及半翅目的一种叶蝉 *Zyginidia pullula*（Boheman）。*Wolbachia* 的作用机制目前还不清楚。但研究发现，在普通黄粉蝶中，*Wolbachia* 需要在整个发育阶段都起作用从而维持雌性性状，如果在发育阶段去除 *Wolbachia* 会导致间性发育（intersexual development）。鳞翅目昆虫的性别决定机制与鼠妇一样，ZW 发育为雌虫，ZZ 发育为雄虫，并且性别决定在胚胎发育的初期就已经完成。然而普通黄粉蝶中，*Wolbachia* 所诱导的雌性化需要在幼虫阶段也感染菌，由此可见胚胎的性别决定的过程不可能是生殖调控的靶标。诱导雌性化的 *Wolbachia* 有可能作用于位于性别决定体系下游的雌性特异或雄性特异的分子（Narita 等，2007）。在叶蝉 *Z. pullula* 中，性别决定机制为 XX 发育为雌虫，XO 发育为雄虫。染色体为 XO 的个体感染诱导雌性化的 *Wolbachia* 会表现出雌性特征，*Wolbachia* 可能通过作用于性别决定机制来诱导雌性化。

3.7.1.4　杀雄

杀雄（male-killing）现象指一些微生物能引起节肢动物雄性宿主胚胎或幼虫的死亡。杀雄现象又被划分为两种类型。一种是早期杀雄（early male-killing），引起雄性胚胎的死亡。早期杀雄在鞘翅目、双翅目、膜翅目、鳞翅目和半翅目昆虫中均有报道。已报道的能引起杀雄的细菌包括：*Spiroplasma* 属；*Flavobacteria* 类；α-Proteobacteria 亚门的 *Rickettsia* 属、*Wolbachia* 属；β-Proteobacteria 亚门的 *Enterobacteriaceae* 类。鞘翅目中能引起杀雄的有：*Rickettsia* 属、*Wolbachia* 属、*Spiroplasma* 属和 *Flavobacteria* 类。双翅目中能诱导杀雄的包括：*Wolbachia* 属和 *Spiroplasma* 属。膜翅目中能诱导杀雄的细菌是 β-Proteobacteria 亚门 *Arsenophonus nasoniae*。鳞翅目中诱导杀雄的细菌是 *Wolbachia* 属和 *Rickettsia* 属。

另一种类型的杀雄现象是晚期杀雄（late male-killing），引起雄性幼虫或蛹的死亡。已报道的晚期杀雄的例子包括：蚊虫体内微孢子虫引起的杀雄、果蝇（*Drosophila subquinar-*

ia）体内 *Wolbachia* 引起的杀雄、茶长卷蛾（*Homona magnanima*）中 RNA 病毒引起的杀雄。

在鞘翅目、双翅目、鳞翅目和伪蝎目中都有发现感染 *Wolbachia* 的个体的雄性后代在发育过程中死亡。*Wolbachia* 诱导的杀雄主要发生在胚胎发育的早期，从而保证存活的雌性后代有充足的食物，降低种内资源竞争以及近亲交配。对于杀雄机制的研究主要来源于鳞翅目寄主豆秆野螟 [*Ostrinia scapulalis*（Walker）]。在豆秆野螟中，感染 *Wolbachia* 的个体只产生雌性后代，抗生素处理后又只产生雄性后代，因此最初认为这是 *Wolbachia* 诱导雌性化的作用。然而后续的研究发现这是杀雄的作用。在没有 *Wolbachia* 的情况下，基因型为雌虫的个体在幼虫的发育阶段死亡，而在有 *Wolbachia* 的情况下，基因型为雄性的个体雌性化，并在幼虫发育阶段死亡。因此 *Wolbachia* 所诱导的杀雄似乎是通过致死雌性化来起作用的。*Wolbachia* 诱导的杀雄作用造成雄虫的缺乏，使寄主的交配受到抑制，最终会导致寄主的消亡，寄主则会产生突变抑制因子抑制 *Wolbachia* 的杀雄作用或降低 *Wolbachia* 的垂直传播效率以避免种群的消亡，而具有抑制作用的因子能很快在感染菌的种群中扩散开来。Charlat 等（2007）对幻紫斑蛱蝶 [*Hypolimnas bolina*（Linnaeus）] 的研究发现，由具有杀雄作用的 *Wolbachia* 造成的性比的偏离会导致寄主交配行为的改变，从而适应雄虫缺乏的环境。

有一些 *Wolbachia* 株系能够以多种方式调控寄主的生殖。比如 *Wolbachia* 在鳞翅目寄主粉斑螟蛾 [*Cadra cautella*（Walker）] 中诱导胞质不亲和，但转到另一个鳞翅目寄主地中海粉斑螟 [*Anagasta kuehniella*（Zeller）] 中时，*Wolbachia* 对寄主的生殖调控变为诱导杀雄。果蝇 *Drosophila bifasciata* Pomini 中的 *Wolbachia* 诱导杀雄，而少数能幸免于杀雄作用的雄虫能够引起较弱的胞质不亲和。果蝇 *D. recens* Wheeler 中诱导胞质不亲和的 *Wolbachia* 转入姊妹种果蝇 *D. subquinaria* Spencer 时，立即表现出杀雄的作用。*Wolbachia* 在幻紫斑蛱蝶的一些种群中能够诱导杀雄，其中有一些雄虫具有抑制杀雄的等位基因，并能存活到成虫阶段，这类感染的雄虫与不感染的雌虫杂交时能诱导胞质不亲和。将来自果蝇不同物中亲缘关系较远的 *Wolbachia* 转入同一个寄主拟果蝇（*D. simulans* Sturtevant）体内，结果发现某些 *Wolbachia* 株系具有多种修饰-营救机制（Zabalou 等，2008）。以上研究表明，一些 *Wolbachia* 具有多种调控寄主生殖的能力，而每种调控作用只有在对其没有抑制作用的寄主体内表现出来。然而，这些具有多种调控寄主生殖能力的 *Wolbachia* 是否具有相似的分子机理目前还不清楚。

3.7.1.5 *Wolbachia* 对寄主适合度的影响

适合度是指生物在生存环境中能生存并把它的特性传给下一代的相对能力，一般包括生活力和繁殖力等。生活力一般以成活率、寿命、生长发育速度表示，繁殖力则以产生后代的数量表示。*Wolbachia* 对寄主的适合度可以是促进作用、抑制作用或中性。采自黄瓜的二斑叶螨种群中的 *Wolbachia* 对寄主的寿命无影响，但是能降低雌螨的产卵量，同时提高后代的存活率以及雌雄性比。而对于采自夹竹桃的二斑叶螨种群，感染 *Wolbachia* 雌螨的产卵量与不感染 *Wolbachia* 的雌螨相比降低了 80%～100%，显著地抑制了寄主的适合度。在神泽叶螨中，感染 *Wolbachia* 的品系的孵化率与存活率都显著低于不感染品系，*Wolbachia* 降低了寄主的适合度。而黑腹果蝇（*D. melanogaster* Meigen）以及白纹伊蚊 [*Aedes albopictus*（Skuse）] 体内感染的 *Wolbachia* 则能提高寄主的产卵量并延长寄主的寿命。最近研究还发现，*Wolbachia* 能提高寄主黑腹果蝇抗 RNA 病毒的能力以及对食物的嗅觉反应。

谢蓉蓉等（2010）发现，*Wolbachia* 对中国二斑叶螨适合度的影响既有利又有弊。*Wolbachia* 增强湖南长沙种群的产卵能力，对其他种群却没有影响；能提高江苏徐州种群的性比，对其他种群却没有影响；能延长江苏徐州种群的寿命，却缩短辽宁兴城种群的寿命；能延长江苏徐州和湖南长沙种群的发育历期，却缩短辽宁兴城和上海闵行种群的发育历期。*Wolbachia* 株系和寄主的遗传背景都对 *Wolbachia* 不同的表现型起重要作用。

理论研究认为，*Wolbachia* 垂直传播的特性将使寄主与 *Wolbachia* 间的关系朝互利共生的方向发展。Weeks 等（2007）研究发现，*Wolbachia* 与寄主的关系在进化过程中能由寄生转为互利。拟果蝇加利福尼亚种群感染的 *Wolbachia* 在 20 年间从降低寄主的产卵量转变成提高寄主的产卵量。在节肢动物体内，*Wolbachia* 与寄主已具有完全互利共生的关系也有多次报道。对于姬蜂科寄生蜂 [*Asobara tabida*（Nees）]，去除 *Wolbachia* 会导致卵巢则不能正常发育。而对于黑腹果蝇突变品系，*Wolbachia* 能够拯救由于 sex‐lethal 等位基因突变而造成的卵巢异常。

3.7.2 *Cardinium* 的研究进展

2001 年，Zchori‐Fein 等首次在匀鞭蚜小蜂属（*Encarsia*）寄生蜂中发现一种未知细菌与寄生蜂的产雌孤雌生殖有关。对该细菌的 16S rDNA 基因序列进行分析后发现，它属于 Bacteroidetes 门（CFB 门）的一个独立分支。在尚未正式命名之前，它曾经被临时称为 EB（*Encarsia* bacterium）、CFB‐BP(BP 代表紫红短须螨) 以及 CLO(Cytophaga‐like organism)。2004 年，Zchori‐Fein 等通过对 16SrDNA 和 *gyr*B 基因序列分析研究了这种未知细菌的系统发育关系，并通过电子显微镜观察到该细菌的结构，较详细地描述了这种细菌，并将这种共生菌命名为 *Candidatus cardinium*，简称为 *Cardinium*。目前对 *Cardinium* 的研究还远远没有 *Wolbachia* 那么深入。

通过对有性和无性生殖的匀鞭蚜小蜂属（*Encarsia*）寄生蜂的卵巢电镜观察发现 *Cardinium* 由两层膜包裹（细胞壁和细胞内膜），大小变化很大，长度为 0.42～2.3 μm，宽度为 0.31～0.66 μm。*Cardinium* 的结构是靠近内膜呈微丝结构（microfilament‐like structure, MLS）规则排列的。微丝（MLS）在 *Cardinium* 细胞内的长度及位置都有一定的变化。大多数情况下，微丝呈直线平行排列，与细胞纵长切面垂直，与细胞横宽切面平行，微丝的长度一般为细胞宽度的一半。也有少数微丝从细胞的端部伸出。极少数微丝从细胞的两端端伸出，且在细胞中央融合（Zchori‐Fein 等，2004；Kitajima 等，2007）。在目前所知道的各类细菌形态中，这种特别的亚显微结构是其他细菌不具备的，包括与 *Cardinium* 构成姊妹支系的阿米巴虫内生菌（*Amoebophilus asiaticus*）、胞囊线虫（*Heterodera*）内生菌（Horn 等，2001）和利用电子显微镜研究最多的蟑螂杆状体属（*Blattabacterium*）。

3.7.2.1 *Cardinium* 的分布

Cardinium 在节肢动物中的分布没有 *Wolbachia* 广泛。已有的研究发现，*Cardinium* 的感染仅局限于膜翅目、半翅目和蜱螨亚纲中。Weeks 等（2003）利用半巢式 PCR 检测了节肢动物 20 目 223 种的 *Wolbachia* 以及 *Cardinium* 的感染情况，其中 *Wolbachia* 的感染率为 22%，而 *Cardinium* 的感染率只有 7.2%。同样，Zchori‐Fein 和 Perlman(2004) 检测了 99 个昆虫（包括虱目、鞘翅目、双翅目、半翅目、鳞翅目、膜翅目以及缨翅目）和螨的种 *Wolbachia* 以及 *Cardinium* 的感染情况，其中 *Wolbachia* 的感染率为 24%，而 *Cardinium*

的感染率只有 6%。Duron 等（2008）检测了 27 种蜘蛛 *Cardinium* 的感染情况，其中有 6 种（22%）感染，与之前的研究相比，蜘蛛中的 *Cardinium* 感染率明显高于昆虫中的感染率。

通过对寄生蜂 *Encarsia pergandiella* Howard 和 *E. hispida* De Santis 的电子显微镜观察发现，*Cardinium* 位于寄主卵巢细胞（包括营养细胞、滤泡细胞和卵母细胞）的胞质中。Bigliardi 等（2006）研究发现，*Cardinium* 在一种叶蝉 *Scaphoideus titanus* Ball 雌雄虫的卵巢、脂肪体和唾液腺中都有分布。Kitajima 等（2007）用电子显微镜观察了 3 种短须螨（*Brevipalpus*）体内的 *Cardinium* 分布，在雌螨的各个部位都能观测到 *Cardinium* 的感染（包括卵巢、表皮、复眼、足和神经组织等），而雄虫体内没有观测到 *Cardinium* 的感染。由此可见，与 *Wolbachia* 相似，*Cardinium* 不仅存在于生殖组织中，也存在于非生殖组织中。但是，对于不同的个体、不同的龄期以及不同的组织，*Cardinium* 的数量和分布都不相同。

3.7.2.2 *Cardinium* 寄主生殖活动的调控

目前，关于 *Cardinium* 对宿主生殖活动的调控作用的研究还较少。近年来已经发现，*Cardinium* 能够诱导雌性化、诱导孤雌生殖、诱导胞质不亲和、影响宿主适合度和改变寄主的产卵行为。

（1）诱导胞质不亲和　Hunter 等（2003）首次发现 *Cardinium* 能够诱导寄生蜂 *E. pergandiella* Howard 的胞质不亲和。在这个种群中，未感染的雌虫和感染的雄虫交配后，基本上都不能产生可存活的后代，而感染的雌虫和感染的或不感染的雄虫交配后都能产生可以存活的后代。Gotoh 等（2007）发现桑始叶螨 [*Eotetranychus suginamensis* (Yokoyama)] 中感染的 *Cardinium* 也能引起胞质不亲和，胞质不亲和的表现为后代的孵化率降低；而另外 4 种螨 [*Oligonychus ilicis* (McGregor)、*Amphitetranychus quercivorus* (Ehara et Gotoh)、*Tetranychus pueraricola* Ehara et Gotoh 和二斑叶螨] 中感染的 *Cardinium* 不能诱导胞质不亲和，它们体内感染的 *Cardinium* 与桑始叶螨中感染的 *Cardinium* 的 16S rDNA 序列的同源性为 97.7%～100%。由此推测，与 *Wolbachia* 一样，*Cardinium* 诱导胞质不亲和除了与株系有关外，还可能与寄主的遗传背景、共生菌密度、雄虫年龄、共生菌在体内的分布等因素有关。Ros 和 Breeuwer(2009) 发现一种苔螨 *Bryobia sarothamni* Geijskes 体内的 *Cardinium* 也能诱导胞质不亲和。*Cardinium* 诱导胞质不亲和目前只有这 3 例报道。

刘颖等（2010）发现，*Cardinium* 能在朱砂叶螨山西种群和甘肃兰州种群引起胞质不亲和，2 个种群中 *Cardinium* 的亲缘关系非常相近，但却能够在不同的地理种群中表现出不同的胞质不亲和表现型，这表明亲缘关系非常接近的品系也可以产生不同的表现型。

（2）诱导孤雌生殖　2001 年，Zchori-Fein 等首次在匀鞭蚜小蜂属（*Encarsia*）寄生蜂中发现一种 *Cardnium* 与寄生蜂的产雌孤雌生殖有关，他们检测了 7 个产雌孤雌生殖的地理种群，仅在其中一个种群中发现了 *Wolbachia*，而其余 6 个种群感染 *Cardnium*，雌虫经抗生素处理后产生了不感染 *Cardinium* 的雄虫后代，同时抗生素处理还影响了寄生蜂 *E. pergandiella* 在其第一寄主（适合雌虫发育）中的产卵行为，产卵量显著降低。与所有膜翅目的昆虫一样，寄生蜂匀鞭蚜小蜂属的性别决定机制也是单倍-二倍体，即雌虫是由受精的二倍体卵发育而来，雄虫是由未受精的单倍体卵发育而来。Zchori-Fein 等（2004）进一步证实了 *Cardinium* 和寄生蜂 *E. hispida* 产雌孤雌生殖有关，没有经过抗生素处理的雌虫只产生雌性后代，而抗生素处理过的雌虫只产生雄性后代，同时通过细菌通用引物的分子检测确定了 *Cardinium* 是寄生蜂 *E. hispida* 中唯一存在的一种内共生菌。此外，*Cardinium* 也和常春藤圆盾蚧（*Aspidiotus nerii* Bouché）的一些种群的产雌孤雌生殖有关。

（3）诱导雌性化　*Cardinium* 已经被证实能够引起单倍-二倍体短须螨属（*Brevipalpus*）的个体雌性化。在对一个个体全为雌性的紫红短须螨种群的研究发现，种群中的所有个体均为单倍体，对这些螨个体进行抗生素处理后，雌虫个体产生了不感染 *Cardinium* 的单倍体雄虫后代。之后发现在加州短须螨［*B. californicus*（Banks）］和卵形短须螨（*B. obovatus* Donnadieu）中，*Cardinium* 也能诱导未受精卵的雌性化，然而在这两种螨中雌性化并不完全，仍能产生雄性后代，这可能是由于共生菌（量不足）没有成功地传播导致的。Groot 和 Breeuwer（2006）以上述 3 种短须螨为实验材料，根据 CO I 序列差异选取了 19 个品系进行孤雌生殖，其中卵形短须螨的所有品系（5 个）只产生雄性后代，紫红短须螨（10个品系）和加州短须螨（4 个品系）在实验室条件下产生 6.7% 雄性后代，而且在 2 个紫红短须螨品系中发现只有年轻雌螨能产生雄性后代。抗生素处理后，雌性后代达到 13.5%。但仍有 3 个卵形短须螨品系不产生雄性后代，在这些品系中产雌孤雌生殖可能已经成为螨本身的可遗传性状。

Giorgini 等（2009）在寄生蜂 *Encarsia hispida* 中还发现了一个有趣的现象，用抗生素除去 *Cardinium* 后，产生雄性后代，而这些雄性后代与雌虫的染色体倍数相同，均为二倍体，这也是首次在匀鞭蚜小蜂属中发现了二倍体的雄虫。在该寄生蜂中，染色体二倍体化是产雌孤雌生殖必要的，但仍不足以引起雌虫发育，还需要 *Cardinium* 二倍体雄虫诱导雌性化并作用于寄主的性别决定体系才能成功地产雌孤雌生殖。

（4）改变寄主的产卵行为　*Cardinium* 除了能够引起以上 3 种生殖调控以外还能改变寄主的产卵行为。寄生蜂 *E. pergandiella* 有性生殖时将雌性后代产卵于第一寄主粉虱的蛹内，而雄性后代产于已寄生于粉虱的同种或异种的寄生蜂体内，否则后代不能正常发育。*Cardinium* 诱导寄生蜂 *E. pergandiella* 产雌孤雌生殖，所产的雌性后代应该都产于第一寄主体内。但是，研究发现，*Cardinium* 降低了 *E. pergandiella* 对其两种寄主的识别能力，将所产卵均等地分配到第一寄主和兼性寄主中。

（5）影响宿主适合度　*Cardinium* 对宿主的适合度也有影响。在西方静走螨［*Galendromus occidentalis*（Nesbitt）］中，*Cardinium* 的感染使雌虫繁殖率提高近 50%。Wang 等（2008）用利福平去除嗜卷书虱（*Liposcelis bostrychophila* Badonnel）体内的 *Cardinium* 后，后代的存活率和产卵量都低于感染品系。由此可见，*Cardinium* 的感染能够提高该物种的适合度。

3.7.3 *Cardinium* 与 *Wolbachia* 共同感染

同一寄主同时感染 *Cardinium* 和 *Wolbachia* 的现象较常见，但是对于这两种菌共同对寄主生殖的影响以及这两种菌间的相互作用的研究还较少。

Perlman 等（2006）研究发现，寄生蜂 *Encarsia inaron*（Walker）体内同时感染 *Cardinium* 和 *Wolbachia* 能诱导胞质不亲和。这是有关这两种菌共同对寄主生殖的影响的第一例报道，但是因为没有能从双重感染品系中处理得到单独感染 *Cardinium* 和单独感染 *Wolbachia* 的品系，这两种菌是否都能调控寄主生殖以及如何调控并不清楚。Gotoh 等

（2007）第一次使用青霉素 G 以及高温处理从一种叶螨 *Tetranychus pueraricola* Ehara et Gotoh 双重感染品系中分别成功筛选获得单独感染 *Wolbachia* 和单独感染 *Cardinium* 的品系，但是研究发现 *T. pueraricola* 体内的 *Cardinium* 和 *Wolbachia* 对寄主的生殖没有影响。Ros 和 Breeuwer（2009）研究发现，在一种苔螨 *Bryobia sarothamni* Geijskes 中，单独感染 *Cardinium* 的品系诱导胞质不亲和；双重感染 *Cardinium* 和 *Wolbachia* 的品系以及单独感染 *Wolbachia* 的品系不能诱导胞质不亲和，且双重感染和单独感染 *Wolbachia* 的雌螨不能营救单独感染 *Cardinium* 的品系所诱导的胞质不亲和。由于实验中所用的 4 个感染品系（双感染、单独感染 *Cardinium*、单独感染 *Wolbachia*、不感染）不是通过对双重感染品系处理筛选获得，而是从不同的地理种群筛选获得，因此，此研究不能科学阐述这两种菌间的互作。

White 等（2009）通过对一种匀鞭蚜小蜂属寄生蜂 *E. inaron* 的双重感染品系的处理，获得单独感染 *Cardinium*、单独感染 *Wolbachia*、不感染品系，并进行了 16 个组合的杂交试验。研究发现，双重感染品系和单独感染 *Wolbachia* 的品系诱导胞质不亲和，单独感染 *Cardinium* 不能诱导胞质不亲和且不能营救由 *Wolbachia* 所诱导的胞质不亲和。*Cardinium* 和 *Wolbachia* 共同以及分别对寄主生殖的影响以及这两种菌间的相互作用的还有待近一步的研究，最好是研究这两种菌都能操作寄主生殖的双重感染体系，明确阐明 *Cardinium* 和 *Wolbachia* 诱导胞质不亲和的机制是否相同、它们在寄主体内的分布是否相同、它们之间的关系是相互促进还是相互抑制。

在国内，南京农业大学洪晓月实验室率先在朱砂叶螨中发现了双感染（刘颖等，2006），进一步的研究发现，双感染对朱砂叶螨江苏镇江种群、云南玉龙种群和陕西西安种群生殖和适合度有影响，3 个地理种群的双感染品系均能诱导胞质不亲和。双感染品系都能提高寄主的寿命，还缩短发育历期，从而提高寄主的适合度。*Wolbachia* 和 *Cardinium* 彼此对生殖调控能力没有影响，对菌量既有促进又有抑制（谢蓉蓉等，2010）。

3.7.4　共生菌的生殖调控作用与应用

共生菌扰乱寄主生殖的现象，不仅促进了进化方面的研究，同时也在控制害虫及其相关的疾病上提出了新的思路。基于对 *Wolbachia* 的深入研究，*Wolbachia* 被认为将会是控制农业害虫以及传病媒介昆虫的一种新型、有效以及对环境友好的防治方法。

共生菌诱导胞质不亲和有两方面的应用。其一，利用胞质不亲和控制有害生物自然种群。这种方法与释放雄性不育昆虫的技术（SIT）较为相似，又被称为ⅡT(incompatible insect technique)。早在 1967 年 Laven 就把一种能诱导双向胞质不亲和的淡色库蚊（*Culex pipiens* L.）雄虫在田间大量释放，释放的雄虫与自然界中的雄虫进行竞争，雌虫与释放的雄虫交配产的后代不能正常孵化，从而对当地淡色库蚊的种群起到有效的控制作用。Zabalou 等（2004）将樱桃绕实蝇［*Rhagoletis cerasi*（Linnaeus）］体内感染的 *Wolbachia* 通过显微注射转入地中海实蝇［*Ceratitis capitata*（Wiedemann）］中，*Wolbachia* 在新寄主中稳定存在，并诱导 100% 的胞质不亲和，实验室释放感染 *Wolbachia* 的雄虫完全地压制了地中海实蝇的自然种群，进一步说明了利用胞质不亲和控制害虫具有可行性。利用ⅡT 来控制害虫最致命的一个弱点是释放感染的雄虫时容易一起释放感染的雌虫，从而降低防治效果，而ⅡT 与释放雄性不育昆虫（SIT）的结合使用能克服这一缺点。其二，利用共生菌诱导胞质不亲和在种群中扩散的特性，带动有利的基因（如抗病基因）在种群中扩散并最终替代自然种群，但是该基因所在位点应该与 *Wolbachia* 一样能够胞质遗传，此方法是否具有可行性还有待进一步研究。

除了抑制害虫外，还可以通过共生菌提高天敌的繁殖力。由于寄生性昆虫中只有雌虫能够对寄主昆虫产生不利的影响，因此若能够通过调控基因使母体在繁殖时只产生雌性的后代，就能大大降低大量饲养所带来的高额费用。共生菌诱导孤雌生殖（PI）在生物防治上就具有很大的应用潜能。通过微生物来调节性别比例就可能是最理想的调控手段。已经发现 *Wolbachia* 诱导的孤雌生殖在生物防治上具有以下的潜在优势：a. 孤雌生殖的个体具有更高的种群增长率和较高的穿刺产卵率；b. 孤雌生殖的个体能够较好地适应新的环境并定殖，且在种群密度较低的情况下由于不需要与雄虫交配，因此更容易建立和发展种群；c. 由于省去了饲养雄虫所需的花费，在大规模生产的过程中还大大降低了生产成本（Werren，1997）。具有捕食能力的瓢虫体内的 *Wolbachia* 具有杀雄作用，雌虫一龄时取食死的雄虫，并且降低种间竞争，从而提高了雌虫的适合度，提高生物防治效果。

此外，还可以通过缩短寄主的寿命来降低传病媒介昆虫的传病能力。埃及伊蚊（*Aedes aegypti*）是登革热病毒的传媒昆虫，病毒传入新寄主体内时要先在寄主的体内潜伏两周左右。雌性蚊虫取食感染的血液后，登革热病毒先进入蚊虫的中肠，在不同的组织复制后再进入唾液腺，并通过取食传入新寄主。因此，雌性蚊虫的存活时间必须超过初始不取食期（一般 2 d 以内）与潜伏期的天数之和才能有效地传病。McMeniman 等（2009）通过显微注射的方法成功将黑腹果蝇体内能缩短寄主寿命的 wMelPop 株系转入埃及伊蚊，wMelPop 在新寄主体内能稳定存在（33 代感染率依然为 100%），感染 wMelPop 的埃及伊蚊成虫期的寿命缩短了 50%，由此可见，wMelPop 能够抑制埃及伊蚊的传毒能力以及登革热病的发生与流行。在野外环境下这种方法是否可行还需要进一步的研究。

目前，*Cardinium* 是除了 *Wolbachia* 以外唯一的一个能诱导胞质不亲和（CI）的一种共生菌，利用 *Cardinium* 和 *Wolbachia* 共同防治有害生物以及共生菌间的进化互作研究将是未来研究的热点。

3.8　二斑叶螨全基因组 DNA

2011 年 11 月 24 日，来自北美洲、南美洲和欧洲的 55 位科学家在《Nature》上发表文章，公布了二斑叶螨的全基因组序列。这是农业重要害螨中第一个被解析的全基因组序列。该螨拥有 18 414 个基因，其中 15 397 个基因表达或激活用于编码蛋白质。二斑叶螨的基因组含有即 9×10^7 bp，是目前已知的节肢动物基因组中最小的。通过对基因组 DNA 序列进行分析，科学家们有一些有趣的新发现：a. 二斑叶螨在生长发育过程中用另外一种蜕皮激素来分泌新的表皮。b. 其他节肢动物含有 10 个 *Hox* 基因，而二斑叶螨只含有 8 个 *Hox* 基因，因此只有 2 个身体体节，而不像其他节肢动物有 3 个。c. 二斑叶螨产生的丝的强度与蜘蛛的一样，但要比蜘蛛丝细得多，仅为蜘蛛丝的 1/435～1/185。蜘蛛从腹部末端产生丝，而螨从头部产生丝。叶螨的丝可以用来防御捕食螨和保暖，也可以在医学上加以应用。d. 二斑叶螨能在非常多的植物上取食和发育以及对杀螨剂产生抗性，主要是体内有解毒的基因家族，能分解有毒的物质。如其体内的解毒基因是其他动物的 3 倍之多，含有一个抗药性基因家族的 39 个基因，而昆虫和脊椎动物只有 14 个。e. 二斑叶螨含有一些与细菌和真菌相似的基因，它们的功能目前还不清楚，专家推测可能与改变或解毒植物体内的有毒物质有关。

【思考题】

1. 螨类和昆虫在消化、循环、神经、肌肉等内部结构上有何异同点？

2. 比较分析两类重要的害螨（叶螨和瘿螨）繁殖器官特征。

3. 举例说明分子生物学技术在农业螨类学研究上的应用。

4. 如何协调使用形态和分子生物学手段解决普遍存在的螨类近似种鉴定困难的问题？

5. 寄生菌在害螨防治上的应用前景如何？

第 **4** 章

螨类生物学和生态学

4.1 繁殖方式

大多数螨类营两性生殖，一部分螨类营孤雌生殖，也有一些螨类具有两性生殖和孤雌生殖两类生殖，极少数螨类营卵胎生。由于螨类雌体内无子宫存在，故卵胎生产生的幼体称为伪胎生。

4.1.1 两性生殖

两性生殖即经雌性和雄性交配后产下受精卵，卵发育成具有雌性和雄性 2 种性别的新个体。

两性生殖的螨类通常雌雄性比例变化较大。例如，Momen 等发现丹麦钝绥螨（*Amblyseius denmarki* Zaher et El‐Borolossy）雌雄性比为 1.8～4.0：1，侧多食跗线螨 [*Polyphagotarsonemus latus* (Banks)] 雌雄性比为 1：0.15 或 2：1，南京裂爪螨（*Schizotetranychus nanjingensis* Ma et Yuan）雌雄性比为 8.23：1

拟长毛钝绥螨 [*Neoseiulus pseudolongispinosus* (Xin，Liang et Ke)] 无交配前期，雄螨一旦"羽化"，就表现很强的搜索性，活动旺盛，而雌螨一"羽化"就可交配。雄螨等候在即将"羽化"的雌性第二若螨周围，甚至有雄螨帮助它"羽化"而后立即交配的现象，这可能与雌性第二若螨就开始分泌性信息素有关。植绥螨一般都行两性生殖。

4.1.2 孤雌生殖

孤雌生殖，即雌螨不经与雄螨交配直接产下后代的现象。孤雌生殖后代既有产雄单性生殖 [如南京裂爪螨、茅舍血厉螨 *Haemolaelaps casalis* (Berlese)]，也有产雌单性生殖，[例如苜蓿苔螨（*Bryobia praetiosa* Koch）至今尚未发现雄螨]。

4.1.3 伪胎生

有些螨类不产卵，成熟的卵排入膨大的腹腔内，接着孵化、发育幼螨、若螨至成螨，部分成螨还可以在母体内完成交尾活动，成螨直接产下幼螨、若螨、休眠体或成螨，称为伪胎生。

西藏穗螨（*Siteroptes xizangensis* Gao，Zou et Qin）通常需待母体破裂后才将幼螨、若螨、偶尔还有卵排出。由幼螨变为若螨和成螨进入膨腹以前要进行取食。西藏穗螨是多世代螨类，既有卵生又有伪胎生，繁殖力强。每年 7～8 月份为发螨盛期，多见伪胎生，一个成螨可产 30～1000 头幼螨，成螨破腹生出幼螨后死亡。鼠耳蝠螨（*Spinturnix myoti* Kolenati)（蝠螨科）是直接产下前期若虫。

· 90 ·

4.1.4 两性生殖兼孤雌生殖

朱砂叶螨〔*Tetranychus cinnabarinus*（Boisduval）〕的自然种群，既可以行两性生殖，又可以行孤雌生殖，但一般情况下孤雌生殖所产生的后代全为雄螨。孤雌生殖对朱砂叶螨实验种群具有强烈的影响作用，表现在缩短雌螨的产卵历期，使雌螨的产卵高峰期提前，提高种群的死亡率，降低种群的净繁殖率、内禀增长率以及周限增长率。同时发现朱砂叶螨实验种群对世代历期、单雌卵量、性比具有极强的保持能力。即使完全孤雌生殖，朱砂叶螨也可以保持种群数量的稳定。

之所以会同时产生这两种繁殖方式，近年来，一些学者研究认为，一些螨类体内发现的有一些次生共生菌，如 *Cardinium* 和 *Wolbachia*，它们具有调控寄主生殖的功能，它能够引起雌性化、诱导产雌孤雌生殖或产雄孤雌生殖、诱导胞质不融和等。单倍-二倍体种群寄主和 *Cardinium* 或 *Wolbachia* 间相互作用时，不亲和的杂交组合会导致受精卵部分至完全单倍体化；而对于产雄孤雌生殖的单倍-二倍体，胚胎中父本基因组丢失或被消除后，该胚胎仍可以发育成为单倍体的雄虫。因此，在不亲和的组合中，受精卵或者发育成单倍体雄虫或者死亡，从而逐渐减弱后代的繁殖能力。南京农业大学洪晓月研究室发现，朱砂叶螨种群感染 *Cardinium* 和 *Wolbachia*，感染类型组合的杂交试验证明了 *Cardinium* 和 *Wolbachia* 对朱砂叶螨在生殖调控方面的影响。在美国佛罗里达大学盖因斯维尔分校的实验室种群中，发现 1 种新的微孢子虫 *Oligosporidium occidentalis*，研究表明，单雌西方静走螨〔*Galendromus occidentalis*（Nesbitt）〕感染该微孢子虫后，雌螨的寿命缩短，产卵率降低，后代的性比为偏雄性。

4.2 个体发育和变态

4.2.1 个体发育

螨类的个体发育可以分为两个阶段：胚胎发育和胚后发育。胚胎发育是螨产卵开始到卵孵化时期，是在卵内完成的；胚后发育是从卵孵化开始直至螨的性成熟。

目前，有关螨类的胚胎发育过程报道的研究甚少。例如，东方钝绥螨（*Amblyseius orientalis* Ehara）初产卵半透明，经过卵黄聚合期、卵黄沉淀期、肢体分化期和幼螨形成期 4 个阶段开始孵化。

4.2.2 变态

4.2.2.1 变态的类型

个体发育阶段因不同的种类而经历不同阶段，从螨类外部形态到体内结构都发生了复杂的变化。例如，山楂叶螨〔*Amphitetranychus viennensis*（Zacher）〕的个体发育一般要经过卵、幼螨、第一若螨、第二若螨和成螨 5 个阶段。在进入幼螨、第一若螨、第二若螨和成螨前均有一个静息期，静息期不吃不动，足向躯体收缩，躯体膨大呈囊状，口器退化，蜕皮后进入下一个阶段。雄螨不经过第二若螨，因而同世代中雄螨一般比雌螨先羽化 0.5～2.0 d。幼螨静息期又称为第一静息期或若蛹，第一若螨静息期又称为第二静息期或第一若蛹，第二若螨静息期又称为第三静息期或第二若蛹。

肘同前线螨〔*Homeopronematus anconai*（Baker）〕（属螨镰螯螨科）的个体发育通常可

分为 6 个阶段：卵、幼螨、第一若螨、第二若螨、第三个若螨和成螨。柳刺皮瘿螨（*Aculops niphocladae* Keifer）只有卵、若螨和成螨 3 个阶段，无幼螨阶段。稻鞘狭跗线螨（*Steneotarsonemus* sp.）只有卵、幼螨和成螨 3 个阶段，无若螨阶段。蒲螨科的蒲螨（*Pyemotes* sp.）只有雌雄成螨。鼠耳蝠螨生活史概括为 5 个阶段：卵、幼虫、前期若虫、后期若虫和成虫，直接产下前期若虫。

甲螨亚目无气门股的一些螨类如粉螨科、薄口螨科和半疥螨科等，其个体发育分为 6 个发育阶段：卵、幼螨、第一若螨、休眠体（第二若螨）、第三若螨和成螨。在发育过程中形成一个异型发育状态——休眠体，即介于第一若螨和第三若螨的休眠体（hypopus），又称为第二若螨（deutonymph）。休眠体在身体结构和功能上发生了一系列变化：在其形成之前，第一若螨体躯逐渐萎缩，变成圆形或卵圆形，表皮骨化变硬，体色随时间推移而由浅变深；颚体退化，取食器官消失，在末体区形成一个发达的吸盘板。

蝠螨的形态有 5 个阶段：卵、幼虫、前期若虫、后期若虫和成虫。通过观察清晰的标本和解剖鼠耳蝠螨孕雌螨，结果并未能观察到幼虫期的存在，仅在"子宫"内见到了一种具六足但缺步行器的胚胎，这个胚胎称为前幼虫期，这个"前幼虫"被认为很可能是蝠螨幼虫的退化形式。对蝠螨孕雌螨观察发现其体内存在发育良好的前期若虫，颚体朝向母体末端。此外还看到了雌螨体内的卵，最多可达 11 个卵，未见到幼虫阶段。这些母体中的卵，先发育为胚胎，再发育为前期若虫。直接产下前期若虫。

蒲螨（*Pyemotes* sp.）的膨腹体发育第一天，体内出现乳白色胚胎块斑。第二天在膨腹体腹部逐渐形成两块肺叶状的黄色块斑，在两个块斑之间有一个乳白色区域。第三天，黄色块斑内逐渐形成黄色的卵，此时的卵为无膜状态且极不稳定，发育到后期即游动到"肺叶"之间的乳白色区域；卵逐渐由黄色变为乳白色最后变透明，由无膜到外膜不明显，最后变为有膜状态。第五天，透明的卵开始分化为梭形的幼螨。第七天，可以看见乳白色幼螨。第九天开始出现金黄色能在膨腹体内自由游动的成螨。这时，膨腹体可分为 3 个部分，腹部的黄色区域，背部一端是透明无色的卵和尚未发育完全的幼螨，一端是已经发育完全能自由游动的成螨。在显微镜下可分辨雌雄，雌螨的腹部末端有一段乳白色发亮的短线（图 4-1）。

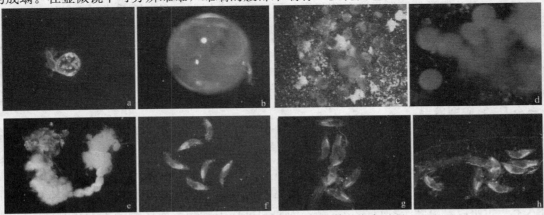

图 4-1　蒲螨（*Pyemotes* sp.）膨腹体的发育过程

a. 蒲螨膨腹体初期不规则乳白色胚胎块斑　b. 蒲螨膨腹体内黄色卵　c. 黄色极不稳定的卵　d. 白色无膜的卵
e. 蒲螨膨腹体内黄色的卵、白色的卵和幼螨　f. 雌幼螨　g. 雌成螨　h. 膨腹体内已能自由移动的成螨

（引自刘静等，2008）

4. 2. 2. 2　各发育阶段

（1）卵　卵（ovum 或 egg）是一个大型细胞，由卵孔、卵壳、卵黄膜、卵黄、原生质表层、卵壳卵构成。

① 卵的形态　卵的形状最常见的为圆球形和椭圆形，少数为圆柱形，也有一些卵为扁球形或长椭圆形。一些卵具有卵饰、卵柄附丝线、表面突起或顶端有脊纹等。卵颜色有乳白色、淡黄色、黄褐色、紫色、红色等。例如，苹果上一种黄色的始叶螨（*Eotetranychus* sp.）卵为圆球形，初产为白色透明，近孵化时为淡黄色，表面光滑，卵壳上有一根丝。苹果全爪螨 [*Panonychus ulmi*（Koch）] 卵葱头形，两端略显扁平，直径为 0.13～0.15 mm，夏卵橘红色，冬卵深红色，卵壳表面布满纵纹，近圆形，有一根白色短毛状卵柄。

侧多食跗线螨的卵椭圆形，无色透明，卵壳上有纵向排列整齐的细小网状灰白色圆形蜡质小点。卵有越夏型和非越夏型之分。越夏型卵圆柱形，顶端向外显著扩张，形似倒草帽，顶端表面有星状辐射条纹；卵壳外面包有白色蜡质表皮，其内的卵外表为淡红色。非越夏卵较小，呈球形，红色，表面有数十条纵列隆起条纹。

南京裂爪螨的卵初为透明，光泽强；后逐渐变为淡黄色，浑浊，光泽弱，不出现眼点；孵化时卵壳沿赤道线裂开，一端有粘连，幼螨自裂开处爬出后，多数卵壳恢复原状。

② 产卵方式　产卵方式有单粒、少数几粒集中的散产或较多成块的集中产卵。例如，朱砂叶螨卵单产，多产于叶背主脉两侧，危害严重时也可产在叶表、叶柄等处。每头雌螨平均产卵量为 120 粒，最少 55 粒，最多达 255 粒。

稻鞘跗线螨雌成螨产卵于叶鞘内壁，多数为单粒散产，少数为数粒乃至数十粒平列堆聚在一起，一头雌螨一生的产卵粒数为 6.6～14.6 粒。

东方钝绥螨卵产在叶背面的主脉一侧或者叶螨丝网处。卵由雌螨头部方向产出，雌螨守候一时离去。如果环境稳定可连续几日在一地产卵数粒。

③孵化　螨类的胚胎发育到一定时期，幼螨或若螨破卵壳而出的现象，称为孵化（hatching）。

（2）幼螨　叶螨的幼螨从卵中孵出，开始了胚后发育。幼螨只有 3 对足，这是与若螨和成螨形态的主要区别。孵化时，卵壳裂开，幼螨出壳之后一般即开始取食，但活动比较迟钝。经过一段活动期，幼螨寻找隐蔽场所，进入静息期。幼螨静息期的特征是 3 对足向躯体收缩，约经过 1 d 就蜕皮。蜕皮时，第二对足和第三对足之间的背面表皮横向开裂，前 2 对足先伸出来，然后整个螨体从裂缝处脱出，成为具有 4 对足的第一若螨。蜕皮时间一般为 1～5 min，蜕下来的透明皮壳留在原处。身体不很骨化或不骨化，也没有外生殖器。

（3）若螨　若螨和成螨，除了瘿螨只有 2 对足外，均为 4 对足。成螨有生殖器，易与若螨相区分。叶螨的第一若螨（若螨 Ⅰ）和第二若螨（若螨 Ⅱ），可根据腹毛的数目相区分；粉螨的第一若螨和第三若螨，可根据生殖感觉器的对数加以区分。每次蜕皮发生板片分化、躯体及跗肢刚毛增加等变化。

有些螨类有 3 个若螨期，如甲螨亚目、粉螨总科和前气门亚目的若干种类；有的只有 2 个若螨期，如革螨亚目的大多数种类；也有只有 1 个若螨期的种类，如前气门亚目中的大赤螨总科。粉螨科的粗脚粉螨（*Acarus siro* Linnaeus）和果螨科的甜果螨（又名乳果螨）[*Carpoglyphus lactis*（Linnaeus）]，可以有 3 个若螨期，但第二若螨的形态和习性完全不同于正常若螨，称为休眠体（hypopus），是螨类个体发育中一个特殊的阶段，有抵抗不良环境的能力。休眠体一般有腹吸盘及抱器（clasper），以附着于其他物体上，并随其移动而传播。

（4）成螨 刚羽化出来的成螨，性已成熟，很少蜕皮，但在绒螨科、雄尾螨科中有成螨蜕皮的现象。性成熟后，能够立即交配。

① 交配习性 不同种类螨交配方式存在一些差异。

叶螨在交配前，雄螨能够辅助雌螨蜕皮，蜕皮完成后可马上进行交配，雌螨在上方，雄螨钻到雌螨身体下方将腹部卷曲，阳具伸入雌螨生殖腔内与之交配。求偶行为多由雄螨发起并主导，且雄螨间存在竞争现象。叶螨在 24 h 内可进行多次交配，雌螨受精囊有最高承载力，第三次交配后多为无效交配。其中以第一次交配时间最长，后续交配时间明显缩短，但雄螨寻找到可交配雌螨所需要的时间增加。不同交配次数对雌成螨寿命、产卵量、卵孵化率、子代性比、雄成螨寿命影响差异显著。随交配次数的增加，雌成螨的产卵量、卵孵化率均有所增加，但雌雄成螨的寿命均明显缩短。孤雌生殖后代全为雄螨，交配次数影响后代性比，交配次数越多，子代雌性比例越高。

跗线螨雌雄成螨交配时，雄螨在下，雌螨在其上。雄螨的第四对钳状足紧抱着雌螨的体末部，此时雌螨与雄螨的交配几近直角。在雌雄螨交配过程中，两者并非静止不动，而是雄螨"背着"雌螨四处爬行，历时可达 3 min 以上。

钝绥螨则与其他螨类型不同。徐学农和梁来荣认为，拟长毛钝绥螨交配前，从正面与雌螨相遇，雄螨一旦和雌螨相遇，随即表现很强的进攻性，而雌螨却努力试图摆脱雄螨，无论怎样相遇，均有短暂的雄螨爬上雌螨背板上阶段（C 状态），属"钝绥螨-盲走螨类型"。从开始相遇（A 状态）到最后准备交配（F 状态），平均时间不到 1 min，最快的只有十几秒。当雌雄螨处于 F 状态后，雌螨很少活动，偶尔携着雄螨表现一定的搜索行为，还可少量捕食猎物。拟长毛钝绥螨无交配前期，雄螨一旦"羽化"，就表现很强的搜索性，活动旺盛，而雌螨一"羽化"就可交配。实验中发现，有雄螨等候在即将"羽化"的雌性第二若螨周围，甚至有雄螨帮助它"羽化"而后立即交配的现象，这可能与雌性第二若螨就开始分泌性信息素有关。雌雄螨在相遇前，一直表现无规则的运动，并时常有抬起身体，上举第一对足的现象，第一对足在寻找猎物、攀缘、雄螨在抓住配偶中起十分重要的作用，雄螨第一对足在没有接触到雌螨体或雌雄相距较远时，雄螨难以对雌螨产生定向反应，在众多雌雄螨共存时，雌雄行为表现一定的差异，雄螨总是表现进攻，而雌螨总是表现竭力避开。拟长毛钝绥螨的交配时间与受精囊的充满度之间存在一定的关系（图 4-2），在不控制交配的情况下，拟长毛钝绥螨一次完全交配的时间最长达 253 min，平均为 183 min，由表 4-1 可知，随着交配时间的延长，受精囊被授精的机会越大。空瘪的受精囊逐渐膨胀，内精包壁形成，内精球逐渐增大直至整个受精囊内充满内精包，这一过程通常只发生在一侧受精囊，左右不定。从交配 30 min 起，雄螨可使一侧的受精囊完全受精，30 min 时一侧受精囊完全受精的比例增至 83%；90 min 时，所有雌螨一侧受精囊都完全受精；90 min 以后，雄螨螯肢导精趾从一侧的受精囊转向另一侧受精囊使之授精，但这一转移是较少的，只占 18%。而安德森钝绥螨在交配 90 min 时就有的雌螨两侧受精囊完全受精，185 min 时，两侧受精囊完全受精。这是两者有意义的区别。从对活体的观察可以发现，雌螨导精趾从受精囊孔抽出后，两螯肢交替来回伸缩，同时雌雄螨体液发生周期波动，有很长的交配后期，拟长毛钝绥螨交配 30 min，仍然有一半雌螨受精囊未受精，因此雌雄螨处于 F 状态时，并不完全立即交配，有一定的交配前准备动作，所以，从整个交配来看，真正有效的交配时期也许并不很长。一次

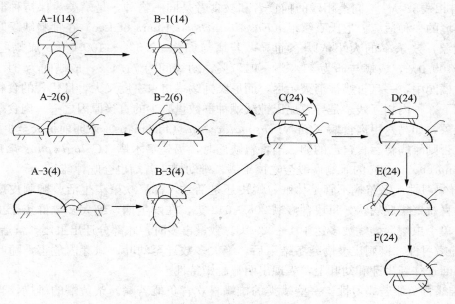

图 4-2 拟长毛钝绥螨交配前行为
（括号内的数字表示雌雄螨对数）
（引自徐学农和梁来荣，1994）

交配只能产生一个内精球，这与在智利小植绥螨（*Phytoseiulus persimilis* Athias - Henri-ot）中发现的结果一致。在野外采集到的一些植绥螨中也曾发现受精囊内有多个内精球，这与自然状态下多次交配有关。

产卵量随交配时间的延长而增加，但总不及自然交配多次交配下的总产卵量，一次完全交配的产卵量只有自然交配下总产卵量的 50% 左右，其总产卵量平均为 22 粒。

一些螨类的若螨和成螨有吐丝、自相残杀、群集、趋嫩、雄螨背负雌若螨习性。

表 4-1 拟长毛钝绥螨不同交配时间受精囊的充满度

（引自徐学农和梁来荣，1994）

交配时间（min）	检查雌螨数	不同受精囊等级下的雌螨数					
		0	0-1	0-2	1-1	1-2	2-2
0	19	19					
30	12	6	4	2			
60	12	2	0	10			
90	10			10			
120	10		2	6	1	1	
183	11			7	1	0	1

② 吐丝习性 例如，南京裂爪螨雌成螨、后若螨具吐丝织网特性，丝网成膜，白色致密，大多附于毛竹的叶脉两侧和叶缘，其交尾、产卵、发育取食等活动都在网下进行，少量个体无丝网膜也可交尾、产卵和取食。针叶小爪螨［*Oligonychus ununguis*（Jacobi）］的若螨和成螨均具吐丝习性。

③ 自相残杀习性　同类相残的捕食者和被食者是同一物种，是螨类为保持种群繁衍而对艰难环境的一种适应。尼氏真绥螨（*Euseius nicholsi* Ehara et Lee）在食料缺乏时，有自相残杀现象，残杀率的大小依螨态而异，若螨与卵为 62.5%～100.0%，成螨与若螨为 58.3%～100.0%，成螨与卵为 41.7%～91.7%，幼螨间为 71.4%，成螨间为 34.2%。因此，在柑橘园中，一旦害螨被消灭殆尽，而尼氏钝绥螨口虫密度又大，且代替的食料不能满足的情况下，种内相互残杀是导致尼氏钝绥螨种群数量减少的直接原因之一。肉食螨也有同类相残现象，如马六甲肉食螨（*Cheyletus malaccensis* Oudemans）产卵前每天至少要摄入 1 头猎物，否则雌螨将吞食自己的卵。当食料缺乏时，福建嗜木螨（*Caloglyphus fujianensis* Zou，Wang et Zhang）的雌螨一般会吃掉雄螨，雄幼螨、若螨也会吃掉雌螨。

④ 群集习性　镰螯螨不管是休眠、蜕皮还是活动，都喜欢聚集生活。柳刺皮瘿螨在越冬期，也喜欢聚集成块状，每块含瘿螨 208～642 头，在发生期，绝大多数群集于虫瘿内取食活动，单个虫瘿含瘿螨数多达 101～229 头。数量再多时，才部分迁出虫瘿，营造新虫瘿。

⑤ 趋嫩习性　柳刺皮瘿螨越冬结束后，绝大多数迁至幼叶、嫩芽内危害，随叶组织的老化又不断迁往新生芽和幼叶上，表现出明显趋嫩特性。

⑥ 雄螨背负雌若螨习性　一些螨类的雄螨喜欢背负雌若螨。茶黄螨的雄螨，当取食部位变老时，立即向新的幼嫩部位转移并携带雌若螨，后者在雄螨体上蜕一次皮变为成螨后，即与雄螨交配，并在幼嫩叶上定居下来。

4.2.2.3　性二型和多型现象

（1）性二型现象　同种个体的雌雄螨类，除了外生殖器不同外，在形态上还存在着差异，这种现象称为性二型现象。例如，山楂叶螨的雌成螨卵圆形，体长 0.54～0.59 mm，冬型鲜红色，夏型暗红色，腹面有生殖皱襞层；雄成螨体长 0.35～0.45 mm，体末端尖削，菱形，橙黄色，具阳茎。蒲螨的受孕雌螨有的膨腹体，比雄螨腹末大十几倍甚至上百倍。稻鞘跗线螨的雌螨，其第四对足已退化，无爪和爪间突，仅留端毛和亚端毛各 1 根；而雄螨的第四对足发达粗壮，特化为钳状，内侧有齿状缺刻，外侧有粗刚毛 2 根。

（2）多型现象　一些同种同性别的螨类也存在差异的现象称为多型现象。例如，罗宾根螨（*Rhizoglyphus robini* Claparède）的同型雄螨：生殖区位于基节Ⅳ之间；具阳茎；具 1 对肛吸盘和 3 对肛毛（ps_1、ps_2、ps_3）；跗节Ⅳ感棒圆锥形，刺状；跗节Ⅳ具 2 吸盘；跗节Ⅳ足序 7c+1t；其他与雌成螨相似。异型雄螨：第三对足一侧或两侧异常膨大，背刚毛较同型雄螨稍长，同时足Ⅰ至足Ⅲ上的端毛的顶端膨大为叶状；第三对足的末端为 1 弯曲的突起；其他与同型雄螨相似。

4.3　世代和生活史

从卵到成螨的个体发育过程称为一代或一个世代。某种螨类在一年内所发生的世代数，或者由当年越冬螨开始活动到第二年越冬为止的生长发育过程，称为生活年史。

螨类世代历期的长短和一年中发生的代数因种类而不同，环境因子对此有重要的影响，温湿度的作用尤为重要。同一种螨，在温度较高的南方，世代历期短，每年发生的代数较多；在温度较低的北方，世代历期长，每年发生的代数较少。例如，南京裂爪螨各螨态发育在 20～35 ℃内随温度升高其历期缩短，20 ℃下完成 1 代需 30.52 d，35 ℃下完成 1 代需

12.02 d，38℃下发育历期比35℃稍长，为12.5 d，41℃下南京裂爪螨幼螨、若螨和成螨不存活（表4-2）。

表4-2 不同温度下南京裂爪螨发育历期（1997—1998，南平）

（引自张飞萍等，1999）

温度（℃）	19～21	24～26	29～31	34～36	37～39	41
卵数	7	9	6	10	6	不存活
卵期（d）	6.0～9.5	6.0～7.5	4.0～6.0	4.0～5.0	3.0～4.0	
平均卵期（d）	7.56	5.08	5.08	4.55	3.4	
幼螨数	6	18	18	5	6	不存活
幼螨期（d）	3.50～5.23	2.00～3.50	2.00～3.50	1.00～3.50	1.80～2.90	
平均幼螨期（d）	4.25	2.86	2.86	1.80	2.50	
前若螨数	5	12	12	6	6	不存活
前若螨期（d）	4.0～6.0	1.5～4.0	1.5～4.0	1.0～2.0	1.3～3.2	
平均前若螨期（d）	4.76	3.13	3.13	1.17	2.30	
后若螨数	5	5	5	7	6	不存活
后若螨期（d）	5.8～7.5	2.5～3.5	2.5～3.5	1.5～3.0	1.5～3.0	
平均后若螨期（d）	6.71	2.70	2.70	2.25	2.00	
雌成螨数	6	4	6	6	6	不存活
产卵前期（d）	6.5～9.2	5.0～6.4	3.0～4.5	2.0～3.0	1.5～3.5	
平均产卵前期（d）	7.24	5.0	3.5	2.25	2.3	
总历期	30.52	24.54	17.27	12.02	12.5	

注：①不存活指淹死和自然死亡；②空气相对湿度为90%。

4.4 生活型和食性

螨类体型微小，种类十分丰富，分布广泛，栖息地非常复杂，习性千差万别。可以根据螨类的习性可分为两大类：自由生活型和寄生生活型。

4.4.1 自由生活型

除寄螨总目的一些类群外，多数蜱螨都有自由生活型的螨类，依据食性，可分为植食性、捕食性、食菌性和腐食性等类别。

4.4.1.1 植食性螨类

植食性的螨类包括真螨总目和甲螨亚目中的大多数类群。植食性螨类的螯肢发达，比捕食性螨类更进化一些。例如，叶螨总科的螨类专门以活的高等植物为食，其螯肢的钳爪退化愈合成一针鞘，动趾则延长成可伸缩的口针，利用口针刺穿植物组织表皮，以细胞汁液为食，类似昆虫纲的刺吸式口针。

刺足根螨 [*Rhizoglyphus echinopus* (Fumouze et Robin)] 能取食许多草本植物健康鳞茎、块茎和茎秆，它能在不健康的或变质的植物组织上建立种群，并向邻近的健康的植物组织延伸其取食范围。似食酪螨可在温室里危害蔬菜，长食酪螨 ［*Tyrophagus longior*（Gervais）］在田间可危害黄瓜和番茄。

稻真前翼甲螨（*Eupelops* sp.）能够危害水稻秧苗。侧多食蚋线螨对茶、果树和蔬菜等作物的危害十分严重。瘿螨是适应植食性程度最高的类群，其寄主专化性很强，冬雌-瘿螨产生的形态及生理上均已改变的，雌成螨种群在寄主上过冬，它们能保持寄主生命力，并保持其所取食的组织的活力，使此组织能持续不断地供养着它们。

成螨、若螨和幼螨群集于植物的嫩叶、枝梢及果实上刺吸汁液，被害叶片部分失绿或出现黄色斑点，失去光泽或叶片出现畸形（螨瘿），或全叶灰白，造成大量落叶，使花、果实发育不良，甚至落果树枝缩短，一些螨类还是病毒或真菌的传播媒介，影响植物生长和产量。

植食性的螨类对寄主植物有一定选择性，依其取食的寄主植物种类的多少，可分单食性、寡食性和多食性。

仅能够危害一种寄主植物的螨类称为单食性螨类。例如，柳刺皮瘿螨仅危害柳树，酢浆草叶螨只取食酢浆草，稻真前翼甲螨仅能够危害水稻。

有些螨类只能取食某一类植物，称为寡食性螨类。例如，稻裂爪螨（*Schizotetranychus yoshimekii* Ehara et Wongsiri）主要危害水稻，也取食甘蔗以及李氏禾等禾本科杂草。柑橘瘤瘿螨 ［*Aceria sheldoni*（Ewing）］仅危害芸香科柑橘属的一些植物，如红橘、甜橙受害较轻，也能为害柚子和柠檬。

能取食十几种或数十种甚至更多种寄主植物的螨类称为多食性螨类。例如，朱砂叶螨在我国有 32 科 110 余种寄主植物，如棉花、玉米、高粱、小麦、苕子、大豆、芝麻和茄子等，其杂草寄主有益母草、马鞭草、野芝麻、蛇莓、婆婆纳、佛座、风轮草、小旋花、车前和小蓟等。卵形短须螨（*Brevipalpus obovatus* Donnadieu）的寄主植物有 45 科 120 多种，除危害茶树外，还为害菊科、杜鹃科、唇形科、玄参科、蔷薇科、毛茛科、梧桐科、金丝桃科和报春花科等多种药用植物、花卉、杂草及经济林木，以草木、藤木及小灌木上为多。

郁金香瘤瘿螨 ［*Aceria tulipae*（Keifer）］以成螨及若螨危害储蒜，刺吸蒜瓣汁液，被害蒜瓣先失去水分及养分物质而软化，随后变成褐色而干枯，最后形成木乃伊式的瘿蒜瓣或蒜头。最典型的禾谷类病毒病——小麦线条花叶病毒（WSMV）和小麦斑点花叶病是由郁金香瘤瘿螨传播的。郁金香瘤瘿螨是小麦线条花叶病毒唯一已知的传播媒介，除了传播病毒外，它还能够随唾液分泌一种毒素在玉米上，产生类似病毒病的病状。目前，小麦线条花叶病、小麦斑点花叶病、黑麦草花叶病、冰草花叶病、葱属植物病毒病、小麦糜疯病、黑醋栗退化病、无花果花叶病、桃花叶病、樱桃斑驳花叶病、蔷薇丛簇病和木豆不孕花叶病等已被确认为瘿螨所传播。

非专性的植食性的螨类群具有增加消化面积的胃盲囊，但专性植食性的叶螨和瘿螨却缺乏胃盲囊。叶螨在取食过程中，所摄进的大量水分的消除是通过滤室来完成的。植食性螨类一般不依靠其他动物来扩散，因而对非携性扩散有结构和行为上的适应，例如，叶螨可通过吐丝结球而随风传播。叶螨、瘿螨和蚋线螨均可行产雄孤雌生殖，而杜克螨、苔螨和一些细须螨则可行产雌孤雌生殖，孤雌生殖对螨类种群的繁衍、扩散有极其重要的生物学意义。

4.4.1.2 捕食性螨类

捕食性螨类螯肢或须肢呈钳状，具锯齿，容易捕获猎物，然后吸取其体液。大多数捕食性螨类不但捕食叶螨、瘿螨、细须螨和跗线螨等害螨，而且还捕食蓟马、介壳虫、蚜虫等小型昆虫及它们的卵和若虫、蜜露和花粉，甚至取食微生物的菌丝孢子，作为交替食物或补充食物，如长须螨科、吸螨科、大赤螨科和植绥螨科等。例如，我国的植绥螨资源丰富，已达260余种（2002年），按食性分为4大类群：a. 专食性植绥螨，仅捕食叶螨类，主要是小植绥螨属（*Phytoseiulus*）类，例如智利小植绥螨；b. 选择性的捕食叶螨类的种类，如静走螨属（*Galendromus*）、一些小新绥螨属（*Neoseiulus*）和极少数的盲走螨属（*Typhlodromus*）；c. 泛食性的种类，主要为小部分的小新绥螨属、绝大多数的盲走螨属和钝绥螨属（*Amblyseius*）；d. 专食花粉的植绥螨，存在于真绥螨属（*Euseius*）中。

4.4.1.3 食菌性螨类

以微生物为食物的螨类称为食菌性螨类。例如，腐食酪螨［*Tyrophagus putrescentiae* (Shrank)］是食用菌生产中最主要的害螨之一。它不但直接取食菌丝，蛀食栽培料，而且还携带并传播病原菌。轻则使菌床退菌，推迟出菇；重则大幅减产，甚至造成绝收。

小麦穗螨的雌螨后半体腹面前缘或末体前缘有2个储孢囊内储有真菌孢子。穗螨寄主有小麦、燕麦、野燕麦、赖草和碱草等。穗螨是传播禾谷腐烂病的媒介，不直接危害小麦，以共生真菌为食。穗螨与其储孢囊所携带的真菌有相互依赖的共生关系，穗螨传播共生真菌，共生真菌造成小麦穗腐败，并蔓延为穗螨提供食料。

4.4.1.4 腐食性螨类

以腐败的动植物有机体为食的螨类称为腐食性螨类。如薄口螨科螨类生活于正在分解的腐败蔬菜、腐烂蘑菇以及牛粪等呈液体或半液体状态的有机物中。食菌嗜木螨常常以菌类和腐烂食物为食。很多珠甲螨在森林土壤中取食腐殖质；麦食螨科的家尘螨取食人体脱落的皮肤和毛发。

4.4.2 寄生生活型

除甲螨亚目外，各亚目都有寄生在动物上的螨类，其中许多种类对人类很重要，很多病原生物由各种螨类及蜱类传播。外寄生螨类有很多寄生在昆虫体上，根据其寄生部位，分为外寄生螨类（ectoparasitic mite）与内寄生螨类（endoparasitic mite）两大类。

一些螨类经常寄生在昆虫的成虫、蛹、幼虫或卵的外部，以这些寄主为营养来源，但寄主不会很快被杀死。大多数螨类属于外寄生，如，跗螯螨科、皮刺螨科、箭毛螨科和绒螨科的大多数幼螨、若螨或成螨是体外寄生。卵形异绒螨为幼期寄生物，幼螨出壳后不久就爬向棉蚜的越冬寄主花椒、夏至草或其他植物上寻觅蚜虫，建立寄生关系。它的蚜虫寄主有棉蚜、麦二叉蚜、桃蚜和大豆蚜，还有萝卜蚜和豌豆蚜。在甜菜夜蛾、小地老虎、银纹夜蛾、苹果卷叶蛾、菜粉蝶和草履蚧、瓢虫、叶甲的幼虫体上也有寄生。

外寄生的蒲螨不仅能够防治隐蔽性的蛀干害虫双条杉天牛、柏肤小蠹、日本双棘长蠹（又名二齿茎长蠹）、六星黑点豹蠹蛾和松梢螟等，除了消耗其寄主营养外，还产生蒲螨毒素对害虫具有很强的毒杀作用。一些种类也会引起人类的皮炎，据报道，能够引起人类蒲螨性皮炎的种类有球腹蒲螨（*Pyemotes ventricosus* Newport）、麦蒲螨［*P. tritici* (Lageze - Fossat et Montagnei)］和赫氏蒲螨（*P. herfsi* Oudemans），其主要症状为在蒲螨叮咬处出现持续性剧痒，继而出现皮疹，以丘疹或丘疱疹为主要特征，亦可有荨麻疹或紫红色斑丘疹等，因此在利用蒲螨防治害虫时也要注意蒲螨对人类的影响。

常见的是各种跗线螨、赤螨和绒螨科的螨类，它们寄生在鞘翅目、鳞翅目、膜翅目、半翅目、同翅目和双翅目等昆虫体外，对抑制害虫有一定意义。但寄生性螨类对家蚕和蜜蜂等益虫的饲养，常造成很大损失。例如，小蜂螨（*Tropilaelaps clareae* Delfinado et Baker）取食蜜蜂幼虫，在严重受害的蜂群引起50%的蜜蜂死亡。

内寄生性的布赫纳蝗螨［*Locustacarus buchneri*（Stammer）］（属蚴螨科 Podapolipidae），以卵、雌若螨、雄若螨和雌成螨4种虫态存在于野生熊蜂的蜂王体内。气管内寄生螨主要寄生于熊蜂呼吸系统，且主要集中分布于气管与气囊中，以气囊为其主要增殖部位，依靠吸食寄主血淋巴或其他器官营养完成其生长发育，导致寄主抵抗力下降，寄主复合感染其他病原（寄生）物而致死。

4.5 发生与环境条件的关系

外界各种环境因素对农业螨类的生长发育、繁殖、寿命和数量消长等有直接的影响，同时这些环境因素又通过影响寄主植物和天敌等，间接影响害螨的发生。影响农业螨类的发生的环境因素可以分为非生物因子和生物因子两大类，它们在自然界中相互影响，彼此相关，共同影响螨类的生长、发育、繁殖、寿命、分布、行为和种群数量的消长。人类活动非常活跃、选择性强、极为重要的生物因子。

4.5.1 非生物因子

非生物因子包括温度、湿度、降水、光照、风和气压等。这些因子在自然界同时存在，相互影响，综合作用于螨类。螨类也表现出对这些因子的适应性。

4.5.1.1 温度

（1）温度对螨类的影响 一切生命活动都需要在一定的温度条件下进行。农业螨类属于变温动物，与环境热量的交换频繁。气温对螨类的发生和消长的影响非常明显。螨类对温度的反应可以划为有效温度区（又称为适温区、适温带）、有效温度下限区和有效温度上限区。螨类能够正常生长发育和繁殖的温度范围，称为有效温度区。例如，叶螨的有效温度区一般是10～40℃。有效温度区又可以分为：最适温度区、低温停育区和高温停育区。在最适温度区内，螨类的生长发育最快，繁殖力最强。例如，叶螨的最适温度区一般是20～30℃。随着温度的降低，螨类的生长发育活动逐渐停止，这种温度范围为低温停育区。例如，叶螨低温停育区一般是10～20℃。随着温度的升高，螨类的生长发育活动逐渐受到抑制，直至停止，这种温度范围为高温停育区。例如，叶螨高温停育区一般是30～40℃。低于有效温度下限温度范围内，螨类的活动停止，这一温区称为有效温度下限区。有效温度的下限，即螨类开始生长发育的温度，称为最低有效温度，或称为发育起点温度（发育零度）。例如，叶螨有效温度下限区一般是在低于10℃的温度范围内，10℃就是发育起点温度。高于有效温度上限温度范围内，螨类的活动停止，这一温区称为有效温度上限区。有效温度的上限，即螨类因高温而使生长发育受到抑制的温度，称为最高有效温度。例如，叶螨有效温度上限区一般是在高于40℃的温度范围内，40℃为最高有效温度。

例如，高温对山楂叶螨影响的程度随高温的强度、持续时间而异，且主要影响其产卵量和孵化率，对成螨的寿命无明显影响。山楂叶螨经历 36℃ 及以下高温，其产卵量和孵化率均不受影响；成螨经 39℃ 和 42℃ 高温处理 6h，其寿命和产卵量均不受影响，但卵孵化率降低；卵和幼螨经 39℃ 和 42℃ 高温处理 6h，发育至成螨时产卵量明显增加。而卵、幼螨和成螨经 39℃ 和 42℃ 高温处理 4h 时，其寿命、产卵量和卵孵化率均不受影响。

高温对山楂叶螨的影响不仅随处理的螨态不同而有差异，还有一定的时滞效应。这种影响在山楂叶螨被处理的发育阶段并没有表现出来，而在其随后的发育过程中逐渐得以表现。例如，39℃ 和 42℃ 高温处理卵和幼螨 6h，其发育至成螨后，产卵量分别比对照增加 34.50% 和 37.41%、27.02% 和 35.83%；成螨采用 39℃ 和 42℃ 高温处理 4～6h 后，其产卵量和寿命无显著变化，但次代卵的孵化率则分别降低 7.01% 和 11.36%。

山楂叶螨成螨的不同性别对高温的冲击的敏感性不同。雌螨的繁殖能力主要体现在产卵量；雄螨则主要体现在交配次数以及受精能力两方面，而受精能力可以由雌螨产生的雌性后代数来衡量。雄螨经历高温处理后，其交配能力无明显变化；与未经处理的雌螨交配后，雌螨后代中的雌性个体数也无明显变化，即其受精能力也不受影响。而雌螨经历高温处理后，其所产卵的孵化率降低，并导致后代中雌螨数量下降，因此雌螨比雄螨对高温更敏感。造成这种差异的原因可能与叶螨类本身的生物学特性有关。叶螨类是典型的单倍体-二倍体种类，雌性为二倍体，雄性为单倍体，因此在雄螨的精子形成过程中不经过减数分裂，故受高温影响较小。高温冲击导致雌螨所产卵孵化率的下降，可能是高温干扰了部分卵的胚前发育的某个阶段。

温度既是螨类进入滞育和休眠状态的重要因子，又是解除滞育和休眠状态的重要因子。

（2）有效积温

① 有效积温的概念 每一种螨类完成一个世代或者完成某一个螨态的生长发育阶段，所需要的时间与温度的乘积是一个常数，这个常数就是有效积温，也就是有效积温法则。其单位是 d·℃（日度）。它的表达式为

$$K = N(T - C)$$

式中，K 为螨完成某阶段发育所需要的有效积温常数（d·℃）；N 为发育历期，即完成某阶段发育所需要的时间（d）；T 为发育期间的平均温度（℃）；C 为该螨的发育起点温度（℃）。

② 发育起点温度（C）和有效积温常数（K）的计算

根据有效积温公式 $K = N(T - C)$，令 $v = \dfrac{1}{N}$（v 为发育速率），得直线回归方程

$$T = C + Kv$$

式中，K 又称为直线回归系数；C 又称为直线回归截距。

A. 用最小二乘法计算 C、K：其计算公式为

$$C = \frac{\sum v^2 \sum T - \sum v \sum vT}{n \sum v^2 - \left(\sum v\right)^2}$$

$$K = \frac{n \sum vT - \sum v \sum T}{n \sum v^2 - \left(\sum v\right)^2}$$

式中，n 为试验样本数。

将求得的 C、K 代入 $T=C+Kv$ 即得出直线回归方程。

因为取样、实验、计算的关系，都会产生一些误差，因此常常需要进一步计算其标准误差。

B. 以回归直线法计算 C、K 的标准误差 S_C、S_K：其计算公式为

$$S_C = \sqrt{\frac{\sum(T-T')^2}{n-2}\left[\frac{1}{n}+\frac{v^2}{\sum(v-\overline{v})^2}\right]}$$

$$S_K = \sqrt{\frac{\sum(T-T')^2}{(n-2)\sum(v-\overline{v})^2}}$$

式中，S_C 和 S_K 分别表示 C 和 K 的标准误差；T' 为温度计算值，$T'=C+Kv$；$\overline{v}$ 为发育速率的平均值。$\sum(T-T')^2$ 和 $\sum(v-\overline{v})^2$ 在计算时非常繁琐，须预先简化后计算，有

$$\sum(T-T')^2 = \sum(T-\overline{T})^2 - \frac{\left[\sum(v-\overline{v})(T-\overline{T})\right]^2}{\sum(v-\overline{v})^2}$$

$$\sum(v-\overline{v})^2 = \sum v^2 - \left[\frac{\sum v}{n}\right]^2$$

式中，$\overline{T}$ 是温度的实际观察值的平均值。这样，容易求得 $\sum(T-T')^2$ 和 $\sum(v-\overline{v})^2$，将其值代入上 S_C 和 S_K 计算式，即得结果。

C. 预测公式：根据上述计算结果，可以得出发育起点温度为 $C\pm S_C$；有效积温为 $K\pm S_K$，预测公式为

$$N = \frac{K\pm S_K}{T-(C\pm S_C)}$$

D. 相关系数的显著性检验：有效积温法则是以温度与发育速率呈直线关系为前提的，在适温区内，这种关系并非一定是直线关系，采用直线关系表示，误差较大。需要通过直线相关系数显著性检验。

首先求相关系数（r），其计算公式为

$$r = \frac{\sum vT - \frac{\sum v\sum T}{n}}{\sqrt{\left[\sum v^2 - \frac{(\sum v)^2}{n}\right]\left[\sum T^2 - \frac{(\sum T)^2}{n}\right]}}$$

相关系数的自由度（df）为 $n-2$。

具体做法是：先根据自由度 $n-2$ 查临界 r 值（表 4-3），得 $r_{n-2,0.05}$ 和 $r_{n-2,0.01}$。

若 $|r|<r_{n-2,0.05}$，$P>0.05$，则相关系数 r 不显著；

若 $r_{n-2,0.05}\leqslant|r|<r_{n-2,0.01}$，$0.01<P\leqslant0.05$，则相关系数 r 显著；

若 $|r|\geqslant r_{n-2,0.01}$，$P\leqslant0.01$，则相关系数 r 极显著。

由于利用查表法对相关系数进行检验十分简便，因此在实际进行螨类的温度与发育速率的直线回归分析时，可用相关系数显著性检验代替直线回归关系显著性检验。即先计算出相关系数（r）并对其进行显著性检验，若检验结果 r 不显著，则用不着建立直线回归方程；若 r 显著，再计算直线回归系数（K）、直线回归截距（C），建立直线回归方程 $T=C+Kv$，

此时所建立的直线回归方程代表的直线关系是真实的，可用来进行螨类的预测和控制。

表 4-3 相关关系检验表

$n-2$	5%	1%	$n-2$	5%	1%	$n-2$	5%	1%
1	0.997	1.000	16	0.468	0.590	35	0.325	0.418
2	0.950	0.990	17	0.456	0.575	40	0.304	0.393
3	0.878	0.959	18	0.444	0.561	45	0.288	0.372
4	0.811	0.917	19	0.433	0.549	50	0.273	0.354
5	0.755	0.875	20	0.423	0.537	60	0.250	0.325
6	0.707	0.834	21	0.413	0.526	70	0.232	0.302
7	0.666	0.798	22	0.404	0.515	80	0.217	0.283
8	0.632	0.765	23	0.396	0.505	90	0.205	0.267
9	0.602	0.735	24	0.388	0.496	100	0.195	0.254
10	0.576	0.708	25	0.381	0.487	125	0.174	0.228
11	0.553	0.684	26	0.374	0.479	150	0.159	0.208
12	0.532	0.661	27	0.367	0.471	200	0.138	0.181
13	0.514	0.641	28	0.361	0.463	300	0.113	0.148
14	0.497	0.623	29	0.355	0.456	400	0.098	0.128
15	0.482	0.606	30	0.349	0.449	1 000	0.062	0.081

例如，在 5 种温度恒温，全光照条件下，从杨始叶螨 [*Eotetranychus populi* （Koch）] 成螨产卵开始，直至卵孵化，计算其发育速率。结果见表 4-4。

表 4-4 杨始叶螨卵的发育起点温度和有效积温计算表
（引自孙绪艮等，1996）

卵批次	供试卵数（粒）	温度 T（℃）	历期 N(d)	发育速率 v(1/N)	vT	v^2
1	42	16	12.8	0.078 1	1.250 0	0.006 1
2	39	19	10.3	0.097 1	1.844 7	0.009 4
3	43	22	7.8	0.128 2	2.820 5	0.016 4
4	26	25	6.0	0.166 7	4.166 7	0.027 8
5	46	28	5.2	0.192 3	5.384 6	0.037 0
总和	196	110	—	0.662 4	15.466 5	0.096 7

根据发育起点温度（C）和有效积温（K）的计算公式，得出杨始叶螨卵的发育起点温度 $C=8.77$℃，卵期的有效积温 $K=100.0$ d·℃。该螨卵发育速率与温度的回归关系分别为：$T=8.77+100v$，$r=0.995$，$r_{3,0.05}=0.878$，$r_{3,0.01}=0.959$，相关系数显著性检验表明，杨始叶螨卵发育速率与温度的回归关系相关性极显著，建立的卵期的直线回归方程代表的直线关系是真实的。

根据 $T=C+Kv$，进一步计算该卵的发育起点温度（C）和有效积温（K）的标准误差 S_C 和 S_K，如表 4-5 所示。

表 4-5　杨始叶螨卵的发育起点 C 和有效积温 K 的标准误差计算表

(引自孙绪艮等，1996)

温度观察值 T（℃）	发育速率 $v(1/N)$	温度计算值 T'（℃）	$T-T'$	$(T-T')^2$	$v-\bar{v}$	$(v-\bar{v})^2$
16	0.078 1	16.58	−0.58	0.336 4	−0.054 4	0.003 0
19	0.097 1	18.48	0.52	0.270 4	−0.035 4	0.001 3
22	0.128 2	21.59	0.41	0.168 1	−0.004 3	0.000 0
25	0.166 7	25.44	−0.44	0.193 6	0.034 2	0.001 2
28	0.192 3	28.00	0.00	0.000 0	0.059 8	0.003 6
$n=5$	$\bar{v}=0.132\,5$			$\sum(T-T')^2=$ 0.968 5		$\sum(v-\bar{v})^2=$ 0.009 0
$1/N=0.2$	$\bar{v}^2=0.017\,6$					

根据 S_C 和 S_K 的计算公式，得出该螨卵的发育起点的标准误差（S_C）为 0.83℃；卵期有效积温 K 的标准误差（S_K）为 5.96 d·℃。由此，得出杨始叶螨卵期的有效积温预测公式，为

$$N=\frac{K\pm 5.96}{T-(C\pm 0.83)}$$

③ 有效积温的应用　在农业螨类上有效积温法则应用主要在以下几个方面。

A. 预测螨类在某一地区的年发生代数：设某地对某螨类 1 年可能提供的有效积温为 K_1，该螨完成的 1 个世代的有效积温为 K，则该螨的年发生代数 m 可能为

$$m=\frac{K_1}{K}=\frac{N(T-C)}{K}$$

例如，孙绪艮等人根据泰安地区气象资料，推测杨始叶螨在泰安地区 1 年最少完成 9~10 代，最多可完成 13~14 代，与 1991—1992 年实际观察结果 12~13 代基本相符。

B. 预测螨类发生期和次年发生程度：例如，同样利用有效积温法则公式，已知在泰安地区 6 月 8 日杨始叶螨成螨产卵盛期，该螨的 C、K、S_C 和 S_K 分别为 8.77℃、100.0 d·℃、0.83℃和 5.96 d·℃，6 月中旬预测的平均温度（T）为 23℃，则预测该螨卵的盛发期为 6 月 14.2~15.9 日（平均 6 月 15.03 日）。又如在泰安地区的杨始叶螨成螨种群在冬季到来之前，温度突然低于 8.77℃，并且随着时间变化，温度越来越低，处于卵期或幼螨（幼螨发育起点温度为 9.6℃），不能发育为成螨，大量的卵或幼螨会死亡，次年该螨越冬基数较少，次年该螨发生趋势偏轻。

4.5.1.2　湿度

环境相对湿度可限制仓储螨的存活，且是螨在何处生存、滋生的关键因素之一。不同的螨类对湿度的要求不一样。但是，湿度对螨类发育速度的影响远没有温度的影响明显。

高湿或干燥的气候对大多数叶螨有利，但连续的高湿能抑制叶螨种群的增长，高湿也能杀死蜕皮中的叶螨。叶螨在高湿空气中取食不活动不活跃，雌螨产卵缓慢，而且大多数螨类的寿命较短。湿度可影响螨类的发育速度。谷物储存场所，当周围环境相对湿度在 70%（谷物含水量 15%）以上时，螨类即可大量滋生。相对湿度临界水平随温度和其他条件的改变而改变。当温度在 15~35℃时，尘螨生存的相对湿度范围为 55%~73%。当室内相对湿度在 51%以下时，尘螨会因脱水而死亡。柑橘始叶螨在相对湿度为

65%～75%区间内，产卵量和产卵密度较高，且卵的孵化率和幼螨存活率都高于90%，显示65%～75%为其发育的适湿区间。侧杂食跗线螨的若螨在高湿和低湿的条件下，其发育历期都会延长；而幼螨却正相反，高湿和低湿都会使其历期缩短，以相对湿度64%时历期最长。腐食酪螨与大多数粉螨一样，相对湿度高时发育得较快，该螨能忍受的最低湿度极限为60%。

4.5.1.3　温度和湿度的综合作用

在自然界中，温度和湿度又是共同对螨类的生长发育起作用的。现将主要农业螨类的生长发育与温湿度的关系介绍于下。

（1）东方真叶螨　以橡胶叶片为食料的东方真叶螨 [*Eutetranychus orientalis*（Klein）]在20℃、25℃、30℃、35℃，相对湿度为75%～95%条件下的发育与繁殖情况的分析结果表明，该螨的发育起点温度为11.5℃，其个体发育速度30℃以下随着温度的升高而加快，在恒温20℃、25℃及30℃下雌螨完成1代所需的时间分别为24.39 d、15.41 d和11.41 d；而在35℃的发育速度则缓慢，1代历期为12.16 d。以世代发育历期雌成螨的寿命和产卵量来考虑，东方真叶螨的发育适温为25～30℃；超过35℃，发育缓慢，虽然日产卵量高，但是产卵期缩短，因而其繁殖力较低（表4-6和表4-7）。

表4-6　东方真叶螨在不同温度下成螨的寿命及产卵量

（引自林延谋等，1995）

温度（℃）	性别	观察数（头）	成螨寿命（d）		雌螨产卵量（粒）		每雌每天产卵量（粒）
			变异范围	平均值（$M\pm SD$）	变异范围	平均值（$M\pm SD$）	
20	雌	41	13.0～32.0	21.68±0.53	2.0～4.0	21.24±10.44	0.98
	雄	20	5.0～23.5	15.75±5.24			
25	雌	30	8.0～29.0	17.10±4.81	9.0～51.0	26.20±11.07	1.53
	雄	23	3.0～12.0	8.30±3.17			
30	雌	33	7.0～16.0	11.55±2.39	5.0～39.0	24.09±7.91	2.10
	雄	16	6.0～12.0	8.69±1.85			
35	雌	26	1.5～10.5	6.04±1.87	2.0～40.0	21.42±10.6	3.50
	雄	17	2.0～7.5	3.97±1.24			

表4-7　东方真叶螨各虫态的发育起点温度和有效积温

（引自林延谋等，1995）

发育阶段	发育起点（℃）	有效积温（d·℃）
卵期	14.51±0.38	67.75
幼螨期	8.76±0.87	39.56
前若螨期	8.89±0.02	29.55
后若螨期	10.33±1.94	34.14
产卵前期	4.64±0.92	47.61
全世代	11.15±0.08	215.48

（2）紫红短须螨　紫红短须螨[*Brevipalpus phoenicis* (Geijskes)]种群主要由雌螨组成，雄螨数不到整个种群的 1%。实验室恒温箱培养，从卵发育到成虫，在 30 ℃时需要 18.6 d，20 ℃时需 48.8 d。最适发育温度为 25 ℃，在相对湿度为 70% 时，完成整个发育需 19.8 d。当湿度低于 30%，或者平均温度高于 30 ℃或者低于 20 ℃时，紫红短须螨不能完成生活史。室内自然变温下培养，其完成 1 代的天数，在温度 21.5～28.5 ℃、相对湿度 62%～97% 时，要 28～42 d；温度 19～26.5 ℃、相对湿度 74%～95% 时，要 40～53 d；温度 17～23 ℃、相对湿度 78%～88% 时，要 47～53 d；温度 11～25 ℃、相对湿度 58%～92% 时，需要 55 d（表 4-8）。

表 4-8　紫红短须螨世代发育进度统计

（引自陈瑞屏等，2003）

起止日期	时间（d）	平均（d）	温度（℃）	平均温度（℃）	世代累计温度（℃）	相对湿度（%）
9 月 12 日至 10 月 10 日	28	35.0	24.0～28.5	27.33	762.44	62～97
9 月 12 日至 10 月 30 日	42		21.5～28.5	26.36	1 107.12	62～97
9 月 29 日至 11 月 21 日	53	46.5	19.0～26.5	23.91	1 267.23	74～95
10 月 24 日至 12 月 3 日	40		19.0～26.5	21.95	878.00	79～85
11 月 12 日至 1 月 4 日	53	50.0	17.0～23.0	19.50	1 033.50	78～88
11 月 20 日至 1 月 6 日	47		17.0～23.0	19.56	919.32	78～88
1 月 6 日至 3 月 2 日	55	55.0	11.0～25.0	17.59	867.45	58～92

（3）枸杞瘿螨　枸杞瘿螨[*Aceria macrodonis* (Keifer)]（又称为大瘤瘿螨）在室内恒温条件下，产卵前期的发育起点温度和有效积温分别为 7.23 ℃和 50.99 d·℃；卵和幼若螨期发育起点温度和有效积温分别为 5.51 ℃和 167.68 d·℃；全世代的发育起点温度和有效积温分别为 6.08 ℃和 217.05 d·℃。在 15～35 ℃恒温条件下发育历期与温度呈负相关；其中，在 25～30 ℃时枸杞瘿螨发育快，数量多，该温度范围是枸杞瘿螨生长发育的最适温度（表 4-9）。根据呼和浩特地区气象资料，枸杞瘿螨在该地区发生的理论代数为 10～12 代。

表 4-9　不同温度条件下枸杞瘿螨各发育阶段历期

（引自徐林波和段立清，2005）

温度（℃）	产卵前期		卵期、幼螨和若螨期		世代	
	历期（N, d）	发育速率（v）	历期（N, d）	发育速率（v）	历期（N, d）	发育速率（v）
15	6.46	0.155	17.79	0.056	24.25	0.041
20	4.46	0.224	11.38	0.088	15.84	0.063
25	2.58	0.388	8.58	0.117	11.16	0.090
30	2.08	0.481	7.21	0.139	9.29	0.108
35	1.67	0.599	5.75	0.174	7.42	0.135

（4）稻鞘狭跗线螨 稻鞘狭跗线螨主要栖息于水稻叶鞘内壁并潜藏其内吸食危害。卵期为5～7d，幼螨期为8～10d，成螨期为12～15d，1个世代的历期为30～40d，1年发生约8个世代。温度的高低对稻鞘狭跗线螨的活动性有较明显的影响，在温度较低时（例如在气温10℃以下），害螨一般静止不动，常被误认为已死，但触之可见其足活动。高温干燥也不利于它的活动，但在25～28℃的适温条件下，成、幼螨都颇为活跃，四处爬行。

（5）罗宾根螨 罗宾根螨又叫罗氏根螨，为真螨总目粉螨科根螨属中的一种有害根螨。在15～30℃范围内，各螨态和全世代的发育历期随温度的升高而缩短，发育速率则随温度的升高而加快。在30～35℃范围内，各螨态和全世代的发育历期随温度的升高而增长。不同温度下完成1个世代的时间各不相同，15℃下全世代发育历期为26.62d；30℃下发育最快，全世代发育历期为7.06d，螨数量也最多，生长最旺盛；33℃开始减慢，全世代历期为7.87d，至35℃时死亡率较高，且产卵很少。25～30℃是该螨生长发育的最佳温度（表4-10）。

表4-10 不同温度罗宾根螨各螨态发育历期（N）和发育速率（v）

（引自李全平等，2008）

虫龄	指标	温度（℃）					
		15	20	25	30	33	35
卵期	N(d)	4.26	2.68	1.65	1.03	1.20	1.43
	v(d^{-1})	0.23	0.37	0.61	0.97	0.83	0.70
幼期	N(d)	2.11	1.22	0.86	0.53	0.61	0.74
	v(d^{-1})	0.47	0.82	1.16	1.89	1.64	1.35
幼期休眠期	N(d)	2.01	1.26	0.70	0.60	0.70	0.84
	v(d^{-1})	0.50	0.79	1.43	1.67	1.43	1.19
第一若螨	N(d)	4.36	3.12	1.34	1.30	1.36	1.45
	v(d^{-1})	0.23	0.32	0.75	0.77	0.74	0.69
第一若螨休眠期	N(d)	3.00	2.16	0.89	0.72	0.72	0.88
	v(d^{-1})	0.33	0.46	1.12	1.39	1.39	1.14
第二若螨	N(d)	4.00	2.21	1.46	0.90	0.72	1.25
	v(d^{-1})	0.25	0.45	0.68	1.11	1.02	0.80
第二若螨休眠期	N(d)	2.17	1.38	0.94	0.79	1.03	1.15
	v(d^{-1})	0.46	0.72	1.06	1.27	0.97	0.87
产卵前期	N(d)	4.71	3.50	2.46	1.19	1.27	1.35
	v(d^{-1})	0.21	0.29	0.41	0.84	0.79	0.74
全世代	N(d)	26.62	17.53	10.30	7.06	7.87	9.09
	v(d^{-1})	0.04	0.06	0.10	0.14	0.13	0.11

在15～30℃范围内，罗宾根螨的发育速率与温度呈正相关，相关系数均在0.90以上；在30～35℃范围内，罗宾根螨的发育速率与温度呈负相关，相关系数均为-1.0～-0.90。

（表 4 - 11）。

表 4 - 11　15~30℃ 和 30~35℃ 2 个温度段罗宾根螨各螨态发育速率（v）与温度（T）的关系

（引自李全平等，2008）

虫龄	15~30℃		30~35℃	
	回归方程	相关系数	回归方程	相关系数
卵期	$T=0.244v-0.064$	0.979**	$T=-0.136v+1.106$	$-1.000**$
幼期	$T=0.458v-0.060$	0.980**	$T=-0.268v+2.161$	$-0.999**$
幼期休眠期	$T=0.414v+0.061$	0.984**	$T=-0.238v+1.905$	$-1.000**$
第一若螨	$T=0.205v+0.005$	0.938*	$T=-0.040v+0.811$	$-0.996*$
第一若螨休眠期	$T=0.383v-0.130$	0.969**	$T=-0.126v+1.557$	$-0.988*$
第二若螨	$T=0.282v-0.079$	0.983**	$T=-0.156v+1.288$	$-0.992*$
第二若螨休眠期	$T=0.275v+0.190$	0.995**	$T=-0.198v+1.432$	$-0.988*$
产卵前期	$T=0.201v-0.065$	0.920*	$T=-0.050v+0.889$	$-0.999**$
全世代	$T=0.035v-0.005$	0.986**	$T=-0.016v+0.158$	$-0.999*$

注：* 为 $P<0.05$；** 为 $P<0.01$。

（6）尼氏真绥螨　尼氏真绥螨 [*Euseius nicholsi* (Ehara et Lee)]：在 19℃、22℃、25℃、28℃、31℃ 和相对湿度为 80% 的组合下，以二斑叶螨（*Tetranychus urticae* Koch）为食料，测定尼氏真绥螨各螨态的发育历期，分析发育速率与温度的关系。结果表明，全世代的发育历期在 19℃ 条件下最长（8.96d），在 31℃ 条件下最短（3.99d）；在 19~28℃ 范围内，各螨态的发育历期随温度的升高而缩短；而在 28~31℃ 范围内，除卵期外，其他螨态的发育历期随着温度的升高而略有延长，但差异并不显著。全世代的发育起点温度和有效积温分别为 8.59℃ 和 83.33d·℃。分别采用线性日度模型和 Logistic 模型拟合温度与发育速率的关系，其中 Logistic 模型能更好地反映出尼氏真绥螨在高温下发育受到抑制的现象（表 4 - 12、表 4 - 13、表 4 - 14）。

表 4 - 12　不同温度下尼氏真绥螨的发育历期（$M\pm SE$）

（引自郑雪和金道超，2008）

温度（℃）	卵期（d）	幼螨期（d）	第一若螨期（d）	第二若螨期（d）	全世代（d）
19	3.848±0.039a	1.621±0.046a	1.816±0.037a	1.679±0.026a	8.964±0.106a
22	2.624±0.082b	1.110±0.041b	1.209±0.037b	1.146±0.033b	6.088±0.099b
25	1.726±0.026c	0.977±0.406b	1.110±0.041b	1.004±0.033c	4.816±0.095c
28	1.723±0.056c	0.689±0.023c	0.858±0.033c	0.853±0.044d	4.123±0.064d
31	1.539±0.045d	0.728±0.043c	0.871±0.043c	0.854±0.037d	3.991±0.100d

注：表中数据为平均数±标准误，数据后有不同字母表示差异显著（$P<0.05$）（Duncan's 新复极差法）

表 4 – 13 尼氏真绥螨各虫态发育速率（x）与温度（T）的关系模型估计

（引自郑雪和金道超，2008）

虫期	线性日度模型			Logistic 模型		
	方程式	r^2	P	方程式	r^2	P
卵	$v=0.032T-0.326$	0.900	0.014	$v=0.661/(1+e^{6.804-0.332})T$	0.997	0.022
幼螨	$v=0.069T-0.648$	0.900	0.014	$v=1.578/(1+e^{4.835-0.230})T$	0.930	0.014
第1若螨	$v=0.051T-0.360$	0.912	0.011	$v=1.249/(1+e^{4.842-0.244})T$	0.954	0.018
第2若螨	$v=0.048T-0.247$	0.909	0.012	$v=1.223/(1+e^{5.527-0.289})T$	0.985	0.022
全世代	$v=0.012T-0.103$	0.948	0.005	$v=0.266/(1+e^{5.549-0.274})T$	0.998	0.014

表 4 – 14 尼氏真绥螨不同螨态的发育起点温度和有效积温

（引自郑雪和金道超，2008）

螨态	发育起点温度（℃）	有效积温（d·℃）
卵	10.00	30.67
幼螨	9.42	14.53
第一若螨	7.05	19.57
第二若螨	5.10	20.70
全世代	8.59	83.33

（7）肉食螨 普通肉食螨［*Cheyletus eruditus*（Schrank）］在 16~32℃ 温度范围内，各螨态的发育历期随着温度的升高而缩短，发育速率随温度的增高而加快。从卵发育到成螨的世代存活率在 16~24℃ 范围内，随温度的升高而增高；在 24~32℃ 范围内，随温度的升高而降低；存活率在 24℃ 最高，为 81.3%；在 32℃ 时最低，为 17.1%（表 4 – 15、表 4 – 16、表 4 – 17）。

表 4 – 15 不同温度下普通肉食螨的发育历期（$M\pm SE$）(d)

（引自夏斌等，2005）

温度（℃）	卵期	幼螨期		前若螨		后若螨	
		活动期	静息期 1	活动期	静息期 2	活动期	静息期 3
16	10.31±0.47	10.00±0.68	4.70±0.44	10.80±0.37	4.50±0.29	10.50±0.29	4.50±0.29
20	6.33±0.26	6.14±0.19	2.14±0.11	5.47±0.18	2.81±0.14	5.25±0.14	2.33±0.14
24	3.34±0.12	3.85±0.14	1.66±0.09	3.32±0.17	1.71±0.09	2.79±0.15	1.65±0.10
28	2.02±0.11	3.17±0.13	1.23±0.17	1.62±0.14	0.94±0.15	1.44±0.15	1.25±0.11
32	1.94±0.16	2.71±0.16	0.94±0.10	1.50±0.13	0.75±0.11	1.10±0.19	0.88±0.14

表 4-16 普通肉食螨发育速率与温度关系的线性日度模型

(引自夏斌等，2005)

发育阶段	模型	r^2	P
卵期	$v=-0.389+0.029T$	0.950	0.004
幼螨活动期	$v=-0.261+0.022T$	0.977	0.002
幼螨静息期	$v=-0.591+0.051T$	0.992	0.000
前若螨活动期	$v=-0.578+0.040T$	0.941	0.006
前若螨静息期	$v=-1.047+0.073T$	0.962	0.003
后若螨活动期	$v=-0.831+0.053T$	0.962	0.003
后若螨静息期	$v=-0.771+0.060T$	0.940	0.006

表 4-17 普通肉食螨的发育起点温度和有效积温

(引自夏斌等，2005)

发育阶段	发育起点温度（℃）		有效积温（d·℃）	
	直线回归法	直接最优法	直线回归法	直接最优法
卵期	13.32	12.94	34.19	36.10
幼螨活动期	12.04	10.39	46.14	56.38
幼螨静息期	11.61	11.86	19.65	19.17
前若螨活动期	14.59	13.61	25.25	29.25
前若螨静息期	14.28	13.09	13.64	15.87
后若螨活动期	15.57	14.12	18.74	23.59
后若螨静息期	12.89	11.76	16.72	19.32

4.5.1.4 降水和风

降水不但对植物生长发育有重要的影响，而且也制约着螨类发育历期的长短和繁殖速度，同时对螨类的寄生菌也有很大影响，还可能对螨类有直接冲刷作用，从而间接地影响螨类的发生数量。风对叶螨类的迁移有传播作用。

例如降雨对柏小爪螨（*Oligonychus perditus* Pritchard et Baker）种群动态的影响：在山东泰安，3月下旬至6月上旬，降雨8次，降水量只有2次在20 mm以上，这个阶段柏小爪螨种群数量仍保持缓慢增长趋势，并且在其他条件适宜情况下达到第一次高峰。6月下旬至8月中旬泰安阴雨天多，降雨频繁、集中（有22次降水量大于20 mm），降水强度和空气湿度也大，叶螨种群受较强的机械冲刷作用，因而种群密度很低，故不能造成猖獗为害。8月下旬降水量和降水强度减小，但气温仍在25℃左右，柏小爪螨种群数量开始回升并达到第二次高峰。9月份以后降雨量明显减少，但由于气温开始逐渐下降，柏小爪螨种群数量回升幅度不大，虽出现一次小高峰但不如前两次明显。

茶橙瘿螨（*Acaphylla steinwedeni* Keifer）发生首次高峰日，与同年的1月份总降水量和相对湿度呈正相关，相关系数分别为0.832 1为0.790 6，达到显著水平。由此说明，凡1月份总降水量大、相对湿度高的年份，不利于该螨越冬和繁殖，往往越冬后的螨口基数就低，在春夏茶期间难以形成螨口高峰。进入高温干旱的盛夏后，对茶树的生长不利，该螨的繁殖也受到抑制。直至秋季雨水充沛，秋茶生长旺盛时，该螨才迅速繁殖起来，逐渐形成螨口高峰。如果1月份总降水量少、相对湿度低，越冬后螨口基数大，在春夏茶期间就会形成螨口高峰，而且在秋茶期必然会发生第二个螨口高峰。

短期降雨对南京裂爪螨的幼螨、若螨、成螨存活影响较大。室内人工模拟降雨1次，死亡率为53.42%，降雨3次死亡率达81.25%。但降雨对该螨卵的孵化影响不大，降雨1次和3次其孵化率分别为93.94%和91.49%。浸水对南京裂爪螨的存活和卵的孵化影响很大，浸水1d，幼螨、若螨、成螨死亡率为100%，卵孵化率仅为5.56%。

汤普森多毛菌（*Hirsutella thompasonii* Fisher）是锈壁虱类的专性病原菌，特别在瘿螨和叶螨上最多，可防治柑橘和其他植物的锈壁虱。在田间接种后不保湿，未遇大雨的情况下，接种3d后的虫体死亡率均可高达90%以上，遇雨的情况下在70%以上。接种后2个月内的虫体消长数远较不接种的对照少。

麦叶爪螨（*Penthaleus major* Dugés）成螨若螨有群集习性，早春气温低时可集结成团。爬行敏捷，遇惊动即纷纷坠地或很快向下爬行。

风对朱砂叶螨的分散传播有较大作用。除卵以外，各发育阶段都会随空气流动而分散传播，螨的爬行距离可达近20m，可被气流带到3 000m的高空，传播到更远的地区。当植物营养恶化和种群密度大时，会吐丝拉网借以分散传播。

4.5.1.5 光周期

光周期反应是指生物有机体对有节奏的光照和黑暗的一种生理反应，是生物体对外界条件季节变化的一种适应性。光照时间的长短对螨类的滞育有重要作用。螨对光周期反应有敏感的螨态为：卵、幼螨、第一若螨和第二若螨。光照度和光照时间对螨类的迁移、取食、发育和繁殖等都有一定的影响。

光照时数对竹缺爪螨（*Aponychus corpuzae* Rimando）存活、发育及繁殖均有影响。全黑条件下竹缺爪螨不能完成所有发育世代；5h以上光照完成整个世代的几率随光照时数延长而增大；8h和12h光照处理幼螨发育至成螨产卵历期相近，分别为14～41d和15～47d，5h光照处理历期延长为25～26d；5h、8h和12h等3种光照处理下平均每雌总产卵量分别为350粒、923粒和950粒。竹缺爪螨最适存活温区为20～30℃，但2℃下仍有较高存活率，-10℃以下不能存活，40℃仍有较高存活率，可见该螨对高低温适应力强。

大多数叶螨喜欢栖息于叶片背面，光波的长短对某些螨类卵的孵化有一定影响。例如，苹果全爪螨越冬卵孵化率与光的波长呈负相关。仓储螨类却畏光、怕热，一般储藏物仓库很少有光照，在一定的温度和湿度条件下，粉螨可大量滋生，表明粉螨的生长发育不需要光照。

从种群消长与生态因子进行关联分析以探讨引起种群变化的影响因子，有助于明确对螨种群动态影响较大的生态因子，从而对螨的预测预报和综合治理研究工作提供基础依据。利用灰色理论分析南京裂爪螨种群消长与环境因子的关系，4个生态因子与产卵量消长的关联序为湿度＞天敌＞降水＞气温；与幼螨、若螨、成螨数量关联序为湿度＞降水＞气温＞天敌；与整个种群数量关联序为湿度＞降水＞天敌＞气温。

4.5.2 生物因子

4.5.2.1 食物

食物是螨类生长发育和繁殖的基本条件之一，食物的营养成分以及物理结构特性都将影响螨类的生长发育和种群的发展。不同种类的螨类对食物的营养成分需求及对植物的物理结构的反应有所不同。即使是同种螨类，在其个体生长发育的不同阶段的这种需求与反应也有差异。可以根据螨类的取食习性可分为植食性螨类、捕食性螨类、寄生性螨类、食菌性螨类和腐食的螨类。依其取食的寄主植物种类的多少，植食性可分单食性、寡食性和多食性。

植食性害螨对寄主植物的选择取食，不仅仅取决于寄主植物营养物质种类（如糖类、蛋白质和脂肪等）和含量，也取决于寄主植物体内的次生化合物〔酚类化合物（鞣酸）、生物碱、类萜和皂苷类等〕。例如，棉花品种对朱砂叶螨抗性表现为螨害级别与可溶性糖、类黄酮和叶绿素含量呈明显负相关，与淀粉含量呈正相关，与多酚、鞣酸、类胡萝卜素、花色素苷、总氮、蛋白质和氨基酸的含量无明显相关性。Pavlova 等研究发现抗棉叶螨棉花品种黄酮含量较高。

刘怀等人根据毛竹生长特性，用川一年生竹、二年生竹、三年生竹和四年生竹的离体叶片作为食料，研究食物对竹裂爪螨（*Schizotetranychus bambusae* Reck）生长发育及繁殖的影响。结果表明，该螨各螨态的发育历期在种食料组间存在显著差异或极显著差异，其中雌螨由幼螨至成螨历期，取食一年生竹叶、二年生竹叶、三年生竹叶和四年生竹叶者分别为5.00 d、5.10 d、6.31 d 和 5.03 d；取食 3 年生竹叶片时，幼螨至成螨的存活率、单雌平均产卵量显著小于其余 3 组，存活率为 78.81%，单雌产卵量为 14.71 粒。进一步研究结果表明，该螨各螨态的发育历期、雌成螨的寿命及繁殖力都因叶片的受害程度不同而存在显著差异或极显著差异，这表明了该螨种群在发展过程中，因对叶片的取食危害，通过对自身营养条件的恶化而存在着较强的负反馈作用。

又如朱砂叶螨，在棉花、桑树、樱桃和桃上生活，平均产卵期为 10 d，每雌日产卵量平均为 5～10 粒，完成 1 代需要 10～15 d；而在刺槐、紫苜蓿和械树上取食的，产卵期平均为3～7 d，每雌日产卵量平均为 1～6 粒，完成 1 代需要 15～17 d；在梓树、苹果和银白杨上，雌螨产卵不多，且不能发育成若螨。

植绥螨是常见的重要天敌之一，在农林业生产上具有重要的应用价值。植绥螨的可划分为 4 种营养类型：专性捕食者、叶螨类的选择性捕食者、多食性捕食者和嗜食花粉的捕食者。植绥螨的营养来源于其食物，动物性食物蛋白质含量普遍高于植物性食物。基于植绥螨营养生态学特征的差异，不同类型的植绥螨可有选择地用于生物防治中。人工大量繁殖用于防治作物害虫的植绥螨，要依据作物上的害螨种类进行螨类及其饲料选择，专性捕食者和叶螨类的选择性捕食者多选择以动物性食物（如叶螨和粉螨）为饲料，多食性捕食者可选择动物性食物和植物性食物，嗜食花粉的捕食者可选择植物性食物如花粉和蜜汁。利用害螨的寄主植物来繁殖害螨，然后用害螨来繁殖植绥螨。

例如，要大量繁殖智利小植绥螨，需种植豇豆来饲养叶螨。用淀粉、麦麸类和酵母粉来繁殖粉螨或腐食酪螨，然后用粉螨来生产植绥螨。该方法简单，高效，原料丰富，价格便宜。这是植绥螨人工大量繁殖技术中的一次革命，但是必须解决器皿的通气和换气问题。当前正推广这种方法大量繁殖胡瓜小新绥螨（*Neoseiulus cucumeris* Oudemans）（以前称为胡瓜钝绥螨）和巴氏钝绥螨（*Neoseiulus barkeri* Hughes）用于防治多种害螨（如叶螨和跗线螨）或害虫（如蓟马和粉虱）。

4.5.2.2 天敌

天敌对害螨的种群数量消长有明显的控制作用。农业害螨的天敌种类较多，有真菌、细菌、病毒、天敌昆虫、捕食性螨类和蜘蛛等。农业螨类的天敌包括捕食性和寄生性两大类。在捕食性天敌中，主要有昆虫纲和蛛形纲动物，在寄生性天敌中，主要有真菌和病毒。

据加拿大报道，苹果园有 30 种蜘蛛能捕食害螨。捕食性螨类主要分布在植绥螨科、长须螨科和大赤螨科，绒螨科里也有许多害螨天敌。

（1）昆虫纲捕食性天敌 根据文献记载，我国常见螨类的昆虫纲捕食性天敌属于 6 目 15 科：缨翅目的蓟马科（Thripidae）、纹蓟马科（Aeolothripidae）和管蓟马科（Phlaeothripidae）；半翅目的花蝽科（Anthocoridae）、盲蝽科（Miridae）、姬猎蝽科（Nabidae）和长蝽科（Lygaeidae）；鞘翅目的瓢虫科（Coccinellidae）和隐翅虫科（Staphylinidae）；脉翅目的粉蛉科（Coniopterygidae）、褐蛉科（Hemerobiidae）和草蛉科（Chrysopidae）；膜翅目的蚁科（Formicidae）；双翅目的瘿蚊科（Cecidomyiidae）和食蚜蝇科（Syrphidae）。

已知的昆虫纲捕食性天敌有 56 种，捕食对象主要是叶螨类害螨（表 4 - 18）。

表 4 - 18 我国常见螨类的昆虫纲捕食性天敌种类

（引自曾涛和庞虹，2000；郭文超等，2003）

种 名	学 名	种 名	学 名
塔六点蓟马	*Scolothrips takahashii* Prisener	食蛛瘿蚊	*Arthrocnodax* sp.
六点蓟马	*S. sexmaculatus* (Pergande)	深点食螨瓢虫	*Stethorus punctillum* Weise
长角六点蓟马	*S. longicornis* Priesner	广东食螨瓢虫	*S. cantonensis* Pang
四斑食螨蓟马	*S. quadrinotata* Han et Zhang	腹管食螨瓢虫	*S. siphonulus* Kapur
食螨蓟马	*Haplothrips* sp.	黑囊食螨瓢虫	*S. aptus* Kapur
新疆纹蓟马	*Aeolothrips xinjiangensis* Han	长管食螨瓢虫	*S. longisiphonulus* Pang
捕食管蓟马	*Aleurodothrips fasciapennis* (F.)	束管食螨瓢虫	*S. chengi* Sasaji
食蚜花蝽	*Anthocoris nemorum* (L.)	拟小食螨瓢虫	*S. parapauperculus* Pang
小花蝽	*Orius minutus* (L.)	宾川食螨瓢虫	*S. binchuanensis* Pang et Ma
小黑花蝽	*O.* sp.	陕西食螨瓢虫	*S. shaanxiensis* Pang et Mao
黑翅小花蝽	*O. agilis* (Flor)	云南食螨瓢虫	*S. yunnanensis* Pang et Mao
东亚小花蝽	*O. saunteri* Poppius	广西食螨瓢虫	*S. guangxiensis* Pang et Mao
肩毛小花蝽	*O. niger* Wolff	黑襟毛瓢虫	*Scymnus hoffmanni* Weise
异须微刺盲蝽	*Campylomma diversicornis* Reuter	连斑毛瓢虫	*S. quadrivulneratus* Mulsant
花姬蝽	*Triphleps sauteri* Poppius	小黑瓢虫	*Delphastus catalinae* (Horn)
华姬猎蝽	*Nabis sinoferus* Hsiao	四斑毛瓢虫	*Scymnus frontalis* F.
原姬蝽	*N. ferus* (L.)	异色瓢虫	*Leis axyridis* (Pallas)
食蚜瘿蚊	*Aphidoletes aphidimyza* (Rondani)	黑缘红瓢虫	*Chlocorus rubidus* Hope
食螨瘿蚊	*Acaroletes* sp.	龟纹瓢虫	*Propylaea japonica* (Thunberg)

（续）

种 名	学 名	种 名	学 名
方斑瓢虫	*P. quatuordecimpunctata*（L.）	叶色草蛉	*C. phyllochroma* Wesmael
多异瓢虫	*Adonia variegata* Goeze	亚非草蛉	*C. boninensis* Okamoto
菱斑巧瓢虫	*Oenopia conglobata*（L.）	白线草蛉	*C. albolineata* Killington
小黑隐翅虫	*Oligota* sp.	晋草蛉	*C. shansiensis* Kawa
未定名	*Micoprius* sp.	八斑娟草蛉	*Ancylopteryx octopunctata* Fabricius
中华草蛉	*Chrysopa sinica* Tjeder	载草蛉	*Anomalochrysopa* sp.
大草蛉	*C. pallens*（Rambur）	梯阶脉褐蛉	*Micromus timidus* Hager
丽草蛉	*C. formosa* Brauer	红蚂蚁	*Tetramorium* sp.
普通草蛉	*C. carnea* Stephens	黄丝蚂蚁	*T.* sp.

在新疆主要玉米产区广泛调查采集标本，初步鉴定出玉米害螨的天敌有 2 纲 7 目 12 科 28 种。深点食螨瓢分布广泛，而且数量占优，捕食能力较强，为优势种天敌。

在四川省各蚕区桑红叶螨天敌的种类，初步鉴定为 2 纲 8 目 15 科 38 种。其中食螨瓢甲、食螨瘿蚊、食螨蓟马、小花蝽和植绥螨分布广、数量大，为控制该螨的优势种。

已经查明，朱砂叶螨的天敌有 35 种，还有一些真菌。其中捕食性天敌有捕食螨、草蛉、肉食蓟马、小花蝽、大眼蝉长蝽、瓢虫、蜘蛛等。例如，塔六点蓟马和带纹蓟马可捕食棉叶螨的各虫态；异色瓢虫、十三星瓢虫、七星瓢虫、深点食螨瓢虫、黑襟小瓢虫和龟纹瓢虫等的捕食能力也较强；草间小黑蛛日捕食量为 13.5～24.0 头，三突花蛛日捕食量为 13 头，跳蛛（*Salhciclae* sp.）日捕食量为 13 头。

（2）蛛形纲捕食性天敌　据文献记载，螨类的蛛形纲的捕食性天敌包括蛛形亚纲和蜱螨亚纲中许多科。蛛形目主要有：球腹蛛科（Theridiidae）、微蛛科（Micryphantidae）、金蛛科（Argiopidae）、华盖蛛科（Linyphiidae）和蟹蛛科（Thomisidae）等；蜱螨亚纲主要有植绥螨科、长须螨科、大赤螨科、绒螨科、囊螨科、镰螯螨科、吸螨科和肉食螨科等。

植绥螨大多数是捕食性的，不但捕食叶螨、瘿螨、细须螨和跗线螨等害螨，而且还捕食蓟马、介壳虫等小型昆虫及它们的卵和若虫，是很有利用价值的天敌资源。据唐斌等人报道，我国植绥螨资源的调查工作，最早始于 Cohn 和 Nadal、Swirski、江原昭三及 Tseng 等对香港和台湾地区的调查，约有 49 种；20 世纪 70 年代后期，上海、广东、江西、北京相继开展了植绥螨的资源调查工作，在 1990 年已记载的种类达到 180 种以上，1992 年为 220 多种，1998 年为 246 余种，2002 年已达 260 余种。

目前常用并可工厂化生产的捕食螨种类有：胡瓜新小绥螨、斯氏钝绥螨、智利小植绥螨和加州钝绥螨。胡瓜新小绥螨在国外主要用于防治温室中辣椒、黄瓜、茄类和玫瑰等作物上的蓟马（西花蓟马、烟蓟马）危害。胡瓜新小绥螨雌成螨搜寻能力和攻击能力强，在甜椒和黄瓜叶片上日捕食量最高可分别达到 10 头和 7 头；在凤仙花和天竺葵叶片上日捕食量最高可分别达到 10 头和 6 头。1997 年福建省农业科学院植物保护研究所引进胡瓜新小绥螨后，进行了人工大量繁殖和应用技术研究，已应用于柑橘、棉花、玫瑰、茄子和玉米等 20 多种作物上防治红蜘蛛、茶黄螨、瘿螨和蓟马的危害，取得了显著成效。智利小植绥螨、加州钝绥螨是多种作物上防治红蜘蛛的最有效的天敌。在作物生长处期每平方米用 50～100 头智利小植绥螨、加州钝绥螨可有效地控制红蜘蛛的危害。

（3）螨类的寄生性天敌 在寄生性天敌中，主要有真菌和病毒。传播螨类病害的真菌有藻菌、子囊菌、担子菌和半知菌。目前已知寄生于螨类的病毒种类甚少，有柑橘全爪螨病毒和苹果全爪螨病毒等，都属于非内含体病毒。

在多湿高温的环境里，易导致真菌在田间的螨类中流行，从而降低螨类种群数量。例如，虫霉菌和白僵菌寄生于朱砂叶螨，蚜枝霉菌寄生于柑橘全爪螨 [*Panonychus citri* （McGregor）]。1972 年 7 月 31 日，在浙江黄岩和临海交界的一片橘园，在早橘果实上发生的橘皱叶刺瘿螨 [*Phyllocoptruta oleivora* （Ashmead）]（俗称柑橘锈壁虱）上，分离到汤普森多毛菌。汤普森多毛菌属半知菌纲（Deuteromycetes）丛梗孢目（Moniliales）束梗孢科（Stilbaceae）多毛霉属（*Hirsutella*）。被寄生而死的柑橘锈壁虱尸体，往往从其前端、后端和体侧纵生出菌丝体，其数目为 2~6 根不等。菌丝体在 20 倍手持扩大镜下能见到，呈银白色。菌丝体初白色，以后变灰白色，匍生。菌丝体直径为 2.3~3.3 μm，平均 2.8 μm，菌丝有隔膜。分生孢子梗侧生，与菌丝体成直角，质坚硬而透明，呈小颈瓶状，长 10~16 μm，宽 2.5~4.0 μm。瓶状孢梗长 8~12 μm，宽 2.5~4.0 μm。小孢梗长 2~4(6) μm，宽 0.7~1.0 μm。小孢梗通常为 1 个，也有 1 个的，个别的 3 个。

在接种后保湿 48h，经 87h 后的虫体死亡率平均为 97.1%，对照为 24.3%；经 111h 后的虫体死亡率平均为 98.1，对照为 20%。保湿时间 48h 较 24h 为好，前者接种后 69h 后的虫体死亡率平均为 97.1%，对照为 23.5%；而后者的虫体死亡率平均为 90.5%，对照为 18.5%。

（4）螨类天敌的保护和利用的主要途径

① 引进天敌控制害螨危害 许多学者的研究都证明，从外地引进优良的天敌昆虫，可成为控制本地害螨的有效天敌。我国 1981 年从美国和澳大利亚分别引进抗有机磷的西方盲走螨，在兰州等地防治苹果树上的山楂叶螨和李始叶螨 [*Eotetranychus pruni* （Oudemans）]，取得了显著的防治效果。另外，我国引进的智利小植绥螨用于防治温室叶螨也起到了良好的作用。

② 加强天敌越冬保护 加强天敌的越冬保护是增加天敌数量的有效措施。例如，深点食螨瓢虫冬季以成虫潜入果树根土缝和枝干基部树皮裂缝处越冬，用稻草在主干基部包扎，对保护深点食螨瓢虫安全越冬效果非常显著，第二年春就可明显增加瓢虫的数量。

③ 发挥天敌的自然控制作用 充分发挥天敌的自然控制作用，是最经济有效的控制害螨的方法。在福建省闽侯关东柑橘分场，从 1986 年 4 月下旬起利用固有的腹管食螨瓢虫控制柑橘全爪螨，不进行喷药防治，腹管食螨瓢虫经 1~2 个月的自然增殖扩大了种群，完全控制了柑橘全爪螨对春梢新叶的危害。

④ 种植地面覆盖物，增强天敌的控制作用 通过种植地面覆盖物，创造天敌生存与繁殖的适宜条件，提供交替食物，将天敌调节到充分发挥控害作用的状态。在苹果园种植紫花苜蓿，为捕食性天敌提供了适宜的生存环境和补充猎物，使苹果园天敌数量增加，叶螨种群下降。保留夏至草可使东亚小花蝽发生时间提早，发育速度加快。

由于蔬菜生产周期较短，菜园生态环境不稳定，开展生物防治效果不够理想。因此，对于蔬菜害螨的控制，可以通过增加蔬菜园的生物多样性，建立生态园来控制害螨的发生。改变单一种植蔬菜的模式，如在菜园周围或田间间插种植果树或其他植物，以提高菜园的生物多样性和生态环境的稳定性，为中性昆虫和天敌提供栖息场所，以增加天敌的数量，使其成为害螨的天敌库。

⑤ 野外采集助迁或人工繁殖释放天敌，控制早期害螨危害 由于天敌出现时间晚，数量少，在前期不能有效控制害螨危害，所以在早期采用助迁或人工繁殖释放天敌的方法，在害螨高峰出现之前，增加天敌在田间的虫口数量，改变益害比，可起到控制害螨危害的作用。林碧英等研究结果表明，释放长毛钝绥螨可有效控制草莓神泽叶螨数量。

⑥ 改良昆虫天敌的耐药性能，提高其适应能力 增加天敌的耐药能力，可大大降低天敌对农药的敏感性，这对于维持天敌种群数量非常有利。很多抗药性的植绥螨已经选育成功，如伪钝绥螨 [*Neoseiulus fallacis* (Garman)] 的有机磷抗性品系和西方盲走螨的西维因抗性品系、乐果抗性品系、苄氯菊酯抗性品系等。我国已选育出尼氏钝绥螨抗亚胺硫磷品系，比敏感品系抗性提高了 19 倍，同时对辛硫磷、水胺硫磷、乐果、敌敌畏和敌百虫等有机磷农药有一定的交互抗性，其抗性提高了 2.7~28.5 倍。抗性品系可在柑橘园自然越冬，经大田多季繁殖后，仍可保护稳定抗性，在喷施亚胺硫磷后仍有 60% 存活。

⑦ 合理有效地使用化学农药 化学农药会带来的一系列副作用，所以必须尽量减少化学农药的使用，减少化学农药的污染和残留。在必须使用农药时，要从生态系统的整体出发，了解农药的性质和防治对象，选择对天敌影响小，对人畜安全及环境安全的农药，如机油乳剂。掌握用药的最适时期，改进施药方法，协调与生物防治和其他措施的关系，达到防效好，用药少的目的。

4.6 滞育与休眠

4.6.1 滞育

4.6.1.1 滞育的概念

滞育是螨类的系统发育过程中的停止发育的一种现象，是一种遗传表现。它是螨类在生活周期中的一个积极适应环境的特殊表现形式。一旦进入专性滞育以后，即使外界生长发育条件恢复到良好状态，滞育也不会马上解除。

4.6.1.2 滞育的分类

（1）有滞育种类和无滞育种类 按滞育的有无的特性，可以将螨类分为无滞育种类和有滞育种类。无滞育种类能够终年繁殖，偶遇到不良环境容易形成夏眠或冬蛰。例如，在瑞士取食常青藤的一种苔螨（*Bryobia* sp.）和柑橘全爪螨的南方种群属于无滞育种类。

（2）专性滞育和兼性滞育 有滞育种类的滞育存在两种形式：专性滞育和兼性滞育。专性滞育有固定的世代和敏感龄期，一般认为在一年发生一代的螨类，例如，日本苔螨（*Bryobia japonica* Ehara et Yamada），以卵滞育越冬。兼性滞育滞育不出现在固定的世代中，当生活环境条件不适宜时，一部分个体进入滞育，而另一部分个体仍继续发育。山楂叶螨、针叶小爪螨、苹果全爪螨、柑橘全爪螨、桑始叶螨 [*E. suginamensis* (Yokoyama)]、杨始叶螨等均属此类。

（3）以卵滞育和以受精雌成螨滞育 螨的滞育形式大致可分为以卵滞育和以受精雌成螨滞育两类。

① 以卵滞育 以卵滞育的种类（如全爪螨属、小爪螨属和广叶螨属等）在诱发滞育的

条件下，滞育性雌成螨经交配后产滞育卵越冬。寄生阔叶树的种类，滞育卵多产在枝条上；寄生针叶树的种类，滞育卵除产在枝条上外，还可产在叶鞘基部。例如，在我国北方发生的针叶小爪螨，其滞育卵多产在壳斗科植物（如板栗、麻栎、栓皮栎、榉树等）的一年生枝条上，在南方多产于杉木、松类的枝条和叶鞘部位。苹果全爪螨的滞育卵，在苹果上多产在一年生枝条交界处、果台基部、芽基和芽腋内，在榆树上多产于枝干粗糙处和裂缝中。日本的滞育性柑橘全爪螨的滞育卵产在梨树的短枝、芽腋和果台处。

② 以受精雌成螨滞育　以受精雌成螨滞育的种类，已知有叶螨属、始叶螨属和裂爪螨属等。它们的滞育场所多是树上的翘皮、裂缝、虫道、枯枝落叶下和根茎周围的土缝等隐蔽处。但始叶螨属中的李始叶螨和裂爪螨属的原裂爪螨，则以卵滞育，当属例外。

此外，苔螨属和岩螨属以卵和雌成螨滞育的种类均有。例如，苜蓿苔螨以卵或雌成螨滞育越冬。

4.6.1.3　滞育态与非滞育态的差别

螨的滞育态和非滞育态，除滞育性本身的差别外，在外部形态上也有明显的不同。山楂叶螨的雌成螨，滞育个体为鲜红色，非滞育个体为深红色。杨始叶螨滞育雌成螨淡黄色，非滞育者黄绿色。针叶小爪螨的滞育卵为红色，非滞育卵绿色至黄绿色。柑橘全爪螨在日本有两个系统，滞育系统的滞育卵浓赤色，卵径 $165\,\mu m$；非滞育系统的卵为淡红色或淡黄色，卵径 $143\,\mu m$。

4.6.1.4　影响滞育的环境因素

现已明确，对螨滞育的形成有直接关系的环境因素主要是光周期、温度和寄主营养。

（1）光周期　在影响螨生活生长发育过程的各种生态因素中，光周期起主要作用，也是不可缺少的条件之一。光周期在一年的季节变化中起信号作用。例如，叶螨通过体表或体内的光周期感应器（也称为测时器）对光周期产生感应而表现滞育或非滞育。

按照光照时间长短与滞育形成的关系，分为长日照发育或短日照滞育型和短日照发育型或长日照滞育型。例如，山楂叶螨、神泽叶螨（*Tetranychus kanzawai* Kishida）、苹果全爪螨、柑橘全爪螨、针叶小爪螨、云杉小爪螨 [*Oligonychus picea*（Reck）]、石榴小爪螨 [*O. punicae*（Hirst）] 属于长日照发育型，而麦岩螨属于短日照发育型。例如，山楂叶螨在 $21℃$ 下，临界光周期为 $12\,h\,32\,min$，光敏感螨态为幼螨至第二若螨之间的连续两个螨态，单独一个发育阶段对短光照不敏感或仅有微弱的感应。相同短光照下，低温促进滞育，在 $15℃$、$18℃$ 和 $21℃$ 下滞育率分别为 100%、93.1% 和 66.7%；高温（$24℃$）抑制滞育，滞育率仅为 13.3%；温度为 $27℃$ 时不滞育。

临界光照时间的长短，因螨种类和地理纬度不同而异。一般随纬度增高，临界光照时间逐渐延长。如俄罗斯的苹果全爪螨，在北纬 $60°$、$52°$ 和 $43°$ 的地理种群，其临界光照时间依次为 $17\,h$、$14\,h$ 和 $12\,h$。二斑叶螨的临界光照时间，在日本北海道和盛岗为 $12\,h\,50\,min$；在俄罗斯的棉叶螨在彼得堡（北纬 $59°44'$）的临界光周期接近 $17\,h$，在克拉斯诺达尔（北纬 $44°53'$）为 $12\,h$，在斯大林纳巴德（北纬 $37°50'$）仅为 $10\,h$。针叶小爪螨在山东泰安的临界光照时间为 $13\,h$。

光的性质和光照度与螨滞育也有一定的关系。与滞育有关的光波为紫外光、蓝光和蓝绿光部分。其中最敏感的为蓝光波，波长长于蓝光的光，在光周期反应效果上相当于黑暗。

（2）温度　在一定的温度范围内，低温促进滞育，高温抑制滞育。在光照时间相同的条件下，滞育率的高低取决于温度或寄主营养状况。反之亦然。如截形叶螨滞育诱导反应曲线属于长日照滞育型，短日照是诱发滞育的决定因子，在同样的短光照刺激下，随着温度的升高，滞育诱发率降低，到 30℃ 和 35℃ 下无滞育个体产生，说明短光照只有在一定的低温下才发生作用，低温对叶螨滞育也有一定的意义。

（3）寄主营养　螨类的寄主主要是植物叶片，植物叶片的生长发育和营养生理状况，对螨的滞育等也会产生一定的影响。在室内光照，20～24℃ 温度条件下饲养针叶小爪螨，在相同叶面积上接不同数量的卵 30 粒、60 粒和 100 粒，待其发育至雌成螨后，调查产滞育卵的雌成螨比率，依次为 0%、1.3% 和 8.7%。显示了螨口密度大，滞育性雌成螨比率较高的趋势。苹果全爪螨、针叶小爪螨、二斑叶螨也有类似的报道。

4.6.1.5　滞育的解除

螨一旦进入滞育，必须在适合的光照条件下，经过一定时间的低温刺激后才能使滞育解除，恢复螨的生长发育。例如，将滞育深度不同的截形叶螨置于长光照下，均不能解除滞育，必须经过一定的低温处理方能复苏。把滞育雌螨置于 1℃ 的条件下，分别处理 40 d、25 d 和 10 d，再放在 14 h 光照、10 h 黑暗的条件下，在 13℃、19℃ 和 25℃ 下，解除滞育的时间分别为 53 d、44 d 和 35 d。

不同种类的螨类，解除滞育所需的低温和时间各不相同。温度愈低，解除滞育所需时间愈长，恢复发育后的生命力愈弱。例如，针叶小爪螨的滞育卵在 0℃、5℃ 和 10℃，长日照条件下分别需 120 d、100 d 和 100 d，解除滞育后的孵化率分别为 23.5%、56.0% 和 61.2%。

滞育的机制和生理的研究报道甚少。匡海源认为，叶螨的感光器官可能是眼或者还有前半体参与。通过眼和前半体接受光节奏的信息。控制滞育与否的中心已知是位于前半体内部的食道周围的中枢神经组织。

滞育期的抗逆性与体内物质的积累及转化及酶的种类和活性有关。现已研究证明，滞育期的代谢活性极低，储藏物质的含量增高。在滞育诱导期，脂肪和糖原大量积累。进入滞育后，氨基酸特别是脯氨酸和丙氨酸的含量明显增加。山梨醇和甘油也被大量积累，而在非滞育期则根本不存在。海藻糖和血糖的含量较非滞育期增加 2 倍以上。多元醇和血糖浓度的增高，可使体液冰点降低，增强抗寒性。同时还具有使生化反应速度减缓的作用。随着滞育的解除，多元醇减少，恢复发育后完全消失，重新合成糖原。

4.6.2　休眠

4.6.2.1　一般休眠现象

休眠是螨在个体发育过程中，作为一种抵御不良环境条件的现象。它的形成有利于保持种群的延续，待良好条件的到来时休眠状态解除后继续发育。这类型的螨类遇到不良环境容易形成夏眠或冬蛰。

梨上瘿螨（*Epitrimerus pyri* Nalepa）田间消长规律调查表明，8 月由于高温和幼嫩叶片的减少，瘿螨的种群数量开始急剧下降，开始夏眠；9 月随着气温的回落，又有新的叶片形成，瘿螨的种群数量又开始回升，形成第二个危害高峰。但该螨全年的危害以夏季最为严重，种群数量最高。10 月由于气温的逐渐降低，叶片组织的老化，瘿螨的种群数量逐渐降低，并寻找越冬场所越冬（图 4-3）。

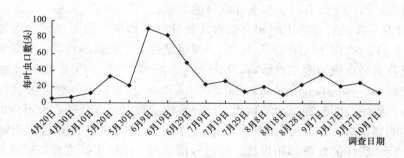

图 4-3 梨上瘿螨田间消长规律

(引自魏列新等，2007)

4.6.2.2 特殊的休眠现象——休眠体

（1）休眠体 另外有一种特殊休眠现象，蜱螨亚纲无气门股（Astigmatina）的一些螨类在发育过程中形成一个异型发育状态——休眠体，即介于第一若螨和第三若螨的休眠体（hypopus）或称为第二若螨（deutonymph）。前文已述，休眠体在身体结构和功能上发生了一系列变化：在其形成之前，第一若螨体躯逐渐萎缩，变成圆形或卵圆形，表皮骨化变硬，体色随时间推移而由浅变深；颚体退化，取食器官消失，在末体区形成一个发达的吸盘板。这种类型的生活史在动物界十分罕见。

休眠体有活动休眠体和不活动休眠体两类。大部分休眠体是活动休眠体，能自由活动，其以吸盘板吸附或抱握在其他动物身体上。少数螨类，如食甜螨属和短毛螨属的种类，能形成不活动休眠体，身体被包围在第一若螨的皮壳中，几乎完全不活动。而最极端的形式，如家食甜螨［*Glycyphagus domesticus*（De Geer）］，其休眠体由一个卵圆形的囊状物组成，除神经系统保持原形外，肌肉和消化道均退化为无结构的团块。

无气门股螨类休眠体只发生于痒螨科以外的类群，常见的有粉螨科、食藻螨科、果螨科、毛爪螨科、嗜草螨科、爱培螨科、棘鼠螨科、小高螨科、食甜螨科、半疥螨科、薄口螨科、颈下螨科和钳爪螨科等。其中，粉螨科和食甜螨科螨类多发生在储藏物和屋尘中，大部分种类都会形成休眠体，是生产和生活中危害较重的类群。

休眠体在分类学上也显得特别重要，例如，粉螨科、薄口螨科和半疥螨科等，常以休眠体作为分属和分种的依据。

（2）影响休眠体的形成因素 对螨休眠体的形成有直接关系的外部环境因素主要是气候因子、寄主营养和种群密度，内部因素是代谢和遗传。

① 气候因子（即湿度和温度） 张曼丽认为，对刺足根螨，25℃、相对湿度为100％的条件最有利于其卵的孵化和成活；在相对湿度为100％、全黑暗条件下，15℃时其休眠体形成率最高（32.25％）；在不同湿度条件下，休眠体的形成率有显著差异，76％的相对湿度条件处理第一若螨能诱导休眠体形成。刺足根螨休眠体对低温有很强的抵抗力，在－8℃低温下处理24 h 的存活率超过50％；但是对于干燥条件的抵抗力较差，64％的相对湿度条件下，3 d 内全部死亡。Hodson(1928) 通过1 个月的观察，发现在相同的饲养条件下，刺足根螨在逐步干燥的环境中会大量死亡，形成的休眠体数量很少；而在保持潮湿不变的条件下，整个种群生长良好，并形成了大量的休眠体。由此认为，湿度是影响休眠体形成的重要因素。

在种群繁盛时，适当的干燥有时会加速休眠体的形成。

② 寄主营养　接触营养的比例和有效形式是休眠体形成的重要因素。张曼丽认为，刺足根螨在 14.5～15.5℃、相对湿度为 100％、黑暗条件下，饲料的种类、数量和饥饿时间对休眠体的形成数量和形成速度都有影响。Matsumoto(1978) 在 25℃、相对湿度为 85％ 的条件下对河野脂螨（*Lardoglyphus konoi* Sasa et Asanuma）饲以不同种类的食物，在酵母中分别加入豆粉、奶酪、明胶和蛋清等物质，均导致螨的种群密度降低，而形成的休眠体数比单独用酵母的明显增多。Matsumoto 等（1993）用豆粉作为食料饲养河野脂螨，发现种群密度非常低，而休眠体的数量却相当高。经过分析认为，该螨生长发育需要动物饲料，植物饲料不适合于河野脂螨生长，会促使休眠体增加，并提出休眠体形成的比例与食物中干酵母含量相关的观点。

③ 种群密度　种群密度会对食料数量和质量造成影响，有时很难区分密度与饲料对休眠体形成的影响作用。但是也有一些螨类需要达到一定的密度才能形成休眠体。Woording（1969）用直径 25mm、高 25mm 的培养管隔离饲养罗宾根螨，当该螨卵、幼螨或第一若螨少于 20 头时，不会形成休眠体；而在大量培养时，1％～2％ 的个体能形成休眠体。对于整个种群来说，过高的种群密度会造成不利的环境条件，引起种群迁移或形成休眠体。

张曼丽认为，比较刺足根螨的温度、湿度和种群密度 3 种因子的作用，湿度是决定休眠体形成的关键因子，而种群密度对形成休眠体的影响较小。

④ 代谢和遗传　代谢和遗传对休眠体形成的影响的有关研究相对较少。研究发现，有的螨类形成休眠体并不完全依赖于环境条件，例如，家食甜螨约有 50％ 的第一若螨都要经过休眠体状态（Hora，1934）。一些学者认为，这可能是由于内部器官的分化造成的（Hughes 和 Hughes，1939）。在食物缺少时，易形成休眠体的粗脚粉螨品系能形成大量的休眠体，而不易形成休眠体的品系则不会形成休眠体（Solomon，1946）。

（3）休眠体的解除　休眠体的解除与环境和遗传因素有关。当环境条件适宜时，休眠状态解除发育成第三若螨，进而发育为成螨，活动休眠体有蜕皮现象。蜕皮需要合适的水分和温度、湿度条件，不同的螨类所需要的条件有所差异。张曼丽认为，刺足根螨在不同温度与湿组合条件下，25℃、相对湿度为 100％ 时最早开始解除；35℃、相对湿度为 96％ 条件下解除率最高，并且解除后发育为成螨后的雌雄比率接近 1∶1。同低温能影响滞育解除一样，低温也能够促进休眠体的解除。建议检疫过程中可采用极端低温（-18℃ 左右）和干燥的方法清除刺足根螨休眠体。

4.7　生命表技术的应用

生命表（life table）就是种群动态的总情况表，是按种群生长的时间或按种群的年龄（发育阶段）系统记载种群的死亡或生存率、生殖率以及死亡原因。生命表的概念及分析方法，起源于人口的生命统计，最初用于人寿保险。1921 年，Pearl 和 Parker 开始用生命表技术研究果蝇和杂拟谷盗的实验种群增长规律；1954 年，Morris 和 Miller 用生命表技术研究昆虫自然种群消长。以后生命表技术被推广，广泛地应用于各种害虫的生态与防治研究中。目前生命表方法已成为研究种群数量变动机制、评价各种害虫防治措施、制定数量预测模型和实施害虫科学管理的一种重要方法。

4.7.1 生命表的类型和基本形式

生命表主要有两种主要形式：特定时间生命表和特定年龄生命表。

4.7.1.1 特定时间生命表

特定时间生命表，也称为垂直的或静态的生命表，是在年龄组配比较稳定的前提下，以特定时间为间隔单位，系统调查记载在时间 x 开始时的存活数量和 x 期间的死亡数量，有时同时也包括各时间间隔内每一雌体的平均产雌数量。从这种生命表中，可以获得种群在特定时间内的死亡率和出生率，用于计算种群在一定环境条件下的内禀增长率 r_m，或周限增长率 λ 和净增殖率 R_0，从而可用指数函数公式预测未来时间的种群数量变化，还可以用 Leslie 转移矩阵方法预测未来数量或建立预测模型，但它不能分析死亡的主要原因或关键因素。特定时间生命表适用于世代重叠的动物或昆虫，特别适用于室内实验种群的研究。

4.7.1.2 特定年龄生命表

特定年龄生命表也称为水平的或动态的生命表，是以动物或昆虫的年龄阶段作为划分时间的标准，系统地记载不同年龄级或年龄间隔中真实的虫口变动情况和死亡原因。可以根据表中的数据分析影响种群数量变动的关键因素，估算种群趋势指数和控制指数，从而组成一定的预测模型。特定年龄生命表适用于世代隔离清楚的动物或昆虫，更多应用于自然种群的研究。

4.7.2 生命表的编制

对于特定时间生命表，应根据研究对象的生活史、各虫态发育历期等特点，制定合理时间间隔，设置必要的处理（如温度、湿度和食料等）和重复，并拟定具体的实验方法和观察记载的项目。对于特定年龄生命表，则应根据研究对象的生物学特性，合理划分虫期（发育阶段），确定各虫期的观察项目和内容，拟定适合的研究方法。昆虫自然种群生命表数据的获得，绝大部分来自田间取样调查，因此，必须搞清楚研究对象的空间分布型，拟定合理的取样方法、取样单位和取样数量，设计具体的取样方案，以保证取样的精确性和代表性。

4.7.3 以螨为研究对象作生命表

许多学者把生命表技术应用于害螨的研究（如二斑叶螨、朱砂叶螨、玉米截形叶螨、麦岩螨、南京裂爪螨、竹裂爪螨、竹缺爪螨、柑橘全爪螨、苹果叶螨和土耳其斯坦叶螨），并且用于实验种群和自然种群的分析。对于天敌捕食螨（如胡瓜新小绥螨）也进行了研究。下面举例来说明其应用。

4.7.3.1 特定时间生命表

（1）侧多食跗线螨在 25℃ 时实验种群生命表　郄军锐研究了在 25℃ 时，侧多食跗线螨取食辣椒条件下实验种群生命表，见表 4-19。其方法是在人工气候箱中进行饲养观察，在直径为 9 cm 的培养皿中，置一层浸水的泡沫，上面平铺一张玻璃纸，其上放一去除杂质的平展的辣椒嫩叶，叶片四周用浸过水的脱脂棉包围，每片叶接一对雄成螨和雌若螨（雄成螨有背负雌若螨的特性），24 h 后剔除成螨，记录卵量，以后每天在解剖镜下仔细观察记载 2 次，记录卵孵化数、螨态变化和死亡情况，至全部发育为成螨，一旦进入成螨，马上进行雌雄配对，每天记载 1 次雌成螨的产卵数并将卵挑出，直至雌成螨死亡为止。将挑出的卵放在另外培养皿中进行饲养至成螨，检查性比，实验过程中，每 2 天换 1 次叶片。

表 4-19 侧多食跗线螨实验种群生命表

（引自郗军锐，2002）

螨 态	l_x	d_x	$100q_x$
卵	40	0	0
幼螨	40	1	2.50
若螨	39	1	2.56
成螨	38	−19.76	0.52
雌螨*2	57.76	35.20	60.94
正常雌螨*2	22.56		
雌性比		76%	
每雌平均产卵量		31.24(16~55)	
标准产卵量		80	

注：x 为年龄阶段；l_x 为开始时的活螨个体数；d_x 为 x 年龄阶段中死亡的个体数；$100q_x$ 为 x 年龄阶段的死亡率乘以 100；雌螨*2 的 l_x＝成螨的 l_x×雌性比×2；成螨的 d_x＝成螨的 l_x－雌螨*2 的 l_x；正常雌螨*2 的 l_x＝雌螨*2 的 l_x×每雌平均产卵量/标准产卵量。

通过表 4-19 可以看出不同螨态的死亡情况。

（2）侧多食跗线螨实验种群繁殖特征生命表　郗军锐研究了在 25℃下，侧多食跗线螨取食辣椒的实验种群繁殖特征生命表，见表 4-20，实验方法同上。

表 4-20 侧多食跗线螨实验种群繁殖特征生命表

（引自郗军锐，2002）

X	L_x	M_x	L_xM_x	XL_xM_x	X	L_x	M_x	L_xM_x	XL_xM_x
1	1.000 0	未成熟期			18	0.897 4	1.520 0	1.364 0	24.552 9
⋮	⋮				19	0.794 8	1.299 6	1.032 9	19.625 5
5	0.974 4				20	0.717 8	1.330 0	0.954 7	19.093 5
6	0.974 4	1.520 0	1.481 1	8.886 5	21	0.641 0	1.307 2	0.837 9	17.596 2
7	0.974 4	1.200 8	1.170 1	8.190 4	22	0.512 8	1.254 0	0.643 1	14.147 1
8	0.974 4	1.664 4	1.621 8	12.974 3	23	0.487 2	1.041 0	0.507 2	11.665 0
9	0.974 4	1.641 6	1.599 6	14.396 2	24	0.384 6	0.760 0	0.292 3	7.015 1
10	0.974 4	1.922 8	1.873 6	18.735 8	25	0.333 3	0.995 6	0.331 8	8.295 8
11	0.974 4	1.816 4	1.769 9	19.468 9	26	0.230 8	0.676 4	0.156 1	4.058 9
12	0.974 4	1.580 8	1.540 3	18.484 0	27	0.205 1	0.668 8	0.137 2	3.703 6
13	0.974 4	1.679 6	1.636 6	21.275 8	28	0.153 9	0.760 0	0.117 0	3.275 0
14	0.974 4	1.679 6	1.636 6	22.912 4	29	0.102 6	0.760 0	0.078 0	2.261 3
15	0.948 7	1.641 6	1.557 4	23.360 8	30	0.044 0	0.190 0	0.008 4	0.250 8
16	0.948 7	1.626 4	1.543 0	24.687 5	31	0			
17	0.923 0	1.542 8	1.424 0	24.208 1	∑			25.494 4	353.121 5

注：L_x 是年龄特征存活率，M_x 是年龄特征产雌数（雌雄性比为 3.11：1）。

生命表参数计算公式为

$$R_0 = \sum L_x M_x$$

$$T = \sum X L_x M_x / R_0$$

$$r_m = \ln R_0 / T$$

$$\lambda = e^{r_m}$$

$$t = \ln 2 / r_m$$

式中，R_0 为净增殖率；T 为种群平均世代周期；r_m 为内禀增长率；λ 为周限增长率；t 为种群加倍时间。

根据表 4 - 19 资料得出 $R_0 = 25.4944$，$T = 13.8509$，$r_m = 0.2338$。

以上数据表明侧多食跗线螨完成一个世代平均时间为 13.8509 d，每雌虫经一世代可产生 25.4944 个后代，从中可以看出侧多食跗线螨具有较强的增殖能力。

因侧多食跗线螨的产卵期比未成熟期长，用以上方法估出的 r_m 可能偏低，故用 Birch（1948）建议的方程进一步计算 r_m 的精确值，其公式为 $\sum e^{7 - r_m x} L_x M_x = 1097$。经推算，得出 r_m 的精确值为 0.2948，根据公式得出 $\lambda = 1.3429$，$t = 2.3512$。

种群内禀增长率是反映物种繁殖能力的一个重要指数，它既考虑到种群的出生率和死亡率，又涉及了种群的年龄组配、产卵力及发育速度等因素，因此可反映出其种群的数量动态及其受环境条件变化的影响。

从实验种群生命表所获得的参数和反映的种群动态，与自然种群的变动有一定的差异，但为研究自然种群的动态奠定了基础。

4.7.3.2　特定年龄生命表

由于螨类世代重叠严重，个体小而历期短，组建自然生命表较困难，不及实验种群生命表研究的多。

邱峰研究了朱砂叶螨在棉田的自然种群生命表（表 4 - 21）。其方法为选择长势均匀的

表 4 - 21　棉田一代朱砂叶螨生命表

（引自邱峰，1992）

虫　期 (x)	起始虫量 (l_x)	致死亡原因	死亡数 (d_x)	死亡率 ($100q_x$)	存活率 ($100S_x$)
卵	407	降雨	114	28.01	71.99
		被捕食或其他	40	9.83	90.17
		未孵化	12	2.95	97.05
幼螨	241	降雨	62	25.73	74.27
		被捕食或其他	43	17.84	82.16
前若螨	136	降雨	0		100
		被捕食或其他	10	7.94	92.06
后若螨	126	降雨	67	53.17	46.83
		被捕食或其他	19	15.08	84.92
成螨	40	雌螨比率	27	67.50	32.50
		达标百分率（%）	18	45.00	55.00

棉田，按 5 点排列设置观察点。每点以高 20 cm、直径 10 cm 的塑料杯培育棉苗一株，待生出两片真叶时用。每点 4 杯，分别按以下方式处理：一组以高 20 cm、直径 10 cm 的 40 目尼龙纱笼罩杯栽棉苗，并在高出地面 1m 处以白色塑料板（1m× 1m）遮挡雨水冲刷；另一组仅罩纱笼以防天敌侵入；其余为不罩笼，不防雨。其目的是明确降雨、天敌对叶螨的影响。在棉苗的两片真叶上，接雌成螨 20 头左右，产卵 24h 后移去雌成螨，将具卵棉苗置于棉田。棉苗叶柄处涂有 Tangle - foot 虫胶，以防叶螨逃逸。每 3 d 将有螨杯栽棉苗携回室内在双目解剖镜下观察卵、幼螨、前螨和后若螨的成活数量，并记载天敌种类和数量。当成螨羽化后，保留 20 头成螨观察产卵情况，其余不再观察。

通过对 8 个世代的朱砂叶螨田间数据分析，得出影响棉田朱砂叶螨种群动态的因素中，主要是降雨和天敌对叶螨的捕食。

不仅可通过建立害螨的生命表，对其种群动态进行分析，还可同时建立害螨和害螨天敌的生命表，通过比较天敌和害螨的生命表参数，客观地评估天敌的控制作用，为生物防治中高效利用天敌提供参考。例如，张艳璇等通过比较胡瓜新小绥螨和土耳其斯坦叶螨生命表参数，为利用胡瓜新小绥螨控制香梨上的土耳其斯坦叶螨进行了评价，并根据二者的特性制定了应用策略。

4.8　螨类与寄主植物的关系

4.8.1　协同进化

植物与植食性昆虫（螨）之间存在协同进化关系。植食性螨类选择寄主植物、取食、产卵、天敌搜寻寄主（或猎物）等过程中，植物同时对植食性螨类产生抗性反应，表现为以下几方面。

（1）抗选性　抗选性又称为不选择性（nonpreference），是指寄主植物由于具有对害螨的定向、取食、产卵不利的化学成分或形态结果，使害螨对寄主植物表现出忌避、停食或转移的特性。

（2）抗生性　抗生性（antibiosis）是指寄主植物对害螨的生物学特性有着不良的影响，害螨在取食具有抗性机制的植物后，表现出繁殖率被抑制、体型变小、体重变轻、发育不良或死亡率增加等。

（3）耐害性　耐害性（tolerance）是指寄主植物对害螨的危害具有忍耐和再生的能力，即植物受螨害后是有很高的补偿能力。

4.8.2　寄主植物的抗螨性

寄主植物对植食性螨类的防御包括化学防御和形态构造防御。

植物形态构造防御包括植物叶型及颜色、果型、叶鲜量和生长速度、叶片气孔密度、叶片组织结构、叶片绒毛长度和密度等对植食性螨类的抗性。

植物化学防御可包括两个方面：组成抗性和诱导抗性。组成抗性是指植物在遭到植食性螨类进攻前就已存在的抗螨特性；诱导抗性是指植物在遭受植食性螨类进攻后所表现出来的一种抗虫特性。诱导抗性又可分为直接的和间接的。直接的诱导抗性是指植物受植食性螨类危害诱导发生的变化直接对植食性螨类产生不利影响；间接的诱导抗性是指植物受植食性螨类为害诱导发生的变化引诱植食性螨类的天敌，使植物免受更大的危害。植食性螨类的取食危害也会使植物产生诱导抗螨性；外源茉莉酸（jasmonic acid，JA）和茉莉酸甲酯（methyl jasmonate，MJA）诱导植物产生的挥发性有机化合物，也能引诱捕食螨类的天敌。

害螨主要集中在植物叶片背面取食汁液中的营养物质。首先，害螨通过判断被害植物外部形态，颜色或者其分泌的化学信号物质是否符合要求，当确实被害植物后，大多集中在叶片背面活动，在取食过程中，必然受到叶片表面绒毛长度，密度干扰。口针刺入叶片组织内时，又要受叶片表面气孔、表皮细胞和表皮上蜡质影响，最后取食海绵组织或栅栏组织中的叶绿体和细胞液。由于汁液被抽取，海绵组织液压被降低，下表皮萎缩，主要支持叶片伸展的栅栏组织失去弹性作用，叶片开始僵直，进一步发展则叶片向叶背面卷曲，光合强度下降，使光合作用受到抑制，光合作用面积大大减少。螨在吸食叶片汁液和内含物的同时，还会分泌一些化学物质如有毒的酶类，通过唾液传入植株体内，使细胞器受到不同程度的影响。在受害叶细胞中，除了叶绿体结构受到破坏外，其他细胞器（如线粒体、内质网和高尔基体等）也受到破坏，这必然影响植物的正常生理代谢功能。水分是螨的刺激因子，在干旱条件下，由于植株含水量下降，叶螨加速吸食，造成植物伤害面积扩大，水分损失加剧，因此，干旱时表现出螨害严重。在抗螨品种选育中，随着抗螨机制进一步研究，将揭示更多的抗性机制，利用抗性材料中的特性，对抗螨育种具有重要的意义。

4.8.2.1　寄主植物叶型及其颜色与抗性

据刘雁南等报道，辣椒品种"浙研1号"、"浙江5号"和"板桥1号"等宽叶型品种，受侧多食跗线螨危害较严重；"江西牛角椒"等窄叶型品种受害弱。

张金发等对棉花的研究认为，正常品种叶片为掌状阔叶型，而鸡脚叶型品种叶片缺刻深、裂片狭窄。具有鸡脚叶型的棉花品种（系）螨害级别为2.7~3.3之间，平均为3.06，比目前种植的品种"鄂沙28"螨害级别（3.4）和"鄂荆92"螨害级别（3.6）低，这一结果可能表明鸡脚叶型棉对叶螨具有较低抗性。据武予清等报道，棉花红叶型品种受害指数明显低于普通型陆地棉品种，红叶品种对朱砂叶螨有抗性。据McEnroe报道，二斑叶螨雌成螨具有对波长375 nm（紫色光）和500 nm（绿色光）的光强度有两个吸收高峰，二斑叶螨前足体具有对此二波段光感受器，这才导致对绿色选择作用，从而对红色产生抗性。

4.8.2.2　寄主植物果型与抗性

据刘树生报道，侧多食跗线螨严重危害茄子果实，造成茄子裂果。茄子果型不同，对螨抗性不同，表现为圆形茄裂果率较大，灯泡形次之，长茄形则相当轻。

4.8.2.3　寄主植物叶鲜量和生长速度与抗性

王朝生等的研究表明，叶鲜量、生长速度与亲螨呈极显著负相关（$r=-0.7930$），生长良好棉花品种受朱砂叶螨较轻，而生长弱小品种受害重。抗螨种质系"川98"，具有强的生长优势，抗性强。这与受螨害后的恢复补偿力强有关。

4.8.2.4　寄主植物叶片蜡质与抗螨性

据刘奕清等报道，扫描电子显微镜和光学显微镜观测结果表明，茶树抗性品种新梢叶片下表面角质化程度高，相反，感性品种的下表面角质化程度低。前苏联研究发现，棉叶螨中无论是脂肪酸的组成成分还是含量，在不同品种上的变异幅度都较大。抗棉叶螨中饱和脂肪酸含量较高，占总量的41.8%。王朝生等研究报道，"川98"与比"马S-3"的两个抗螨棉花品种的蜡质总含量高于感螨品种，棉叶蜡质含量与螨害级别呈负相关（$r=0.8376$）。

4.8.2.5 寄主植物叶片气孔密度

据刘奕清等报道，茶树新梢叶片下表皮气孔密度对侧多食跗线螨抗性有影响，茶树抗性品种气孔密度平均 209.62 个/mm²，小于感性品种平均密度 293.66 个/mm²。陈华才等研究表明，茶树新梢叶片下表皮气孔密度低的品种抗茶橙瘿螨性高，密度高的品种为感性品种。据桂连友等报道，茄子叶片背面气孔密度与侧多食跗线螨的田间种群密度呈显著相关，与叶片受害指数和种群增长倍数呈极显著相关。叶片正面气孔密度与田间种群密度和种群增长倍数相关性不显著。

4.8.2.6 寄主植物叶片组织结构与抗螨性

据刘奕清等报道，棉花抗性品种与感性品种下表皮厚度存在明显差异，抗性品种较感性品种厚（8～17 μm）。王朝生等在四川对"川 98"抗螨机制的研究表明，抗棉叶螨种质系"川 98"叶片厚 0.5 mm，"马 S-3"叶厚为 0.4 mm，而感螨品种"77-61"厚为 0.27 mm。据桂连友等研究了 27 个茄子品种叶片组织结构对侧多食跗线螨的田间种群密度、叶片受害指数和实验室种群增长倍数 3 个指标的影响。结果表明，不同茄子叶片上表皮、栅栏组织、海绵组织和下表皮厚度均存在一定的差异。由于侧多食跗螨主要集中在叶片背后取食，其口器不发达，口针长 32.5～43.4 μm，能穿过叶片下表皮层进入海绵组织，但不能进入栅栏组织。叶片下表皮越厚，抗性越强。其上表皮厚的品种，种群增大倍数高，抗性低。据 Pavlova 等研究，棉花不同品种的抗棉叶螨性与棉花表皮的厚度呈正相关。

4.8.2.7 寄主植物叶片绒毛密度和长度与抗螨性

植物表面绒毛可影响螨类取食和产卵。据陆自强等报道，茄子叶片上的绒毛的数量和嫩老程度影响侧多食跗线螨增殖率。幼嫩而多毛的叶片产卵多，增殖率显著高；毛稀而老的叶片产卵少，增殖率低。陈华才等报道，茶树品种叶下表皮绒毛密度大时，抗茶橙瘿螨较弱，抗螨性与绒毛长度的关系不显著。

据武予清等报道，苗期具毛棉花品种对朱砂叶螨有抗性，多毛品种受害指数显著低于一般陆地棉推广种。刘奕清等报道，抗性品种和感性品种绒毛密度长度存在明显差异，抗性品种绒毛长度显著大于感性品种，绒毛密度也是如此。Goonewardene 等发现，苹果品种间绒毛密度与苹果全爪螨的种群数量无明显相关。Tursunov 等发现，多毛澳洲棉和雷莽德氏棉能抗棉叶螨。经测定，绒毛短于 100 μm、每平方毫米有绒毛 100 根时，棉叶螨活动受阻；毛长 200～300 μm，每平方毫米有绒毛 30 根时，该螨可以自由活动。Peters 等研究了蛇麻绒毛对二点叶螨影响，结果表明，随着叶片的绒毛密度增加，二点叶螨在叶片上的产卵量增加，并且所产的后代雌性比例也明显增加。Harvey 等发现，具有绒毛的品种比无毛的品种受到郁金香瘿螨的侵染更严重。Aragão 等研究番茄对朱砂叶螨抗性的结果表明，番茄绒毛密度与抗螨性呈极显著正相关。Walters 等报道，棉花绒毛密度高，对朱砂叶螨抗性强。Lema 等报道，木薯叶片绒毛与叶片螨害级别呈明显负相关。这可能与绒毛内含物有关。

4.8.2.8 寄主植物生理生化特征与抗螨性

前文已述，害螨对寄主植物选择取食，不仅仅取决于寄主植物营养物质种类和含量，也取决于寄主植物体内的次生化合物的种类和数量。刘奕清等的研究结果表明，茶树新梢咖啡碱和氨基酸含量高而可溶性糖含量低的品种对侧多食跗线螨抗性强。叶片组织结构、新梢中的茶多酚和叶绿素总量的含量与茶树品种对侧多食跗线螨抗性没有显著相关关系。桂连友等的研究结果表明，茄子叶片的叶绿素、可溶性糖和鞣酸含量对侧多食跗线螨的抗性不显著。

武予清等的研究表明，鞣酸对朱砂叶螨的蔗糖转化酶、淀粉转化酶和海藻糖酶具有一定的抑制作用，随着鞣酸浓度增加，对朱砂叶螨雌成螨的产卵抑制作用逐渐增强。张金发等的研究表明，棉花品种对朱砂叶螨抗性表现为螨害级别与可溶性糖、类黄酮和叶绿素含量呈明显负相关，与淀粉含量呈正相关，与多酚、鞣酸、类胡萝卜素、花色素苷、总氮、蛋白质和氨基酸的含量无明显相关性。王朝生等的研究表明，棉花"川98"对朱砂叶螨抗性与叶片的叶绿素、蜡质和几种氨基酸的含量呈正相关，与叶片氯含量呈负相关。陈华才等的研究表明，茶树品种对茶橙瘿螨抗性与新梢中的咖啡碱和氨基酸的含量呈正相关，与还原糖含量呈负相关，与茶多酚和可溶性的蛋白质含量无相关性。Schuster 等的研究认为，棉酚是抗螨的机制之一，高含棉酚的品种螨害轻，其使叶螨的生殖力显著低于无酚品系。但有的研究报道认为，一些抗螨品种的棉酚含量并不突出。Pavlova 等研究发现，抗螨棉花品种黄酮含量较高。据尹淑艳等的研究，取食槲树的针叶小爪螨与取食麻栎、栓皮栎或板栗的针叶小爪螨相比，其从幼螨发育到成螨的时间期为最长，雌成螨寿命最短，单雌螨平均产卵量为最少。这些说明槲树对针叶小爪螨有较强的抗性。在麻栎、栓皮栎、板栗和槲树 4 种寄主植物中，槲树叶片中游离氨基酸的总量、全氮含量和可溶性总糖的含量最低，鞣质的含量最高。几种主要的营养物质含量过低，抗虫物质鞣质的含量高可能是槲树抗性形成的重要原因之一。

前苏联研究发现，棉叶渗透压与抗螨性呈正相关。当棉叶细胞渗透压为 6.61 Pa 时，对叶螨取食最为有利；当渗透压提高到 13.61 Pa 时，叶螨生长发育受到抑制。增施磷肥和肥可使棉叶渗透压提高 4.2～4.4 Pa，叶螨繁殖力下降 35.8%，数量减少 80%～82%。

4.8.2.9　螨类取食诱导的抗性

植食性螨类的取食危害也会使植物产生诱导抗性。例如，朱砂叶螨取食茄子叶片，可诱导叶片内的鞣酸含量增加，当鞣酸的含量增加到某个阈值时，叶螨的种群数量迅速下降。日本的 Takeshishimoda 等研究证明，菜豆受二斑叶螨危害后，释放出一些挥发性物质，能吸引二斑叶螨的天敌——塔六点蓟马。孙绪艮等用气相色谱-质谱联用仪分析了板栗健康叶片、被针叶小爪螨危害过（除去叶螨）的叶片和被该叶螨危害并带有该叶螨的叶片挥发性物质的成分和相对含量，在受害和未受害叶片中，石竹烯和 α-法尼烯均占较大的比例。石竹烯在受害叶中的峰值增高；而 α-法尼烯在无叶螨的受害叶中的峰值增高；1-辛烯在未受害叶片中未检测到，但在受害的叶片中则含量均较高，尤其有叶螨的受害叶片较无叶螨的受害叶片的峰值显著增高；苯甲酸乙酯在有叶螨的受害叶片中较其余 2 种也显著增高；3，7，11-三甲基-1，6，10-十二碳三烯-3-醇以有螨的受害叶中含量最高，无叶螨的受害叶次之，未受害叶含量极微，几乎检测不到；但 4-溴-2-戊烯却呈现相反的趋势，在未受害叶中的含量显著高于受害叶。根据生物测试结果，做出如下推断：叶片受害后，挥发性物质的种类和含量发生了变化，改变了原来寄主植物气味的化学指纹图，使针叶小爪螨在识别寄主植物时遇到困难，甚至产生忌避作用，因此从受害叶片转移到未受害叶片上。同时这些物质对芬兰钝绥螨起着重要的引诱作用。

4.8.2.10　外源物质诱导的抗性

外源茉莉酸（JA）和茉莉酸甲酯（MJA）诱导植物产生的挥发性有机化合物，也能引诱捕食螨类的天敌。茉莉酸和茉莉酸甲酯在自然界广泛存在，在植物中起激素和信号传递作用。无论是天然的还是外源的茉莉酸或茉莉酸甲酯，都对植物有抑制生长、诱导抗逆和促进衰老等多种生理功能。Dicke 等（1999）应用外源茉莉酸处理金甲豆（*Phaseolus lunatus*

L.），诱导其产生挥发性有机化合物吸引二斑叶螨的捕食性天敌智利小植绥螨，结果表明，诱导处理后的金甲豆的嫩梢和茎，能够挥发大量挥发性有机化合物。在 Y 形管诱导试验中，1.0 mmol/L 茉莉酸处理金甲豆吸引天敌数量显著多于未处理的对照，但天敌能够识别被茉莉酸诱导的植物还是被二点叶螨取食的植物。Gols 等应用外源 2 μmol/mL 茉莉酸处理非洲菊（*Gerbera jamesonii* Bolus）（又名扶郎花），诱导其产生挥发性有机化合物，吸引二斑叶螨的捕食性天敌智利小植绥螨，所得结果与 Dicke 等人的研究结果相似。

【思考题】

1. 螨的个体发育阶段与昆虫的有什么不同？
2. 举例说明影响螨生长和发育的外界环境因子。
3. 简述螨与植物关系研究领域的新进展。

第5章

害螨综合治理

5.1 检疫措施

5.1.1 植物检疫的概念

检疫（quarantine）一词原义是"40 d"，实意是"禁止"。14 世纪意大利威尼斯为预防在欧洲流行的鼠疫、霍乱等烈性传染病的侵入，规定外国船只靠岸前必须在抛锚处隔离观察40 d 以渡过疾病的潜伏期，并经检查无病者才允许登陆。该项措施后来被国际上普遍采用，并形成检疫的概念。其后将它用于预防动物传染病上，最后又引用到植物上来防止危险性病、虫、杂草的传播蔓延，称为植物检疫（plant quarantine）。

植物检疫就是运用法律的手段，对调出和调入的植物及其产品等进行检验和处理，以防止病、虫、杂草等有害生物人为传播的一项带有强制性的预防措施。因此，也可以称之为法规防治（legislative control）。

随着人们对植物检疫认识的深入，该定义几经修改，1997 年联合国粮食与农业组织（FAO）将植物检疫的概念修改为"一个国家或地区政府为防止检疫性有害生物的进入或传播而由官方采取的所有措施"。

植物检疫是一项特殊形式的植物保护措施，涉及法律法规、行政管理、技术保障和信息诸多方面，是综合的管理体系。

5.1.2 植物检疫的必要性

植物检疫是一项根本性杜绝和控制危险性病、虫、草害的措施。植物在生长过程中不可避免地受到许多有害生物（病原菌、害虫、杂草）的侵袭和干扰，这些有害生物和植物一样都有明显的地理分布范围，但也有远距离传播和扩大分布的可能。它们的传播主要有自然传播和人为传播两种途径，后者主要是通过植物（尤其是种子和苗木）、植物产品及其包装、运输工具。这些有害生物在原产地往往由于受天敌、植物抗性和长期形成的农业生产体系的抑制，其发生与危害不引人重视；而一旦传入新的地区，如果环境适宜，又缺乏有效的天敌控制及相应的有效防治措施，常在短时期内扩散暴发，造成灾害。危险性病虫害传播的实例很多，世界各国已将传入的检疫性有害生物作为入侵生物（invasive alien species，IAS）进行研究。入侵生物是导致原生物种衰竭、物种多样性减少和遗传多样性丧失的重要原因，对人类的生态环境会带来灾难性破坏，同时对人类的经济利益也会产生极大的负面影响。例如，棉红铃虫、美国白蛾、稻水象甲、苹果绵蚜、美洲斑潜蝇和烟粉虱等都是从国外传入的危险性害虫，对我国的农业生产造成了巨大的经济损失。植物检疫在国外已有 100 多年的历史，在我国也经历了 60 多年的发展。特别是现在随着交通运输业的发展，以及植物及其产品在国际和国内流通的日益频繁，植物检疫工作越来越受到各国政府的高度重视，植物检疫已成为一个主权国家中普遍立法的法律制度，并成为当今世界植物保护的重要组成部分，在控制有害生物传播、协调对外贸易和捍卫国家主权方面具有重要的意义。

农业害螨体型微小，寄主广泛，有孤雌生殖能力，繁殖力强，耐饥力强并且具有一定的抗水性，可凭借风力、流水、昆虫、鸟兽、人畜、各种农机具和花卉、果实、苗木进行远距离传播，并在新的地区建立种群。因此，严格实行植物检疫也是防止螨类传播蔓延的重要措施。例如，二斑叶螨（*Tetranychus urticae* Koch）是一种世界性的大害螨，在我国内 20 世纪 80 年代末在苹果树上发现，90 年代以后扩散蔓延快，并且大多出现在果树苗木和接穗引进流动较为频繁的地区，然后迅速向周围蔓延，危害果树及果园附近的其他作物，从其分布和发生特点来看，带有明显的外来入侵生物的特征，因此被认为是因接穗和苗木的引进由国外传入我国的。二斑叶螨在我国虽然发现较晚，但在部分地区已成为重要的果树害螨，并改变了我国果树乃至整个经济作物害螨种群结构，使我国农作物害螨的防治工作更趋困难。瘿螨很多都以危害植物的叶芽和花芽为主，并在芽内越冬，因此，在引进种苗、接穗或插条时，均要实行严格检疫，江苏、云南、浙江、江西、福建、湖北和湖南等省都把中华柑橘瘤瘿螨列为内检对象。

5.1.3　植物检疫的任务和内容

5.1.3.1　植物检疫的主要任务

植物检疫的主要任务包括下述几方面。

a. 做好植物及植物产品的进出口或国内地区间调运的检疫检验工作，杜绝危险性病、虫、草、鼠的传播与蔓延。

b. 查清检疫对象的主要种类、分布及危害情况，并划定疫区和保护区，同时对疫区采取封锁、对检疫对象采取消灭措施。

c. 建立无危险性病、虫的种子、苗木繁育基地，以供应无病、虫种苗。

5.1.3.2　植物检疫的内容

根据植物检疫具体任务的不同，植物检疫可分为对外检疫和对内检疫两方面内容。

（1）外检　外检（即对外检疫）指防止危险性病、虫、杂草随同植物及植物产品（如种子、苗木、块茎、块根和植物产品的包装材料等）从国外传入国内或从国内带到国外。也就是防止国与国之间危险性病、虫、杂草的传播蔓延。其执行机关是检疫检验部门。在执行过程中，还要与海关、海监、卫生检疫、边防检查站、交通运输、邮政等部门密切配合。

（2）内检　内检疫（即对内检疫）指当危险性病、虫、草已由国外传入或在国内局部地区发生时，将其限制、封锁在一定范围内，防止传播蔓延到未发生的地区，并采取积极防治措施，力争彻底肃清。其执行单位是农业部农业技术推广中心下属的植物检疫处。

5.1.4　植物检疫对象的确定和疫区、保护区的划分

5.1.4.1　植物检疫对象的确定原则

植物检疫对象就是检疫法或植物检疫条例所规定的防止随同植物及植物产品传播蔓延的危险性病、虫、杂草。植物检疫对象是根据每个国家或地区为保护本国或本地区农业生产的实际需要和病、虫、杂草发生特点而确定的。不同国家和地区所规定的检疫对象可能是不同

的，但其依据的原则是相同的，包括下述几个方面。

a. 主要依靠人为传播的危险性病、虫、杂草。

b. 在经济上造成严重损失而防治又极为困难的危险性病、虫、杂草，可以通过植物检疫方法，加以消灭和阻止其传播蔓延。

c. 在国内或局部地区尚未发生或分布不广的危险性病、虫、杂草，或分布虽广但还未发生的地区需要加以保护。

5.1.4.2 疫区和保护区的划分

（1）疫区 某种检疫对象发生危害的地区，叫做该种植物检疫对象的疫区。

（2）保护区 某种检疫对象还没有发生的地区，必须采取检疫措施，防止人为地将检疫对象传入这个地区，叫做防止某种检疫对象传入的保护区。

以上两者的划分，要慎重考虑，要本着有利于农业生产的原则，并应根据情况的变化及时加以调整。

5.1.5 植物检疫的实施方法

5.1.5.1 制定法规

植物检疫工作包括检疫程序、技术操作规程及具体检疫检验和处理的一整套措施，都可以用制定法规的方式加以确定，使其具有法律约束力。因此，可以说制定法规是植物检疫方法实施的基础。植物检疫法规是由国家立法机构制定的法规，与其他法律（条例）具有同等的效力。我国现行的植物检疫法规是在 1982 年国务院颁布的《中华人民共和国进出口动植物检疫条例》和 1983 年颁布的国内《植物检疫条例》的基础上，分别于 1991 年 10 月第七届全国人民代表大会常务委员会第二十二次会议通过的我国第一部动植物检疫法——《中华人民共和国进出境动植物检疫法》和 1992 年修订和补充的《植物检疫条例》。农业部和林业部（现为林业总局）还根据检疫条例的规定，制定了实施细则。各省（自治区、直辖市）可根据条例及其实施细则，结合当地具体情况，制定实施办法。此外，还修订公布了《进口植物检疫对象名单》、《农业植物检疫对象和应施检疫的植物、植物产品名单》，对植物检疫的实施提供了重要保证。

5.1.5.2 确定检疫对象名单

检疫对象名单是实施检疫的具体目标。当然，在制定检疫对象名单前，要有充分的调查研究和科学依据，同时还要根据国家和国家间的具体利益和要求来考虑。此外，也允许由于情况和需要的变化而做出修订，但这仍需经过规定的程序办理和批准才能生效。

5.1.5.3 检疫检验

检疫检验一般可分为入境口岸检验、原产地田间检验和隔离种植检验。隔离种植检验主要是指入境后的检验，通常可以采取检疫苗圃、隔离试种圃和检疫温室来实施。

5.1.5.4 检疫处理

一般根据规定或合同，可以采取禁止入境、退货、就地销毁，或者限定一定的时间或指定的口岸、地点入境，也有采取改变用途（例如将种用改为加工用）的方法进行处理。对休眠期或生长期的植物材料，可用化学农药进行处理或采用热处理的办法消毒除害。对于已入侵的危险性病、虫、杂草，在其尚未蔓延传播前，要迅速划为疫区，严密封锁，采取铲除受害植物或其他除灭的方法处理，这是检疫处理中的最后保证措施。

我国加入世界贸易组织（WTO）后，国际贸易日益增多，给植物检疫工作提出了更高的要求。要做好植物检疫工作，不仅植物检疫部门工作人员要有高度的责任感，而且需要各部门的协作，把局部和整体、当前和长远的利益结合起来，共同把关，以杜绝危险性病、虫、杂草的传播。此外，植物检疫工作要求准确、及时、迅速，这就要求不断提高植物检疫工作的技术水平。所以，为了有效地实施植物检疫，应系统收集和分析检疫情报，掌握国内外检疫对象的分布、危害情况、发生传播规律及与生态环境条件的关系，研究检验、鉴定、消毒处理方法及封锁消灭技术，研究新技术和新工具的应用。近年来，现代信息技术（如专家系统技术、GIS 技术、多媒体技术、网络技术）在检疫性有害生物的快速鉴定、扩散机理及治理方面发挥着积极作用，并已研究应用 X 光技术、电子显微镜诊断、血清诊断和性诱剂监测等进行检验，应用射线处理、真空熏蒸和微波、高频灭虫等新技术进行处理。

为有效防止危险性害螨的传入，首先在入境审批时，应把相关的危险性害螨列入检疫要求中，同时由于螨类个体微小，不易被发现，因此应加强入境时口岸的查验工作，必要时增加现场抽样查验的比例。例如，对于贸易往来中花卉上的害螨，可以通过热处理或溴甲烷熏蒸进行处理。

5.2 农业防治

农业防治法就是根据农业生态系统中害螨（益虫）、作物和环境条件三者之间的关系，结合农作物整个生产过程中一系列耕作栽培管理技术措施，有目的地定向改变某些环境条件，使之有利于作物生长和天敌繁殖，而不利于害螨的发生发展，或直接杀死或杀伤害螨，达到既保护作物又防治害螨的目的。

5.2.1 农业防治的理论根据

农业害螨是以农作物为中心的生态系中的一个组成部分，因此，农田（果园或菜地）环境中其他任何组成部分的变动都会直接或间接影响农业害螨种群数量的变动。环境条件对害螨不利就可以抑制害螨的发生发展，避免或减轻螨害；相反，就会加重害螨的危害。农作物本身是害螨的一个主要生存条件，而耕作制度、农业技术措施的变动，不仅影响农作物生长发育，并且也影响其他环境条件（如土壤、田间小气候、害螨天敌的消长等），从而又直接或间接地对害螨的发生、消长有所影响。因此，深入了解耕作制度、栽培管理等农业技术措施与害虫消长关系的规律，就有可能保证在丰产的前提下，改进耕作栽培技术措施，抑制害螨的生长发育，或改变环境条件，使其不利于害螨而有利于作物，或及时消灭害螨在大量发生以前，从而控制害螨的种群数量使其保持在不足以造成经济危害的水平。另一方面，还应考虑在与发展农业生产不矛盾的前提下，力求避免对已有害螨造成有利的条件，防止其发展，并注意杜绝新的害螨问题的产生。

1975 年《全国植保工作会议纪要》中指出：害虫综合治理（IPM）应以农业防治为基础。害螨种群的变化取决于自身的生命力和环境条件，而农业防治能改变环境条件和田间的小气候，从而影响害螨的存活和生命力，因此，农业防治同样是害螨综合治理的根本。

5.2.2 农业防治的优缺点

5.2.2.1 农业防治的优点

（1）有综合效应 农业防治措施多样化，对于控制田间生物群落、抑制主要害螨的种群数量具有相对稳定和持久的控制作用。

（2）省钱省力 在绝大多数情况下，农业防治措施不需要增加额外的人力、物力负担。一旦为群众接受，往往比较容易推行，防治规模可能较大。

（3）无抗性和污染等问题 农业防治还可以避免因长期大量施用化学农药可产生的害螨抗药性、环境污染以及杀伤天敌的不良影响，并且能和其他防治方法协调应用。

5.2.2.2 农业防治的缺点

（1）易与生产发生矛盾 有时某些防治措施与丰产要求相矛盾，因此，农作制的设计和农业技术的采用，首先应服从丰产的要求，不能单纯从害螨防治考虑。

（2）易受地域和季节制约 农业防治措施是某一地区长期生产实践过程中形成的，往往地域性和季节性较强。

（3）时效性不理想 农业防治具体措施季节性较强，防治病虫害速度较慢，在害虫已大量发生为害时，不能及时解决问题。

5.2.3 农业防治的措施

5.2.3.1 调整耕作制度

（1）合理的作物布局 农作物的合理布局，不仅有利于作物增产，也有利于抑制害螨的发生。因此，在制定种植计划时，应实行作物统一布局，连片种植，减少地畔，阻断害螨相互转移危害。同时，要注意作物配置，特别是邻作与病虫害的关系尤为密切。例如，如果棉田的邻作是豆田，棉叶螨的发生数量就多。据调查，靠近豌豆田一端的棉苗，受害率达80%，离豌豆田另一端的棉苗的受害率则仅为20%。

（2）合理的轮作 合理的轮作可通过改变作物相，抑制甚至直接消灭食性专化和活动能力小的害螨。例如，水稻裂爪螨是寡食性螨，以水稻与非禾本科作物轮作，即能抑制其危害。稻棉轮作又能有效控制棉叶螨的发生，经轮作和未经轮作的棉花，棉叶螨的数量可相差10倍。小麦与棉花、高粱或三叶草等轮作，可控制麦圆叶爪螨发生；小麦与玉米、油菜等轮作，可控制麦岩螨危害。

（3）合理的间作套种 合理的间作套种主要是通过对害虫的食料条件、田间小气候以及天敌生物作用而产生直接或间接的影响。例如，棉豆间作，会使先发生于豆株上的朱砂叶螨转移到棉苗而加重为害，螨害程度比棉花单作增加5～6倍；而棉花和玉米或芝麻套种，则不利于螨害发展。此外，采用不同蔬菜品种或与其他作物间作套种或插花种植，如蔬菜园周围种果树等，既能丰富田间天敌资源，维护生态平衡，又可减轻害螨危害。

5.2.3.2 科学播种

调整播种期和合适的播种密度等措施也能减少害螨的危害。害螨对于寄主的发育阶段具有一定的选择性，系统地研究害螨的盛发期与寄主植物危险生育期的配合关系，适当调整播种期，就可能避免或明显减轻某些害螨的危害。例如，麦岩螨以卵越夏，如果作物播种早，麦岩螨卵孵化后，就能够得到充足的食料，使其生长繁殖加快，麦岩螨就会大量发生；反之，适当推迟播种期，早期孵化的幼螨，因食料不足而大量死亡，从而起到控制害螨的作用。玉米播种越早，害螨种群数量越大，危害越重；反之播种越晚，种群数量越小，危害越轻。播种密度主要通过影响田间温、湿、风、光等小气候，从而影响作物和害螨。例如，合理密植，创造不适宜害螨发生的田间小气候环境，就可抑制玉米螨类的发生危害。

5.2.3.3　耕翻土地

适时翻耕，可破坏害螨适宜的生活环境，将土中的害螨翻至地表，破坏其潜伏场所，使其暴露在不良气候条件或天敌的侵袭之下，或把原来在土壤表层的害螨深埋入土，甚至耕作时的机械还能直接杀死一部分害螨。例如，在麦收后即进行土壤耕翻，使麦圆叶爪螨的越夏卵翻入深土层而不能孵化。据调查，经机耕的麦田，单位面积内虫口密度为 5.3 头，只经过浅耕的土壤有虫 28.5 头。棉田实行秋耕，可把棉花越冬叶螨翻压到 17～20 cm 的深土下，使其不能出土而死；冬春及生长季节实行空行翻耕，可清除棉叶螨桥梁寄主，减少虫源。果园实施秋耕，能破坏山楂叶螨在土壤中的越冬生境，导致大量死亡。

5.2.3.4　合理施肥与灌溉

合理的肥水管理是作物获得高产的有力措施，同时在防治害螨上有多方面作用，如改善作物的营养条件，提高作物的抗逆能力；促进作物的生长发育，躲避某些害螨的危害或加速虫伤愈合；改良土壤性状，恶化土壤中害螨的营养条件；直接杀死害螨。生长衰弱的植株，易遭受螨类等刺吸口器害虫的危害，合理施肥和灌水，能使植株生长健壮，提高抗虫能力，并使受害植株迅速恢复生长，虫伤部分及早愈合。在一定范围内，施肥水平越高，害螨发生越轻；反之，施肥水平越低，害螨发生越重。而施用肥料的种类，一般作物在氮肥过多的情况下，都有利于病虫发生，如棉田里多施氮肥，能促进棉叶螨繁殖。榆全爪螨的数量也是和树叶中含氮量呈正相关，含氮高有利于榆全爪螨的繁殖。混合施肥能有效抑制害螨的发生，如可提高玉米的补偿能力，减轻玉米叶螨的危害；果树上控制氮肥施用量，增施磷肥和钾肥，可以增强树势，恶化害螨的发生条件。另外，根据害螨的习性，适时灌溉排水，可直接消灭虫口。如春季麦田发生麦岩螨危害时，可在发生高峰的晴天 8：00～17：00 灌水，结合敲打震落淹死麦岩螨；果树及时灌溉，可增加田间相对湿度，造成不利于叶螨发生的生态环境。

5.2.3.5　清洁田园

清洁田园是防治害螨的有效措施之一。田间的枯枝落叶、落果、遗株等各种农作物残余物中，往往潜藏着不少害螨，在冬季又常是某些害螨的越冬场所；田间及附近的杂草常是某些害螨的野生寄主、蜜源植物、越冬场所，也是某些害螨在作物幼苗出土前和收获后的重要食料来源。因此，清除作物的各种残余物及杂草，恶化害螨的食料条件和栖息场所，切断转移危害的中间寄主，对防治多种害螨具有重要的意义。例如果树害螨多在枝干粗皮裂缝内、土石缝、落叶枯草里越冬，如于越冬前在树干上绑束草环或树盘覆草，可诱集大量越冬雌螨，翌年春天出蛰前集中烧毁；还可刮除树干粗翘皮，剪除萌蘖及树冠内膛徒长枝，这样可显著减少害螨发生基数。对于主要在树干基部土缝里越冬的山楂叶螨，可在树干基部培土拍实，防止越冬螨出蛰上树。对危害多年生植物的瘿螨，可以结合果树冬季修剪，去除部分芽瘿，减少瘿螨的越冬基数；同时铲除园内及园边杂草，可消灭害螨的早春寄主及中间寄主。早春及时铲除田间或田外杂草，也是消灭棉叶螨的重要措施之一，因为开春后，棉叶螨主要是在棉田周围的杂草上繁殖，待棉苗出土后，逐渐迁移至棉苗上危害。据调查，杂草多的棉田，比一般棉田的危害率高。另外，要做好棉田清洁，棉株收获后及时销毁残株落叶、清除杂草，可大大压低虫源基数。清除麦类作物田边杂草，特别是野麦等杂草，销毁麦田内的枯枝落叶和麦茬，也可减少麦田的虫源和消灭大量越夏卵。而二斑叶螨和茶黄螨，在春季多从田块周围或田中杂草迁移到作物上来，若能在冬季铲除田间、田埂和路边的杂草，也可显著降低害螨基数。

5.2.3.6　植物抗螨性的利用及抗螨品种的选育

对作物抗螨的研究是随着作物抗虫特性的不断深入而逐步发展起来的。同种植物的不同品种在遭受到同种害螨侵害后，其受害程度存在差异。在同样环境条件下，有些品种受害严重，而另一些品种受害较轻甚至不受害，这常常是由于品种间的抗螨性差异所造成的。利用抗螨品种来防治害螨是最经济有效的方法，在害螨综合治理中占有越来越重要的地位。

（1）植物抗虫性的概念　植物的抗虫性就是植物对某些昆虫种群所产生的损害具有避免或恢复的能力。从生物进化的观点看，植物抗虫性是植物与昆虫之间相互作用的结果，是两者在长期的历史进程中协同进化形成。植物的这种特性与植物的某种生物化学特性或形态结构特性有关，是一种可遗传的生物学特性。具备这种特性的品种在同样的栽培条件和有害生物达到经济危害水平的情况下，不受损失或受损失较轻。在农业生产中，植物的抗螨性主要指作物抗性。

（2）植物抗虫性机制　植物的抗虫机制是指从植物抗虫现象的描述，进一步深入揭示抗虫的本质问题（即抗虫的机理）。其中，Painter（1951）根据植物抗虫性反应的结果将它划分为3类，即著名的抗性三机制：不选择性（non‐preference）、抗生性（antibiosis）和耐害性（tolerance），并在世界上为大多数学者所接受，在抗虫性的研究和利用工作中得到广泛应用。

① 不选择性　昆虫对植物的不选择性是指昆虫不喜欢在某些植物上产卵、栖息或取食的习性。螨类食性复杂，但其对不同寄主植物、同种作物的不同品种等有着一定选择性。植物的外部形态、组织结构、生理生化特性和遗传性状等都影响害螨的趋向取食和产卵等行为。如不少野生的茄属植物，具有能分泌黏性物质的稠密腺毛，借以黏附害螨的跗节，使其不能活动，死于腺毛丛中，因此是抗多种叶螨产卵的因素。同时腺毛长而多，叶螨的口针难于插进叶片，因而也增强了抗性。棉花品种的抗螨性与叶片上绒毛的多少及形态、叶片厚度和叶片细胞排列的紧密程度等密切相关，叶片上绒毛多则抗螨性强，无毛品种感虫重，具有叉状毛叶片的棉花品种能阻止二斑叶螨的取食。棉叶较厚，下表皮加上海绵组织的厚度不超过成螨口针长度的品种，被害重，反之，抗螨性就强。叶片组织细胞排列紧密的品种抗螨性较强，细胞组织疏松的品种抗螨性较差。植物的遗传性状也与抗螨性有关，如16种不同基因型的棉花品种对二斑叶螨有着不同的抗性，其中具窄苞叶基因型的品种抗螨性最强。

② 抗生性　所谓抗生性，指害螨能取食这类植物或品种，但由于这类植物的某些特性，如含有某些"有害"化学物质，或缺乏必要的营养物质，或虽有营养物质但难以被昆虫利用，导致害螨死亡率增高、繁殖率降低、生长发育迟缓或寿命缩短等现象。例如研究二斑叶螨在不同抗性品种上的产卵量和嗜食性时发现，在抗性品种上幼螨和若螨的存活率、成螨的寿命以及繁殖力、喜食性及发育速率等，都比在感性品种上的明显降低。一般来说，植物的次生化学物质如（生物碱、氧肟酸、酚类化合物等）大多对害虫有抗生作用。抗性棉花品种植株体内的某些次生化学物质（如鞣质、类萜烯化合物、类黄酮素及生物碱等）对叶螨生长

发育不利，同时高抗棉花品种其叶片中核酸含量也高。泡库那克玉米可防朱砂叶蟎，其原因在于该品种含糖量高，植物细胞的渗透压较高而不利于叶蟎的吸收和代谢。Beckman 等（1972）发现，多种植物具有腺毛，可分泌两类化合物：固着性化合物（immobilizing chemical）与有毒和忌避性利己素（allomone），前者主要是黏性物，用于黏着害虫，使其死亡；而后者又包括两类：即特定化合物和广谱性化合物，主要有生物碱类、类黄酮类、萜类、烃类、蜡类、脂肪酸类和醇类等。高抗番茄品系叶片上具有的分泌腺毛，可直接杀死二点叶蟎，主要是分泌了一种属于类倍半萜烯的抗性物质，因此叶片上腺毛的密度与叶蟎的成活率呈负相关。

③ 耐害性　有些植物种类或品种虽然也遭受害蟎的危害，害蟎也能在其上正常生长发育，但这些植物种类或品种具有很强的增殖或补偿能力，因此可以忍受蟎害而不影响或不显著影响产量。耐害性通常由下列一个或多个因素造成：植物的生长普遍旺盛；受害组织的再生长能力强；茎秆强韧或抗蛀食；产生新的枝条；邻近植株有补偿作用。耐害性植物遭受害蟎危害后，自身通过生理生化代谢而取得新的平衡，增强补偿能力，从而尽可能地少减产或不减产。例如同样受二点叶蟎危害的不同棉花品种，有些品种的结铃率明显下降，而有的品种结铃率非但没有下降，相反还有所增加，皮棉的产量也相应地有所提高。

（3）植物诱导抗虫性　植物对植食性昆虫的抗性包括两个方面：组成抗性（constitutive resistance）和诱导抗性（induced resistance）。组成抗性是指植物在遭受植食性昆虫攻击前就已存在的抗虫特性；植物的诱导抗虫性是植物受到外界环境条件（包括生物和非生物）的刺激而表现出个体发育、形态特征、生理生化等方面的一系列变化，而这些变化能够防御害虫的危害。

植物诱导抗虫性的研究开始于 20 世纪 70 年代后期，此项研究一开始就受到各国学者的高度重视。到目前为止，国内外已在多种植物上系统进行了诱导抗虫性的研究，关于诱导抗虫性的一些基本理论也已经逐步形成。在诱导因子的研究方面，除了植食性昆虫以外，许多其他生物（真菌、细菌、病毒等）和非生物（植物生长调节剂、除草剂、机械损伤及某些无机化合物等）均可诱导植物产生抗虫性。由于害虫的危害，往往能诱导植物体内产生不利于害虫自身的有害物质，阻止害虫的取食，从而使植物避免或减轻虫害。如棉花在子叶受到损害后，由于子叶的提前脱落使棉花对棉叶蟎产生抗性，而当棉花的顶芽受损害时，由于延迟了子叶的脱落，使棉花对棉叶蟎更加敏感。受植食性昆虫攻击后的植物还会释放更多更强的挥发性次生化合物，在植物、植食性昆虫和天敌相互作用的协同进化过程中起重要作用。这些化合物能增强对植食性害虫天敌的引诱作用，抑制植食性害虫的取食、产卵，并能将植物受伤害的信息传递到周围邻近的同种植物。如菜豆在遭受棉叶蟎的攻击后，能释放更多的挥发性次生化合物，这些化合物除了能引诱捕食蟎外，亦能抑制棉叶蟎的进一步取食并将受伤害的信息传到邻近的健康植株。

（4）植物抗虫性遗传的表现方式　植物抗虫性也和任何其他性状一样，是由遗传基因控制的，有些环境诱导所产生的抗虫性是不能遗传的。掌握抗虫性的遗传机制对鉴定抗源品种种质、指导杂交育种、选择抗性后代、研究抗虫性机制本质以及抗性变异和生物型等问题均有重要意义。抗虫性遗传的表现方式主要有下述几个方面。

① 主基因或寡基因抗性　具有这种遗传方式的抗虫品种与感虫品种杂交的后代及以后世代抗性分离明显，为质量性状。一对抗虫基因，称为单基因；两对，则称为双基因。这类

遗传方式所表现的抗性水平通常都比较高。

② 微效基因或多基因抗性　这类遗传方式的抗虫品种与感虫品种杂交后的抗性表现为感虫至抗虫的连续性变异，属数量性状。每个基因所表现的抗性水平一般较低，但多个基因具有累加作用。

③ 寡基因和多基因联合机制的抗性　这里的多基因为修饰因子，以加强寡基因的作用。

④ 细胞质遗传抗性　前三种抗性为核遗传的，细胞质遗传的抗性，其杂交后代表现为母体遗传（maternal inheritance）。目前已知的细胞质遗传与质体（plastid）和线粒体（mitochondrion）的作用有关。此外，细胞质还影响 DNA 的合成与表达，从而可调节基因的作用。

（5）抗虫品种的培育过程　抗虫品种对害虫种类的影响是明确、持久和累积性的，常可大面积地把害虫种群数量压低到经济危害水平以下。而且抗虫性可与高产、优质、抗病等优良性状综合到一个良种中。具有优良农艺性状的抗虫品种易于推广，栽培面积也大，年复一年种植，其防治效果逐年累积，并相对稳定，对害虫种群数量可起到经常性的抑制作用，这符合综合防治发挥自然因子控制作用的策略原则。抗虫品种对害虫抗性一般具有专一性，有的也能兼抗几种害虫甚至病害，它不会杀伤自然天敌，可避免化学农药的不良副作用，而且能与其他防治措施协调。植物抗虫品种的培育过程主要包括如下步骤。

① 植物抗虫品种的筛选　在收集某种作物的品种资源基础上，在特定的小区设计条件下，对所收集的品种进行对某种虫害田间小区抗性筛选。这一工作需要两个以上生长季的验证，才能确定品种的抗感特性。

② 抗性机制的分析　在抗性筛选的基础上，对于抗性品种进行形态方面的、物理机械方面的、化学方面的机制研究，明确其抗性机制。

③ 遗传分析　在上述研究的基础上，进行遗传分析，弄清抗性品种的特性是否是可遗传的。当确定是可遗传性状后，还应弄清其性状是由单基因、寡基因，还是多基因控制的，从而为抗性遗传育种提供依据。

④ 抗性育种　在上述工作的基础上，才能进行抗性育种工作。

（6）植物抗虫基因工程　植物抗虫基因工程就是通过基因克隆的技术，将外源抗虫基因导入植物体内，使植物获得抗虫性。这是植物抗虫性领域的一个热门分支领域，也是目前生物工程的一个分支领域。1981 年，Schnepf 等人首次成功地克隆了一个编码 Bt 杀虫晶体蛋白基因，揭开了利用基因工程培育抗虫植物的序幕。迄今为止，已先后分离出 40 000 多个 Bt 菌株，64 个亚种，对 100 多个杀虫晶体蛋白基因序列进行了分离测定，并已成功地将 Bt 毒素蛋白基因、蛋白酶抑制基因等导入棉花、玉米、水稻、烟草和番茄等多种作物。培育的棉花、烟草等转基因抗虫品种在我国已进入商业化生产，并表现出了良好的抗虫效果。

5.3　生物防治

传统的生物防治指利用天敌来防治害螨。随着科学技术的不断进步，生物防治的内容一直在扩充。从广义来说，生物防治法就是利用生物有机体或其产物控制有害生物的方法，包括传统的天敌利用和近年出现的不育法、激素及信息素的利用等。

在自然界中，一种生物的存在总是以别的生物为条件而相互联系、相互制约地构成一定生态环境下的生物群落。在农田生态系中，生物群落以多种生物种群形式存在，它们之间以食物链关系联系在一起，其中任何一环发生变化，必然引起其他环节的变化。生物防治的理论依据就是自然界生物与生物之间的相互依存、相互制约的关系。因此，在一定的农业生态系内，分析害螨种群与天敌种群的相互关系，人为地加强天敌种群控制害螨种群的力量，就能把害螨种群数量压低到不能对作物造成损害的水平。天敌和害螨在田间的消长规律一般呈现一种跟随效应，即天敌以害螨为食，天敌无论在数量增长上或是在出现的时间上，总是紧随害螨种群发展的。所以，人们采取各种方法来引诱天敌和天敌繁殖助增。

由于农药的滥用，大量杀伤了天敌，使害螨猖獗发生，加之害螨抗药性发展的迅速，生物防治作为替代化学防治最重要的手段之一，越来越受到人们的重视，成为当前害螨综合治理的重要组成部分。

生物防治不污染环境，对人畜及农作物安全，不会引起抗药性，不杀伤天敌及其他有益生物；天敌资源丰富，同时在自然界建立起种群能使自己繁殖扩散，因而对害螨的控制作用相对持久稳定；一般来说能与其他防治措施协调应用，与化学防治的矛盾可以通过不同的方法加以解决。

生物防治也存在着一定的局限性。由于依赖自然平衡的控制作用，因而往往不能在短期内达到理想的防治效果，必须依靠人为的因素予以加强。天敌、寄主和环境之间的相互关系比较复杂，在利用上牵涉的问题较多，防治效果受环境因素影响较大；不容易批量生产，储存运输也受限制，不如药剂防治那么单纯。

农业害螨的天敌种类较多，主要有捕食性天敌昆虫、捕食性螨类和病原微生物等，对于害螨的种群数量有着重要的抑制作用。

5.3.1 捕食性天敌

害螨的捕食性天敌主要包括捕食性天敌昆虫和捕食性螨类两大类。

5.3.1.1 捕食性昆虫（以虫治螨）

食螨天敌昆虫有 80 余种，分属于 6 目近 15 个科。常见害螨的昆虫纲捕食性天敌主要有瓢虫、草蛉、花蝽和肉食性蓟马等。捕食性天敌一般一生要求捕食多个捕食对象，且虫体多数大于猎食对象。捕获猎物后立即将其杀死，咬食或刺吸其个体。成虫、幼虫的食物来源通常是相同的，均营自由生活。

捕食性天敌食量极大，可以有效地控制害螨数量的增长。如棉叶螨的天敌有 30 多种，其中七星瓢虫（*Coccinella septempunctata* L.）1 龄幼虫日食螨量为 14 头，2 龄幼虫日食螨量为 27 头，3 龄幼虫日食螨量为 50 头，成虫日食螨量达 125 头。中华草蛉成虫日食螨量为 53 头。玉米害螨的捕食性天敌有 4 目 14 科 27 种，其中深点食螨瓢虫（*Stethorus punctillum* Weise）、塔六点蓟马（*Scolothrips takahashii* Priesner）、小黑毛瓢虫（*Delphastus* sp.）、中华草蛉（*Chrysopa sinica* Tjeder）和七星瓢虫等天敌种群数量较大，发生高峰与害螨发生期基本吻合，对害螨捕食能力较强，控制作用明显。捕食性天敌应用中存在的主要问题是，当叶螨的种群数量低时，则难以维持它们自己的虫口数量，从而限制了它们控制叶螨种群数量的能力。

（1）瓢虫科　瓢虫科（Coccinellidae）主要有以叶螨为主要食料的 *Stethorus* 属的食螨瓢虫，体型较小，分布广，食性专而嗜食，成虫和幼虫都能取食害螨的各个虫态。一般认为最有应用前途的是深点食螨瓢虫，1头瓢虫在整个幼虫期可取食各种螨态的螨类136～830头，1头成虫的月食量平均为20.8～21.8头。此外，腹管食螨瓢虫（*Stethorus siphonulus* Kapur）是柑橘全爪螨的主要捕食性天敌之一，捕食量也很大，可捕食各个螨态的柑橘全爪螨，但初龄幼虫喜食叶螨的卵及幼虫。在4～5月份柑橘春梢早期散放腹管食螨瓢虫，能显著控制春夏新梢上全爪螨对柑橘叶片的危害，采用生物防治的柑橘园，不仅可大大减少防治成本，而且还可提高果实品质，减少环境污染。

（2）花蝽科　花蝽科（Anthocoridae）天敌也较多，属于世界性分布，在我国也有不少种类，其中花蝽亚科的一些种类较有发展前途。小花蝽是我国棉田和果园常见种类之一，几乎占食螨蝽数量的一半，成虫和若虫都能取食螨卵和其他活动螨态，5龄若虫的日食量为60头左右的叶螨，成虫的日食量为50～53头叶螨。花蝽类天敌的缺点是食性不专一，还可捕食蚜虫和蓟马。

（3）草蛉科　草蛉科（Chrysopidae）中食螨草蛉种类不多，但分布广，成虫和幼虫都能取食害螨的各个虫态，食量极大。我国利用米蛾卵繁殖中华草蛉并在果园释放虫卵以防治苹果树的叶螨，3周之内可控制叶螨虫口密度仅增加4～8倍，而对照区则增加了70多倍，达到了1次放虫、1次用药即基本控制了叶螨危害的效果。草蛉食性广，除取食螨类以外，也能取食蚜、蚧等小型昆虫及大型昆虫的卵，因此其缺点也是食性不专一。

（4）粉蛉科　粉蛉（Coniopterygidae）个体较小，但捕食叶螨的能力很强，是榆全爪螨、柑橘全爪螨、六点始叶螨和柑橘锈螨的天敌。

（5）蓟马科　取食螨类的蓟马（Thripidae）种类不多，最常见的是塔六点蓟马，属于世界性分布，可以迅速降低叶螨虫口密度。

5.3.1.2　捕食性螨类（以螨治螨）

节肢动物门蛛形纲中的捕食性螨类是害螨天敌的一个重要类群。到目前为止，利用捕食螨防治害螨仍是害螨生物防治实践中应用最广、最多的方法。据统计，目前有记载的益螨主要属于植绥螨科（Phytoseiidae），其他科如长须螨科（Stigmaeidae）、吸螨科（Bdellidae）、大赤螨科（Anystidae）、肉食螨科（Cheyletidae）和绒螨科（Trombidiidae）里也有许多种类是害螨的天敌，如具瘤神蕊螨（*Agistemus exsertus* Gouzález‐Rodríguez）可捕食柑橘全爪螨、榆全爪螨和神泽叶螨，消沉吸螨（*Bdella depressa* Ewing）取食苜蓿苔螨，但作为天敌应用的不多，因此这里主要以植绥螨科捕食螨为主。

国外早在19世纪初就开始注意到植绥螨是叶螨和瘿螨的重要捕食者。20世纪60年代，植绥螨引起人们的极大关注，不仅因为它对植食性害螨有防治作用，而且对小型昆虫（如蚜虫、介壳虫）以及跳虫、线虫等也有控制作用，全世界掀起了植绥螨研究热潮。与此同时，对植绥螨资源的考察在世界各地也陆续展开。植绥螨科种类多，分布广泛，繁殖能力与害螨相当，生活周期短于害螨，搜寻能力强，在叶螨种群数量低时仍能存活，尤其是还能以其他食物作为补充营养。其次，植绥螨对杀虫剂虽然敏感，但在田间对农药容易产生抗性，这是其他天敌所不具有的。更为重要的是，植绥螨有较大的生殖潜能，容易人工驯化饲养且可大量廉价生产繁殖，一旦在温室、田间、果园、林区、茶园定殖便能迅速建立种群并自然扩散，因此在生物防治中有巨大潜力，被认为是目前防治害螨最有效和最有前途的天敌。全世界记录的植绥螨已从1951年的20余种发展到目前的2 000余种，我国至1997年已记载了246种，其中有利用价值的全世界有40余种，主要分属于小植绥螨属（*Phytoseiulus*）、盲走螨属（*Typhlodromus*）、钝绥螨属（*Amblyseius*）和真绥螨属（*Euseius*）等。

（1）小植绥螨属　世界上对小植绥螨属的研究较多。国际上首次应用植绥螨防治害螨成功的事例就是 1962 年 Bravenboer 等报道的释放智利小植绥螨（*Phytoseiulus persimilis* Athias-Henriot）防治植食性叶螨，不论在温室还是在田间都取得巨大成功。智利小植绥螨是叶螨的专食性的捕食者，自 20 世纪 70 年代以后，国外广泛开展利用该植绥螨防治黄瓜、茄子和草莓上的叶螨，如荷兰有 60% 的温室用该螨防治黄瓜上的二斑叶螨，其他欧洲国家（如英国、芬兰、瑞典和丹麦）应用面积可达 70%～75%。之后，前苏联、日本、加拿大、澳大利亚等国家亦利用了这种天敌。我国从 1975 年起多次从国外引进智利小植绥螨，用于豇豆、茄子、藿香蓟、一串红、马蹄莲及利马豆等的叶螨防治，都获得了显著效果。

（2）盲走螨属　有关盲走螨的报道虽然很多，但多数是室内外生物学和生态学的研究，实际应用的尚不多。最常见的有西方静走螨〔*Galendromus occidentalis*（Nesbitt），原先称为西方盲走螨〕和长毛盲走螨（*Typhlodromus longipdus* Evans）。西方静走螨是控制落叶果树苹果、梨和杏叶螨最有效的天敌。我国于 1981 年从美国引入该螨，并对它的食性、温湿度的影响和区域的适应性等作了许多研究，表明释放于西北地区能有效建立种群，实践证明该植绥螨在兰州对山楂叶螨和李始叶螨有很好的控制作用。

（3）钝绥螨属　钝绥螨是一个较大的属，种类多，分布广。如我国本土发现的拟长毛钝绥螨〔*Neoseiulus pseudolongispinosus*（Xin，Liang et Ke）〕、江原钝绥螨〔*Amblyseius eharai* Amitai et Swirski〕、草栖钝绥螨〔*A. herbicolus*（Chant）〕、东方钝绥螨（*A. orientalis* Ehara）和纽氏钝绥螨〔*Neoseiulus newsami*（Evans）〕等，以及从国外引进的伪钝绥螨〔*Neoseiulus fallacies*（Garman）〕，在生产实践中都对农林、园艺植物等的多种植食性螨类有自然控制作用，并取得显著成效。所以钝绥螨的利用引起人们的极大关注，是害螨最为理想的捕食性天敌。我国最早应用该属较为成功的事例是 1978 年广东昆虫研究所利用纽氏钝绥螨防治柑橘全爪螨。

（4）真绥螨属　真绥螨属的天敌种类也很丰富。如芬兰真绥螨〔*Euseius finlandicus*（Oudemans）〕，国内外均有分布，在我国主要分布于河北、陕西、山东和江苏等地，食性较广，能够捕食多种果树、林木上的多种叶螨和瘿螨，在使用农药较少的果园对山楂叶螨、苹果全爪螨和柑橘全爪螨等害螨具有明显的控制作用。此外，在我国四川发现的尼氏真绥螨〔*E. nicholsi*（Ehara et Lee）〕可捕食朱砂叶螨。

植绥螨作为国内外已知极具利用价值的生防作用物，许多种类已成为害螨综合治理体系中的重要捕食因素。就如生物学家所评价的那样，利用植绥螨防治害螨、害虫的效果可与 1888 年用澳洲瓢虫防治柑橘吹绵蚧相媲美。近年来，人们更重视植绥螨持续将害螨及害虫种群调节至低密度水平的潜力、交替食物的应用、饥饿条件下的存活能力、同类相残（cannibalism）及对其他捕食者的兼性捕食（intraguild predation）等问题的研究。

植绥螨的食性专化程度差异较大，少数种类是专食性的，如智利小植绥螨嗜食叶螨属；而大部分的种类则是多食性的，如钝绥螨属、盲走螨属和真绥螨属等的种类。在多食性的植绥螨中，能使捕食者维持生存和繁殖的食物称为交替食物（alternative food）。除了有些螨类、微小的昆虫幼体和卵外，一些非猎物食物，如微生物的菌丝和孢子、植物的花蜜和花粉、微生物赖以生存的昆虫分泌物如蜜露以及植物组织等，都可以成为植绥螨的交替食物。

在捕食者（捕食螨）与猎物（害螨）体系中，适当的益害比是影响捕食者对猎物控制作用的重要因素。过高的益害比，虽然能在短期内控制住猎物，但常常因随后过低的猎物水平使捕食者自相残杀而显著降低种群水平，从而使猎物失去控制；而过低的益害比，又会因猎物得不到及时控制而造成损失。因此，应根据具体情况掌握合适的益害比例，以充分发挥天敌的长期控制作用。理论研究指出，如果给捕食者补充一种交替食物则能够改变益害比，从而可以改变捕食者与猎物之间的动力学关系。当交替食物出现时，由于捕食者可能会从取食猎物转而取食交替食物，或者捕食者因食物充足而未处于饥饿状态，这样会在初期导致猎物数量上升。但从长远来看，补充交替食物比单纯饲喂猎物使捕食者能够维持更高的种群数量水平，从而使猎物种群水平降低甚至达到完全消灭的程度。特别是对于杂食性的（omnivore）捕食者，当任意一种食物源（包括猎物）缺乏时，捕食者通过取食交替食物可以减弱其与食物源之间的动态变化，从而促进对猎物的控制作用。这样，捕食者利用交替食物有助于生物防治的成功。因此，捕食螨在生物防治上的成功，或者归功于其对害螨捕食功能反应的很高的数值反应而不是归于其贪食性，或者是由于很高的捕食螨/害螨比，后者可以通过提供交替食物来实现。交替食物对捕食螨的种群数量有积极的作用，因此对害螨的种群数量起间接的负面作用。

5.3.1.3　捕食性天敌的利用途径

（1）保护利用自然天敌，充分发挥天敌的自然控制作用　自然界害螨的天敌极为丰富，在不同地域及环境因素条件下都可找到可利用的有效种类。但这些天敌抑制害螨的作用常受到环境（如气候和生物）及人为因素的影响。要发挥这些捕食性天敌控制害螨的作用，必须改善或创造有利于天敌的环境条件，促使其自然种群的繁殖增长，以加大天敌的自然控制力量，因此保护利用本地天敌是最行之有效和最经济的措施。如在闽侯关东柑橘分场，利用本土固有的腹管食螨瓢虫控制柑橘全爪螨，不进行喷药防治，腹管食螨瓢虫经1～2个月的自然增殖扩大了种群，完全控制了柑橘全爪螨对春梢新叶的危害。保护天敌的主要措施有下述几个方面。

① 良好的环境管理　主要通过改变田间小气候，将天敌调节到充分发挥控害作用的状态。改变物理环境，如喷灌，可冲刷掉一部分叶螨，降低害螨种群数量，从而改善捕食者和害螨的比例；喷灌也可减少叶面上的灰尘，而灰尘可妨碍捕食螨寻找猎物；喷灌还可改变田间温度和湿度条件，湿度增加有利于捕食螨卵的孵化和发育，从而为捕食螨提供良好的繁殖条件。果园里栽培生草也能降温增湿，可降低温度3～5℃，提高湿度5%～10%，对喜高温干旱的红蜘蛛、锈壁虱有抑制作用。

② 种植地面覆盖物，增加田间天敌数量　通过种植地面覆盖物，创造天敌生存与繁殖的适宜条件，提供天敌昆虫、益螨的交替食物，保证这些天敌有足够的营养食料，降低死亡率，增加天敌数量。

一般来说，任何天敌对其食料的要求均较严格，食料欠缺对保存天敌的种群数量极为不利，常导致其种间及种内的相互残杀，而充足的交替食料则可避免这种现象的发生。例如人工饲养释放天敌并种植放养天敌的天然隔离草带（如豆类和苜蓿等）进行害螨天敌繁殖和田间释放；在田边有选择地设置天敌保护带，给天敌提供栖身、猎食之地；在地面种植覆盖物或允许少量的杂草生长或实行生草栽培，都可为捕食螨和其他天敌提供补充食物和过渡寄主，有利于稳定天敌的种群数量，使在害螨数量上升之前，田间天敌维持高的种群密度，从而控制害螨种群上升。Hatherty(1969)指出，约翰逊草的存在为西方盲走螨提供了二斑叶螨，有利于稳定这种捕食螨和魏始叶螨在葡萄上的种群数量。藿香蓟（*Ageratum cony-zoides*）是许多植绥螨的中间寄主，广东柑橘园推广种植藿香蓟，利用其花粉作为交替食料来增殖植绥螨，已经取得良好的生物防治效果。在苹果园种植紫花苜蓿，可为捕食性天敌提供适宜的生存环境和补充猎物，使果园天敌数量增加，害螨种群下降；保留夏至草可使东亚小花蝽发生时间提早，发育速度加快。对于蔬菜害螨，可以通过改变单一种植蔬菜的模式，在菜园周围或田间插种果树或其他植物，以提高菜园的生物多样性和生态环境的稳定性，为中性昆虫和天敌提供栖息场所，以增加天敌的数量，使其成为害螨的天敌库。

③ 加强天敌越冬保护　加强天敌的越冬保护是增加天敌数量的有效措施。如深点食螨瓢虫冬季以成虫潜入果树根土缝和枝干基部树皮裂缝处越冬，用稻草在主干基部包扎，对保护其安全越冬效果显著，第二年春瓢虫的数量明显增加。引自加利福尼亚的西方盲走螨，由于不能抵御当地1月份低温，在兰州地区果园不能自然越冬，但根据西方盲走螨对越冬场所的选择特点，对苹果大树用旧棉絮、麦颖等材料包围树干，再用塑料薄膜包扎，而对幼树采取树冠地表盖草压土等保护措施，可使该螨安全越冬。

④ 合理施用农药　合理施用农药的主要目的是避免化学药剂对天敌的杀伤。选用对天敌杀伤力较小的药剂，选择适当的药剂浓度，把药剂对天敌的伤害降到最低限度；改进施药方法，推广隐蔽施药，如使用内吸剂拌种、涂茎、灌根、使用颗粒剂等均对天敌较安全。要尽量避免使用广谱性杀虫剂，避开天敌发生高峰期，以减少对天敌的杀伤。同时改良害螨天敌的耐药性能，提高其适应能力，对于维持天敌种群数量非常有利。已知有7种植绥螨在田间产生了抗性，特别是对于有机磷杀虫剂，因而促进了它们在田间的推广应用。通过遗传改良技术已经选育成功许多抗药性的植绥螨（如伪钝绥螨和西方盲走螨），从而扩大了它们在害螨综合防治中的应用范围。我国1981年从美国和澳大利亚分别引进抗有机磷的西方盲走螨，已在我国西北地区建立群落，并逐渐由释放地区向周围扩散，对苹果园的叶螨发挥了良好的控制效果。我国广东已筛选出抗亚胺硫磷品系的尼氏钝绥螨，抗性比敏感品系提高了19倍，同时对多种有机磷农药有一定的交互抗性；而且该抗性品系可在柑橘园安全越冬，经大田多季繁殖后，仍可保持稳定抗性，喷布亚胺硫磷后仍有60%存活率。在江西赣州橘园发现的尼氏真绥螨自然种群抗性品系，比实验室选出的抗性品系对自然环境的适应性和生存力更强。

（2）天敌的引进　有些害螨在当地缺少有效天敌，可从外地或国外引种，引进后通过人工饲养扩繁，释放田间，可获得较好的防治效果。因此，引进优质高效的天敌品种也是害螨生物防治的重要手段。历史上最成功的例子是从智利引进智利小植绥螨到德国，现今该螨已成为西方国家防治温室和果园叶螨的最重要的天敌。我国曾引进了3种植绥螨：智利小植绥螨、西方盲走螨和伪钝绥螨，对于有效控制害螨的危害都发挥了重要的作用。

引进外来天敌是有风险的，有时会对非靶标昆虫带来很大的威胁。因此，引进的天敌在释放之前，首先应做好深入的调查研究工作，例如和其他天敌之间的相互作用、兼容性如何，因为这可能会导致生物防治作用物间的兼性捕食、种间竞争及反捕食行为等，从而对生物防治造成负面的影响。所以，所引进的天敌不仅要能控制靶标害虫，而且必须能与其他天敌协调共存，这样才能融入害螨综合治理体系中。

（3）天敌的人工繁殖与释放　当本地天敌的自然控制力量不足时，尤其是在害螨发生前期，可在室内人工大量繁殖和田间释放天敌，增加天敌在田间的虫口数量，改变益害比，以控制害螨的危害。这不仅对引进天敌是必需的，而且对于当地一些有效的天敌，通过繁殖与释放可加大其自然种群。人工繁殖和释放天敌，需要考虑多方面的因素，如适宜寄主的选择、避免生活力退化、选择经济简便的饲养方法、释放前的保存方法以及释放的时期、释放方法和释放数量等。释放和补充释放需要人工饲养大量的个体，一般用于温室作物，但在大量生产和释放技术解决后，可以用于某些露地作物上。如大田人工释放拟长刺钝绥螨防治茄子朱砂叶螨，以 1∶20～40 益害比（捕食螨∶害螨）释放，重发生年可释放 3 次，辅以 1 次约 1/3 面积打药，轻发生年释放 2 次，不打农药就可有效控制害螨危害。释放钝绥螨的茄子田内天敌总量比常规化学防治田多 6～20 倍，可以完全不打药或减少农药用量 90% 以上。

　　天敌的人工大量饲养繁殖技术和工厂化商品生产工艺等研究已在世界范围内广泛开展，我国在研究植绥螨规模化饲养技术方面也取得一定成绩。根据植绥螨食性的不同，可以采用叶螨、花粉和人工饲料等食物来培养。规模化饲养植绥螨多用叶螨等害螨的寄主植物先繁殖害螨，然后在害螨中加入一些补充食物来大量生产植绥螨。由福建省农业科学院张艳璇博士设计的袋栽法，就是这样一套大量繁殖植绥螨的工艺方法，其繁殖植绥螨速度主要取决于红蜘蛛基数。通过引进益螨优良品种胡瓜新小绥螨进行人工驯化培养，并研制了植绥螨人工饲养配方，建成了我国第一个年生产 8 000 亿只益螨的产业化生产基地，解决了植绥螨长途运输、田间释放以及与化学防治相互协调等配套技术问题。近年来，该技术在福建、广东、广西和新疆等 10 多个省、直辖市、自治区应用于露天环境中的毛竹、棉花、柑橘、草莓、香梨、花卉、蔬菜、茶叶和食用菌等作物上，成本低于化学防治，创造了良好的生态效益和经济效益，为我国主要农作物害螨的防治提供了重要途径。

5.3.2　害螨病原微生物的利用

　　利用病原微生物防治害螨主要有 2 种途径，一是发挥其持续作用把害螨种群控制在较低水平，二是使用微生物农药在短期内大量杀伤害螨。病原微生物的种类较多，有真菌、细菌、病毒、立克次体、原生动物和线虫等，螨类的致病微生物主要是真菌和病毒。

5.3.2.1　真菌

　　真菌一般通过皮肤感染，病原菌黏附在害螨皮肤上，通过表皮侵入体内引起疾病。真菌性螨病在高温、高湿的气候条件下，易于流行和蔓延。传播螨类病害的真菌病原有藻菌、担子菌、半知菌和子囊菌等。藻菌中常见的是虫霉（*Entomophthora* spp.），对害螨的各螨期都能侵染，如柑橘全爪螨的虫霉病是常见的，螨体罹病后膨胀，呈深红或紫红色，湿度高时则为淡灰色，感病后螨体死亡率为 32%～95%。担子菌常见的是汤普森多毛菌（*Hirsutella thompsonii* Fisher），是橘皱叶刺瘿螨的有效致病原，能抑制瘿螨的生长发育和繁殖，甚至致死，罹病螨呆滞，体黄色或黄褐色，死螨黄褐到浅棕色。近年来在我国宁夏地区的枸杞刺皮瘿螨体上也分离到了该菌，对枸杞瘿螨的致病性、大田防治效果试验都在积极探索中。半知菌应用最多的是白僵菌（*Beauveria bassiana*），其寄主范围广，且致病力和适应性较强，能使跗线螨、二点叶螨、棉叶螨死亡，对棉叶螨的致死率可达 85.9%～100%。

5.3.2.2　病毒

　　病毒是近年来发展较快的一个病原物类群。病毒侵入害螨的途径主要是通过口器。病毒的特异性较强，对寄主有专一性，且在一定条件下能反复感染；而且，寄生害螨、害虫的病毒一般不感染人类、高等动植物，使用比较安全。

病毒通常分为包含体病毒和非包含体病毒两大类。前者是在寄主细胞内形成各种形状、不同大小的蛋白质包含体，包含体内含有病毒粒子；后者在寄主细胞内不形成包含体，病毒游离于细胞中。有的根据病毒在寄主细胞中生长发育所处的部位分为核病毒和细胞质病毒两类，其中核多角体病毒（NPV）、细胞质多角体病毒（CPV）、颗粒病毒（GV）应用研究最多。已知螨类的病毒都属于非包含体病毒，但螨类病毒的分类和命名，国内外有关报道极少，尚有待进一步确定。目前已有记述的螨类病毒有5种，按寄主类别主要有：柑橘全爪螨病毒、榆全爪螨病毒和普通叶螨病毒等。柑橘全爪螨感染一种杆状的非包含体病毒后，呈现出麻痹、足僵直、腹泻症状，死螨常被粪便贴固于叶面，虫体产生并聚集大量双折射晶体。

5.3.2.3 细菌

害螨致病细菌主要以芽孢杆菌研究最多，应用也最为广泛。芽孢杆菌能产生芽孢抵抗不良环境，并且在生长发育过程中能形成具有蛋白质毒素的伴孢晶体，对多种昆虫、害螨有很强的毒杀作用。目前，普遍应用的细菌杀虫剂有苏云金芽孢杆菌（*Bacillus thuringiensis*），如 Bt9601 菌剂对棉叶螨具有良好防效。

5.3.2.4 原生动物

原生动物也能使螨类致病，是有效天敌类群之一。

5.3.2.5 生物毒素

生物毒素是微生物在生长过程中分泌于体外的有毒的物质，称为外毒素或抗生素，对害螨及其他生物体有抑制作用，如杀螨素、苏云金杆菌毒素 β 外毒素等对叶螨都有较强抑制作用。

5.3.3 其他有益动物的利用

蛛形纲中的蜘蛛对害螨的控制作用也较明显，日益受到人们的重视，在麦田、棉田和果园中有不少种类对一些主要害螨的种群数量发展有着明显的抑制效果。据加拿大报道，苹果园有30种蜘蛛能捕食害螨。捕食性蜘蛛的捕食范围广，捕食能力强，并有耐饥的特性，以微蛛科、狼蛛科、球腹蛛科、蟹蛛科和园蛛科中的一些种类占主要比例。

5.3.4 不育防治法

利用害螨不育原理防治害螨的技术有人称之为自灭防治法或自毁技术，它是生物防治的深化和发展。1972年，第十四届国际昆虫学会议上，首次交流和展望了不育防治的初步成果，表明了这种方法亦具有不污染环境和收效较为迅速等优点，引起了世界各国的广泛关注，并在释放不孕雄螨、使用化学不孕剂等方面进行了很多的探索工作。

5.3.4.1 利用害螨不育性防治害螨的原理

不育性防治就是利用多种的特异方法破坏害螨生殖腺的生理功能，或是利用害螨遗传成分的改变造成不育个体，将这些大量不育个体，释放到自然种群中去交配造成后代不育，经若干代连续释放后，使害螨的种群数量一再减少，甚至最后导致种群消灭。

5.3.4.2 不育技术

目前不育防治的方法，广义而言包括辐射不育、化学不育和遗传不育等。

（1）辐射不育 辐射不育（radiation sterility）利用放射能照射破坏害螨的生殖腺造成不育个体。如使用 α 粒子、β 粒子、X 射线和快中子进行照射，均能造成害螨不育；或者作为诱变源，使其染色体发生突变造成不育后代。但是常用的最方便的方法是使用 γ 射线源。^{60}Co 能产生 γ 射线，以一定剂量 γ 射线照射处理的雄螨与正常的雌螨交配后所产的卵，大部分不能孵化，小部分孵化后的第一代就可以变为种质不育的后代。

（2）化学不育　化学不育（chemical sterility）就是利用化学药剂处理害螨使之不育。能使害螨不育的化学药剂称为化学不育剂。如国外开展利用对某种化学农药不抗的害螨品系或对极端温度极为敏感的害螨品系置换本地害螨种群，操作方便易行。但是这类方法由于田间使用的安全问题未能解决，成本也较高，广泛应用尚有待进一步研究。

（3）遗传不育　人为改变害螨个体的基因成分，使他们所产生的后代生殖力减退或遗传上不育，即称为遗传防治（heredity sterility）。遗传不育在当前研究较多的主要是杂交不育和胞质不亲和性。此外尚有利用遗传上的显性致死基因、染色体畸变等达到不育的效果。如通过引入不育雄螨或带有重排染色体的雄螨来降低雌成螨的生殖力。

5.3.5　害螨激素的利用

根据激素的分泌及作用过程可分为内激素（又称为生长调节剂）和外激素（又称为信息素）两大类。

5.3.5.1　内激素

内激素是害螨分泌在体内的化学物质，包括保幼激素（juvenile hormone，JH）、蜕皮激素（molting hormone，MH，或 ecdysteroel）和脑激素（brain hormone）。目前开发应用的有关生物杀螨剂主要有镰刀菌素、刺孢链霉素（MYC5005）、杀螨素（tetranactin）和赤霉素等，对棉叶螨均具有良好防效。

5.3.5.2　外激素

外激素则是分泌在体外的挥发性化学物质，包括种间信息素和种内信息素两大类，是螨类释放以控制和影响同种或异种行为活动的重要化学信息物质。如朱砂叶螨释放的某种化学物质，对伪钝绥螨、智利小植绥螨和拟长刺钝绥螨都有引诱作用，这种刺激源是除雄螨以外不同发育阶段的叶螨及其分泌物和排泄物（如丝和粪）。近年来，随着化学生态学的发展，人们发现化学信息素在植物、植食性动物和天敌三者间的相互关系中起非常重要的作用。许多例子表明，植绥螨能对害螨诱导产生的植物挥发性气味起反应，以此来定位有害螨的植物，从而增加它们搜寻猎物的有效性。由于外激素在害螨防治等方面的应用潜力和优越性，螨类外激素的类型、化学特性、作用方式及机理、合成机制等方面的研究已逐渐受到重视，并且已逐步应用到害螨测报及防治工作中，为害螨防治开辟了新的领域。

5.3.6　植物源物质的利用

近年来，植物源杀螨活性物质的研究开发取得较大进展，全世界已报道有 1 600 多种具有控制有害生物的高等植物，其中具有杀虫活性的有 1 005 种，具有杀螨活性的有 39 种。植物源杀螨活性物质主要有以下几类。

5.3.6.1　初提物

采用蒸馏法提取的紫茎泽兰浸膏，其有效成分含量为 98.5%，对两种重要害螨二斑叶螨和柑橘全爪螨都具有很强的触杀作用和一定的拒食作用，田间防治叶螨表现出杀卵效果好、持效期长、对天敌安全等特点。益母草甲醇抽提物为神经毒剂，田间喷雾后第三天防效可达 80.8%。此外，骆驼蓬乙醇粗提液、瑞香狼毒石油醚和氯仿提取物、毒参叶以及胡椒、无叶假木贼、蓖麻、翠雀属植物种子等都对叶螨具有很强的触杀和内吸活性。

5.3.6.2 生物碱类

生物碱对原生质及细胞等都具有毒害作用，具有很强的生理活性。目前开发应用的主要有烟碱、苦参碱、苦豆子生物碱和澳洲蜜茱萸提取物等，对朱砂叶螨和二点叶螨等都具有较好的防治效果。

5.3.6.3 柠檬素类

柠檬素类具有杀虫谱广、生物活性多样等优点，主要分布于楝科、芸香科和苦木科等植物中。如印楝，活性成分是印楝素，是目前研究最多的植物活性成分。

5.3.6.4 黄酮类化合物

黄酮类化合物具有稳定性强的特点，目前应用较多的主要有鱼藤酮，其煤油浸取液防治叶螨效果很好。此外有研究表明，从番茄分离出的黄酮类化合物芦丁也具有很好的杀螨效果。

5.3.6.5 植物精油

精油是从植物中提取的具有特殊香味的一类物质，它所释放出的化学信息对昆虫和螨类主要有引诱、熏蒸、忌避、杀卵和抑制生长发育、干扰水分代谢等作用。植物精油中有 34 种单萜对二点叶螨具有很强的生物活性。

5.4 物理防治

物理防治是利用各种物理因子、人工或器械防治害螨的方法。这类防治措施，一般较简便易行，成本也较低，不造成环境污染，杀螨力强，效果迅速，可用于害螨大量发生前，也可在已经大量发生时采用。但有些方法需要一定的设备和技术，大规模应用于防治还有一定困难，一般来说，在综合防治中多作为辅助性措施。

5.4.1 诱杀

诱杀法主要是利用害螨的某种趋性或其他特性（如潜藏、产卵和越冬等对环境条件的选择要求），采取适当的方法诱集，然后集中处理，也可结合化学药剂进行诱杀。如利用苹果二斑叶螨的越冬习性，可用诱集带诱杀法防除，每张诱集带可诱获越冬螨 1 274 头，发生高峰期比对照和常规防治区分别晚 20 d 和 5～7 d，6～8 月螨量明显下降，螨害落叶率减少 16.4%。

5.4.2 温度的利用

不同害螨对温度有一定的要求，有其适宜的温区范围。高于或低于适宜温区的温度，必然影响害螨的正常生理代谢，从而影响其生长发育、繁殖甚至存活率。因此可以利用自然的高低温或调节控制温度进行防治。如用热水（40～55℃）处理苗木接穗花卉，可杀死全部或抑制害螨的繁殖为害。

5.4.3 阻隔分离

掌握害螨的活动规律，设置适当的障碍物，可阻止害螨扩散蔓延和危害，也可直接消灭害螨。如我国最早利用稀面糊防治麦圆叶爪螨和麦岩螨，其杀螨作用就是机械地将螨粘在叶面以致死亡。喷洒合成树脂于被害植株或果实上，使之形成一层脂膜可防治瘿螨，这也是利用黏结的机械力，把害螨粘于基物而致死，而且这种脂膜不会影响植物的光合作用和果实的发育。把粘虫胶涂在植物茎干基部或主侧枝端部、用水阻隔等，都可防止害螨进一步扩散。这些方法虽有一定的效果，但主要是消极的保护作用，应和其他防治方法结合进行。

5.4.4　辐射防治

应用各种射线处理害螨，除能造成不育外，还能直接杀死害螨，亦可进行害螨的测报及检疫检验等。近代生物物理学的发展，为害螨的预测预报及防治技术水平的提高，创造了良好的条件。

5.5　遗传防治

遗传防治是应用遗传学的基本原理来防治害螨的一种方法。近年来由于化学农药对人畜、环境及有益生物产生的副作用，人们越来越重视遗传防治害螨。遗传实质上是属于生物防治的范畴，前文已有叙述，这里进一步详细介绍。随着现代科学技术的发展，遗传防治已成为农业害螨防治的一个主要研究领域，在有些国家这种防治方法已作为某些害虫综合防治措施的重要组成部分。

遗传防治是把同种或近似种的不育个体，大量释放到田间的自然种群中，让它们交配，从而产生不育或生命力很低的后代，由此使田间的种群数量逐渐减少，直至基本消灭或被取代。目前遗传防治的内容，广义包括辐射不育、化学不育、杂交不育及生殖不亲和性等方法，其目的是在特定区域内持续超量施放螨类不育个体与自然种群竞争引起逐代增长不育性，导致完全控制害螨种群的发生。

5.5.1　生殖不亲和性

同种不同地理种群之间进行杂交，所获后代往往会出现两种情况，一种是胞质不亲和性，即精子虽已进入卵的细胞质内，但精核和卵核并不结合，可能是由于它们之间的结合蛋白和糖类不亲和之故，这类杂种就会失去后代或只产生极少的后代；另一种是产生间性体，这种间性体的性染色体与常染色体的比例处于正常的雄虫和雌虫之间（亦称之为雌雄间性）这种个体生命力极低，属于高度不育的类群。有意识地选择这些个体，并将其释放到田间去，最后可达到防治害螨的目的。

Hell(1969)用二斑叶螨的不同地理种群之间所存在的自然生殖不亲和性来防治温室作物上的二斑叶螨。结果证实，其杂种后代有一部分是不育的，甚至在极端场合是完全不育的，利用这一特性，多次大量释放生殖不亲和性雄螨到温室种群中去，达到了抑制和消灭这种害螨的目的。

Werren(1995)认为，沃尔巴克氏体（*Wolbachia*）是存在于节肢动物体内的一类呈母系遗传的细胞内共生细菌，在昆虫、丝状线虫、螨类和蛛形纲蛛类中都有着很高的侵染率。这些细菌使其宿主产生大量的生殖变异，包括诱导细胞质不亲和（cytoplasmic incompatibility，CI）、诱导孤雌生殖（parthenogenesis inducing，PI）、雌性化以及杀雄作用等。首先，由于它广泛的分布和对宿主的影响，同时对重要的进化过程有一种暗示；其次，这些细胞内的细菌有望能用来改变其宿主的早期发育和有丝分裂，能被用来研究其中的重要过程；第三，*Wolbachia* 可应用于生物防治，它能诱导宿主生殖不亲和以及杀雄等干扰其繁殖的作用，从而为害螨的防治提供新的手段，同时可用于有益昆虫的利用。

5.5.2 辐射不育

用各种射线处理害螨，可切断它们的染色体，这种染色体断片有时会移到其他染色体上或转移到同一染色体的其他部位，或者在两染色体之间发生易位或产生突变。易位和突变的结果可产生杂合体或不育个体。这种杂合体的卵存活率很低。所谓杂合体即一个显性与一个隐性的基因相结合的个体，而同性基团结合的个体则称为纯合体。

据 Van Zou 和 Overmeer(1972) 用 0.580 5 C/kg(2 250 R) 的 X 射线处理二斑叶螨的雄性个体，使其精子中有相当数量的染色体发生突变，这种突变是由于相互易位所引起的，把这种染色体突变品系与正常雌螨进行交配，所获得单倍体 F_2 的死亡率达到 53.4%～92.9%；同样在染色体突变品系间进行杂交，其单倍体 F_2 的死亡率为 61.6%～99.8%。有人做了棉叶螨各品系间经杂交产生的单染色体、双染色体和三染色体的突变杂合体等杂种。如果按单倍体卵的死亡率来表示这种不育程度，结果大多数三染色体突变杂合体的杂种不育率超过 98%，但尚未发现完全的杂种不育。

荷兰曾用快中子和 X 射线来诱变棉叶螨的精细胞和前期卵细胞，使其子代引起结构染色体的突变，这种突变百分率是可以测知的。由于使用射线源不同以及剂量的差别，可得不同结果。例如用 0.01～0.02 Gy(1～2 rad) 剂量时，对诱导棉叶螨精细胞中可遗传的结构染色体突变，X 射线较快中子有效。而剂量低于 0.000 5 Gy(0.5 rad) 时，快中子和 X 射线的效果相同。对前期卵细胞诱导的结果是：剂量低于 0.04 Gy(4 rad) 时，它们的效果相同；而在剂量较高时，X 射线较为有效。

用高剂量射线处理雄螨可获得具有显性致死基因的个体，这种个体在一定条件下可以正常生长发育，在另外的条件下则导致死亡。例如，用 2.58 C/kg(10 000 R) 的 X 射线剂量处理二斑叶螨雄性个体，然后与同种处女雌螨交配，结果在单倍体的 F_2 中，获得70%的卵有显性致死因子，而用 1.032 C/kg(4 000 R) 的剂量，仅获得 30%不育。

5.5.3 杂交不育

众所周知，生物界里各近缘种之间，或同种不同亚种和品系之间是可以杂交的，但存在着生殖隔离现象。它们之间杂交的后代，有两种情况，一种是多数杂种生活力很弱，一般都在有生殖能力之前死亡；另一种是杂种生活力很强，但无生育能力。人们就利用这一特点来达到防治的目的。例如在龙氏叶螨（*Tetranychus lombardinii*）中，发现有 2 个品系之间进行杂交可产生生命力很低的杂种；又如二斑叶螨和朱砂叶螨属近缘种，若把朱砂叶螨的雄螨以漫散式释放到二斑叶螨的种群中去，经种间杂交，其后代一部分能育，一部分失去生育力，连续释放数代，可使二斑叶螨种群衰落。

在释放不育个体时，一般要选择在野生种群数量不太多的情况下进行，才能获得较显著的防治效果。当野生种群数量多时，可先用杀螨剂，使其数量下降，然后再释放不育个体。释放技术中还应注意释放的次数和每次释放的数量。

5.5.4 化学不育

利用化学不育剂使田间种群产生自身不育个体的方法中，所用化学不育剂是带有放射性基团的化学物质，其作用于昆虫生殖系统，可减弱或完全破坏害螨的繁殖能力。此法可用于有性繁殖的雄性或雌性，或者作用于雌雄二性的种群。有很多的化学药剂曾对二斑叶螨、朱砂叶螨、太平洋叶螨（*Tetranychus pacificus* McGregor）、苹全爪螨和柑橘全爪螨等产生不育作用。如烃化剂，其作用是把昆虫体内生理活性物质的活性氢原子置换，并能产生电离辐射的作用。代表性药剂有替派（绝育磷，tepa，aphoxide）和噻替派（thiotepa），分子结构式中都带有 3 个放射性的乙烯亚胺基，直接作用于害虫的生殖系统，活性很高，只要与害虫的表皮接触即可产生不育，在密闭的容器内家蝇与替派的气体接触，亦可产生不育。但替派和噻替派毒性较高，对高等动物和有益生物同样产生不育。

20 世纪 70 年代开发出了一些比较安全的非烃类不育剂，主要有磷胺类、胺类（三聚氰酰胺基）及双硫缩二脲类与双噻唑盐类等。如六磷胺（hempa）属于磷胺类，可使雄性家蝇变为不育，交尾后所产的卵，90％以上不能成活，效果显著。20 世纪 80 年代后期从植物喜树（*Camptotheca acuminata*）中获得的喜树碱，对家蝇有显著的不育效应。

安全性的不育剂还包括蜕皮激素及保幼激素。蜕皮激素是由昆虫前胸腺所分泌的固醇化合物，保幼激素是昆虫咽侧体分泌的化合物（多数是萜类）。这两类激素及类似物可引起昆虫不育，近年来已成为开发不育剂的重要来源。昆虫保幼激素类似物 ZR－515（反，反－11－甲氧基－3,7,11－三甲基－2,4－十二碳双烯酸异丙酯）与三化螟雌、雄蛾接触 1 min，可引致不育，与噻替派的不育作用相同。昆虫保幼激素 738(JH25) 与甘蔗黄螟接触可得到很高的不育效果。近年来保幼激素的研究进展很快，已合成的保幼激素类似物种类很多，如保幼炔（JH－286，farmoplant）对普通红螨和红火蚁特别有效。烯虫酯（可保持，methoprene）和哒幼酮（NC－170）也是高效的安全不育剂。合成的蜕皮激素类的不育剂主要有虫酰肼（RH－5992，米满，tebufenozide），对多种害虫和害螨有不育作用。抑食肼（RH－5489）是我国开发的蜕皮激素类的不育剂。

化学不育剂如使用适当，它对人畜安全，不污染环境，并且可以与农业防治、化学防治和生物防治结合，以达到根治害虫的目的。但特别注意的是，化学不育剂对有益生物有致畸和致癌的危险，而且这种危险有遗传的可能，也会影响哺乳动物和鸟类，所以在田间使用化学不育剂是应慎重考虑。

应用遗传防治，所释放的雄螨只要和野生群体的雄螨数量相等，即足以在自然界中生存并遗传给后代，逐代与正常个体交配，产生部分不育个体，最终达到消灭害螨种群的目的。但因遗传防治中，生殖不亲和性、杂交不育、辐射处理、化学不育等所形成的不育机理不同，辐射处理和化学不育主要是造成雄螨完全不育，不能在群体中遗传下去，必须大量和经常释放。随着近代生物科学的进展，遗传防治会有广阔的应用前景。

5.6 化学防治

化学农药在农业害螨的防治中占有相当重要的地位，尤其是农田大规模地防治农业害螨表现出了的特殊优越性。但农业害螨体较小，大多密集群居于作物的叶背面危害，在生长季节中发生代数多，繁殖快，适应性强，越冬场所变化大。在一个群体中可以存在所有阶段的螨，包括卵、若螨、幼螨和成螨，尤其对农药极易产生抗药性等，这些都决定了螨类的防治难度。

对螨类的防治，可以在越冬期进行，如采取矿物油制剂及杀螨剂喷洒越冬场所等。但最有效的防治期是在活动期。一个理想的杀螨剂具备条件是：a. 化学性质稳定，可与其他农药混用，以达到兼治其他虫的目的；b. 对螨类的各个虫态有效，不但杀死成螨，对螨卵、若螨和幼螨也有良好的杀伤作用；c. 有较长的残效期，施用 1 次，即可以防治整个变态期间的螨；d. 对作物安全，对高等动物和天敌安全，不污染环境；e. 对螨类不易产生抗药性。

5.6.1 杀螨剂的类别

目前对害螨的化学防治所使用的药剂，主要还是六十年代到七十年代所出现的品种，少数五十年代的老品种也有的延续使用至今。化学杀螨剂主要类型和品种如下：

5.6.1.1 无机杀螨剂

（1）硫黄粉 硫黄是使用较早的品种，有杀螨和杀菌能力，对害螨具触杀和熏蒸作用。近年来的报道认为，用硫黄粉后，会使田间天敌下降，害螨种群反而上升。

（2）石硫合剂 石硫合剂主要用在果树上，早春期用 0.5 波美度喷雾防向树体上转移的雌成螨，果树生长期用 0.3 波美度，对山楂叶螨的防治效果可达 93.6%～100%。施用的关键是喷布均匀，药液必须不时搅匀，喷药时间以早晚为好，中午易产生药害。

5.6.1.2 有机杀螨剂

（1）有机磷类 有机磷杀虫剂中有些内吸性的药剂可兼治螨类，但多数都是高毒品种现已被淘汰。常用的低毒的兼治螨类的药剂主要是辛硫磷（phoxim）、毒死蜱（chlorpyrifos）、马拉硫磷（malathion）和氧化乐果（omethoate）等。

（2）氨基甲酸酯类 氨基甲酸酯类杀虫剂中兼治螨类的药剂主要是呋喃丹（又名克百威 carbofuran）和涕灭威（又名铁灭克 aldicarb），具有触杀、胃毒和内吸作用。

（3）拟除虫菊酯类 拟除虫菊酯类杀虫剂是一类根据天然除虫菊素化学结构而仿生合成的生物杀虫剂。由于它具有杀虫活性高、击倒作用强、对高等动物低毒及在环境中易生物降解的特点，自 20 世纪 70 年代以来一直是极为重要的杀虫剂，其中有些是可以兼治螨类的品种，如甲氰菊酯（又名灭扫利 fenpropathrin）、氟氰戊菊酯（flucythrinate）、百树菊酯（又名氟氯氰菊酯 cyfluthrin）、三氟氯氰菊酯（功夫 cyhalothrin）和联苯菊酯（又名天王星 bifenthrin）等对蜱螨类均有较好的效果，其缺点是对螨卵无效。

（4）专一性杀螨剂

① 硝基酚衍生物 硝基酚类是最早合成的杀螨剂。主要品种是消螨酚（dinex，DN）、消螨通（dinobuton）和乐杀螨（binapacryl），对农业害螨具有良好的胃毒和触杀作用，可杀成螨和螨卵，可防治果树叶螨和温室中的各种害螨。

② 偶氮苯及肼衍生物 偶氮苯早在 1945 年就开始用于温室熏蒸杀螨，但对许多观赏植物有药害。偶氮苯经改造后具有很好的杀螨活性，如敌螨丹（chlorfensulphide）等，可防治对有机磷有抗性的螨类。该药剂可渗透到植物叶组织内，并保持较长的时间。与杀螨醇混用，可杀死所有发育阶段的螨。对天敌昆虫安全，但混剂对梨和桃有药害。该类药剂不能与有机磷农药混用。

杀螨腙（banamite）是唯一商品化的具杀螨活性的肼衍生物，对果树红蜘蛛和柑橘红蜘蛛高效。

③ 硫醚、砜及磺酸酯类　例如杀螨硫醚（tetrasul）、氯杀螨（chlorbenside）和杀螨酯（chlorfenson）等都是由两个取代苯基通过一个硫桥连接的化合物，是触杀性杀螨剂，持效期较长，对高等动物安全，都能有效地防治螨卵、幼螨、若螨及成螨。

④ 亚硫酸酯类　这是一类非内吸性的触杀杀螨剂，对多种叶螨的所有发育阶段都有效，对高等动物毒性低，且不易产生药害。该类别重要品种有杀螨特和克螨特。

A. 杀螨特（aramite）：其用于果树、棉花和蔬菜等作物上防治叶螨，持效期长，作物收获前 15 d 禁用。

B. 克螨特（propargite）：其用于多种作物防治叶螨，对天敌昆虫和蜜蜂毒性低。

⑤ 二苯甲醇类　二苯甲醇类化合物均为触杀性杀螨剂，具有药效发挥慢、对高等动物低毒和持效期长的特点，主要用于果树、葡萄、大田作物和观赏植物上防治各种叶螨，但此类化合物对螨类易对产生抗药性。主要品种有杀螨醇（chlorfenethol）和三氯杀螨醇（dicofol）。

⑥ 有机锡类

A. 苯丁锡（fenbutatin oxide，又名托尔克）：苯丁锡可有效地防治活动期的各种虫态的植食性螨类，有较长的残效期；主要用于柑橘、葡萄、观赏植物等浆果和核果类上的瘿螨科和叶螨科螨类，尤其对全爪螨属和叶螨属的害螨高效，对捕食性节肢动物无毒。

B. 三唑锡（azocyclotin，又名倍乐霸）：三唑锡为触杀性杀螨剂，对植食性螨类的各种虫态都有效，用于柑橘、棉花、果树和蔬菜的害螨防治。

⑦ 杂环类　杂环化合物中有许多很好的杀螨剂，有突出的杀卵和杀螨活性。主要代表品种如下。

A. 哒螨酮（pyridaben，又名速螨酮、哒螨灵、扫螨净）：哒螨酮为高效广谱杀螨剂，对全爪螨、叶螨、小爪螨和瘿螨的各发育阶段均有效。哒螨酮击倒迅速，持效期长达 30～60 d，与常用杀螨剂无交互抗性，在螨类活动期常量喷雾使用。

B. 噻螨酮（hexythiazox，尼索朗）：噻螨酮为非内吸性杀螨剂，对螨类的各虫态都有效；速效，持效长；与有机磷、三氯杀螨醇无交互抗性；用于果树、棉花和柑橘等作物的多种螨类防治，在螨类活动期常量喷雾使用。

C. 四螨嗪（clofentezine，又名阿波罗 apollo）：四螨嗪为特效杀螨剂，对螨卵表现较高的生物活性，对幼螨和若螨有一定防效，持效期长；用于苹果、棉花、观赏植物和蔬菜防治害螨，可在螨卵期喷雾使用。

⑧ 其他杀螨剂

A. 氟虫脲（flufenoxuron，又名卡死克）：氟虫脲属于酰基脲类杀虫杀螨剂，具有触杀和胃毒作用；对叶螨属和全爪螨属多种害螨有效，杀幼螨和若螨效果好，不能直接杀死成螨，但可导致雌成螨产卵量减少或所产的卵不孵化。氟虫脲是目前酰基脲类杀虫剂中能虫螨兼治、药效好、残效期长的品种，杀螨、杀虫作用缓慢，施药后经 10 d 左右才产生药效；对叶螨天敌安全，是较理想的选择性杀螨剂。

B. 苄螨醚（halfenprox，扫螨宝）：扫螨宝属于非拟除虫菊酯类药剂，具有强烈的触杀作用，在植物体内无渗透性和移动性，对幼螨、若螨和成螨击倒迅速，有较好的速效性和持效性，还可以抑制卵的孵化，对抗性螨效果亦好；适用于苹果、柑橘上多种害螨的防治，正常剂量下使用对果树无药害。

5.6.1.3 抗生素类杀螨剂

（1）华光霉素（nikkomycin，又名日光霉素、尼柯霉素）　华光霉素是由唐德轮枝链霉菌 S－9 发酵产生的农用抗生素，具有杀螨作用，对天敌安全、低毒、低残留。但杀螨作用慢，在螨类发生早期施药效果较好。

（2）浏阳霉素（liuyangmycin）　浏阳霉素属大环内酯抗生素，可用于棉花、茄子、番茄、豆类、瓜类、苹果、桃、山楂、桑树和花卉，防治瘿螨、锈螨等各种害螨。其为灰色链霉素浏阳变种，是一种高效、低毒、对环境无污染、对作物无残留并对天敌安全的微生物杀虫杀螨剂。对害螨有良好的触杀作用，对螨卵也有抑制作用，孵出的幼螨大多不能存活。

（3）阿维菌素（abamectin，又名齐墩螨素、虫螨光、螨虫素、齐螨素等）　阿维菌素对螨具有胃毒和触杀作用，并有微弱的熏蒸作用，无内吸性，但对叶片有很强的渗透作用，残效期长，对作物安全，不能杀卵，可防治柑橘红蜘蛛、锈螨和短须螨等。

5.6.2　科学使用化学农药

5.6.2.1　合理施药

以上所列杀螨剂都是目前常用的无公害杀螨剂，品种很多，特点也有不同，对害螨的防治作用也不同。农作物害螨的种类也很多，不同的螨类有其不同的发生规律，加之各地环境差异也甚大，应针对各种不同的螨类，选择适宜的药剂品种。农业害螨发生在不同地区的环境中，它们的耐药力会有不同程度的变化。因此使用杀螨剂之前必须根据不同地区、不同农业环境的害螨的特点选择适当的杀螨剂品种，才能达到理想的防治效果。要做到合理使用农药，首先要掌握农药的性能，这是做到对螨下药的关键。

5.6.2.2　掌握防治适期

掌握害螨的发生规律，抓住有利的防治时期，可以收到更好的防治效果。如防治果树山楂叶螨，可在早春果树萌芽前，山楂叶螨越冬雌成螨由果树基部向上转移时，用 3 波美度石硫合剂处理树干。防治柑橘瘿螨，应掌握在个别树有少数黑皮果和个别枝梢叶片黄褐色脱落时进行喷药防治。

5.6.2.3　考虑螨虫兼治

农业害螨与许多害虫是混合发生的，为了经济而有效地防治病虫害，在一种农作物上同时发生螨害和虫害时，选用药剂种类时，应当考虑到采取一次施药，达到兼治的目的。如棉苗上同时发生棉蚜和棉叶螨时，宜选用能兼治螨、蚜的有机磷和拟除虫菊酯类药剂。在苹果树上同时发生二斑叶螨、山楂叶螨和苹果黄蚜时，宜选用甲氰菊酯或氧化乐果。

5.6.2.4　适量用药

各类杀虫杀螨剂使用时，均须按照商品使用说明书推荐用量使用，严格掌握施药量，不能任意增减药量，否则必将造成作物药害或影响防治效果。操作时应根据施药面积和稀释倍数，准确量取药剂，真正做到准确适量施药，方可取得好的防治效果。随意加大药量不但不能提高防治效果，反而引起农药残留污染，并能促进害螨抗药性迅速增强。

5.6.2.5　采取恰当的施药方法

在确定防治对象和适宜农药的基础上，采用正确的方法施药，不仅可以充分发挥农药的防治效果，而且能避免或减少作物药害和农药残留等不良作用。在施用农药时，要掌握农药品种特性和剂型适应性，并根据防治对象的生物学特性和发生特点，以及作物长势和气候条件等多种因素，灵活运用施药方法。目前农业害螨施药方法主要采用叶面喷雾的方法，生产中也可因地制宜地采用其他施药方法，如根据农业害螨的发生特点，采用茎秆涂抹法、果树注射法和药环法等。

5.6.3　安全使用化学杀螨剂

无公害农药虽然对人畜低毒或基本无毒，但毕竟是农药。特别是用量过大或使用方法不当时，也会造成人畜中毒。因此，必须高度重视农药的安全使用。

5.6.3.1　严格执行农药的安全间隔期

无公害农药也有一个安全间隔期的问题。我国农药检定部门已根据多种农药残留试验结果，制定了《农药安全使用标准》和《农药安全使用准则》，其中规定了各种农药在不同作物上的安全间隔期，即农药在农作物上最后一次使用与收获期所间隔天数。

5.6.3.2　正确掌握农药操作规程

在配药、喷雾时，操作人员必须做好个人防护，防止农药通过皮肤和呼吸道进入体内。在高温时禁止施药，连续喷药时间不宜过长。在操作现场应保管好农药，防止人畜误食中毒。防止农药污染附近水源、土壤等，以免影响水产养殖和人畜用水。

5.6.3.3　防止作物产生药害

使用农药品种不当或使用时间不当，剂量过高或喷洒不均，以及某些不利的自然因素，均可造成作物药害。有些药剂对同一种作物的不同品种敏感性不同，有的品种安全，有的品种易产生药害。使用农药前要认真阅读说明书。

5.6.3.4　妥善保管农药

农药上的标签要保持完好，以免误用、误食。农药不能与粮食或其他食品混放在一起，不能放在居室内，应放在小孩不易触到的地方。各种乳油、油剂、熏烟剂等易燃农药，应远离火源。液体农药在严寒地区要注意防冻，粉剂要注意防潮，各种农药都应避光存放。

5.6.4　农业抗性害螨治理途径

农业害螨在生态学上属于 r 对策物种，具有较高的内秉增长率（r_m），个体小，繁殖速度快，适应能力强，在不断变化的环境中能够迅速产生变异，以形成新的种群迅速占领生境。对农药而言，农业害螨比其他昆虫种群更容易产生抗药性。因而在使用农药防治害螨时，要预防害螨产生抗药性。

5.6.4.1　害螨抗药性治理的原则

a. 尽可能将目标害螨种群的抗性基因频率控制在最低水平，以防止或延缓抗药性的形成和发展。

b. 选择最佳的药剂配套使用方案，包括各类（种）药剂、混剂及增效剂之间的搭配使用，避免长期连续单一地使用某一种药剂。特别注重选择无交互抗性的药剂进行交替轮换使用和混用。

c. 选择每种药剂的最佳使用时间和方法，严格控制药剂的使用次数，尽可能获得对目标害虫最好的防治效果和最低的选择压力。

d. 实行综合防治，即综合应用农业措施、物理措施、生物措施、遗传措施及化学措施，尽可能降低种群中抗性纯合子和杂合子个体的比率及其适合度（即繁殖率和生存率等）。

e. 尽可能减少对非目标生物的影响，避免破坏生态平衡而造成害虫的再猖獗。

5.6.4.2 农业害螨抗性治理的化学使用技术

（1）农药交替轮换使用 化学农药交替轮换使用就是选择最佳的药剂配套使用方案，包括药剂的种类、使用时间和使用次数等，这是害虫或害螨抗性治理中经常采用的方式。要避免长期连续单一使用某种药剂。交替轮换使用药剂的原则是不同抗性机理的药剂间交替轮换，避免有交互抗性的药剂间交替使用。如津巴布韦防治棉叶螨的6种杀螨剂交替轮用的治理方案是成功的典范。20世纪70年代初，津巴布韦棉花研究所相继发现棉叶螨对乐果的高水平抗性（1000倍），而且抗性几乎扩大到其他有机磷杀虫杀螨剂（久效磷），通过对100多个农药进行生物测定筛选了6个杀螨剂，在全国范围实行抗性治理，这是一个预防性的抗性治理的例子。即把全国分成3个区域，每区域连续两年使用两种杀螨剂：两年后第一区域换用第二区域的两种杀螨剂，第二区域换用第三区域的两种杀螨剂，第三区域换用第一区域的两种杀螨剂。每2年交换1次，6年重复一轮。这样使得每2年中所使用的两种杀螨剂刚开始所具有的选择抗性，在以后的4年中足以消失。这方案已在全国执行了14年，没有发现棉叶螨对使用的6种杀螨剂出现抗性。因此，棉叶螨抗药性问题可通过药剂的交替轮换使用而得到有效阻止。

（2）农药的限制使用 农药的限制使用是针对害虫容易产生抗性的一种或一类药剂或具有潜在抗性风险的品种，根据其抗性水平、防治利弊的综合评价，采取限制其使用时间和次数，甚至采取暂时停止使用的措施。这是害虫或螨类抗性治理中经常采用的办法，如我国与澳大利亚棉铃虫抗性治理方案中对拟除虫菊酯的限制使用。

（3）农药混用 农药混用是害虫抗性治理采用的一种措施。混用将给害虫产生交互抗性和多抗性创造有利条件，会给害虫的防治和新药剂的研制带来更大的困难。只有科学合理研制和使用混剂，才能充分发挥其在抗性治理中的作用。

【思考题】

1. 总结植物检疫、农业防治、生物防治、物理防治、遗传防治和化学防治对害螨的防治作用，分析这些方法的优缺点。

2. 如何科学地进行化学防治？

3. 协调应用各种防治方法，对害螨进行综合治理是将来害螨的治理方向。其困难在哪里？

第6章

螨类研究技术

农业螨类研究中涉及的基本技术和方法，是开展各项研究的基础。随着新的仪器和新的研究方法的出现，农业螨类学各项研究技术已经基本完善，尤其在基本研究方法方面，积累了很多的经验。随着研究的深入，一些新的分子生物学研究技术也运用到螨类研究上来。本章从螨类标本的采集、标本制作和保存、螨类饲养、观察调查、毒力测定、分子生物学技术等方面进行介绍。

6.1 螨类标本采集、制作和保存

6.1.1 螨类标本采集

螨类标本采集是研究的前提和基础，有关螨类的任何研究，都需要一定数量的螨体。螨类体型微小，肉眼难以观察，一般在隐蔽处或栖息处危害，与昆虫有共同处，也有其独特之处。田间采集主要从被害寄主植物上获取螨类，其次也可在寄主附近的土块里、石块下、树缝或枯枝落叶中采到越冬螨。活螨采集需要将寄主植物或越冬的基物装在塑料袋内，扎紧袋口，短期内带回实验室内或者邮寄回实验室内。室内采集主要是指采集危害与农产品有关的储藏物品的害螨，例如在粮食、种子、饲料、糖果、水果和中草药等上采集害螨。这类害螨的发生，往往由于储藏物含水量过高，库内通风不良，仓库本身已经污染或者从室外带入其内。南方梅雨季节时，储藏物品害螨常常大发生，也是采集的良好时期。

6.1.1.1 田间采集

（1）采集工具　所用采集工具包括 10～30 倍手持放大镜、GPS 全球定位仪、数码照相机、剪刀、镊子、小号毛笔、采集袋或采集箱、白磁盘、玻璃小瓶或离心管、铅笔、采集标签、脱脂棉、标本夹、普通浸渍液、100％无水乙醇和瘿螨浸渍液。

普通浸渍液（表 6-1）适用于除瘿螨外多数螨类标本的保存，冰醋酸能够使螨体附肢伸展或防腐，但易使螨体变脆，甘油能够使螨体柔软，弥补冰醋酸的不足。

表 6-1　螨类普通浸渍液配方

药品	用量（mL）
95％乙醇	77
冰醋酸	8
甘油	5
蒸馏水	10

瘿螨在普通浸渍液里身体会变形，瘿螨保存有其专用的保存液。保存液配方有两种，其一是将 100% 无水乙醇加入去离子水，稀释到 75%，然后加入蔗糖使其饱和，取上清液备用；其二是用 25% 异丙醇置于瓶中，加入山梨糖醇使之成稀的糖溶液，然后再加入微量碘结晶。目前被广大瘿螨分类学者所采用的是第一种保存液。

如田间采集到的螨类需要带回室内做分子生物学测定，则将螨体直接浸泡于 95% 以上的乙醇中备用。

（2）采集时间　采集时间的选择会直接影响到采集的效果。无论何种实验，都希望采集到大量的成螨。因此螨类大量发生的季节是采集的最佳时期。在我国热带、亚热带地区，终年可以采集到成螨标本，但冬季会少些。在东北或者西北地区气温较低，螨类出蛰迟，繁殖发育慢，大发生季节一般都集中在 7~8 月，此期间采集螨类为宜。中部温暖地区，在作物的生长季节内都可以采集到螨类。

（3）采集方法　主要根据螨类的生境和危害状采集害螨。例如在干旱地区应该在灌溉渠、小河谷等潮湿地区寻找；在潮湿地区应该到空旷处去寻找；在林区应该在缺苗处、砍伐处或者林区边缘寻找。寄主植物的被害状是田间采集的捷径，多数害螨主要危害植物叶片或者嫩梢，栖息在叶背主脉两侧，也有一些种类是在叶面栖息危害。主要症状形成退绿色斑点、叶片和嫩梢发黄干枯、叶片呈紫红色或黄褐色斑块、扭曲畸形、形成虫瘿或毛毡。植物的营养或者繁殖器官有发生异常的现象，就应用放大镜观察，或者带回室内做镜检。害螨的危害状与刺吸式口器的害虫危害状相类似，应该在放大镜或者解剖镜下进行区分。此外，还可以根据黏结在基物上的卵壳、蜕下的螨壳等，扩大寻找标本的线索。不少害螨有吐丝拉网习性，螨丝还能黏结尘土，且不易被雨水冲刷，也有少数螨类会结成紧密的网。

① 直接挑取法　这种方法适用于多数农作物和阔叶树上的个体较大的害螨，一旦发现叶、果、花、嫩枝上有螨体存在，就可用浸湿的小号毛笔直接挑取成螨到盛有浸渍液的容器内，也可以连同寄主植物一同摘下，装入塑料袋或者纸袋中，扎紧袋口，带回室内镜检。装在塑料袋或者纸袋中的活体标本，一般在 25℃ 室温下可保存 4~5 d，寄主植物不干瘪或者腐烂，螨体就不会逃逸。如有条件，可以放在 5℃ 冰箱中，保存时间会更久。

② 整体浸泡法　此方法将螨体和其寄主植物一同放入浸渍液中浸泡，对瘿螨标本采集更为适宜。瘿螨个体微小，肉眼难以看见，且有些种类藏在虫瘿或者毛毡内，不易直接挑取。将在放大镜下观察到的螨体连同寄主植物一同放入装入浸渍液的容器内浸泡；采集形成虫瘿和毛毡症状的瘿螨时，直接连同寄主放入盛有浸渍液的容器内，带回实验室内进行镜检和制作玻片。

③ 震落法　此类方法适用于松杉类针叶植物寄主和具有假死习性的螨类等采集。左手持白磁盘，右手敲打植物，使螨类震落到白磁盘内，然后用毛笔挑取螨类到容器内。此方法简单，采集效率也较高。

在采集中，无论是用塑料袋装的标本还是用容器装的标本都应放入采集标签，记录样品编号、采集地的经纬度、海拔高度、采集日期、采集人、寄主植物、危害症状、螨体颜色、栖息部位。字体要公正清晰，文字简明，用黑色铅笔书写。装入采集管的标签要力求面积小，正反面均可书写，不可折叠。使用数码照相机对害螨生存的环境和寄主进行拍照，不明确寄主的植物要取其枝条、根茎和花果，带回实验室鉴定。

凡有性二型的种类，例如跗线螨和叶螨总科里的一些种类，在采集时应特别注意收集雄性个体，雄螨特征对鉴定一些近似种是必需的。在螨类采集过程中，往往会看到一些行动活泼，体色较淡，足细长，体毛疏生的螨体，这些可能是取食害螨的捕食螨，也可能会遇到害螨的其他天敌，均应一起采集浸泡，待后一并鉴定，为开发天敌资源提供可靠的依据。

6.1.1.2　室内采集

（1）直接挑取法　害螨数量较多时，一般在储藏物的表面就可看到正在爬行的螨体；害螨数量少时，可对储藏物分级筛选。由于此类害螨体色较浅，可以把筛出物置于黑纸上，便于识别和挑取，挑取方法同前。

（2）浮选法　凡属可溶性的储藏物品，可采用此法。例如采集砂糖中的害螨，可将一定数量的砂糖溶于过量的温水中，使之全部溶解，然后将糖液过滤，溶液中的螨体即被阻止在滤纸上，再从滤纸上挑取就可。

（3）贝氏分离法　对于潜藏在储藏物品里的害螨，采用这种方法最为有效。本法是利用热能来驱使害螨离开寄主进入集螨器。贝氏分离器及其改进型的种类很多，其主要结构都是由 $40\sim100$ W 的白炽灯、锥型漏斗和集螨器组成。锥型漏斗的上圆直径为 30 cm，下圆直径不超过 2.5 mm，高为 4.5 cm，下面与集螨器用螺纹相接，漏斗外焊有一定高度的三脚架作为支撑。灯泡位于漏斗的正上方，并附有灯罩。使用时要把分离的物品用稀纱布包裹，放入漏斗内，或在漏斗内放一块小于上圆直径的铁纱网板，把要分离的物品置于网板中央即可。物品与灯泡之间的距离不得小于 $10\sim20$ cm。插好温度计，然后开灯，使漏斗里的温度保持在 45 ℃左右，如果温度过高，会使螨类大量死亡。在 45 ℃下，螨体因受热而向漏斗下爬行，直至跌入集螨器内，烘烤若干时间后，取下集螨器，置于镜下挑取螨体（图 6 - 1、图 6 - 2）。

图 6 - 1　贝氏分离器
（仿吴伟南等，2009）

6.1.2　螨类标本制作

农业螨类个体微小，最大的体长不超过 7 mm，最小的不足 0.1 mm，因此，只能在显微镜下才能观察到它们的细微差别，这就要求把螨体做成玻片。一张好的玻片标本要求螨体完整、跗肢不能重叠，特征清晰透明。必须抓住玻片的选择、封固剂的配制和制片技术这 3 个基本环节。

（1）玻片选择　玻片长宽和厚度要适中，通常 76.2 mm 长、25.4 mm 宽、$1\sim1.2$ mm 厚，盖玻片使用 18 mm×18 mm 或者 20 mm×20 mm，玻片和盖玻片一定要选用清晰干净的，盖玻片在天气潮湿的情况下容易发霉，必要时可用洗液清洗干净后再使用。

（2）封固剂选择　螨类封固剂有常用封固剂（表 6 - 2）和专用封固剂（表 6 - 3），通常螨类使用一般封固剂。最常使用的封固剂是霍氏封固剂。瘿螨使用专用封固剂可使形态特征更加明显。

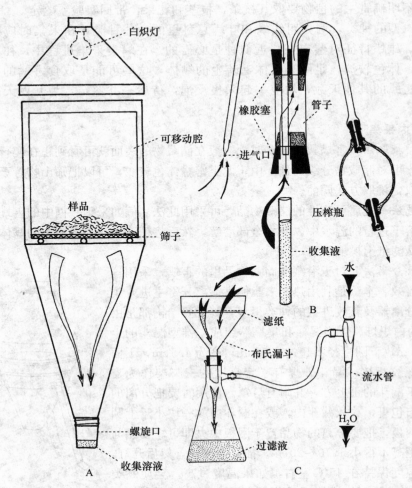

图 6-2 螨类采集和集中器

A. 改进的图氏漏斗 B. 辛格吸气器 C. 布氏漏斗

(仿 Krantz 和 Walter，2009)

表 6-2 螨类常用封固剂

试剂	霍氏封固剂 (Hoyer's medium)	福氏封固剂 (Faure's medium)	辛氏封固剂 (Singer medium)	埃蔡氏封固剂 (Heize medium)
阿拉伯树胶（g）	15	30	30	—
蒸馏水（mL）	25	50	50	40
水合氯醛（g）	100	50	125	20
甘油（mL）	10	20	30	—
山梨糖醇（g）	—	—	20	—
乙烯醇（g）	—	—	—	10
82%～95%乳酸（mL）	—	—	—	35
1.5%石炭酸溶液（mL）	—	—	—	25

表 6 - 3　瘿螨制作液配方

（引自 Keifer，1952）

试剂	预备液	清洗液	最终液
山梨糖醇（g）	1.00	1.00	1.00
水合氯醛（g）	3.00	4.00	5.00
间苯二酚（g）	0.10	—	—
酚（mL）	0.25	0.25	0.20
碘（g）	0.10	0.10	0.15
碘化钾（g）	—	0.10	—
水（mL）	2.00	2.00	—
甘油（mL）	0.25	—	—
甲醛（mL）	—	—	2.00

（3）制片技术　在制片过程中，首先要清除覆盖于螨体或者附着于螨体或足上的污物。对体色较深的螨体和干螨体要进行特殊处理。不符合要求的螨姿标本和污染了的玻片标本要重新制作。

螨体跗节末端具有爪和爪间突，其上生有黏毛或刺束，螨体借此得以牢固地附着于基物。这些器官往往附有不少污秽，少数螨体的体表被有粉状覆盖物，这些都可能影响特征的观察，必须加以清除。清洁方法较为简便，只需把螨体放在浸渍液里，用小号毛笔或者昆虫针轻轻拨动使污物沉于浸渍液底部，再将清洁螨体挑出，放于清洁的封固剂内，盖上盖玻片。

不符合要求的螨体标本制片，要重新处理。先将玻片标本浸泡在清水中，载玻片和盖玻片分离时，可将载玻片置于解剖镜下，取下盖玻片，将螨体挑至稀盐酸内，浸渍加湿，使螨体软化，即可重新制片封固。干螨制作玻片时，亦可采取此过程。

玻片根据需要可以制成临时性玻片和永久性玻片。

① 临时性玻片　这种玻片的制作目的，是为了解决短期内亟待进行种类鉴定所需要，其主要措施是用快速透明液制片。这种玻片可根据鉴定时的需要，轻微推动盖玻片，使螨体标本在片内滚动到所需要的部位，便于在镜下观察。但这种玻片不能长期保存。临时性玻片常用的透明液有如下两种。

A. 乳酸透明液：按螨体角质化程度可选 50%～100% 的乳酸做透明剂，角质化程度高的螨体用较高浓度的乳酸透明液。把螨体直接放入透明液中，待透明后进行制片。

B. 纳氏透明液（Nesbitt's solution）：其配方为水合氯醛 40 g、蒸馏水 25 mL 和浓盐酸 2.5 mL，适于不易透明的螨种和低温下使用，其优点是速度快、透明性好，缺点是透明程度不易控制，需要多次观察透明情况，防止标本过度透明。

② 永久性玻片

A. 一般螨类制片：对于除瘿螨外的一般螨类，将封固剂一滴滴入载玻片中央，在解剖镜下用带钩的挑虫针挑取螨体置于封固剂中，盖上盖玻片。盖盖玻片时应使盖玻片一侧首先浸入封固剂，然后轻轻放下，这样可以避免玻片中进入气泡。将盖好盖玻片的载玻片置于显微镜下，对螨体进行整姿，每种标本通常需要正面观、侧面观和腹面观。对于叶螨总科的雄螨标本，要把雄螨阳茎做成侧面观，雄螨阳茎是某些种类的重要鉴定特征，通常一张玻片仅封固一个雄螨，覆盖盖玻片后，用解剖针或者镊子轻轻移动盖玻片，使虫体侧转。遇到胶液较稀不易推成侧面观片时，可把玻片放入烘箱中 1～2 d，待胶液黏稠后再制片。取食过多的活螨，封片时往往使螨体内含物外溢，影响玻片标本的质量，可将活螨饥饿一段时间然后制片。制作好的玻片放在 45℃ 烘箱中烘干后保存。

B. 瘿螨制片：瘿螨标本制作过程稍繁琐，分为下述几个步骤。

a. 在实验室中，将小玻璃管中的浸虫液倒入一个干净的小培养皿中，在解剖镜下观察到瘿螨，用末端带小钩的昆虫针挑取瘿螨个体于一个已经滴入预备液的凹玻片中，连续挑取瘿螨个体 10～30 头于预备液中。

b. 把挑入瘿螨的凹玻片放在 100℃ 电加热板或者烘箱中加热 90 min，使瘿螨个体透明，待预备液变黑，取出凹玻片。

c. 从经过烘烤的预备液中挑出瘿螨到另一个已经滴入清洗液的凹玻片中，静置 2 d 以上。清洗瘿螨体内的预备液，防止瘿螨过度透明。绝大多数瘿螨用此方法可以透明，如果螨体不透明，则把螨体挑入纳氏透明液中，再次进行透明，要每 5 min 观察 1 次，防止螨体过度透明。

d. 最后在干净的玻片上滴上最终液，从清洗液中挑入瘿螨，盖上盖玻片，显微镜下整姿。放入 45℃ 烘箱中烘烤 1 周，待玻片干透后，封上中性树胶，制作成永久玻片。

每一标本制作完毕后，应立即在每张载玻片的左侧贴上采集标签，包括寄主植物、采集地点、采集日期、采集编号和采集人等；在载玻片的右侧贴上定名标签，包括种名和鉴定人，是新种的还要写上正模标本和副模标本以及该新种发表的年份、期刊缩写和页码（图 6 - 3）。

图 6 - 3　标签贴法示例

6.1.3　螨类标本保存

螨类个体微小，标本分为浸渍标本、干标本和玻片标本。浸渍标本应该放置于密封容器内，防止浸渍液挥发，一旦发现浸渍液减少，应该及时补充浸渍液。干标本要放置于阴凉干燥之处，防止标本发霉和生虫。玻片标本制作完毕后，在 45℃ 烘箱中存放 4～5 个月，确保标本完全干燥。永久玻片标本要存放在干燥之处，或者长期保存在烘箱中，防止玻片受潮。

6.2　螨类饲养技术

为了对某种农业螨类开展必要的系统研究，室内饲养试验是其一个重要的部分。由此，就牵涉到人工饲养的问题。为开展生物学和生态学研究，农业螨类的毒力和抗性测定以及培养、繁殖其天敌时所需要的饲料等，都需要提供大量的虫源，有些试验还要求生长发育一致的螨态。要满足这些要求，仅从田间采集往往不能达到数量和质量的要求。因此，必须进行人工饲养和繁殖。通常农业螨类的饲养需要在光照培养箱中或者人工气候室中进行，温度调节在 25℃左右，16 h 的光照，8 h 的暗期，相对湿度为 50%～60%。温度、湿度和光照长度可以根据各种螨类的特性，加以调整。

6.2.1　麦岩螨和麦圆螨的饲养

麦岩螨和麦圆螨进行集团饲养时，可采用盆栽小麦或其他麦类，也可栽培多年生的杂草寄主作为饲料。当数片真叶展开后，即可接种螨体。花盆口周围要涂一层虫胶，防治螨体逃逸。这两种螨类都喜欢较短光照，对温度和湿度要求略有差别，麦岩螨喜温暖干燥，麦圆螨则要求温暖潮湿。接种螨体时可采用震落法或用一定湿度的小号毛笔进行挑选。

单体饲养也可采用盆栽饲料，可采用单株水培方法进行饲养。由于这两种螨类具有受惊下坠的习性，所以应在植株下放置严密的纸片或者塑料板，周围涂以虫胶，以防逃逸。

6.2.2　朱砂叶螨和二斑叶螨的饲养

叶螨的饲养并不困难，只要给以充足的食物，在适宜的温度、湿度和光照条件下，就能很快生长繁殖。但在饲养中，要时时注意有无天敌的侵袭。人工饲养所供饲料，可采用盆栽植物，一般采用菜豆植株来进行饲养。栽培一年生植物时，应分期分批连续栽培，这样才能得到源源不断的新鲜饲料。更换饲料时，只要把新鲜饲料与感染植株相接触，螨体就自行爬到新鲜饲料上去。

（1）盆栽饲料法　用盆栽植物时，可在植株主干上包扎一块脱脂棉，然后在脱脂棉上涂虫胶，防治螨体逃逸。在饲料充足时，一般不易发生外迁现象。

（2）圆盘法　使用圆盘法饲养叶螨时，要选取中号玻璃培养皿（直径为 8～10 cm）作为培养容器，选取厚度接近培养皿厚度的海绵，用剪刀把海绵剪成小于培养皿大小的圆盘，把剪好的圆形海绵放于培养皿中，培养皿和海绵都要进行 100℃高温消毒。在海绵和培养皿的空隙处加上清水，在海绵上放置一片新鲜的干净的菜豆叶片，叶片周围用脱水纸或面巾纸包裹，这样可以使叶片的周围处于有水的环境。再用小号毛笔挑叶螨至叶片上，当叶螨逃逸时可掉至培养皿的水中。每次需要更换叶片时，可将旧的带螨的叶片剪成小块，放至新鲜叶片上即可。培养皿要注意观察，确保水量高度达到培养皿厚度的 2/3 以上。

6.2.3　山楂叶螨的饲养

室内条件下山楂叶螨的饲养主要采用水培枝条法和培养皿法。山楂叶螨常见的寄主植物有苹果、桃和梨等。

（1）水培枝条法　从田间采集山楂叶螨寄主植物的一年生枝条，带回室内，剪去端部幼嫩叶片，每一枝条保留大小较为一致、充分展开的成熟叶片 8～10 片，在解剖镜下仔细清除各叶片上的所有害虫，并将枝条插入盛有清水的三角瓶中培养，即可用来对山楂叶螨进行饲养。三角瓶内清水、枝条每周更换 1 次。

（2）**培养皿法**　将直径 15 cm 的滤纸，置于直径 15 cm 的培养皿内，将滤纸充分湿润。然后将山楂叶螨寄主植物叶片叶背朝上地放在滤纸上，将叶柄用湿润的卫生棉球包裹，即可在叶片上进行山楂叶螨的饲养。在饲养的过程中每天用毛笔蘸水给滤纸和卫生棉球加水，保持皿内的湿度。每隔 3 d 换叶片 1 次。

更换叶片主要采用毛笔对幼螨、若螨及成螨进行转移，卵在饲养过程中不进行转移。在叶片尚未干枯或腐烂时对叶片或枝条按上述方法进行更换；如果叶片干枯或腐烂，则将叶片放置在培养皿内，在其旁边放置一按培养皿法处理的新鲜叶片即可。每天观察 2 次（8：00 和 20：00），如发现有孵化之幼螨，及时进行转移。

6.2.4　植绥螨的饲养

隔水式饲养，饲养器包括盛水容器、泡沫饲料块及饲养支持面组成的饲养台。使用直径 15 cm 的培养皿为盛水容器，放入一块直径为 14 cm、高约 2 cm 的泡沫塑料，上面覆盖一块同样大小的黑布，布上再覆盖一块直径略小的塑料薄膜作为饲养支持面。泡沫塑料和黑布充分吸水，薄膜和黑布之间的一圈水膜成为水栅，防止植绥螨逃跑。在饲养植绥螨的薄膜面上，依不同种植绥螨供给相应的叶螨或腐食酪螨或花粉作为食物。用脱脂棉作为产卵支持物。饲养中要及时补充食物及清除饲料支持面上的污秽及发霉花粉。用花粉作为饲料时，可以把花粉放于小纸片上作为食台。一个饲养器中可放多个食台。

盛水容器和饲养台的大小及支持面的性质，可因地制宜并依研究的目的来调整。例如研究生活史时，需要单个饲养，在直径 14 cm 饲养台黑布上，放入多块直径 1～1.5 cm 的薄膜，每一薄膜为一饲养支持面，在解剖镜下易检查发育情况。对有些不取食花粉的种类则必须用叶螨饲养。如饲养智利小植绥螨、伪钝绥螨，先用矮秆菜豆繁殖叶螨，然后将带有大量叶螨的菜豆叶放在薄膜上，供植绥螨取食和栖息。叶片作为支持面的饲养方法，一般是摘下有叶螨的叶片放于吸足水的脱脂棉或湿纸上，可防止叶片在短时间内干枯。亦可用带有叶柄的叶，在叶柄末端包一棉球，每天滴加水。或把叶片平放在盛水容器的金属网上，叶柄通过网孔插入水中。这一饲养方法的优点是叶螨仍在叶片上取食，继续产卵和发育。

前述的泡沫塑料块作为饲养支持面的方法，食物可用叶螨、粉螨或花粉。叶螨的生产一般用菜豆、蚕豆作为寄主植物。蚕豆价廉，叶片肥厚，可以供更多叶螨取食，适于冬春季节生产叶螨。饲养室内空气要新鲜，污浊的空气对植绥螨的生长发育不利。

用淀粉、麦麸和酵母粉来繁殖粉螨或者腐食酪螨等作为它们的代替猎物，然后用代替猎物来大量生产植绥螨。该方法简单、高效、原料丰富、价格便宜。这是植绥螨人工大量繁殖技术中的一次革命。但必须解决容器内的换气和保湿问题，若不换气，植绥螨易中毒而死。当前正推广用这种方法繁殖胡瓜新小绥螨和巴氏钝绥螨。

6.2.5　其他螨类的饲养

其他重要的农业螨类，例如柑橘全爪螨、神泽叶螨和截形叶螨等的饲养方法同前面所述。可以在温室或人工气候室内栽培适宜的寄主植物，直接用寄主植株来饲养螨类；也可以用圆盘法，把害螨养在培养皿中。在做各种害螨各个地理种群之间遗传关系试验时，需要将各个地理种群的害螨分开来饲养，利用圆盘法饲养是很好的选择。

6.3　螨类调查方法

6.3.1　朱砂叶螨的调查方法

周柏龄（1989）通过对大量调查资料分析，发现无论在杂草寄主上还是在棉株上，朱砂叶螨的百株螨量（y）与有螨株率（x）之间，均存在着极为密切的相关关系，经回归分析建立经验公式（$y=1.4269x^{1.4131}$）后，以有螨株率代入公式，求出螨量估测值，与实查的螨量相比，误差一般在±3%的范围内。据此认为，将越冬杂草寄主和棉田朱砂叶螨密度调查由直接计算螨量改为只调查记载有螨株率，换算出螨密度，不仅能节省时间提高工效，而且能在短时间内扩大调查范围，增加取样田块，使调查资料更有代表性。

6.3.1.1　发生基数调查

蔬菜区在3月各旬的旬末，选择避风向阳作物2~3种，每种作物不少于5块田，每块田调查5点，每点查20株，调查记载有螨株率。棉田在4月下旬选择越冬寄主或早春寄主田5块，调查一次有螨株率，记入下表6-4，取样方法同前。根据虫口变化情况，参照历史资料，结合气象预报进行比较分析，做出棉红蜘蛛趋势预报。

表6-4　朱砂叶螨发生基数调查记载表

调查日期	调查地点	寄主种类	有螨株（叶）数	有螨株（叶）率（%）	百株（叶）螨量	备注

6.3.1.2　棉田虫情调查

（1）棉田系统定点调查　选择代表性棉田2块，从棉花移栽开始，每3d调查1次。按Z形取样，每块田调查5个点，每点取20株，调查有螨株率及天敌情况。调查结果记入表6-5中。

表6-5　朱砂叶螨系统定点调查记录表

调查日期	田块类型	调查株数	有螨株（叶）数	有螨株（叶）率（%）	天敌					备注
					蜘蛛	瓢虫	草蛉	食虫蝽	寄生螨	

（2）棉田虫情普查　在定点调查的基础上，于朱砂叶螨扩散期和盛发期，选择不同的寄主作物及有代表性的田块10块以上，进行普查。每块田采用Z形取样法取10个点，每点查10株，调查记载有螨株数和有螨株率，结果记入表6-6。

表6-6　朱砂叶螨虫情普查记载表

调查日期	寄主作物	调查株数	有螨株数	有螨株率（%）	备注

6.3.1.3　预报内容和方法

根据当地耕作制度、气候、寄主作物上的虫口基数，综合分析做出趋势预报。短期预报可根据棉田虫口密度预报；如果虫口处于零星发生阶段，就可发出点片防治的预报；如果虫口上升，尤其在连续干旱少雨时，对朱砂叶螨发生有利，则应发出普治预报。

6.3.1.4 预测预报参考资料

朱砂叶螨预测所需的资料见表6-7至表6-11。

表6-7 气温对朱砂叶螨生长发育的影响

气温（℃）	世代历期（d）	雌虫寿命（d）	雌虫日产卵量（粒）
22	16	26	6.4
24	14	24	7.6
26	10	22	8.8
28	7~8	19	10.1

表6-8 朱砂叶螨卵及若螨发育历期

温度（℃）	卵历期（d）	若螨历期（d）
22.8	5	7
25.0	4	3
30.0	3	4

表6-9 朱砂叶螨发育起点温度和有效积温

虫态	发育起点温度（℃）	有效积温（d/℃）
卵期	7.6	130
卵至产卵前期	7.2	281

表6-10 朱砂叶螨发生程度量级划分标准

发生期	级别	平均最高红叶株率（%）	平均最高有螨株率（%）	发生危害期天数（d）	应用药防治面积比例（%）	平均需施药次数（次）
苗期（5月26日至6月17日）	1	<10	<20	<5	10	<1
	2	11~20	21~30	6~10	11~30	1.1~1.3
	3	21~30	31~40	11~15	31~50	1.4~1.6
	4	31~40	41~50	16~20	51~70	1.7~2.0
	5	>40	>50	>20	>70	>2.1
花铃期（7月22日至8月4日）	1	<30	<45	<3	10	<1
	2	31~50	46~60	3~5	11~30	1.1~1.4
	3	51~70	61~80	6~9	31~50	1.5~1.7
	4	71~90	81~95	10~12	51~70	1.8~2.0
	5	>90	>95	>12	>70	>2.0

表 6-11　朱砂叶螨由有螨株率查算百株螨量

有螨株率(%)	百株螨量(头)		有螨株率(%)	百株螨量(头)		有螨株率(%)	百株螨量(头)		有螨株率(%)	百株螨量(头)	
	春季杂草	棉株		春季杂草	棉株		春季杂草	棉株		春季杂草	棉株
1	3	1	26	129	143	51	279	369	76	439	649
2	7	4	27	135	150	52	285	380	77	446	661
3	11	7	28	141	158	53	291	390	78	453	673
4	15	10	29	146	166	54	297	400	79	459	685
5	20	14	30	152	175	55	304	411	80	466	698
6	24	18	31	158	183	56	310	421	81	472	710
7	29	22	32	164	191	57	316	432	82	479	722
8	34	27	33	170	200	58	323	443	83	486	735
9	39	32	34	175	208	59	329	454	84	492	747
10	43	37	35	181	217	60	336	465	85	499	760
11	48	42	36	187	226	61	342	476	86	506	773
12	54	48	37	193	235	62	348	487	87	513	785
13	59	54	38	199	244	63	355	498	88	519	798
14	64	59	39	205	253	64	361	509	89	526	811
15	69	66	40	211	262	65	368	520	90	533	824
16	74	72	41	217	271	66	374	532	91	540	837
17	80	78	42	223	281	67	380	543	92	546	850
18	85	85	43	229	290	68	387	555	93	553	863
19	90	92	44	235	300	69	393	566	94	560	876
20	96	98	45	242	309	70	400	578	95	567	889
21	101	105	46	248	319	71	406	589	96	573	903
22	107	113	47	254	329	72	413	601	97	580	916
23	112	120	48	260	339	73	420	613	98	587	929
24	118	127	49	266	349	74	426	625	99	594	943
25	124	135	50	273	359	75	433	637	100	601	956

6.3.2　柑橘全爪螨的调查方法

6.3.2.1　越冬基数调查

在采果后至春梢抽发前，选有代表性的果园 2 个，每隔 7d 调查 1 次。采用棋盘式取样法，每园查 10 株，每株按东、南、西、北、中 5 个方位，每个方位按上、中、下随机各取 2 片叶，每株共 30 片叶。用 10 倍手持放大镜检查每叶上柑橘全爪螨成螨、若螨、卵及天敌数量，统计虫（卵）叶率。调查结果记载于表 6-12。

表 6 - 12 柑橘全爪螨越冬基数及系统调查记载表

单位：_____ 地点：_____ 调查品种：_____ 年度：_____ 调查人：_____

调查日期 (月/日)	树号	方位	调查叶数（片）	有螨叶数（片）	柑橘全爪螨				虫叶率（%）	平均每叶螨数（头）	天敌（头）			
					成螨（头）	若螨（头）	卵（粒）	合计			捕食螨	瓢虫	蓟马	其他

6.3.2.2 系统调查

选择种植当地主栽品种的有代表性的果园，11月至翌年2月每隔15d查1次，3～10月每隔7d查1次。采用棋盘式取样法，定树10株，每株按东、南、西、北、中5个方位，每个方位按上、中、下随机各取2片叶，每株共30片叶，用10倍手持放大镜检查每叶上柑橘全爪螨成螨、若螨、卵及天敌数量。调查结果记载于表6-13。

6.3.2.3 冬卵盛孵期调查

选择柑橘全爪螨虫口密度大的果园，每果园选择有代表性的柑橘5株，每株查有虫卵叶片10片，5株共查50片，总虫卵数在200～300头。从2月下旬至4月上旬，每隔7d查1次。调查叶片上的成螨、若螨、卵及卵壳数量，统计孵化率、虫卵比等。结果记载于表6-13。

表 6 - 13 柑橘全爪螨冬卵盛孵期调查记载表

单位：_____ 地点：_____ 调查品种：_____ 年度：_____ 调查人：_____

调查日期 (月/日)	树号	方位	调查叶片数（片）	柑橘全爪螨						备注
				成螨（头）	若螨（头）	卵（粒）	卵壳数（个）	虫卵比	孵化率（%）	

6.3.2.4 面上虫情普查

于春梢芽长1cm时第一次普查面上虫情。此后在现蕾盛期至初花期，谢花至第一次生理落果、第二次生理落果前和9月上中旬与10月查2～4次。每次选不同类型、地势的橘园3～5个。棋盘式取样，每园查5株，每株在东、南、西、北、中5个方位中部随机查2叶，5株共50片叶。调查3～5个橘园总共150～250片叶上柑橘全爪螨成螨、若螨、卵及天敌数量，并考查全株和全园发生危害程度。结果记载于表6-14。

表 6 - 14 柑橘全爪螨面上虫口和发生危害程度普查表

单位：_____ 地点：_____ 橘园类型及品种：_____ 年度：_____ 调查人：_____

调查日期 (月/日)	物候期	柑橘全爪螨				天敌（头）				全株被害程度					全园发生程度			备注
		成螨（头）	若螨（头）	卵（粒）	合计	捕食螨	瓢虫	蓟马	其他	0级	1级	2级	3级	4级	1级	3级	5级	

柑橘全爪螨全株被害程度分级标准：

0级：每叶1头以下，全株叶片被害面积1/5以下。

1级：每叶1～3头，全株叶片被害面积1/5～1/4。

2级：每叶4～5头，全株叶片被害面积1/4～1/3。

3级：每叶6～10头，全株叶片被害面积1/3～1/2。

4级：每叶10头以上，全株叶片被害面积1/2以上。

柑橘全爪螨全园发生程度分级标准：

1级：每叶3头以下的植株占70%，全园叶色正常，新梢未落叶。

3级：每叶3～5头的植株占50%，全园叶色灰白，新梢有少量落叶。

5级：每叶5头以上的植株占50%以上，全园叶色有1/4灰白色，新梢落叶在5%以上。

6.3.2.5 预报方法

（1）发生趋势预报 冬春气温偏高、雨量偏少、虫口基数大、天敌数量少，有利于柑橘全爪螨的发生。

（2）防治适期预报 在冬卵孵化调查中，当虫卵比连续上升，幼螨大量出现，虫卵比达1左右，即是冬卵孵化盛期，为防治关键时期。

（3）发生程度分级 柑橘全爪螨发生程度分级标准见表6-15。

表6-15 柑橘全爪螨发生程度分级

分级标准	1级	2级	3级	4级	5级	备注
每百叶虫量（头）	<100	100～300	301～500	501～700	>700	以开花后为主

6.3.2.6 防治指标

当平均每叶有虫5～8头时，列为防治对象果园，未达指标进行挑治，或看天敌数量而定。

6.3.3 柑橘锈瘿螨的调查方法

6.3.3.1 系统调查

选有代表性的橘园2～3个，从柑橘谢花期开始到第二次生理落果，每10d调查1次，以后每5d调查1次，至果实着色时为止。主要在4～7月，柑橘锈瘿螨转移到春梢及果实上危害的两个时期。

6.3.3.2 新梢叶受害调查

按当地实际情况，选有代表性的橘园2～3个，从柑橘梢抽发后5～10d起，每个果园固定3株，每株每次随机检查下部或内部叶片10片，用10倍手持放大镜检查每叶背面主脉两侧的中部1个视野的锈螨数量。春、夏、秋各类枝梢自剪后，分别换梢调查。结果记载于表6-16。

表6-16 柑橘锈瘿螨当年新梢叶受害调查表

单位：_____ 地点：_____ 年度：_____ 调查人：_____

调查日期（月/日）	物候期	品种	树号	调查叶数（或视野）	有虫叶数（片）	有虫数（头）	天敌数（头）	每视野虫数

6.3.3.3 果实螨害调查

按当地实际情况，选有代表性的橘园 2～3 个，从 6 月中旬开始，每个果园固定 3 株，每株按东、南、西、北、中 5 个方位调查 5～10 个果。每果在果蒂和果脐附近各查一个视野。检查各视野中柑橘锈瘿螨的数量，统计平均每视野柑橘锈瘿螨数量及天敌数量。以橙为主的地区，中后期以果为主，以橘为主的地区，中后期叶、果结合。调查结果记载于表 6-17。

表 6-17 柑橘锈瘿螨果受害情况调查表

单位：_____   地点：_____   年度：_____   调查人：_____

调查日期（月/日）	品种	树号	调查果数（个）	调查视野数	调查活虫数（头）	调查死虫数（头）	每视野平均活虫数（头）	每视野平均天敌数（头）

6.3.3.4 预测方法

（1）发生趋势预报　柑橘锈瘿螨发生程度主要与橘园虫口密度、气候条件及天敌数量有密切关系。一般冬春季气温偏高，夏季降雨偏少，有利于其发生。

（2）防治适期预报　虫情调查中，当每个视野有虫 2～3 头时，立即发出防治预报。

（3）发生程度分级　在为害定型后调查 10 个果园，每园 5 点取样，共取 5 株，每株分上、中、下、四周各取 20 叶，统计平均每视野虫量，并根据发生面积占总面积的比例，判定发生等级。发生程度分级标准见表 6-18。

表 6-18 柑橘锈瘿螨发生程度分级

分级标准	1级	2级	3级	4级	5级	备注
每视野平均虫量（头）	<1	1～2	3～4	5～6	>6	
占面积百分比（%）	<30	31～40	41～60	61～80	>80	

6.4 螨类观察技术

农业螨类个体微小，肉眼难以看到螨体，需要借助解剖镜或者显微镜才能看到，对于某些特征还需要进行拍照。在研究农业螨类的取食、捕食、危害、交配等特征方面，观察技术显得尤为重要。

在解剖镜下放置一小培养皿，在培养皿中放入带有螨类的叶片或者组织，将物镜的放大倍数调至最小，旋转粗调和微调按钮，将视野调至清晰，找到螨体，将螨体移至视野中央，然后调节物镜的放大倍数至适合的大小，调节微调按钮，使视野清晰。在观察形成虫瘿或者毛毡的螨类时，例如形成虫瘿的瘿螨，需要将虫瘿用昆虫针解剖开，观察在虫瘿里面的螨类危害情况。在农业螨类观察技术里经常会涉及螨体等的拍照，把观察到的情况用图片的形式清晰的表现出来。以 Zeiss V12 全自动显微镜为例，拍照时应把需要拍照的螨体置于视野的中央，把最清晰的一张照片设为视野的中心，设定视野的上下高度，设定合适的步长，拍摄一系列照片，利用软件把照片叠加在一起，形成一张清晰的照片。有时螨体比较活跃，爬行较快，不容易拍到或者拍摄的图片较模糊，在这种情况下，可把样本放置 4℃冰箱里，待螨体静止下来后再进行拍照，这样拍照效果较好。

6.5　螨类毒力测定

长期以来，生产中防治叶螨主要采用化学防治的方法。新农药的不断出现，不同农药对不同的害螨种类以及同种害螨的不同螨态的药效差异很大。为查明药剂对该螨类的药效，需要进行一系列的室内外毒力测定，同时查明害螨的抗药性程度也需要进行毒力测定。

害虫抗药性从表面上看是害虫能够降低田间防治效果的一种反应，而实质上是对毒物选择作出的一种遗传上的改变。实验室试验和田间观察都表明，害虫（螨）抗性的形成和消失与 3 方面的因素有关：药剂因子、害虫自身因子和环境因子。其中，药剂因子是影响害虫（螨）抗药性形成最关键、最根本的因子。药剂的种类、使用浓度、使用次数、接触的害虫群体的大小等都影响害虫抗药性的形成和发展。

6.5.1　室内毒力测定

室内农业螨类的毒力测定主要有 3 种方法，其中以玻片浸渍法使用最为普遍。这种方法螨被固定，缺少活动和取食，在用滤纸吸收多余药液时候也对螨有不同程度的危害。改进后的叶片残毒法，接近实际情况，结果准确，操作简单方便。

6.5.1.1　采用 FAO 推荐的玻片浸渍法

按供试原药：丙酮（甲醇）＝1：5 的比例溶解混匀后，每种处理设 5～7 个浓度，以丙酮与清水的混合液作为对照，每个浓度 3 次重复。将宽约 1 cm 的双面胶带剪成 2 cm 长，贴在载玻片的一端（图 6-4）。用 0 号毛笔挑起 3～4 日龄的雌虫，按顺序将其背部粘在胶带上，每片大约 30 头，分成两行。粘上螨的玻片放在铺有一层浸水海绵滤纸的干净方盘中，置于养虫室的隔离小室内，4 h 后镜检。剔除死亡个体，重新补上存活个体到规定数量。然后把玻片上粘有雌螨的一端浸在供试药液中轻轻摇动 5 s 后取出，斜放在吸水纸上，数秒后用小块滤纸的边缘或纸角迅速吸干附在螨或黏胶表面的药液。玻片按由低到高不同的试验浓度平放在方盘中的滤纸上。置于 26℃、55%～60% 相对湿度、16 h 光照的培养箱内，24 h 后取出镜检死亡数。检查时用小毛笔尖轻轻触动螨足和口器，凡足、须不活动者视为死亡。

生物测定试验，每次的对照死亡率应在 10% 以下，超过 10% 需重做测定。生物测定的死亡率 Abbott 公式校正，以死亡率概率值为因变量（y），药剂浓度（mg/L）对数值为自变量（x），求毒力回归方程（$y=a+bx$），卡方值（χ^2），进而求得致死中浓度（LC_{50}），为更直观展示各品系的抗性进化过程，对各抗性品系每次侧定的毒力回归线作图。

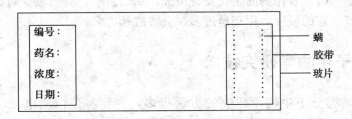

图 6-4　玻片浸渍法示范
（仿何林，2003）

药剂对害虫（螨）的毒力变化是衡量抗药性是否产生的主要标志，常用抗药性指数（或称为抗药性系、抗药性比率、抗药性水平）表示。以未产生抗药性的种群（敏感种群）为标准，通过各种群对药剂的反应的等效剂量（致死中浓度 LC_{50} 或致死中量 LD_{50}；也可用 LC_{95}、LD_{95} 作为等效剂量）计算出抗药性系数。抗药性系数越大，表示抗药性水平越高。

$$抗药性系数（R_f）=\frac{抗药性种群的等效剂量}{敏感种群的等效剂量}$$

6.5.1.2 改进后的叶片残毒法

取直径为 9cm 的培养皿，依次铺上海绵、蓝蜡纸，直径依次减小，并在蜡纸上放置一个和叶片大小一致的薄棉花，加水至海绵，制成水隔离台，将直径为 2cm 的新鲜叶片置于隔离台上，用小毛笔挑取螨体大小一致、健康活泼的雌成螨，每片叶上接入 35 头，然后至于温室大约 1h 以后，观察并挑走叶片上的受伤的或者不活泼的螨。待叶片上的螨体已经固定后，把带虫的叶片在药液中浸渍 5s 后取出，吸取螨体周围的多余的药液，由低到高浓度依次处理，放到培养皿内铺有薄棉花的海绵上，再加水至棉花饱和而不滴水。每个浓度处理 3 片叶片，同法以丙酮与清水的混合液作为对照。后置于 $25\pm10℃$，$75\%\pm5\%$ 相对湿度智能型人工气候室内，24h 后在双目解剖镜下检查死亡螨体。以小号毛笔轻轻触动螨体，以螨足不动或者大部分螨足不动者为死亡。

6.5.1.3 喷雾法

用直径 12cm 培养皿，内置直径 10cm 吸满水的海绵一块，海绵上放入洗净晾干的新鲜桃叶，叶缘用棉花围成细圈以防止螨体外逃。在每皿上引入 30 头雌成螨。然后用塔氏喷雾器对各处理喷洒相应浓度的待测药液（模拟田间用药），以清水处理为对照，每处理 4 次重复；放在温度 25℃、相对湿度为 90% 人工气候箱中饲养。处理后每天观察记载死螨和活螨数量，计算死亡率及校正死亡率。

6.5.2 田间药效试验

在室内毒力测定的基础上，选择一定的浓度范围，在田间做小区药效实验。使药前应调查统计螨的密度，可采用随机定株或随机取样方法，施药后统计螨态的死亡率。田间药效试验时必须设有对照小区，在药效试验的小区之间应设保护行，使药剂互相不干扰。施药后，一般 24h 或 48h 后调查统计死亡率，为观察药剂残效，可在一周或 10d 后在调查统计 1 次。田间药效试验时，除选用适当的浓度外，还要注意药剂的用量，一般以单位面积或每棵来计算，同时也应考虑当时试验作物的生长发育情况，如幼苗期，应当减少药量，反之用药量就应增加，但必须有一定的限度，用药量过多，会造成药害。

6.6 螨类分子生物学研究技术

应用于农业螨类分子生物学研究的方法很多，主要有蛋白质电泳、核酸序列分析、限制性片段长度多态性（RFLP）、随机扩增 DNA 多态性（RAPD）、单链构象多态性（SSCP）、双链构象多态性（DSCP）、分子杂交技术、微卫星技术和 DNA 指纹图谱等。选择合适的分子手段是农业螨类学研究的关键所在。目前应用于农螨分子生物学研究的比较多的基因有线粒体 DNA(mtDNA)、核糖体 DNA(rDNA)、微卫星 DNA 和核蛋白编码基因，其中线粒体 DNA 和核糖体 DNA 中的多个基因在农业螨类分子生物学中应用最广。这些基因被广泛用于螨类近缘种的分类和鉴定、群体间系统发育分析、物种的起源和分化研究、进化方式的研究等。下面以扩增二斑叶螨线粒体 DNA 的 CO I 基因为例做简单介绍。

6.6.1　叶螨总 DNA 的提取

叶螨总 DNA 的提取，参照 Gomi 等（1997）的方法，并加以改进。具体操作如下：

a. 向事先已编号的 1.5 mL 离心管内分别加入 25 μLSTE 缓冲液（含 100 mmol/L NaCl、10 mmol/L Tris‐HCl 和 1 mmol/L EDTA，pH 8.0），然后分别将离心管置于冰上。

b. 在显微镜下挑取新鲜单头雌成螨放入离心管内，立即用塑料碾槌碾磨。

c. 碾磨后将离心管置于冰上。重新挑取下一头雌成螨放入另一个离心管内，重复第二步。

d. 分别向离心管内加入 2 μL 蛋白酶 K(10 mg/mL)。

e. 简单离心后，于 37 ℃下孵育 30 min。

f. 95 ℃初始变性 5 min。

g. 简单离心后，−20 ℃保存，或用 2 μL 作为 PCR 反应的模板，立即进行 PCR 扩增。

6.6.2　PCR 扩增体系和条件

（1）引物　使用一对特异性引物（Navajas 等，1996）从二斑叶螨线粒体 DNA 的 CO I 基因中扩增出一段 453 bp 的片段。

上游引物为：5′‐TGATTTTTTGGTCACCCAGAAG‐3′；

下游引物为：5′‐TACAGCTCCTATAGATAAAAC‐3′。

（2）反应体系　每 50 μL 扩增反应体系含：4 μL DNA 模板、28.6 μL ddH$_2$O、5 μL 10 倍 buffer、5 μL MgCl$_2$（浓度为 25 mmol/L）、4 μL dNTPs（各种浓度均为 10 mmol/L）、0.4 μL *Taq* DNA 聚合酶（浓度为 5 U/μm）、上游引物和下游引物各 1.5 μL（浓度均为 20 μmol/L）。

（3）反应过程　PCR 反应过程为：94 ℃预变性 5 min→94 ℃下 30 s→51 ℃下 1 min→72 ℃ 1 min，共 35 个循环。

（4）扩增产物的检测　取 PCR 反应产物 5～9 μL，在 1.0%(m/V) 的琼脂糖凝胶上以 60 V 电压电泳 30 min，最后在 Gel Doc EQ 凝胶成像系统（Bio‐Rad，Hercules，CA）下观察。

6.6.3　PCR 产物纯化

利用琼脂糖凝胶 DNA 回收试剂盒，步骤如下。

a. 将单一的目的 DNA 条带从琼脂糖凝胶中切下，放入干净的离心管中，称量。

b. 向胶块中加入 3 倍体积溶胶液，50 ℃水浴放置 10 min，其间不断温和地上下翻转离心管，以确保胶块充分溶解。如果还有未溶的胶块，可再补加一些溶胶液或继续放置几分钟，直至胶块完全溶解。

c. 将上一步所得溶液加入一个吸附柱中（吸附柱放入收集管中），以 13 000 r/min 离心

30 s。倒掉收集管中的废液，将吸附柱重新放入收集管中。

d. 向吸附柱中加入 700 μL 漂洗液，以 13 000 r/min 离心 30 s。倒掉收集管中的废液，将吸附柱重新放入收集管中。

e. 向吸附柱中加入 500 μL 漂洗液，以 13 000 r/min 离心 30 s。倒掉废液，将吸附柱放回收集管中。以 13 000 r/min 离心 2 min。尽量除去漂洗液，将吸附柱置于室温或 50 ℃ 温箱数分钟，彻底晾干，以防止残留的漂洗液影响下一步实验。

f. 将吸附柱放入一个干净离心管中，向吸附膜中间位置悬空滴加适量 65～70 ℃ 水浴预热的洗脱缓冲液，室温放置 2 min。以 13 000 r/min 离心 1 min，收集 DNA 溶液。

6.6.4 连接和转化反应

将纯化产物连接至 pGEM-T 载体（Promega，USA），并进一步转化到感受态大肠杆菌 DH5α 中，具体操作步骤如下。

6.6.4.1 连接反应

a. 短暂离心装有载体的离心管，以免液体挂在管壁上。

b. 将反应体系加入 200 μL 的离心管，10 μL 反应体系具体加量如下：2 倍 rapid ligation buffer 5 μL、pGEM-T 载体 1 μL、PCR 产物 3 μL 和 T₄ DNA Ligase 1 μL。

c. 用枪头吸打混匀反应体系，4 ℃ 下放置过夜反应。

6.6.4.2 转化反应

a. 从 -70 ℃ 冰箱中取出感受态细胞 DH5α，冰上放置 10 min 解冻，轻弹管壁以混匀细胞。

b. 短暂离心连接反应管，取全量或一半体积的连接反应物于解冻后的感受态细胞中轻弹混匀，冰水浴 40 min，中间摇 1 次，防止菌体沉淀。

c. 取出离心管，于 42 ℃ 水浴 90 s 热休克。

d. 冰浴 2 min。

e. 离心管中加入 900 μL LB 培养液（AMP⁻）（无菌操作）。

f. 37 ℃ 温和地振摇 2 h，使细菌复苏。

g. 以 4 000 r/min 常温下离心 10 min。倒去上清液，保留 150 μL 左右，吹吸使菌体重溶。往菌液中加入 3.5 μL 200 mg/mL IPTG 和 60 μL 20 mg/mL X-Gal，混匀。将混合液体涂于预先处理好的带有 Amp⁺ 的平板培养基上，待吸收后倒置放入 37 ℃ 烘箱中，培养 12～16 h。观察蓝白菌落。

h. 取灭菌的 10 mL 试管若干，加入约 3 mL 的 LB 培养液（Amp⁺）。

i. 用灭菌牙签小心挑取白色菌落，置于试管中。

j. 于 37 ℃ 下以 250 r/min 振荡培养过夜，至溶液混浊。将经过培养后的菌体直接进行 PCR 检测。

6.6.5 序列测定

经 PCR 检测后的阳性克隆用于测序。所有测序工作可由测序公司完成。每个地理种群随机抽取 3 个样本进行测序，以它们的一致序列为准。

6.6.6　序列分析

获得的 DNA 序列先提交到 GenBank 数据库中，然后利用 BLAST 工具（NCBI 站点）进行序列分析、DNA 序列检索。用 GenDoc 软件进行序列同源性比较。用 BioEdit 软件进行序列编辑。用 Clustal X 软件（Thompson 等，1997）进行序列比对（alignment）。比对结果输入分析软件，计算各样品间的遗传距离，构建系统发育树，通过自展 1 000 次检验获得系统树分支的置信度。

【思考题】

1. 螨类野外采集时，需要注意哪些事项？
2. 如何饲养重要农业害螨？
3. 室内制作玻片标本时，临时标本和永久标本的制作方法有何异同？
4. 怎样开展田间害螨危害的调查？
5. 分子生物学技术在农业螨类学上的应用主要体现在哪些方面？

第 7 章
粮食作物害螨

7.1 稻鞘狭跗线螨

7.1.1 概述

稻鞘狭跗线螨又称为斯氏狭跗线螨（*Steneotarsonemus spinki* Smiley），我国台湾称之为稻细螨，属真螨总目绒螨目前气门亚目异气门总股跗线螨总科跗线螨科（Tarsonemidae），分布于世界所有主要水稻产区，在我国广泛分布于广东、台湾、安徽、湖北、湖南、浙江、福建、江苏、江西和广西等省、自治区的稻田，是水稻一类重要的农业害螨，也是世界范围内水稻上最重要和危害最严重的害螨。

世界上最早报道危害水稻的是在中国南方（1968 年），后来陆续在印度（1975 年）、中国台湾、肯尼亚、菲律宾（1977 年）、日本（1984 年）、韩国、泰国和斯里兰卡（1999 年）等地发现其危害水稻。美洲大陆首先是 1997 年在古巴发现，后来扩散到其他国家：海地、多米尼加（1998）、尼加拉瓜（2003）、哥斯达黎加、巴拿马（2004）、危地马拉、洪都拉斯、哥伦比亚、委内瑞拉（2005）和墨西哥（2006）。2007 年夏天，该螨在美国阿肯色州、路易斯安那州、纽约州、得克萨斯州的温室里以及路易斯安那州和得克萨斯州一些稻田里被发现；到 2009 年，加利福尼亚州北部温室里也采集到该螨。目前，该螨被美国农业部列为要报告和要采取措施的害虫。在美国还发现，当它与细菌性穗枯萎病（*Burkholderia glumae*）和叶鞘腐烂病（*Sarocladium oryzae*）共同发生时，就会造成显著的经济损失。因此它在美国被称为水稻穗螨（panicle rice mite，PRM）。在印度，它被称为水稻叶鞘螨（rice sheath mite），是西孟加拉邦和印度北部水稻上最重要的害虫之一。

稻鞘狭跗线螨的寄主主要是水稻，除此之外还有粉单竹、罗竹、白茅、李氏禾和一种雀稗。

稻鞘狭跗线螨主要栖息在叶鞘内壁和颖壳里取食、生长发育和繁殖。稻鞘狭跗线螨除直接刺吸水稻危害外，还能传播多种植物病原菌，引起双重或多重危害。被害叶鞘首先在其内壁出现褐色斑点，随之相应外壁也出现同样的色斑，危害严重时，这些褐色斑点联合成块，色泽逐渐加深，使整个叶鞘变为黑褐色，两广群众称之为黑骨，有些地方称之为稻螨褐鞘病、紫杆病，台湾称之为水稻不稔症。被害剑叶叶鞘内的穗梗往往变形弯曲，受害的颖壳亦为褐色。由于叶鞘和颖壳受害，会造成水稻早衰，叶片干枯，影响灌浆，使秕谷率增加 5%～10%，千粒重下降 1～2 g，一般减产 5%～90%。如在我国台湾的台南地区，1974 年造成 60% 的产量损失，1976 年暴发时造成台湾南部 920 万美元的经济损失。在古巴，1997 年第一次危害时就造成 30%～70% 的产量损失；在海地，水稻产量的 60% 损失与该螨有关；在巴拿马，可造成 40%～60% 的产量损失；在巴西，能造成 30%～70% 产量（合 380 万～390 万美元）的经济损失，严重影响该国的水稻产业。

7.1.2　形态特征

稻鞘狭跗线螨的形态特征见图 7-1。

（1）**雌成螨**　体长 0.28 mm，宽 0.08mm，长宽比约为 3∶1。体型狭长，柔软，淡黄色，半透明，具光泽。须肢细小，紧贴于颚体两侧。螯肢短小，针状，构成刺吸式口器。第一对足和第二对足基节之间，即前足体两侧生有 1 对淡紫色榄核状假气门器官。前足体上有 4 对背毛排成一直线，后半体上有背毛 3 列。足 4 对，前后 2 对足之间相距较远。爪间突膜质，片状，附着于爪。第四对足退化，无爪和爪间突，仅有端毛和亚端毛各 1 根。体末端有刚毛 4 根。

（2）**雄成螨**　体长 0.16 mm，宽 0.08mm，长宽比为 2∶1。体型小于雌螨，椭圆形，状如甲鱼。缺假气门器官。

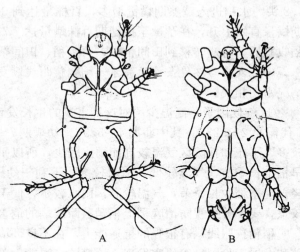

图 7-1　稻鞘狭跗线螨
A. 雌螨腹面观　B. 雄螨腹面观
（仿 Cho 等，1999）

第四对足特化为钳状，粗壮，内侧有齿状缺刻，外侧有粗刚毛两根。

（3）**幼螨**　体长 0.18mm，宽 0.08mm。体椭圆形，足 3 对。

（4）**卵**　卵为圆柱形，状如绿豆，初产具有光泽，无色透明，后变为乳白色。

7.1.3　发生规律

（1）**生活史和习性**　稻鞘狭跗线螨的个体发育只有 3 个阶段：卵、幼螨和成螨。无若螨期。在幼螨和成螨之间有一静止期。营两性生殖，卵散产或堆产。

这种螨在广西以卵、幼螨和成螨在稻田周围的杂草上越冬。也能在一些竹子上取食和越冬。翌年春末夏初，冬螨从田边杂草上迁移到早稻上危害。早稻收割前又转移到田边杂草上取食繁殖，到 8 月再迁至晚稻危害。因此稻鞘狭跗线螨在稻田的平面分布是从田边到中心，逐步扩展蔓延，有明显的危害中心。这种迁移规律对制定防治对策很有意义。它的垂直分布有由上而下的发展趋势。从表 7-1 中可以看出，老叶鞘发育早，内含营养物质逐步减少，害螨就随着水稻的生长发育，逐渐向嫩叶鞘上扩展，新嫩叶鞘上的卵和幼螨数量明显比老叶鞘上的多。

表 7-1　不同部位叶鞘各螨态分布状况

（引自匡海源，1986）

叶鞘部位	成螨（头）	幼螨（头）	卵（粒）
剑叶叶鞘（包括穗梗）	13	165	180
第二叶鞘	45	49	20
第三叶鞘	332	0	13

水稻生长前期稻鞘狭跗线螨的发生量较小，到中后期螨量逐渐上升，晚稻发生量比早稻明显增多。在广州地区，早稻秧田未发现受害稻株，在早稻秧田生长后期有些品种开始出现被害稻株，在叶鞘、叶脉中部、穗颈部可见少量成螨、幼螨和卵，密度较低，百株螨量为1.8头。水稻进入黄熟期螨量增多，百株量达到30头。晚稻品种移栽前螨量很小，在圆秆期螨量直线上升，在孕穗至抽穗期百株螨量达7 775～13 660头，到黄熟期后逐渐下降。水稻收割后，害螨转移到田间稻桩、再生稻、田间杂草上继续繁殖生存。

（2）发生与环境条件的关系 稻鞘狭跗线螨发生数量与温度、湿度、雨量、品种和土肥情况密切相关。

① 气候因子 高温少雨对这种害螨的生长发育有利。广西9月下旬至11月上旬，完成1代需要21～23 d。其中卵期4～5.5 d，幼螨期7～7.5 d，成螨期10 d。山区气温较低而雨水较多，平原和丘陵区气温较高而雨水较少，所以平原和丘陵地区水稻要比山区水稻受害重。早稻生长季节，气温较低，雨水较多，不利于幼螨和成螨的爬行和迁移，所以一般危害较轻。晚季稻生长季节，气温较高，雨水较少，便于成螨和幼螨的活动和迁移，所以晚稻受害较重，要十分重视防治晚稻上稻鞘狭跗线螨的危害。

稻鞘狭跗线螨有很强的抗逆能力，在不良环境下，不仅能在较长时间存活，而且还能繁殖和发展。徐国良等研究发现，该螨抗高温能力颇强，在37℃下，连续处理36 h对其存活无影响；48 h后，有21.10%的螨死亡；96 h后，仍有2.23%的个体存活。39℃下，24 h后死亡率只有15.57%；36 h死亡率开始直线上升；72 h螨全部死亡。41℃对该螨的存活影响较大，36 h死亡50%，60 h全部死亡。他们还发现，稻鞘狭跗线螨具有极强的抗低温能力，−2℃低温下处理48 h，死亡率为0；48 h以后，才开始有个别螨死亡；120 h后仍有77.77%的个体存活。−5℃低温连续处理48 h对存活率影响不大；72 h后仍有61.10%的个体存活；120 h后死亡率仅略高于50%。在实际生境中，高温和低温对稻鞘狭跗线螨存活的影响是很有限的，而且只要有寄主植物存在，稻鞘狭跗线螨成螨就可在该稻区过冬。稻鞘狭跗线螨还具有很强的耐水浸能力，无论成螨、幼螨还是卵和静止期螨，都能在水中存活很长的时间，成螨最长可在水中存活23 d，幼螨最长可在水中存活25 d，而卵和静止期螨在水中可以正常孵化和蜕皮。雌螨耐水浸能力比雄螨强，幼螨的耐水力稍强于成螨。

② 水稻品种 晚稻品种不同，受害程度也有明显差异。在广东，"三源93"、"三源921"、"特三矮"、"七黄占"、"绿源占"、"珍油占"、"穗优占选一"、"粳籼89"及杂优组合"博优64"、"汕优63"等品种的螨害较轻。同等条件下，"绿玻矮"及一些糯稻品种的螨害严重。

③ 土肥 肥田受害重于瘦田，肥力过高，水稻中后期长势过旺或后期出现早衰的田块，受害较重；偏施或过多施氮肥受害重，反之则轻。但水稻中后期追肥不足，表现缺肥，长势较差者，受害也较重。

（3）传播方式 稻鞘狭跗线螨的传播方式有：a. 依附在昆虫、人体和农业器械上传播；b. 漂浮在流水上传播；c. 随风传播；d. 在种子上传播。

7.1.4 螨情调查和预测

在水稻黄熟期调查，采用Z形取样法，每小区调查50株水稻，记录螨害级数，计算螨害指数。水稻跗线螨为害分级标准为：

0 级：健株，无螨危害；

1 级：剑叶鞘无褐斑，下部叶鞘有褐斑；

3 级：剑叶鞘内壁有褐斑，外壁褐斑不明显；

5 级：剑叶鞘外壁变褐，褐斑占全叶鞘面积的 1/4 以下；

7 级：剑叶鞘外壁褐斑占全叶鞘面积的 1/4～1/2；

9 级：剑叶鞘外壁褐斑占全鞘面积的 1/2 以上。

在水稻受害达到 1 级时就应该开始采取防治措施。

7.1.5　防治方法

（1）农业防治　清除稻田四周杂草，减少虫源，尤其在冬春两季以及早稻收获以后。晚稻栽种前是除草灭虫的重要时机，铲除田边杂草、自生苗、再生稻，以恶化害螨滋生环境。加强肥水管理，使禾苗前期生长健壮，中后期促控得当，叶骨硬直，叶色退淡不过黄，根系保持活力，稳生稳长，增强植株抵抗力。

此外，可选用当地的高产抗螨品种，例如"粳籼 89"、"丛黄占"、"七山占"、"三源921"和"博优 8830"等。

（2）以螨治螨　可利用稻田捕食螨来防治稻鞘狭跗线螨，常见的植绥螨有：巴氏钝绥螨［*Amblyseius barkeri*(Hughes)］、鳞纹钝绥螨（*Neoseiulus imbricatus* Corpuz et Rimando）和津川钝绥螨（*Amblyseius tsugawa* Ehara）。昌德里棘螨是稻田跗线螨的主要天敌，跗线螨和捕食螨的比例达到 10∶1 时，可有效控制跗线螨的发生。

（3）化学防治　由于稻鞘狭跗线螨潜藏在叶鞘或颖壳内危害，给化学防治带来了一定困难，药效受到一定影响。为了减少污染和用药量，可根据这种害螨的蔓延规律，对稻田周围和竹林附近的水稻进行重点施药。

a. 1.8％阿维菌素乳油 4 000 倍液加 25％丙环唑（敌力脱）乳油 3 000 倍液，在破口期防治一次防效可达到 81％以上。

b. 20％螨克乳油 1 000 倍液加 70％甲基托布津可湿性粉剂 750 倍液，在圆秆期防治一次，在破口期防治一次防效可达到 84％以上。

c. 15％达螨灵乳油 3 000 倍液加 70％甲基托布津可湿性粉剂 750 倍液，在圆秆期防治一次，在破口期防治一次，防效可达 80％以上。

7.2　具沟掌瘿螨

7.2.1　概述

具沟掌瘿螨（*Cheiracus sulcatus* Keifer）隶属于真螨总目绒螨目前气门亚目真足螨总股瘿螨总科羽爪瘿螨科（Diptilomiopidae）。最初在泰国北部发现危害水稻，2005 年首次报道该瘿螨入侵我国广东省韶关市，在水稻田大面积发生。目前，具沟掌瘿螨分布在广东省韶关地区和广西壮族自治区的右江河谷地区的水稻田，其他地区尚未见报道。稻具掌瘿螨是一种寄主专一性很强的螨类，除水稻外，还未发现危害其他植物。

具沟掌瘿螨体型微小，肉眼无法识别，喜聚集在叶片背面危害。稻具掌瘿螨刺吸水稻叶片，使叶片退绿，发生严重时形成长形褐色斑纹，水稻叶片枯黄，叶尖枯萎，叶片上密布白色的蜕和金黄色的成螨及若螨，形成一层粉状物。具沟掌瘿螨危害状类似水稻条纹叶枯病，危害症状系瘿螨刺吸水稻叶片，使退绿变色而致。经病毒检验，具沟掌瘿螨螨体内和水稻叶片内均未发现病毒。

7.2.2 形态特征

稻具掌瘿螨的形态特征见图 7-2。

（1）雌成螨 体长 210～230 μm，宽 67 μm，厚 64 μm，两对足。体梭形，金黄色。喙长 40 μm，基部成直角下伸。背盾板长 42 μm，宽 60 μm，前叶突较小；背中线不明显；侧中线存在，但前端不明显；无亚中线。背瘤位于近盾后缘，瘤距 15 μm，背毛 5 μm，后内指。基节具有腹板线，基节有微瘤，基节刚毛 3 对，基节刚毛Ⅰ长 12 μm，基节刚毛Ⅱ长 22 μm，基节刚毛Ⅲ长 70 μm。足Ⅰ长 40 μm，股节长 12 μm，股节刚毛长 10 μm，膝节长 5 μm，膝节刚毛长 30 μm，胫节长 12 μm，胫节刚毛长 9 μm 位于背基部 1/3 处，跗节长 8 μm，羽状爪单一，呈放射状 16 分支。足Ⅱ长 35 μm，股节长 10 μm，股节刚毛长 11 μm，膝节长 6 μm，膝节刚毛长 11 μm，胫节长 10 μm，跗节长 8 μm，羽状爪单一，呈放射状 16 分支。大体有背环 22 环，光滑；腹环 66 环，具有圆形微瘤。侧毛长 20 μm，生于腹部第十二环；腹毛Ⅰ长 80 μm，生于腹部第二十五环；腹毛Ⅱ长 60 μm，生于腹部第四十八环；腹毛Ⅲ长 50 μm，

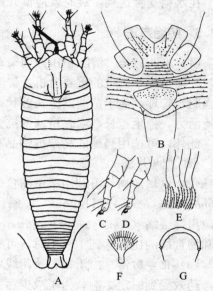

图 7-2 具沟掌瘿螨
A. 雌螨背面观 B. 雌螨足基节和生殖器 C. 足Ⅰ
D. 足Ⅱ E. 侧面微瘤 F. 羽状爪
G. 雄螨生殖器

生于体末第十环。无副毛。雌性外生殖器长 15 μm，宽 20 μm，生殖毛长 12 μm，生殖器盖片上无纵肋，但基部有微瘤。

（2）雄成螨 体长 200 μm，宽 60 μm，两对足，体型小于雄螨。体梭形，金黄色。雄性外生殖器长 3 μm，宽 15 μm，生殖毛长 10 μm。其余特征与雌成螨类似。

（3）若螨 体型较小，长 130 μm，体梭形，金黄色；生殖器发育不完全，不太明显；两对足。

（4）卵 卵较小，圆形，直径 50 μm，淡黄色，有光泽。

7.2.3 发生规律

（1）生活史和习性 稻具掌瘿螨个体发育需要经过卵、幼螨、若螨Ⅰ、若螨Ⅱ和成螨 5 个虫态。幼螨期很短，是在卵内完成的，能看到的只有 3 个虫态和两个静止期。瘿螨的适宜繁殖温度为 25℃左右，湿度为 60% 左右。

在广东省和广西壮族自治区，稻具掌瘿螨以卵、若螨和成螨在田间自生稻上越冬，翌春转移到早稻上危害，秋季再转移到晚稻上，在大田呈片状危害。稻具掌瘿螨在晚稻上危害较

重，据潘国宋等调查，2004 年广西右江河谷田东县晚稻发生面积超过 60.0 ％，稻株最后 3 片叶叶表面的平均虫口密度一般为 6.9 头/cm²，高的为 14.8 头/cm²。稻具掌瘿螨的传播靠风、昆虫、农事操作和自身爬行。

（2）发生与环境条件的关系　高温、干旱、少雨有利于稻具掌瘿螨的繁殖和发生。据广西调查，2004 年右江河谷遭受了 50 年不遇的秋季高温干旱少雨天气，据田东县气象部门提供的资料，8～10 月平均气温为 26.2℃，比历年同期平均值高 0.6℃；降水量为 171.6mm，比历年同期平均值少 236.9mm，这是具沟掌瘿螨发生严重危害的主要原因。越冬气候适宜，右江河谷 2003 年 11 月至 2004 年 1 月间平均气温约为 16.5℃，比历年平均值高约 1.0℃，无霜，属暖冬。无暴雨和大风天气，右江河谷 2004 年 1～10 月，没有一场暴雨，这是 1954 年以来没有过的，在此期间也未出现大风天气。

适宜的温度为稻具掌瘿螨的繁殖提供了良好的天气条件，缩短了繁殖历期；暖冬为稻具掌瘿螨的越冬提供了条件，增加了越冬虫源；无暴雨，降低了稻具掌瘿螨的死亡率。这些条件促成了稻具掌瘿螨在广东和广西的快速大面积发生发展。

7.2.4　防治方法

（1）农业防治　清除田边的自生稻和再生稻，减少越冬虫源和危害源，恶化虫源的滋生环境；加强肥水管理，增强稻株的抗害能力。

（2）加强植物检疫　广泛调查广东、广西、江西、湖南和福建等省、自治区稻具掌瘿螨的危害情况，采取有效措施，防治害螨的进一步传播。例如严格控制引种和带螨水稻秧的运送等。

（3）化学防治　可选用的药剂有 15％达螨灵乳油 3 000 倍液、20％螨克乳油 1 000 倍液、73％克螨特乳油 1 000 倍液等。

7.3　稻裂爪螨

7.3.1　概述

稻裂爪螨（*Schizotetranychus yoshimekii* Ehara et Wongsiri）俗称水稻黄蜘蛛，属真螨总目绒螨目前气门亚目异气门总股缝颚螨股叶螨总科叶螨科（Tetranychidae）。首先在泰国发现，我国在广东省、广西壮族自治区西南部、黑龙江省、湖南省、云南省等稻区常有发生。稻裂爪螨的寄主除水稻外还有李氏禾、石芒草、叶下珠、牙签草、臭根子草、老虎草、燕麦草、蓉草、节荚豆、马唐、铺地草、割人绒、铁绒草、游草和一些花卉等。

稻裂爪螨喜在叶片背面取食，结丝网，用一对口针刺吸叶内叶绿体和细胞汁液，被害稻叶先呈退绿斑点，严重时退色的斑点连成黄白色条斑，甚至稻叶干枯，被害叶面附有幼螨、若螨蜕下的皮，就如被上一层灰白色粉末。被害稻株虽能抽穗，但穗短粒小，谷粒充实度较差，一般受害稻株可减产 5％～10％，严重者可达 30％以上。

7.3.2　形态特征

稻裂爪螨的形态特征见图 7-3。

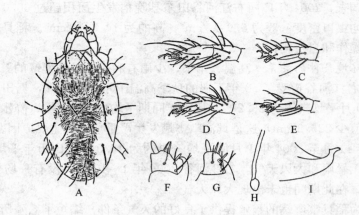

图 7-3　稻裂爪螨

A. 雌螨腹面观　B. 雌螨足Ⅰ跗节和胫节　C. 雌螨足Ⅱ跗节和胫节　D. 雄螨足Ⅰ跗节和胫节

E. 雄螨足Ⅱ跗节和胫节　F. 雌螨须肢跗节　G. 雄螨须肢跗节　H. 气门沟　I. 阳具

(仿王慧芙，1981)

（1）**雌成螨**　体长约 0.37mm，宽约 0.17mm。体卵圆形，淡黄色或橙黄色。体两侧各具紫黑色斑 3～4 块。体背肤纹非网状，纤细，前足体肤纹纵向，后半体横向。在前足体背部两侧各具眼点 1 对。背刚毛和肛后毛共 15 对：2＋4＋6＋4＋4＋4＋2＋4＝30，腹面有肛后毛 4 根。背毛刚毛状，具茸毛，不着生在疣状突上。第一对背中毛的长与其横列距约相等，第二对和第三对背中毛和内骶毛等长。生殖盖及其前区的肤纹均为横向。须肢锤突为长柱形，其长为宽的 3 倍；轴突为梭形，其长为锤突的 2/3，口针鞘的前缘为钝圆。气门沟末端膨大成球状。足Ⅰ胫节有刚毛 9 根，跗节有 2 对双刚毛，彼此远离；双刚毛近基侧有刚毛 4 根，其中有 1 根与双刚毛位于同一水平。足Ⅰ跗节的爪退化成一对黏毛，爪间突呈一对粗毛状。

（2）**雄成螨**　体菱形，体型小于雌螨。须肢锤突细长，其长约为宽的 4 倍，轴突短于锤突。足Ⅰ胫节有刚毛 11 根，在跗节双刚毛的近基侧有刚毛 5 根。阳具柄部较宽，有锤突，近侧突较小，而远侧突较长。

（3）**幼螨和若螨**　卵孵化后即为幼螨，幼螨 3 对足，体小，黄色。幼螨蜕皮即为前若螨，经第二次蜕皮后为若螨，若螨足 4 对，外形与成螨相似，较活泼。

（4）**卵**　卵为圆球形，直径约 0.13mm，初产下时无色，后随其胚胎发育，卵色变为橙黄色。

7.3.3　发生规律

（1）**生活史和习性**　稻裂爪螨雌螨的个体发育经过 5 个时期：卵、幼螨、若螨Ⅰ、若螨Ⅱ和成螨。有 3 次静止期，共蜕皮 3 次。雄螨无若螨Ⅱ，发育较雌螨快。营两性生殖，也可营孤雌生殖。

以成螨、幼螨和卵在寄主杂草上越冬。两广地区，4～6 月间有少量迁移到早稻上危害，一般以晚稻受害较重，于晚稻分蘖盛期始发，幼穗分化期危害普遍，危害可延续至抽穗期以后。9～10 月间开始数量激增，由田边向田中央蔓延，渐满全田。

（2）发生与环境条件的关系　高温少雨干燥，有利于稻裂爪螨的发育繁殖，水稻受害重。在两广地区，主要危害晚稻，在晚稻的分蘖盛期始发，幼穗分化期至抽穗期以后普遍发生。一般缺水的山坑田和山冲田比水源丰富的水稻田受害重，在山坑的梯田上也有发生，但一般以背风田发生较为严重。据调查，前者的密度比后者高 183.7%。周围杂草多的稻田、靠近竹木林的稻田、偏施或过施氮肥的稻田以及早栽的稻田一般受害较重。

7.3.4　防治方法

（1）农业防治　在水稻收获后及时清除稻田周围的杂草，即可减少虫源的繁殖寄主，即可减少稻田的虫源。加强肥水管理，使禾苗前期生长健壮，增强水稻的抗害能力。合理选用水稻的高产抗性品种。

（2）化学防治　发生较重的田块，应选用对天敌杀伤力小的选择性杀螨剂进行挑治或普治，尽量减少对天敌的伤害。连续使用同一种农药后，螨类可能会产生抗性，要注意轮换使用不同的药剂，以达到防治目标。

可参考选用的药剂有：10%吡虫啉可湿性粉剂 1 000～1 500 倍液、20%复方浏阳霉素乳油 1 000 倍液、1.8%农克螨乳油 2 000 倍液、73%克螨特乳油 1 000 倍液、25%灭螨猛可湿性粉剂 1 000 倍液、5%尼索朗乳油 2 000 倍液、15%哒螨酮乳油 1 500 倍液等。

7.4　麦叶爪螨

7.4.1　概述

麦叶爪螨〔*Penthaleus major*（Dugés）〕又称为麦圆蜘蛛、麦叶爪螨、麦大背肛螨，属真螨总目绒螨目前气门亚目真足螨总股真足螨总科叶爪螨科（Penthaleidae）。分布范围在南纬和北纬 25°～55°之间，分布在美国、荷兰、法国、意大利、澳大利亚、新西兰、俄罗斯、保加利亚、阿根廷及非洲。我国分布在北京、上海、天津、河北、山东、山西、河南、湖北、湖南、江西、江苏、浙江、安徽、四川、陕西、甘肃、辽宁、内蒙古和台湾等地。但主要发生在北纬 37°以南的低洼地或阴湿地区，北纬 37°以北很少发生。

麦圆叶爪螨是一种多食性害螨，已知的寄主植物种类有 12 科 26 种。如禾本科的小麦、大麦、燕麦、黑麦、棒头草和看麦娘，藜科的甜菜，豆科的蚕豆、豌豆、花生、紫云英和苕子，十字花科的油菜、白菜和芥菜，菊科的莴苣和鼠李草，茄科的马铃薯，锦葵科的棉花，以及回回蒜、毛茛、败酱草、车前草、通泉草和繁缕（又称为牯儿草）等。

麦圆叶爪螨主要危害麦类叶片，其次危害叶鞘和幼嫩穗茎。受害叶片的叶色由深变浅，表现出退绿症状，且有淡绿、黄绿或黄白色等斑纹。受害严重的叶片，往往全叶枯黄，麦苗萎缩，甚至全株枯死。受害轻的麦苗，虽能抽穗，但穗粒细小，产量低。据报道，每穴麦株上的螨量为 50～400 头时，大部叶片呈黄白色；每穴麦株的螨量为 400～1 500 头时，全部叶片呈黄白色，叶片出现枯焦；每穴麦株的螨量为 1 500 头以上时，全部叶片枯焦。其产量损失分别为 5%～15%、15%以上和 50%左右。

7.4.2　形态特征

麦叶爪螨的形态特征见图 7-4。

（1）雌成螨　体长 0.65～0.8 mm。背面观椭圆形，腹背隆起，深红色或黑褐色。足 4 对，几乎等长，足上密生短刚毛。肛门位于末体部背面。

（2）雄成螨　尚未发现雄成螨。

（3）卵　卵长 0.2 mm，椭圆形；初产时暗红色，后变淡红色；表皮皱缩，外有 1 层胶质卵壳，表面有五角形网纹。

（4）幼螨　体圆形；初孵淡红色，取食后变草绿色；足 3 对，红色。

（5）若螨　若螨分前若螨和后若螨 2 个时期；足 4 对，体色、体型似成螨。

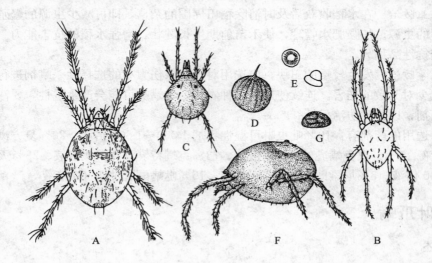

图 7-4　麦　螨

A～E. 麦岩螨　A. 雌成螨　B. 雄成螨　C. 幼螨　D. 繁殖期卵　E. 休眠期卵的正面和侧面观
F～G. 麦叶爪螨　F. 雌成螨　G. 卵

7.4.3　发生规律

（1）生活史和习性　麦叶爪螨每年发生代数因地而异。在河南北部、山西南部和陕西关中等地 1 年 2～3 代。以成螨、卵和若螨在麦根土缝、杂草或枯叶上越冬，以成螨为主。该螨耐寒力强，冬季温暖晴朗的天气，仍可爬到麦叶上危害。早春 2～3 月份气温达 4.8℃时，越冬卵开始孵化。3 月下旬至 4 月上旬田间虫口密度最大，因正值冬小麦拔节期，危害严重。到 4 月中下旬完成第一代，产卵在麦茬或土块上越夏。5 月份很难在田间见到此螨。10 月份越夏卵孵化，危害秋播麦苗。11 月中旬田间密度较大，出现第二代成螨，产第三代卵越冬，或直接以成螨越冬。春季饲养观察表明，麦圆叶爪螨若螨期 14～15 d，成螨产卵前期 3～6 d，成螨寿命 25～74 d，完成 1 代需 46～80 d，平均 57.8 d。

雌螨营孤雌生殖，每头雌螨平均产卵量为 20 粒左右，多产于夜间，产卵期平均为 21 d。春季 75% 以上的卵产在近地面的麦丛分蘖茎上和干叶基部，秋季 86% 卵产于麦苗或杂草的近根部土块上和干叶基部，越夏的滞育卵多产在麦茬及其附近的土块上。

麦圆叶爪螨所产的卵有滞育卵和非滞育卵两种类型。非滞育卵卵期为 20～90 d，卵产于初春或秋末。秋末产下的越冬卵，在平均温度 4.8℃、相对湿度 87% 的环境下，即开始孵化。滞育卵又称为越夏卵，产于春末夏初，卵期可达 4～5 个月之久，这种卵在 19.5℃和相对湿度74%时开始孵化，孵化率的高低与土壤含水量呈正相关。越夏卵如无适宜的水分不会及时孵化，到翌年春天仍能继续孵化和生长发育。无论是越冬卵还是越夏卵，它们的生活力都很强，自然孵化率可达80%以上。卵多聚成堆或排列成串，最多可达80余粒。

麦圆叶爪螨成螨和若螨有群集性，喜阴湿，怕强光，早春气温较低时可集结成团，爬行敏捷，遇惊动即纷纷附地或很快向下爬行。一日内活动危害时间多为6：00～8：00和18：00～22：00。如气温低于8℃则很少活动；遇大雨或大风时，多伏于土面或麦丛下部。此虫爬行力强，每分钟可爬10 cm左右。

（2）发生与环境条件的关系

① 气候　麦圆叶爪螨繁殖适温为8～15℃，气温超过20℃时大量死亡。此螨抗寒力较强，在−18℃仍能存活。相对湿度在70%以上，表土含水量在20%左右，最适其繁殖为害。在水浇地、低温麦地严重发生，干旱麦地发生轻，多风地区发生轻，少风或背风地区发生重。

② 土壤　该螨发生危害最适宜的土质为细砂壤土，其次为砂壤土和粉砂壤土，黏土的麦区发生极轻或不发生。

③ 寄主　植株挺直，叶具蜡质，叶脉粗，茸毛短而少，叶色深，叶组织粗糙者受害轻，如"陕167"、"小偃504"、"陕229"、"NC32"等品种。而叶脉细，茸毛长而密，叶色浅，叶组织细软，植株不挺拔者受害重，如"87162"、"8329"、"陕927"等品种。

④ 其他　多年连作地较轮作地受害重。麦田中的草蛉和捕食螨等天敌对其数量有一定的抑制作用。

7.4.4　螨情调查和预测

（1）螨量消长调查　选择有代表性的不同类型麦田各1块，秋季调查从小麦齐苗开始，到12月上旬结束，每10 d调查1次。春季调查从3月初开始，到5月底结束，每5 d调查1次。调查一般在中午进行，每块田对角线5点取样。用15 cm×25 cm的长方形取样板1块，在其一面间隔3 cm等距离放2.5 cm×7.5 cm的载玻片4块，载玻片上涂凡士林或虫胶。取样时把取样板紧挨麦苗基部，然后向载玻片一侧拍击麦苗6次，使麦害螨跌落在载玻片上被粘住，然后把取样载玻片带回室内，置显微镜下计数。为便于正确计数，事先可在白纸上画与载玻片面积相等的方框，其上画3条横等分线，计数时把取样载玻片放入此框内，在镜下检查时只要移动白纸，其所划横线的间隔可以在视野的范围之内，以避免计数重复和漏算。最后计算出每一样点在75 cm² 上（4块载玻片面积总和）的总螨量，然后按取样板的长度计算出取样麦田的害螨数量。

（2）田间螨量普查　在螨量高峰期进行田间螨量普查。按不同类型田的比例，选择有代表性的麦田10～15块，每块田对角线5点取样，按上述方法调查各田块害螨的发生数量。

7.4.5　防治方法

麦叶爪螨防治，西北麦区通常于返青至拔节期进行，西南麦区于苗期、早春拔节期进行，华北麦区于返青至抽穗期进行，采用农业和化学防治。

（1）农业防治

① 除草　清除田边杂草，特别是野麦等杂草，销毁麦田间的枯枝落叶和麦茬，可减少

麦田的虫源和消灭大量越夏卵。

② 灌水　在害螨发生的晴天 8：00～17：00 灌水，结合敲打麦株，可淹死害螨。

③ 轮作　小麦与棉花、玉米、高粱、三叶草等轮作，可抑制麦圆叶爪螨发生；小麦与玉米、油菜等轮作还能减少麦岩螨的危害。

④ 种植抗螨品种　小麦不同品种间抗螨性能不同，在受害严重地区可选种抗性品种或耐害品种。

（2）化学防治　当平均 33 cm 行长螨量 200 头以上时，可喷雾防治，把握好首次用药时间并喷匀喷透。

取烟叶、石灰和水，按 1：1：40～80 的比例配制烟草石灰水喷雾，杀螨率可达 90％以上。

也可选用阿维菌素、哒螨灵等杀螨剂，按要求的剂量进行喷雾。

7.5　麦岩螨

7.5.1　概述

麦岩螨 ［*Petrobia latens* (Müller)］又称为麦长腿蜘蛛、小麦红蜘蛛，属真螨总目绒螨目前气门亚目异气门总股缝颚螨股叶螨总科叶螨科（Tetranychidae），为世界性害螨。国外分布于欧洲、非洲及美国、日本、印度、土耳其和澳大利亚，国内分布于北纬 34°～43°之间的辽宁、北京、内蒙古、甘肃、青海、新疆、西藏、河北、河南、山东、山西和陕西，安徽和江苏等地也有分布。其中在黄河以北的旱地危害猖獗，在山东的渤海地区、河南的郑州、河北的中北部和山西南部等发生较重，是我国北方小麦产区的重要害螨。

麦岩螨主要危害小麦和大麦等类作物，其次危害棉花、大豆、葱、洋葱、草莓、桃、苹果、桑、槐、柳、冰草、野麦、红毛草、茅草、蒿、芦苇和苦菜子等。以刺吸式口器刺入植物组织取食危害。被害后，呈现黄白色斑点，枯黄，蒸腾作用增大，麦苗抗寒能力下降，麦株矮小。受害严重时，麦株枯死或不能抽穗。此外，麦岩螨还可传播洋葱花叶病毒。

7.5.2　形态特征

麦岩螨的形态特征见图 7 - 4。

（1）雌成螨　体长 0.62～0.85 mm，背面观阔椭圆形，紫红色或褐绿色。背毛 13 对，粗刺状，有粗绒毛，不着生在结节上。足 4 对，第一对足短于体长，第二对足和第三对足短于体长的 1/2，第四对足长于体长的 1/2。

（2）雄成螨　体长 0.46 mm，背面观梨形；背刚毛短，纺锤形，具茸毛。

（3）卵　卵有二型，其一为红色的非滞育卵，长约 0.15 mm，圆球形，表面有 10 多条隆起纵行纹；另一为白色的滞育卵，长约 0.18 mm，圆柱形，表面被有白色的蜡质层，顶端向外扩张，形似草帽，顶面上有放射状条纹。

（4）幼螨　幼螨圆形，足 3 对，体长宽皆约 0.15 mm，初为鲜红色，取食后变暗褐色。

（5）若螨　若螨分第一若螨和第二若螨 2 个时期；足 4 对，似成螨。

7.5.3 发生规律

（1）生活史与习性 麦岩螨在山西北部 1 年发生 2 代，在新疆焉耆每年发生 3 代，在山西南部、山东渤海地区、河北和安徽北部每年发生 3～4 代。每年发生 3～4 代的地区，除新疆北部以卵越冬外，其他地区主要以成螨或卵越冬。越冬场所因地而异。春麦区在麦田附近的杂草上越冬，冬春麦混栽区和冬麦区在杂草和冬麦田内越冬。越冬雌螨在 11～12 月间遇到无风暖和的天气，仍能出来活动取食。翌年 3 月上中旬，越冬雌螨开始产卵，此时越冬卵也相继孵化，到 4 月上中旬完成第一代。第二代发生于 5 月上中旬，第三代发生于 5 月下旬至 6 月上旬。第三代雌螨产滞育卵越夏。大部分越夏卵在当年 10 月上中旬开始孵化，10 月下旬至 11 月上旬为孵化盛期，少数未孵化的越夏卵，可到翌春孵化，甚至滞育多年不孵化。第三代发育快的雌螨，能产第四代卵，大部分发育为成螨后直接越冬。

麦岩螨的卵分二型，非滞育卵孵化率较高，在适宜条件下即行孵化。滞育卵 5 月下旬在麦田内越夏。

成螨和若螨有群集习性，遇惊下坠，有弱的负趋光性。多数栖息在离地面 4～6 cm 的植株上，在叶片背面取食危害。一日间在 10：00 及 18：00 左右是上升至茎叶部危害的两个高峰时间，也是药剂防治的适宜时间。

麦岩螨的主要繁殖方式为孤雌生殖，但也有营两性生殖的。卵产于麦株附近的硬土块、小石块和干粪块上，干叶、干草、麦秸和杂物上也有。每雌螨产卵 29～72 粒，成螨产卵后死亡。5 月上旬产的卵，卵期平均为 6 d，10 月产的卵期为 20～30 d，滞育卵越夏期长达 50～180 d，部分滞育期可达两年以上。完成 1 代需时 24～46 d，平均 32.1 d。

麦岩螨的繁殖高峰期晚于麦圆叶爪螨，往往与北方冬麦区小麦的孕穗、抽穗期吻合，因此，所造成的产量损失比麦圆叶爪螨大。

（2）发生环境条件的关系

① 气候 麦岩螨生长发育适温为 15～20℃，活动最适宜温度为 16～18℃，超过 20℃即产白色滞育卵越夏。该螨喜干旱，故春季少雨气候干燥时，常猖獗发生；降雨多时，危害明显减轻。田间露水较大或降小雨时，躲藏于麦丛或土缝里。喜活动、栖息于背风处。

② 土壤 地势较高的田块、低丘陵地的向阳坡，虫口密度较大，发生重；塬地次之，阴坡最少。壤土麦田发生量多，黏质土次之，砂质土壤发生最少。非水浇地比水浇地发生重。

③ 品种与播期 不同的小麦品种受害程度不同，一般麦叶直立，茸毛短硬的品种抗虫性强。不同前作影响该螨的发生，如已灌水的连作麦田，虫口密度高，受害重；而和玉米、油菜进行轮作的麦田虫口密度小，受害轻。播期越早，受害越重，适当推迟播期，可减轻受害。

④ 天敌 麦岩螨的天敌很多，如七星瓢虫成虫日捕食量为 55 头，一至四龄幼虫捕食量分别为 7 头、17 头、98 头和 121 头。小花蝽、黑食蚜盲蝽、绒螨、漏斗蛛和豹蛛等均有较高的捕食量，是其重要天敌。

7.5.4 田间调查与预测

麦岩螨的田间调查与预测，可参照麦圆叶爪螨进行。

7.5.5 防治方法

麦岩螨的防治方法同麦圆叶爪螨。

也可喷洒 0.3 波美度石硫合剂，喷雾对麦岩螨防治效果可达 80%。

7.6 截形叶螨

7.6.1 概述

截形叶螨（*Tetranychus truncatus* Ehara）又称为截头叶螨，俗称玉米红蜘蛛，属真螨总目绒螨目前气门亚目异气门总股缝颚螨股叶螨总科叶螨科（Tetranychidae）。国外分布于日本和菲律宾，国内分布于辽宁、北京、内蒙古、青海、甘肃、新疆、河北、河南、山东、山西、陕西、江西、广东、广西和台湾等地。

截形叶螨寄主植物种类较多，有玉米、高粱、黍、小麦、大麦、谷子、棉花、豆类、瓜类、茄、刺茄、蓖麻、向日葵、芝麻、桃、苹果、枣、桑、杨、柳、苦楝、月季、水江花、苋菜、洋紫荆、牵牛花、啤酒花、曼陀罗、鸡冠花、千日红、狗尾草、虎尾草、蒲公英、灰灰菜、野麻、山菠菜、蒿、阿尔泰紫菀、变叶木和木鳖等。其中以玉米受害最重。截形叶螨在多数地区常与朱砂叶螨、二斑叶螨混合发生危害玉米，统称玉米害螨或玉米红蜘蛛，但截形叶螨为优势种，一般在干旱年份或干旱季节发生较重。

截形叶螨以口针刺吸危害玉米叶片。被害初期玉米叶片出现针头大小的退绿斑块，严重时整个叶片发黄、皱缩，直至干枯脱落，子粒秕瘦，造成减产甚至绝收。20 世纪 80 年代中期以来，随着小麦、玉米、黄豆种植面积的扩大，轮作倒茬困难，加之干旱等因素的影响，截形叶螨发生日趋严重，由原来的次要害虫上升为主要害虫，成为北方玉米生产的重要限制因素。近几年在辽宁、陕西、甘肃、新疆、河南、河北和山西等地都有关于该螨严重危害的报道。研究表明，单株螨量分别为 900 头、700 头、500 头、300 头和 100 头时，造成的产量损失率分别为 47.3%、36.6%、26.7%、20.4% 和 13.7%。

7.6.2 形态特征

截形叶螨的形态特征见图 7-5。

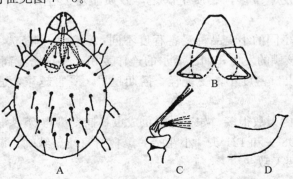

图 7-5 截形叶螨

A. 雌螨背面观　B. 气门沟　C. 爪和爪间突　D. 阳茎

（仿匡海源，1986）

（1）**雌成螨** 体椭圆形，体长 0.51～0.56mm，宽 0.32～0.36mm，锈红色，体背两侧有暗色不规则黑斑。背毛刚毛状，共 12 对，即 2+4+6+4+4+4=24，细长而不着生在瘤突上，缺尾毛，在内腰毛和内骶毛之间有菱形肤纹。腹毛 12 对，即足基节毛 6 对、基节间毛 3 对、殖前毛 1 对、生殖毛 2 对。肛毛和肛后毛个 2 对。气门沟具端膝，端膝由隔分成数室。须肢胫节发达。爪退化成 1 对黏毛，爪间突端部分裂成大小几乎相等的 3 对刺。

（2）**雄成螨** 体型小于雌螨，体长 0.44～0.48mm，宽 0.21～0.27mm，体末略尖，呈菱形，淡黄色。阳茎短粗，端锤较微小，端锤背缘平截，种名可能由此而来。距离侧突 1/3 处有一微凹。远侧突不明显，较尖利；近侧突也不明显，较钝圆。

（3）**幼螨和若螨** 体圆形或者卵圆形，橙红色，体背两侧呈现暗色斑块。幼螨 3 对足。若螨 4 对足，较幼螨活泼。

（4）**卵** 卵为圆球形，有光泽。初产卵无色半透明，后随其胚胎发育，卵色逐渐加深至橙红色，孵化前卵表的红色眼点消失。

7.6.3 发生规律

（1）**生活史与习性** 截形叶螨在华北和西北地区每年发生 10～15 代，长江流域及其以南地区每年发生 15～20 代。以雌成螨吐丝结网聚集在向阳处的玉米秸秆等枯枝落叶内、杂草根际、树皮和土壤裂缝内越冬。越冬雌螨有的 2～3 头在一起，多者达 1900 多头聚在一起。越冬雌成螨不食不动，抗寒力较强，在田间经过—26.5℃低温后，带回室内置于 24℃左右，仍可复苏活动。翌年早春，长江中下游为 2 月中下旬，北方为 3 月份，当 5 日平均气温达 3℃左右时，越冬螨即开始活动，寻找绿色寄主取食。3 月下旬至 4 月中旬，当 5 日平均气温达 7℃以上时，越冬雌成螨产卵。5 日平均气温达 12℃以上时，第一代卵开始孵化，发育至若螨和成螨时，正值春玉米出苗，在田埂杂草上的一部分螨经风吹或爬行，转入玉米苗上危害。在陕西，2 月底至 3 月初越冬雌螨开始在小麦和米蒿等作物和杂草上活动取食，3 月下旬至 4 月初开始产卵；5 月初出现第一代成螨，先在小麦、米蒿、刺儿菜等作物和杂草上取食危害；5 月底至 6 月初陆续迁入棉田和春播玉米田，开始点片发生，随着气温逐渐升高，繁殖速度加快，危害面积不断扩大；6 月下旬至 7 月上旬由棉田、春播玉米田及杂草迁向夏播玉米田，7 月中旬至 8 月下旬发生危害达到高峰。9 月上旬随气温下降和玉米植株衰老，种群数量急剧下降，螨体变为橙红色，体背黑斑逐渐消失，开始陆续转移到越冬场所。

雌螨有卵、幼螨、第一若螨、第二若螨和成螨 5 个虫期。雄螨无第二若螨期。卵散产在叶背中脉附近。早春在杂草上平均单雌产卵量为 30 粒左右，最多 44 粒；夏季危害玉米叶片者平均单雌产卵量为 100 粒左右，最多达 149 粒。一般年份，卵的孵化率均在 85%以上，雌雄比为 4～5∶1。

截形叶螨完成 1 代在早春和晚秋需 22～27d，而在夏季需 10～13d。在 15℃、25℃和 35℃条件下，雌螨完成 1 代的平均历期分别为 32.13d、9.02d 和 5.64d。在整个发生过程中世代重叠严重。5～6 月份在春玉米和麦套玉米田常点片发生，若 7～8 月份条件适宜，则迅速蔓延至全田，进入危害盛期。

害螨在玉米植株上的垂直分布具有明显的层次性。在田间发生初期，首先迁移到玉米下部叶片背面主脉两侧取食，以后逐渐向上部叶片蔓延。据陕西调查，植株下部 5 片叶上的害螨数量占全株总量的 33.4%，中部 5 片叶占 61.7%，上部 5 片叶仅占 4.9%，以中部分布密度最大。垂直扩散主要靠爬行，并以上迁为主，株间迁移以吐丝垂飘，靠风力传播，造成由点到面扩散危害。

（2）发生与环境的关系

① 气候　种群数量消长与温度、湿度、降雨等气候因子有密切关系。温度决定发生期的早晚、虫态和世代的历期长短。雌螨和雄螨发育起点温度分别为 10.90℃和 11.33℃，完成 1 代有效积温分别为 135.42 d·℃和 110.47 d·℃。雌成螨的寿命及产卵期均随着温度的升高而缩短，30℃是种群繁殖增长的最适温度。

对于特定地区来说，湿度和降雨在年度间差异显著，这往往是造成年度间危害程度差异的主要原因。降雨一方面直接冲刷害螨，降低其种群数量；另一方面改变田间湿度，间接影响害螨的种群数量。7～8 月降雨持续时间长，相对湿度大于 91%，对叶螨发生不利。此外，极端高温出现时间越长，害螨种群数量越小；反之出现时间越短，种群数量越大。

截形叶螨的光周期反应属于长日照发育型。短日照是诱发滞育的主导因子，但高温可抑制其光周期反应。滞育雌螨的抗寒性较强，过冷却点为−20.62℃。

② 寄主　玉米的播种期、长势和种植密度与害螨的发生危害程度密切相关。玉米播种越早，害螨种群数量越大，危害越重；反之播种越晚，种群数量越小，危害越轻。长势好的一类玉米田田间郁闭，光照度小，湿度相对较大，害螨发生数量少，危害较轻；反之，长势差的三类玉米田，害螨发生数量多，植株受害重。合理密植，创造不适宜害螨发生的田间小气候环境，可抑制螨类的发生危害。有些地方麦套玉米种植，则麦田的越冬螨量多，春季食料充足，有利于叶螨的生长发育和繁殖，为玉米提供了大量螨源，这是近年来玉米叶螨加重趋势的主要原因之一。

③ 天敌　玉米害螨的捕食性天敌有 4 目 14 科 27 种。其中深点食螨瓢虫、塔六点蓟马、小黑毛瓢虫、大草蛉、中华草蛉、丽草蛉、草间小黑蛛和七星瓢虫等天敌种群数量较大，发生高峰与害螨发生期基本吻合，对害螨捕食能力较强，控制作用明显。另外，津川钝绥螨、拟长毛钝绥螨和大赤螨等对玉米害螨也有一定抑制作用。

7.6.4　螨情调查和预测

（1）定点观测　选择有代表性的玉米田 2～3 块，从玉米出苗开始到收获为止，每 5 d 调查 1 次。每块田采用对角线 5 点取样，当单株螨量在 400 头以下时，每点取 5 株；当单株螨量高于 400 头时，每点取 2 株。调查时在植株的上、中、下部各取 1 片叶，即从下部发绿的第一片叶开始，继而调查第四叶和第七叶上的害螨和天敌的发生数量，计算单株螨量和百株螨量。

（2）发生程度分析　根据定点调查结果，甘肃张掖植物保护站李多忠等提出按 5 级标准（表 7-2）确定发生程度。

表 7-2　玉米截形害螨发生程度分级标准

（引自李多忠等，1994）

症　状	百株虫量（头）	损失率范围（%）	发生程度 定性	定量
植株叶色基本正常	<20 000	<4	轻度	1
下部叶片轻微发黄	20 000～70 000	4～8	中度偏轻	2
中下部叶片退绿发黄	70 000～140 000	8～12	中度	3
中下部叶片发黄，后期呈干枯状	140 000～200 000	12～16	中度偏重	4
整株叶片发黄，后期呈焦枯状	>200 000	>16	大发生	5

7.6.5　防治方法

（1）农业防治　深翻土地，合理密植，在严重发生地块，避免玉米与大豆间作，阻断害螨相互转移危害。同时进行人工或化学除草，清除地边、渠边杂草，恶化害螨的食料条件和栖息场所，切断转移危害的中间寄主。

合理施肥，提高玉米抗害能力。在一定范围内，施肥水平越高，害螨发生越轻；反之，施肥水平越低，害螨发生越重。

（2）保护利用天敌　充分发挥自然天敌的控制作用。如选用高效、低毒、低残留、选择性强的化学药剂；使用生物农药；改变施药技术，结合玉米追肥尽量根部施药，减少喷雾，避免大量杀伤天敌。

（3）化学防治　玉米苗期是控制害螨危害的关键时期，一定要将其控制在点片发生阶段。7月上中旬结合玉米追肥，根部施药1次可基本控制叶螨的危害。常用药剂有5%涕灭威颗粒剂用药量为1 200 g/hm²，将药液施在湿润的土壤中，距玉米根部15～20 cm。喷雾常用药剂有15%哒螨酮与20%灭扫利按1:1混合，稀释1 500倍，防效达87%以上，药效可持续20 d。另外，1.8%虫螨克乳油、5%尼索朗乳油、73%克螨特乳油、50%溴螨酯（又名螨代治）乳油或0.2波美度的石硫合剂，均能获得良好的防治效果。

【思考题】

1. 如何有效控制稻鞘狭跗线螨的危害和蔓延？
2. 稻具掌瘿螨是一种新发现的水稻害螨，已在广东、广西造成一定的危害，如何控制其扩散？
3. 麦类作物上害螨的发生和危害与哪些因素有关？
4. 试分析玉米截形叶螨近年来危害加重的原因。
5. 大田粮食作物害螨的发生趋势如何？

第 **8** 章

经济作物害螨

经济作物主要指棉花、茶叶、枸杞、橡胶等作物，在国民经济和人民生活中有重要的地位。如棉花和橡胶是我国重要的工业原料作物，茶叶是中国人生活中极其重要的饮品，枸杞是名贵的药材和滋补品。我国经济作物上害螨种类较多，危害较重，通常刺吸植物叶片，影响植株生长和叶、果的品质，尤其对以叶片为收获对象的茶叶来说，影响很大。

8.1　朱砂叶螨

8.1.1　概述

我国危害棉花的叶螨主要有：朱砂叶螨〔*Tetranychus cinnabarinus*（Boisduval）〕、截形叶螨（*T. truncatus* Ehara）、二斑叶螨（*T. urticae* Koch）、土耳其斯坦叶螨（*T. turkestani* Ugarov et Nikolski）和敦煌叶螨（*T. dunhuangensis* Wang）等，过去统称为棉花红蜘蛛，均属真螨总目绒螨目前气门亚目异气门总股缝颚螨股叶螨总科叶螨科（Tetranychidae）。国内危害棉花的叶螨是一个混合种群，各棉区发生的种类也不尽相同。如长江流域和黄河流域棉区的优势种是朱砂叶螨；土耳其斯坦叶螨则是新疆棉区的优势种；截形叶螨在黄河流域和辽河流域常发生。这里重点介绍发生面广、危害大的朱砂叶螨。不过需要指出的是，欧美一般认为朱砂叶螨不是独立的物种，是二斑叶螨的红色型。

朱砂叶螨在国内各棉区均有分布，其寄主十分广泛，在中国有 32 科 113 种植物，主要有棉花、玉米、高粱、小麦、苕子、大豆、芝麻、茄子等。朱砂叶螨以成、若螨在棉叶背面吸食棉株营养，轻者造成红叶，重者导致落叶垮秆，状如火烧，造成大面积减产甚至无收。

8.1.2　形态特征

朱砂叶螨的形态特征见图 8-1。

（1）雌成螨　雌成螨背面观卵圆形，体长 0.42～0.56 mm，宽 0.26～0.33 mm；红色，躯体两侧各有 1 个长黑斑。螯肢有心形的口针鞘和细长的口针。须肢胫节爪强大，跗节的端感器呈圆柱状。前足体背面有眼 2 对。背面表皮纹路纤细，在第三对背中毛和内骶毛之间纵行，形成菱形纹。背毛 12 对，刚毛状；无臀毛。腹毛 16 对。肛门前方有生殖瓣和生殖孔，生殖孔周围有放射状的生殖皱襞。气门沟呈膝状弯曲。爪退化，各生黏毛 1 对。爪间突分裂成 3 对刺毛。

（2）雄成螨　雄成螨背面观略呈菱形，比雌螨小，体长 0.38～0.42 mm，宽 0.21～0.23 mm。须肢跗节的端感器细长。背毛 13 对，最后的 1 对是移向背面的肛后毛。阳茎的端锤微小，两侧的突起尖利，长度几乎相等。

（3）卵　卵为圆球形，直径 0.13 mm，初产时无色透明，孵化前具微红色。

（4）幼期　朱砂叶螨的幼期有 3 个虫态：幼螨、若螨Ⅰ和若螨Ⅱ。幼螨只有 3 对足；若螨有 4 对足，但没有生殖皱襞。

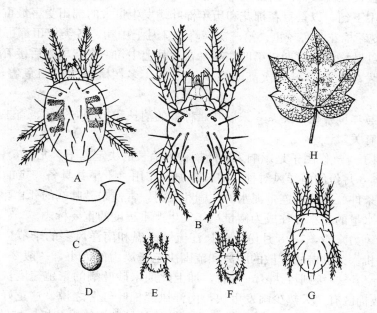

图 8 - 1　朱砂叶螨

A. 雌成螨　B. 雄成螨　C. 雄外生殖器　D. 卵

E. 幼螨　F. 第一若螨　G. 第二若螨　H. 被害棉叶

8.1.3　发生规律

（1）生活史和习性　朱砂叶螨在江苏南通棉区 1 年发生 18 代左右，以雌成螨及其他虫态在蚕豆、冬绿肥和杂草上以及土缝内、棉田枯枝落叶下、桑和槐树皮裂缝内越冬。越冬期间气温上升时，仍能活动取食。翌春 5 日平均气温上升至 5～7 ℃便开始活动，先在越冬寄主或早春寄主上繁殖 2 代左右，待棉苗出土后再转移至棉田危害，在棉田约发生 15 代，棉株衰老后再迁至晚秋寄主上繁殖 1 代。当气温继续下降至 15 ℃以下时，便进入越冬阶段。

朱砂叶螨的发育起点温度为 10.49 ℃，上限温度为 42 ℃，完成 1 代的有效积温为 163.25 d·℃。在平均温度为 26 ℃左右时，发育历期最短。一般雌成螨的寿命比雄成螨长。雌成螨产卵前期，在日平均温度 26～31 ℃时为 1.5 d，在 20 ℃时为 3 d 左右。每雌每日产卵量以日平均温度 30 ℃时最高，每天可产卵 3～20 粒，平均 6～8 粒，最长产卵期为 25 d。有孤雌生殖习性，但其后代全为雄螨。在田间的雌雄比为 5∶1。

成螨和若螨均在棉叶背面吸食汁液，当叶背有螨 1～2 头时，叶面即显出黄色斑点；当叶背有螨 5 头时，叶面即出现红斑。螨的数量愈多，红斑愈大。棉叶受害后出现黄白斑到形成红斑，需要经历一个显症期。显症期的长短明显地随着温度的升高和虫量的增加而缩短。因此，5～6 月当叶螨从杂草寄主扩散到棉田的螨量不同，也就形成了显症期迟早的差别，在挑治叶螨时，提出"发现一株打一片"的方针就是为了防治尚未显示症状的有螨株。

棉花的耐害力和补偿力以棉苗 2～3 叶期最弱，其受害损失比 5～6 叶期和蕾花期高。棉花苗期受害后，表现为棉株高度降低、果枝数和蕾铃数减少、现蕾推迟和铃重减轻。棉花蕾铃期受害则主要表现为蕾铃数的减少与铃重的减轻。

朱砂叶螨在长江流域棉区的发生与危害每年有 3～5 次高峰。据湖北荆州记载，第一次高峰常在 5 月中下旬，以蚕豆茬棉花和历年棉叶螨发生量大的棉田受害最重；第二次高峰在 6 月中旬，以麦茬棉花受害较重；第三次高峰在 7 月上中旬，各类棉田都可发生，是猖獗成灾造成大面积红叶垮秆的时期；第四次高峰在 8 月上中旬，在伏旱之后接着秋旱、前期防治不彻底时往往发生严重；第五次高峰在 9～10 月，多在嫩绿的棉田危害，一般年份影响不大。

（2）发生与环境条件的关系　朱砂叶螨种群的消长和扩散与气候、寄主、耕作制度及施肥水平等因子有关。

① 气候因子　气候因子是影响朱砂叶螨种群消长的决定因子，尤以 5～8 月份降水量最为重要，而 7～8 月份的南洋风对种群增长起加强作用。干旱并具备一定的风力是其繁殖和扩散最有利的条件。暴风雨连带泥水的冲刷和黏附，常使朱砂叶螨的死亡率升高。因此，棉花生长期间降水量的大小往往成为衡量当年发生严重程度的重要标志。

从温度和风力来看，7～8 月份正是长江流域高温和南洋风多的季节，是其繁殖和扩散的极有利的时机。朱砂叶螨扩散的距离和范围决定于风力的大小，一般 2～3 级南风扩散距离可达 3～4 m，5～6 级则可达 8 m 左右，加上此期朱砂叶螨的繁殖速度快，每扩散 1 次只需 5～10 d，故棉区有"天热少雨发生快，南洋风起棉叶红"之说，这正好反映了朱砂叶螨在高温条件下借风力猖獗蔓延的情景。从常年此螨的扩散规律来分析，扩散高峰期最早出现在 7 月中旬，最迟在 8 月中旬。据此把朱砂叶螨控制在 6 月底以前，是至关重要的。

② 寄主的种类、数量和分布　朱砂叶螨的螨源主要来自杂草寄主。凡杂草寄主多、分布广的地区，该螨的越冬种群基数和春季的繁殖数量就大。朱砂叶螨冬春的主要寄主和次要寄主种类各地不尽相同，但在同一地区的种类是比较稳定的。因此，了解该螨在当地杂草寄主的种类和分布，采用相应的防治措施是十分重要的。

③ 耕作制度　棉麦两熟地区，棉花收获后，经翻耕播种小麦和大麦的田块，朱砂叶螨的发生数量少，危害轻。不经拔秆和翻耕就套播夏收作物和绿肥的田块，则发生数量多，危害严重。另外，前茬为豆类的棉田发生早而重，油菜田次之，小麦田则轻。棉田内间作或邻作豆类、瓜类、芝麻等作物的受害亦重。

④ 施肥水平和棉株长势　施肥水平高的棉田，棉株生长健旺，叶片浓绿质厚，一般比施肥水平差的棉田螨量少 75%～80%。施肥水平差的棉田，由于棉株瘦小，荫蔽度差，体内及外来水分易蒸发造成高温低湿的小气候，有利于朱砂叶螨的生存和繁殖，受害严重。

⑤ 天敌　朱砂叶螨的捕食性天敌主要有深刻点食螨瓢虫、塔六点蓟马、微小花蝽、中华草蛉、黑襟毛瓢虫、草间小黑蛛和拟长刺腿钝绥螨等，对叶螨的种群数量有一定的控制作用。

8.1.4　螨情调查和预测

（1）冬春寄主螨情调查　选择不同前茬作物连作、间作、套作的棉田或冬闲地棉田各 1 块，在棉苗出土前，每 7 d 调查 1 次，共 2～3 次。调查棉田前作和棉田内外主要杂草寄主 50～100 株，计算有螨株率，并按百株螨量（y）与有螨株率（x）之间的经验公式 $y=1.426\,9x^{1.413\,1}$ 换算成百株螨量。当螨量显著上升时，发出防治预报，以免叶螨侵害棉田。

（2）棉田有螨株率、红斑株率调查及防治指标的确定　选择有代表性的各类棉田各1块，从齐苗后开始调查，每5d调查1次，直到棉叶螨不再危害为止。

调查方法：在每块田内以对角线5点取样法定点不定株，在定苗前每块田查200株，定苗后查100株，现蕾后，以上、中、下各1片叶取样，查50株；开花后，取样方法同现蕾期，查25株。计算有螨株率和红斑株率，并换算成百株螨量。结合气候情况，做出螨量消长预报。一般以红斑株率33%和38%分别作为苗期和蕾铃期的防治指标。

8.1.5　防治方法

针对棉叶螨分布广、虫源寄主多、易于暴发成灾的特点，在防治上应采取压前（期）控后（期）的策略，即压早春寄主上的虫量，控制棉花苗期危害；压棉花苗期虫量，控制后期危害。棉花与玉米间作田，压玉米上虫量，控制转移到棉花上危害。在棉田防治应加强螨情调查，以挑治为主，辅以普治，将棉叶螨控制在点片发生阶段和局部田块，以杜绝7～8月份大面积蔓延成灾。

（1）农业防治　农业防治主要措施有：进行轮作；清洁棉田，冬春结合积肥铲除田内外杂草；两熟套作连茬棉田秋季耕翻后播麦；棉田零星发现危害时，人工摘除虫叶；棉花与玉米间作田，花蕾期打去玉米下部几张老叶，携出田外销毁或沤肥；结合棉田管理，高温季节采取大水沟灌抗旱，以及对受害田增施速效肥料，以促进棉株生长发育，增强抗螨能力。

（2）化学防治　掌握在5月中下旬和6月中下旬朱砂叶螨的两次扩散期，采取发现1株打1圈，发现1点打1片的办法，将害螨控制在点片发生阶段。普治田块尤其要注意使用选择性农药和改进施药方法，以保护天敌，维持棉田生态环境的多样性和良性循环。

药剂每公顷可选用：20%三氯杀螨醇乳油 1 125 mL，15%哒螨酮乳油、20%双甲脒乳油750～1 125 mL，1.8%阿维菌素乳油、2.5%联苯菊酯、20%甲氰菊酯乳油450～600 mL，73%克螨特乳油600～900 mL，5%尼索朗乳油900～1 500 mL。每公顷兑水1 125 L喷雾。

8.2　茶橙瘿螨

8.2.1　概述

茶橙瘿螨（*Acaphylla steinwedeni* Keifer）又称为茶锈壁虱、斯氏尖叶瘿螨，我国台湾称其为茶橘黄锈螨，其学名在国内长期被误用作*Acaphylla theae*（Watt et Mann）。它属于真螨总目绒螨目前气门亚目真足螨总股瘿螨总科瘿螨科（Eriophyidae）叶刺瘿螨亚科（Phyllocoptinae）尖叶瘿螨属。茶橙瘿螨国内分布于浙江、安徽、江苏、福建、广东、广西、江西、湖南、山东和台湾，国外分布于美国和日本等国。

茶橙瘿螨的寄主主要是茶、油茶和山茶，除此之外还可危害檀树、漆树、青蓼、一年蓬、苦菜、星宿菜和亚竹草等。茶橙瘿螨危害茶树叶片、嫩茎和叶柄。一张叶片上活动螨态的螨量最多的可达2 300头。危害轻时症状不明显；危害严重的叶片，叶色由浓绿变黄绿或苍白色，失去光泽，叶片正面主脉发红，叶背有褐色细斑纹，被害叶皱缩，芽叶萎缩。受害严重的茶丛，枝叶干枯，状如火烧，最后造成大量落叶。有的被害茶树出现丛枝，生长受阻，质量下降。茶园一般受害率达15%～20%，失管茶园达60%～80%。

8.2.2 形态特征

茶橙瘿螨的形状特征见图 8-2。

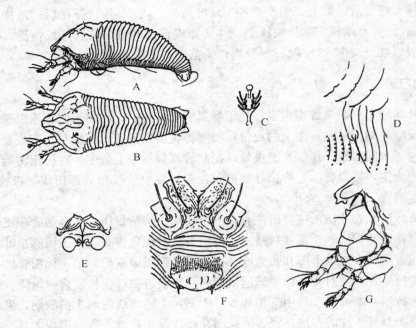

图 8-2 茶橙瘿螨
A. 雌螨侧面观　B. 雌螨背面观　C. 羽状爪　D. 侧面微瘤
E. 雌螨内部生殖器　F. 雌螨足基节和生殖器盖片　G. 足及颚体侧面观
(仿 Keifer, 1943)

(1) 雌成螨　体长 175～190 μm，宽 60 μm，厚 45～50 μm，梭形，橘黄色，两对足。喙长 30 μm，斜下伸。背盾板长 60 μm，宽 60 μm；前叶突存在；背中线不完整，侧中线不完整，呈波状，后端相连，亚中线不完整；背瘤位于背盾板后缘之前，瘤距 25 μm；背毛长 4.5 μm，前内指。足基节有腹板线，有短条状纹饰，足 I 基节刚毛 I 缺失。足 I 长 40 μm，胫节长 9 μm，胫节刚毛位于背基部 1/2 处，跗节长 7 μm，爪长 5 μm，具有爪端球，羽状爪分叉，每侧 3 支。足 II 长 34 μm，无膝节刚毛，胫节长 7 μm，跗节长 7 μm，爪长 5 μm，具有爪端球，羽状爪分叉，每侧 3 支。大体具有背中脊，背环光滑，由 30 个环组成；腹环 60～65 个，具有珠形微瘤。侧毛长 12 μm，位于腹部第五环；腹毛 I 长 30 μm，位于腹部第二十一环；腹毛 II 长 23 μm，位于腹部第三十八环；腹毛 III 长 17 μm，位于腹部末第六环。无副毛。雌螨外生殖器长 20 μm，宽 24 μm，生殖器盖片有 6～8 条纵肋，盖片基部有条状纹饰，生殖毛长 9 μm。营自由生活。

(2) 雄成螨　体长 140～160 μm，宽 55 μm，梭形，橘黄色，两对足。雄螨外生殖器宽 20 μm，生殖毛长 9 μm。

(3) 幼螨和若螨　初孵化为幼螨，体长 80 μm，宽 30 μm，乳白色；腹部的背腹环分节不明显。经过第一次静止蜕皮后即为若螨，体长 100 μm，宽 40 μm，淡橙黄色，大体的背腹环已经陆续形成，生殖器发育不完全，不太明显，两对足。

（4）卵 卵较小，圆形，直径 40μm，无色半透明，有光泽。

8.2.3 发生规律

（1）生活史和习性 茶橙瘿螨1年可发生20代左右，在浙江省杭州地区1年可发生25代左右，冬季在茶树叶背可同时见到各种虫态。完成1代的时间取决于温度和湿度条件，例如在平均气温24.3℃、相对湿度为80％和29℃、相对湿度为82％时，完成1代的时间分别为8.4d和6.2d。据中国农业科学院茶叶科学研究所观察，4～10月，每饲养1代，平均卵期2.1～7.3d，幼螨和若螨平均为2.0～6.4d，产卵前期为1～2d。翌年3月中下旬，当气温升达10℃以上时，即开始活动危害。成螨陆续孕卵，并分批产卵于叶片背面。温度17～19℃时，1代历期需要约12d；温度28～29℃时，1代历期需要约6d。在叶背越冬的成螨和卵，随温度的降低死亡率增加，但在−6～−18℃低温处理时，仍有部分存活，所以茶橙瘿螨不仅能在长江以南茶区安全越冬，在最北的山东茶区也能安全越冬。相对湿度过低（低于50％）或过高（高于90％）都不利于茶橙瘿螨种群的增长，在18～26℃下，最有利于茶橙瘿螨种群增长的湿度为75％～90％。

茶橙瘿螨大多在叶背栖息危害，营孤雌生殖。卵多散产于叶背侧脉两侧和凹陷处，也可产在叶表中脉附近，平均每头雌螨产卵30～40粒，最多可产50粒，每头雌螨的日产卵量平均2～4粒。幼若螨多在叶背栖息。茶橙瘿螨趋嫩性强，以芽下2、3叶上螨数最多。成螨寿命平均12d，但也因温度而异。在23℃、20℃和20℃以下饲养，其平均寿命分别为4～6d、7d和1个月左右。茶橙瘿螨在茶丛上的垂直分布是上部最多，下部最少。春茶前以上部的老叶为多，春茶期以嫩叶和上部的老叶上为多，秋茶期则以夏茶留叶上为多。时晴时雨天气，有利其生存发展，高温干燥或雨量大、雨期长均对其生长发育不利。

（2）发生与环境条件的关系 茶橙瘿螨1年内有2次高峰期，第一次高峰期出现在5月中下旬至6月下旬，第二次高峰期在7月中旬或7月中旬至8月中旬。在皖南屯溪和歙县茶区，全年虫口有两次明显的发生高峰期，第一次高峰在5月中旬至6月下旬，危害夏茶，发生数量较大，峰期时间较短；第二次在8～10月，危害秋茶，发生数量低于第一次高峰，但危害的时间长。气候干燥、台风、暴雨都能使螨的数量显著下降。茶橙瘿螨在失管，长势较差的茶园危害较重，山凹处向阴面的茶园有利发生，夏秋梢未采摘和修剪的发生较重。

8.2.4 螨情调查和预测

（1）越冬虫口密度调查 在11月中下旬和翌年3月初各调查1次。选择不同类型茶园各3块，每块地均用平行跳跃式随机取样，一般不少于25个样点。每样点茶蓬内外层各取2张叶片（内层叶片指采摘面10cm以下），用放大镜检查虫数，并分级记入表8-1。

（2）茶园虫口消长调查 每年3～8月，每天查1次；9～11月，每10d调查1次。选择有代表性的茶园（有条件的地方设置不喷化学农药的观察区），定点系统调查。检查面积不少于334m²。采用平行跳跃式随机多点取样，分别采内外层叶片各100张（采芽下二叶、三叶或对夹第二叶）带回室内。盛叶片不宜用塑料袋等密闭容器，也不能让叶片直接受光照射和过多挤压。用分级取样法各取25张叶片，用解剖镜检查全叶片正面反面的成螨和若螨数，要求在3～4h查完，以免逃逸。虫口基数大时，取样叶片可适当减少。检查结果记入表8-2。

表 8-1　茶橙瘿螨越冬虫口密度调查记载表

单位：_____　地点：_____　年度：_____　调查人：_____

调查日期（月/日）	茶园类型	合计叶片数	分级叶片数（张）														内外层指数和	有螨叶数（片）	有螨叶率（%）	备注
			外层							内层										
			0级	1级	2级	3级	4级	5级	指数	0级	1级	2级	3级	4级	5级	指数				

表 8-2　茶橙瘿螨茶园虫口消长调查记载表

单位：_____　地点：_____　年度：_____　调查人：_____

调查日期（月/日）	茶园类型	平均每叶面积（cm²）	外层				内层				总螨数（头）	平均螨数（头）	有螨叶数（片）	有螨叶率（%）	与上一次虫口数比（%）
			检查叶数（片）	有螨叶数（片）	叶正面螨数（头）	叶背面螨数（头）	检查叶数（片）	有螨叶数（片）	叶正面螨数（头）	叶背面螨数（头）					

（3）茶园虫口密度调查　当定点系统调查茶园螨量出现上升趋势时开始调查，每 5 d 查 1 次，至虫口开始下降时为止。选择不同类型茶园各 3～5 块，采用平行跳跃式多点取样（一般样点 10 个），每点取 10 张叶片（内外层叶片各 5 张），随取随用放大镜检查虫数。分级记入表 8-3。

表 8-3　茶橙瘿螨虫口密度普查记载表

单位：_____　地点：_____　年度：_____　调查人：_____

调查日期（月/日）	调查地点	茶园类型	合计叶片数	分级叶片数（张）						指数	有螨叶片数（片）	有螨叶率（%）	备注
				0级	1级	2级	3级	4级	5级				

（4）发生期预测　根据越冬虫口密度、定点虫口消长调查及大面积虫口密度普查结果，结合观察温度和雨量等天气情况，参照历年资料，预测发生高峰期。

（5）发生趋势分析　当越冬虫口密度高，4 月中旬以后少雨晴天多时，第一虫口高峰将提早出现。当定点观察的虫口数不断增长，有螨叶率达 50%，平均每叶有螨 2 头以上；同时，大面积普查有虫叶率达 50%，有叶虫口指数 1.4 左右，此后两旬日平均气温 20～27℃，旬雨量少于 30 mm 时，即有大发生趋势。

8.2.5　防治方法

宜在早春挑治"发虫中心"的基础上，重点开展 2 次虫口高峰前期防治。一般可在 5 月初开始，每 3～5 d 查 1 次虫情，发现零星"发虫中心"，即应及时挑治。一旦蔓延，则应全面防治。通常在春茶和秋茶结束，抓在 2 次虫口高峰前期，及时进行普治。采取"预防为主，综合治理"的植保方针。

（1）选用抗螨品种　推广种植茶叶下表面气孔密度小，茸毛密度大，氨基酸和咖啡碱含量高、还原糖含量低的"大毫"、"毛蟹"、"金橘"和"云旗"等抗性品种。

（2）农业防治　合理肥水条件，促进茶苗的增长，增施氮肥可增强茶树的抗害能力。适当增加采摘批数，及时分批采摘，可减少虫口发生。经常清理茶园的落叶，并及时销毁，防止落叶上的害螨重新回到茶树上危害，降低虫口基数。清除茶园杂草，切断寄主桥梁。改善茶园灌溉系统，从而改善茶园气候环境。

（3）药剂防治

① 生物杀螨剂　生物杀螨剂是一种高效、低毒、低残留的新型生物制剂，可适应无公害茶园的要求，降低茶叶上的农药残留量，或者根本不使用农药。可选用的制剂有10%浏阳霉素乳剂1 000～1 200倍液，在茶蓬面喷洒均匀，对茶橙瘿螨更应注意喷洒茶丛背面。因对螨卵杀伤力差，在田间螨类盛发期间，最好隔10 d左右连用1～2次。

② 矿物农药　使用99%机油乳剂250倍液，在茶橙瘿螨发生初期施药，施药时间应选择在早晨9：00～11：00或16：00以后进行，以避免高温引起药害。喷药时水量要足，同时要喷施均匀，尤其是嫩叶背部一定要喷施到药液，当最高气温低于23 ℃时，效果下降，应使用别的杀螨剂。

③ 抗生素农药　使用1.8%爱福丁乳油20 000～40 000倍液，每公顷使用900 L药液于茶叶采摘前30 d或采摘后喷雾，能达到无公害的防治效果。

④ 化学农药　长期使用同一种杀螨剂，害螨会产生抗药性，轮换使用不同品种的杀螨剂，同时注意减少对害螨天敌的杀伤能力。可选用的药剂有41%金霸螨乳油5 000倍液、73%克螨特乳油2 500倍液、20%红螨灵可湿性粉剂2 000倍液、50%虫螨灵1 500倍液。

8.3　龙首丽瘿螨

8.3.1　概述

龙首丽瘿螨［*Calacarus carinatus*(Green)］又称为茶叶瘿螨、茶紫瘿螨、茶紫锈螨等，俗称茶紫红蜘蛛，属瘿螨科丽瘿螨属。龙首丽瘿螨的寄主主要是茶属（*Camellia*）植物，在美国欧洲荚蒾（*Viburnum opulus* L.）植物上也发现其危害。国内广泛分布在华东、华南、华中和西南等地的茶叶产区。国外在美国、日本、印度、印度尼西亚、柬埔寨、老挝、马来西亚、斯里兰卡、越南、毛里求斯、澳大利亚和新西兰等国家都有分布。

龙首丽瘿螨对寄主植物的老叶、新叶、嫩梢和芽等都能危害。主要危害老叶，在叶面危害。被害严重时，叶片呈赤褐色，叶面犹如一层灰白色尘状物覆盖，这些尘状物系螨体的蜕。叶片受害后失去光泽，呈紫铜色或锈褐色，叶质变脆，易碎，最后干枯而脱落。受害严重的茶园的茶叶产量显著下降。

8.3.2　形态特征

龙首丽瘿螨的形态特征见图8-3。

（1）雌成螨　体扁平，纺锤形，长0.180～0.225 mm，宽0.068～0.073 mm，厚0.055～0.065 mm，灰褐色或紫色，体被有5条纵向白色蜡质条纹。喙长约0.052 mm，斜下伸。背盾板长约 0.060 mm，宽约 0.065 mm，有前叶突但不发达。侧中线波状在盾板中央区形成 8 字形图案，并与横向线条构成网室，盾板上布有条点状纹。背瘤微小，位于盾板后缘之前，瘤距 0.035 mm，没有背毛。足基节间有腹板陷，足基节刚毛 3 对，而且基节光滑。足 I 各节具刚毛，足 II 膝节和胫节刚毛缺，爪单一，不分叉，5 分支，具有爪端球。大体具有 5 条背脊，形成 4 条背纵沟，背环约 70 个，光滑。腹环 75～80 个，具有珠形微瘤；侧毛 1 对，腹毛 3 对，尾毛 1 对，无副毛。雌性外生殖器盖片上有许多短线饰纹，生殖毛 1 对。

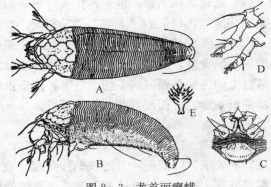

图 8-3　龙首丽瘿螨
A. 雌成螨背面观　B. 雌成螨侧面观
C. 足基节和雌性外生殖器　D. 足　E. 羽状爪
(仿 Keifer，1940)

（2）雄成螨　雄螨个体比雌成螨小，体型与雌成螨类似。

（3）卵　卵为扁圆形，直径约0.075 mm，厚约 0.011 mm，淡黄色，半透明。

（4）幼螨和若螨　初孵幼螨体裸露，有光泽。第一次静止蜕皮后成为若螨，若螨黄褐色或淡紫色，体被白色蜡质絮状物，后半体的环纹不明显。

8.3.3　发生规律

（1）生活史和习性　龙首丽瘿螨以排放精包的方式实现两性生殖，也能进行产雌孤雌生殖。每头雌螨日产卵量为 1～4 粒，平均总产卵量为 21～28 粒，产卵期可延续两周左右。1 年可发生 10 余代，营自由生活，以成螨在叶背越冬。龙首丽瘿螨在茶丛上的垂直分布，以中下部的老叶为主，主要分布在叶面上。有时会与斯氏尖叶瘿螨同时发生。在 23℃ 条件下，完成 1 代的时间是：卵期 6.5～8 d，幼螨期 1～3 d，若螨期 2 d，从卵到成螨共需要 10～12 d，产卵前期 1～2 d。非越冬雌螨的寿命约为 1 周。

（2）发生与环境条件的关系　龙首丽瘿螨完成 1 代所需的时间，在一定温度范围内随温度的升高而缩短。25℃ 下，卵期约 5 d，幼螨与若螨期为 4～5 d，产卵前期为 4 d，完成 1 代的时间为 13～14 d；32℃ 下，完成 1 代的时间仅为 10 d 左右。

高温干燥有利于其繁殖，多雨或暴雨都可冲刷使之数量下降。据福建福安的观察，龙首丽瘿螨每年的发生盛期为 7～10，4～6 月的雨季和 1～2 月的冬季发生数量较少。此外，茶树的品种对螨量也有直接的影响，如印度的"阿萨姆"品种比中国品种受害严重。

8.3.4　螨情调查与预测

（1）龙首丽瘿螨越冬虫口密度调查　在 11 月中下旬和翌年 3 月初各调查 1 次。选择不同类型茶园各 3 块，每块地均用平行跳跃法随机取样，一般不少于 25 个点。每样点茶蓬内外层各取 2 张叶片（内层叶片指采摘面 10 cm 以下），用放大镜检查虫数，并分级记入表8-4。

表8-4　龙首丽瘿螨越冬虫口密度调查记载表

单位：＿＿＿＿　　地点：＿＿＿＿　　年度：＿＿＿＿　　调查人：＿＿＿＿

调查日期（月/日）	茶园类型	分级叶片数（张）														内外层指数和	有螨叶数（片）	有螨叶率（%）	备注
		合计叶片数	外层							内层									
			0级	1级	2级	3级	4级	5级	指数	0级	1级	2级	3级	4级	5级	指数				

（2）茶园虫口消长调查　每年3~8月，每天查1次；9~11月，每10 d调查1次。选择有代表性的茶园（有条件的地方设置不喷化学农药的观察区），定点系统调查。检查面积不少于334 m²。采用平行跳跃式随机多点取样，分别采内外层叶片各100张（采芽下二叶、三叶或对夹第二叶）带回室内。盛叶片不宜用塑料袋等密闭容器，也不能让叶片直接受光照射和过多挤压。用分级取样法各取25张叶片，用解剖镜检查全叶正面和反面的成螨和若螨数，要求在3~4 h查完，以免逃逸。虫口基数大时，取样叶片可适当减少。检查结果记入表8-5。

表8-5　龙首丽瘿螨茶园虫口消长调查记载表

单位：＿＿＿＿　　地点：＿＿＿＿　　年度：＿＿＿＿　　调查人：＿＿＿＿

调查日期（月/日）	茶园类型	平均每叶面积（cm²）	外层				内层				总螨数（头）	平均螨数（头）	有螨叶数（片）	有螨叶率（%）	与上一次虫口数比（%）
			检查叶数（片）	有螨叶数（片）	叶正面螨数（头）	叶背面螨数（头）	检查叶数（片）	有螨叶数（片）	叶正面螨数（头）	叶背面螨数（头）					

（3）茶园虫口密度调查　当定点系统调查茶园螨量出现上升趋势时，开始调查虫口密度，每5 d查一次，至虫口开始下降时为止。选择不同类型茶园各3~5块，采用平行跳跃式多点取样（一般样点10个），每点取10张叶片（内外层叶片各5张），随取随用放大镜检查虫数。分级记入表8-6。

表8-6　龙首丽瘿螨虫口密度普查记载表

单位：＿＿＿＿　　地点：＿＿＿＿　　年度：＿＿＿＿　　调查人：＿＿＿＿

调查日期（月/日）	调查地点	茶园类型	分级叶片数（张）						指数	有螨叶片数（片）	有螨叶率（%）	备注
			合计叶片数	0级	1级	2级	3级	4级	5级				

（4）龙首丽瘿螨发生期预测　根据越冬虫口密度、定点虫口消长调查及大面积虫口密度普查结果，结合观察温度和雨量等天气情况，参照历年资料，预测发生高峰期。

（5）龙首丽瘿螨发生趋势分析　当越冬虫口密度高，4月中旬以后少雨晴天多时，第一虫口高峰将提早出现。当定点观察的虫口数不断增长，有螨叶率达50%，平均每叶有螨2头以上；同时，大面积普查有螨叶率达50%，有叶虫口指数1.4左右，此后两旬日平均气温20~27℃，旬降水量少于30 mm时，即有大发生趋势。

8.3.5 防治方法

（1）农业防治　培育和选用高产优质抗螨茶树品种（如"玉绿"、"春绿"、"福云 7 号"等），加强茶园管理，特别要做好夏秋季节的抗旱工作，增加茶园小气候的相对湿度，以抑制螨的繁殖。冬季对老叶进行修剪，及时做好冬季茶园的清园工作。

（2）植物检疫　瘿螨的主动扩散是靠自身的爬行或弹跳，爬行速度极为缓慢，弹跳是在环境条件不适时才发生的，但其作用距离有限。瘿螨的远距离传播主要是靠风力、人畜或苗木及插条，在进行茶苗的移栽和引种时，茶苗要进行仔细检查后才能调运。

（3）生物防治　生物防治是减少茶叶污染，保证茶叶品质和提高茶叶产量的有效途径。茶园本身有相对稳定的生态系统，有利于天敌的繁育，能把害螨控制在一定水平上。天敌种群较少的茶园可以释放天敌，如食螨瓢虫、草蛉、小花蝽、植绥螨和长须螨等。减少化学防治次数，选择对天敌杀伤力小的农药，是保护茶园天敌的积极措施。

（4）化学防治　茶园化学防治的重点应该放在秋茶采摘结束后进行，这样即避免了茶叶污染，又经济有效，符合害螨的田间增长规律。如果必须在采摘时节进行，为了减少农药对茶叶的污染，最好在采摘前 30 d 进行化学防治。选用 25％单甲脒 1 000～1 500 倍液或 20％双甲脒（又称为螨克）1 500 倍液，进行挑治，能获 90％以上防效。脒类杀螨剂在人体内无累积作用，对天敌的杀伤力较小，对鸟类、蜜蜂和家蚕比较安全，有较好的生态效益，但对鱼类有害。选用 15％灭螨灵 4 000～5 000 倍液，进行喷洒，防效达 81％～94％，药效持续 21 d 以上。选用 73％克螨特乳剂 3 000～5 000 倍液喷洒，防效可达 90％以上。选用 50％普特丹可湿性粉剂 2 000～4 000 倍液进行喷洒，其药效均达 80％以上。普特丹具有对害螨捕食性天敌的杀伤力小、残效期长、耐雨水冲刷和对人体安全等特点。在生产上使用时，应选择在害螨发生高峰之前喷药。

8.4　神泽叶螨

8.4.1　概述

神泽叶螨（*Tetranychus kanzawai* Kishida）又称为神泽氏叶螨，属于叶螨总科叶螨科叶螨属。国内福建、台湾、浙江、江苏、安徽、湖南、辽宁、吉林、山东和陕西等地均有分布。国外主要分布在日本、韩国、菲律宾和澳大利亚。

神泽叶螨的寄主植物主要有棉花、茶、木瓜、樱桃、梨、草莓、茄子、红豆、绿豆、大豆、西瓜、丝瓜、辣椒、芋、人参、苋菜、苹果、桑、枸杞、苜蓿、槐、柳、构树、栀子、玉米、桫椤、细叶厚壳树、越橘、龙葵、柚木、橄榄树、小旋花、香豌豆和常山等 23 科 45 种。

成螨和若螨栖息于叶背危害，幼叶受害后出现小斑点，叶片失绿，发生数量多时，整个叶片变黄，直至落叶。

8.4.2　形态特征

神泽叶螨的形态特征见图 8-4。

（1）雌成螨　体长 0.52 mm，宽 0.31 mm，宽椭圆形，红色。须肢端感器柱形，其长为

宽的 1.5 倍；背感器小枝状，较端感器短。气门沟末端呈
U 形弯曲。后半体背表皮纹构成菱形图案，具 13 对细长
的背毛，毛长于横列间距。

（2）雄成螨 体长 0.34 mm，宽 0.16 mm。须肢端感
器长约为宽的 2 倍；背感器与端感器近等长。刺状毛稍长
于端感器。阳具末端弯向背面形成大端锤，其近侧突起圆
钝，远侧突起尖利，背缘近端侧稍有一角度。

（3）卵 卵呈球形，淡黄色，几近透明，也有黑褐色
纵纹。成螨产卵于叶背面。

（4）幼螨 幼螨足 3 对。

（5）若螨 若螨足 4 对。

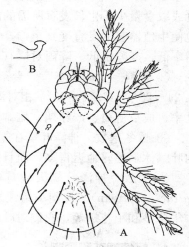

图 8-4 神泽叶螨
A. 雌螨背面观 B. 阳茎
（仿江原昭三，1993）

8.4.3 发生规律

（1）生活史和习性 神泽叶螨在北方 1 年发生 10 代
左右，在南方一年可发生达 21 代，在江西一年发生 13～16 代。

神泽叶螨以雌成螨在缝隙或杂草丛中越冬，大部分栖息在茶树丛内的老叶，随早春
气温上升、茶树萌芽时，迁移到茶树幼叶上危害，在新梢上危害以芽往下 1～2 叶的密度
最高。5 月下旬开花时开始发生，夏季是发生盛期，增殖速度很快。在温度 35℃、相对
湿度 60% 条件下，完成 1 代需 6.23±0.44 d；在温度 30℃、相对湿度 65% 条件下，完成
1 代需 10.89±0.50 d；在温度 20℃、相对湿度 75% 条件下，完成 1 代需 15.92±1.1 d；
在温度 15℃，相对湿度 80% 条件下，完成 1 代需 27.49±2.23 d。在温度 23.6℃、相对
湿度 75% 条件下，从卵到成螨，平均 10.43 d，其中卵期 3.94±0.90 d，幼螨期 2.18±
0.49 d，前若螨期和后若螨期分别为 2.17±0.40 d 和 2.14±0.93 d，雌成螨产卵前期
1.922±0.252 d，成螨寿命为 14.70±3.652 d。发育起点温度为 9.95±0.79℃，完成一代
的有效积温为 166±3.773 d·℃。

用不同低温处理成螨 10 d，-1℃ 及 -5℃ 处理其成活率分别为 50% 和 22%，-12℃ 处
理者成螨全部死亡。

雌螨孤雌生殖，单产，每一雌螨一生可产 38～46 粒卵，卵产于叶背，略有集中一隅之
势，卵上覆有丝质保护物，常有吐丝降落随风飘荡而分散，一天以上午 8:00 前后开始产卵，
14:00 交配居多，交配时间最长 52 min，最短 30 min。

成螨田间分布为聚集分布。雌雄性比 4.94:1。

成螨与幼螨、若螨均为刺吸式口器，栖息于植物的叶部，刺吸植物养分，使叶片呈现许
多灰白色斑点，叶面皱缩不平，甚至使叶片因过度被吸食而转为黄褐色，干枯脱落。

（2）发生与环境条件的关系 降雨少、天气干旱的年份易发生。

① 气候 不同的温度和湿度对神泽叶螨生长发育有一定的影响。35℃ 发育速率最快，
15℃ 发育速率最慢，20～30℃ 为最适发育温度。温度和湿度对神泽叶螨发育历期、孵化率、
存活率和产卵量都有明显的影响。室内试验的研究结果表明，神泽叶螨的发育历期，在
15～35℃ 范围内有随温度的增加、湿度降低而缩短的趋势。温度和湿度对神泽叶螨的影响，
可能主要是通过影响其取食所造成。据观察，在高温低湿或低温高湿条件下，神泽叶螨不取

食或取食量少，生长发育所需的能量供应不足，生长发育延缓，甚至死亡。另外，能量不足也使生殖器官的发育受到影响，性成熟晚，繁殖量降低，有的甚至不能达到性成熟，雌螨存活率低，产卵量低。降雨对螨有冲刷作用，因而对螨种群有较强的抑制作用。

② 食料 "四季春"、"台茶 12 号"、"台茶 13 号"及"青心乌龙"等 4 种茶树的叶片，在 24～28℃，62%～68% 相对湿度和光照 12h 光照：12h 黑暗条件下，各螨态发育期、死亡率、成虫寿命、产卵期、雌雄性比等均受茶树品种的影响，并呈显著差异性。

③ 越冬基数 神泽叶螨在露地和小拱棚内的蚕豆和豌豆上越冬情况存在差异，小拱棚内叶螨休眠比露地迟得多，而且结束休眠的时间早得多。

④ 天敌 神泽叶螨天敌有塔六点蓟马、拟长毛钝绥螨、法拉斯植绥螨（*Amblyseius fallacis* Garman）、智利小植绥螨（*Phytoseiulus persimilis* Athias - Henriot）、食螨瓢虫、中华草蛉和小花蝽等，它们对叶螨种群数量有一定控制作用。

8.4.4 螨情调查和预测

从 11 月到 5 月，在草莓上调查，每 7 d 调查 1 次，时间为每天上午 9：00，五点取样，每点 10 叶，共 50 叶，带回实验室镜检，记录其叶片正反面各种螨态数量。每片叶上有 2～3 头时，列为防治对象田。应用有效积温法预测发生期，发育起点温度为 9.95±0.79℃，完成 1 代的有效积温为 166±3.773 d·℃，以当地日平均气温观测值进行预报，有效积温公式为 $N=(166\pm3.773)/[T-(9.95\pm0.79)]$。

8.4.5 防治方法

神泽叶螨防治应采取"预防为主，防治结合；挑治为主，点面结合"的原则。

（1）农业防治 收获后及时清除残枝败叶，集中烧毁或深埋；进行翻耕。少量叶片受害时，及时摘除虫叶烧毁。遇气温高或干旱，要及时灌溉。增施磷钾肥，促进植株生长，抑制害螨增殖。

（2）生物防治 以网室内木瓜上螨为例，该螨在木瓜生育全期皆有发生，生活周期短，在平均每叶低于 200 只叶螨前，释放法拉斯植绥螨或智利小植绥螨。其释放部位在下位叶柄基部，每次每株约 500 只植绥螨，约每月 1 次，直至栽培期结束，防治效果好。

（3）药剂防治 田间出现受害株时，若有 2%～5% 叶片出现叶螨，每片叶上有 2～3 头，就应进行挑治，把叶螨控制在点片发生阶段，这是防治螨害的主要措施。当叶螨在田间普遍发生，天敌不能有效控制时，应选用对天敌杀伤力小的选择性杀螨剂进行普治。如喷雾 2.5% 天王星（联苯菊酯）乳油 2 000 倍液、20% 复方浏阳霉素乳油 1 000 倍液、20% 灭扫利乳油 1 000 倍液、5% 增效抗蚜威液剂 2 000 倍液、73% 克螨特乳油 1 000 倍液、25% 灭螨猛可湿性粉剂 1 000 倍液、5% 尼索朗乳油 2 000 倍液、21% 灭杀毙乳油 1 000 倍液、20% 双甲脒乳油 800～1 000 倍液、35% 卵虫净乳油 1 500 倍液、1.8% 爱福丁乳油 3 000 倍液、20% 好年冬乳油 800～1 000 倍液、10% 吡虫啉可湿性粉剂 1 000～1 500 倍液、50% 托尔克可湿性粉剂 1 500 倍液、50% 溴螨酯 800～1 000 倍液。一些杀螨剂连续使用数次后敏感性大幅度下降，如双甲脒在茄子上连续施用 6 次后防效降至 58%，因此要注意轮换交替用药。

8.5 卵形短须螨

8.5.1 概述

卵形短须螨（*Brevipalpus obovatus* Donnadieu）又称为女贞螨，属叶螨总科细须螨科，寄主植物有45科120多种，除危害茶树外，还危害菊科、杜鹃科、唇形花科、玄参科、蔷薇科、毛茛科、梧桐科、金丝桃科和报春花科等多种药用植物、花卉、杂草及经济林木，以草木、藤木及小灌木上为多。

国内已知分布于山东、安徽、浙江、福建、台湾、湖南、广东、海南、广西、江西等地。国外分布于斯里兰卡、日本、阿根廷、加拿大、法国、美国、西班牙、澳大利亚、委内瑞拉、塞浦路斯、埃及、以色列、肯尼亚、南非、伊朗、新西兰和俄罗斯等。

卵形短须螨危害叶片、嫩芽等，被害叶由绿色转暗红，失去光泽，正反面均有紫色突起斑，叶柄和叶脉呈紫褐色，引起大量落叶，削弱树势。

8.5.2 形态特征

卵形短须螨的形态特征见图8-5。

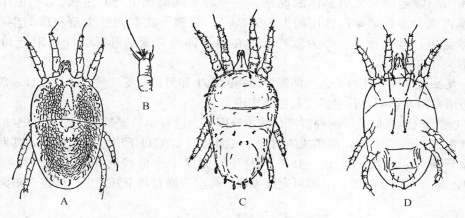

图8-5 卵形短须螨
A. 雌螨背面观 B. 足Ⅱ跗节 C. 若螨背面观 D. 雌螨腹面观
（仿王慧芙，1981）

（1）雌成螨 体长0.27~0.31mm，长卵圆形，橙红或暗红色，前足体与后足体之间体背有一条明显的横缝，背刚毛12对；在第二对背中毛的外侧斜上方，各有一个呈漏斗状小洼陷，称为背孔，孔周围有放射形条状肤纹。

（2）雄成螨 体长0.25mm，宽0.12mm，楔形，末端略尖。在第四对足后面的体背有一条横沟，将后半体分隔成后足体与末体两部分。

（3）卵 卵长0.08~0.11mm，椭圆形，表面光滑，橙红色，孵化后卵壳白色半透明。

（4）幼螨 体长0.11~0.18mm，宽0.08~0.10mm，椭圆形，初期橘红色，以后颜色渐浅。足3对。体末端具突起2对，在2对突起间，有长毛2根。

（5）若螨 体近圆形，橙红色。第一若螨体长0.17~0.22mm，背有色斑块，足4对，体末端有突起 3 对。第二若螨近长方形，体色较深，眼点明显，体背有网状纹。

8.5.3　发生规律

（1）生活史和习性　卵形短须螨在茶树上的分布，以中部最多，上部最少。在茶树不同部位的分布，以叶背居多，占总量的 80% 以上，叶片正面、叶柄、腋芽及枝干上均较少。繁殖以孤雌生殖为主，卵绝大部分产在叶背，其次是枝干及腋芽上，叶柄及叶正面均较少。

卵形短须螨 1 年可发生 5～10 代。在浙江杭州，一年发生 7 代，6 月份之前茶树的螨量较低，6 月份开始逐渐增加，7～9 月为全年螨量最多的时期，10 月份又趋下降。在台湾一年发生约 11 代。日平均气温 28～30℃时，卵期 6 d，幼螨期 3 d，若螨期 8 d，完成 1 个世代 19 d。雌成螨寿命 35～45 d，个别 70 d，越冬成螨长达 6 个月以上。

卵形短须螨在福建危害西番莲的时，一年发生 8～9 代，卵期 6.0～25.0 d，幼螨期 3.0～14.0 d，若螨 I 期 2.0～12.0 d，若螨 II 期 5.0～21.5 d，产卵前 2.0～30.0 d；以雌成螨态越冬，其寿命超过 30 d，最长达 2 月；田间种群数量高峰期出现在 11 月份，主要为孤雌生殖。

以成螨在近地面的茶树根颈部表土下 0～6 cm 处越冬，个别在腋芽上或落叶中越冬，在南方温暖地区，无明显休眠现象。翌年春季陆续爬上叶片危害。7～9 月发生最甚。雌螨占绝大多数，雌雄性比约为 2 500∶1。繁殖方式有两性生殖和孤雌生殖两种，多行孤雌生殖，世代重叠。卵为散产，产在中下部叶背面的叶脉、叶柄附近和叶片凹陷处，后向上扩展。

（2）发生与环境条件的关系　卵形短须螨的发生和消长，受气候、越冬虫口基数、食料和天敌等诸多因素影响，其中温度起主导作用。

① 气候　气温高低是影响种群消长的主导因子。适宜生长繁殖的气温为 24～30℃，当旬平均气温在 10～15℃时，越冬成螨出蛰，气温降至 17℃ 以下时即进入越冬。其发育速度也随气温升高为而加快，在 17～19℃ 条件下，完成 1 个世代约 40 d，20～27℃ 时只需 30～35 d，27.5～31℃ 时近 20 d 即可完成 1 代。高温干燥有利于其发生，低温多雨则不利于繁殖。

② 食料　修剪复壮的茶园、苗圃和幼龄的茶园内危害较重。

③ 越冬基数　管理粗放、杂草多、其他病虫危害严重的茶园受害重。

④ 天敌　卵形短须螨有许多天敌，如瓢虫和蜘蛛等，对控制数量消长有一定作用。

8.5.4　螨情调查和预测

从 7 月至 12 月每隔 1 旬，从固定的 20 株受害株上，每株采集 5 片成龄叶，共 100 片，计数百片叶的螨量。结合气象资料分析每旬百片叶螨量的变化规律。平均每叶有满 10～15 头时，列为防治对象田块。

卵形短须螨种群消长常与前一旬的日照时数呈正相关，所以当出现旬平均气温在 24℃ 以上，天气连续干旱，旬降水量少于 40 mm，旬日照时数在 60～100 h 时，再过 20～30 d 可能会出现发生高峰期。

8.5.5 防治方法

（1）加强管理 施好施足基肥和追肥，坚持合理采摘，做好抗旱防旱工作，促进茶树健壮生长，增强树势，提高抗逆力。

（2）农药防治 要合理使用化学农药，保护天敌。

a. 中小叶种茶树，平均每叶有满 10～15 头时，应全面喷药防治。

b. 点片发生时，及时喷药防治，可选 15％灭螨灵乳油 3 500 倍液、20％灭净菊酯乳油 1 000 倍液、73％克螨特乳油 2 000 倍液、10％除尽乳油 2 000 倍液、1.8％爱比菌素乳油 4 000 倍液、1.8％集琦虫螨克乳油 5 000 倍液、20％灭扫利乳油 4 000 倍液。

c. 10 月上中旬秋茶结束后，雌成螨下树前喷洒 0.5 波美度石硫合剂或 80％代森锌 1 000 倍液防治。

8.6 侧多食跗线螨

8.6.1 概述

侧多食跗线螨［*Polyphagotarsonemus latus*（Banks）］隶属于真螨总目绒螨目前气门亚目异气门总股异气门股跗线螨总科跗线螨科多食跗线螨属，别名茶黄螨、茶跗线螨、茶半跗线螨、嫩叶螨等，为世界性害螨，也是全国茶区及大部分蔬菜区重要害螨，严重危害茶、茄子、辣椒、番茄、棉花、黄麻、大豆、花生、柑橘、葡萄、白菜和菜豆等 30 余科 70 余属的植物。

侧多食跗线螨在茶树上主要危害幼嫩芽叶，导致叶片两面均呈褐色，叶片硬化、变脆、变厚、萎缩、生长缓慢或停滞，受害后芽叶可减少 63％左右。受害茄子，植株上部叶片僵直，叶背呈灰褐色或黄褐色、油浸状，叶向下卷曲，茎部、果柄、萼片及果实变灰褐色或黄褐色；花期受害，严重的不能坐果，坐果的其幼果脐部即开始变淡黄色，表皮木栓化，随着果实的增长，果皮龟裂，甚至种子裸露。受害辣椒，植株上部叶片的背面呈油渍状光泽，渐变黄褐色，叶缘向下卷曲，幼茎变为黄褐色；受害较重的植株则落叶、落花、落果或果柄及果实也变黄褐色，失去光泽，果实生长停滞、变硬。受害番茄，最初幼叶和幼茎的表面变为咖啡色或淡褐色，具光泽；幼叶变窄、僵直、扭曲畸形或皱缩，最终植株枯萎或迅速干燥，植株顶部就像被火焰烧焦了一样。

8.6.2 形态特征

侧多食跗线螨的形态特征见图 8-6。

（1）雌成螨 体长约 0.21 mm，椭圆形，较宽阔，腹部末端平截，淡黄色至橙黄色，表皮薄而透明，因此螨体呈半透明状。体背部有一条纵向白带。足较短，第四对足纤细，其跗节末端有端毛和亚端毛。腹面后足体部有 4 对刚毛。假气门器官向后端扩展。

（2）雄成螨 体长约 0.19 mm。前足体有 3～4 对刚毛。腹面后足体有 4 对刚毛，足较长而粗壮，第三对足和第四对足的基节相接。第四对足胫节和跗节细长，向内侧弯曲，远端 1/3 处有一根特别长的鞭状毛，爪退化为纽扣状。

（3）卵 卵长约 0.10 mm，椭圆形，无色透明，表面具纵裂瘤状突起。

（4）幼螨　体长 0.11mm，椭圆形，体背有一白色纵带，足 3 对，腹末端有 1 对刚毛。

（5）若螨　体长约 0.15mm，长椭圆形，是静止的生长发育阶段，外面罩有幼螨的表皮。

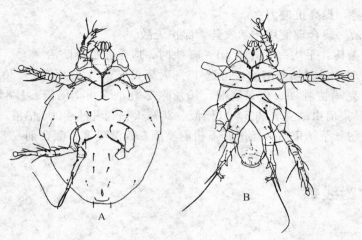

图 8-6　侧多食跗线螨

A. 雌螨腹面观　B. 雄螨腹面观

（仿江原昭三，1993）

8.6.3　发生规律

（1）生活史和习性　侧多食跗线螨每年发生 25～30 代，在茶园中，以雌成螨在茶树芽鳞片内、叶柄处、茶丛中徒长枝的成叶背面和杂草上越冬。翌春把卵散产在芽尖和嫩叶背面，每雌产卵 2～106 粒，卵期 1～8d，幼螨和若螨期 1～10d，产卵前期 1～4d，成螨寿命 4～7.6d，越冬雌成螨寿命长达 6 个月。完成 1 代需 3～18d。在四川，一般 5 月初开始发生，6 月初和 8 月中旬分别有 1 次高峰期。尤其遇有高温干旱年份或季节发生量大，严重影响夏茶和秋茶生产。侧多食跗线螨发育繁殖的最适温度为 16～23℃，发育起点温度为 11.3℃，完成 1 个世代的有效积温为 62.8d·℃。相对湿度为 80%～90%时的世代发育历期，28～30℃时为 4～5d，18～20℃时为 7～10d。繁殖方式以两性繁殖为主，也有营孤雌生殖。两性繁殖的个体，雌雄比例为 2～7：1，孤雌生殖的后代全是雄性个体。成螨活泼，尤其雄性，当取食部位变老时，立即向幼嫩部位转移并携带雌若螨，后者在雄螨体上蜕一次皮变为成螨后，即与雄螨交配，并在幼嫩叶上定居下来。温暖多湿，尤其是高湿的环境有利于侧多食跗线螨的发生。

在鲁西地区茄果类蔬菜日光温室中，一般在温室、大棚内的土缝、残留株和杂草上越冬，温湿度适宜即可繁殖危害。10 月中下旬覆盖棚膜后，侧多食跗线螨往往先在温室内通风不良、相对湿度大的地方开始发生，然后向四周传播。雌螨可以重复交尾，交尾后第二天开始产卵，产卵期一般 3～5d，单雌产卵量 17～35 粒。一般行两性生殖，偶尔有孤雌生殖，但未受精卵孵化率较低。卵多产于嫩叶背面、幼果凹处或幼芽上，一般 3～5d 孵化。幼螨及若螨期时间较短，且活动范围较小，一般仅 2～3d 即可变为成螨。侧多食跗线螨生长繁殖的最适温度为 16～23℃，高温会缩短成螨寿命，使其繁殖力降低。湿度对成螨的影响不大,相对湿度在40%以上时成螨即可繁殖,但卵和幼螨对湿度要求较高,相对湿度保持在80%以上时才能发育。夏秋季节温度适宜、土壤湿度大、田间郁蔽、空气相对湿度高,有利于侧多食跗线螨发生。在温度为23~25℃,光照时间8:00~20:00,光照度7 000~10 000lx,茄子为食料条件下,该螨的内禀增长率(r_m)为0.258 4,种群平均每经过一天为上1天数量的1.294 8倍,每世代增殖倍数为上代数量的19.395 3倍,一个世代平均时间为11.472 8d,每经过2.682 3d种群就增长1倍。

据桂连友等研究,不同茄子品种对侧多食跗线螨的抗性存在一定差异,叶片背面气孔密度低、背面绒毛密度高的品种,对该螨抗性强;背面气孔密度高、背面绒毛密度低的品种,对该螨抗性差。不同茄子叶片上表皮、栅栏组织、海绵组织和下表皮厚度均存在一定的差异。由于该螨主要集中在叶片背面取食,其口器不发达,口针长32.5~43.4μm,口针能通过下表皮层进入海绵组织,但不能进入栅栏组织。叶片下表皮越厚,抗性越强;其下表皮薄的品种,抗性低。早熟、中熟、晚熟茄子品种类型之间对该螨抗性差异性不显著。茄子叶片中叶绿素、可溶性糖、鞣酸含量对该螨抗性差异性不显著。据陆自强等报道,茄子叶片上的毛的数量和嫩老程度对该螨增殖率有影响。幼嫩而多毛的叶片产卵多,增殖率显著高;毛稀而老的叶片产卵少,增殖率低。刘奕清等研究结果表明,不同抗螨茶树品种间新梢叶片的下表面形态学和生物化学方面存在着明显差异。抗性品种的叶片下表面具有茸毛密度高、气孔密度低、角质化程度高、下表皮厚的形态特征;抗性品种新梢的咖啡碱和氨基酸含量高,而可溶性糖含量低;叶片组织结构、茶多酚和叶绿素总量的含量与茶树品种抗螨性没有关系。

害螨多数喜欢在嫩叶背面栖息危害,仅少数在叶片正面或其他嫩茎等部位危害,主要集中在嫩梢顶芽下的第二叶。随着寄主植物的生长,害螨由下向上转移危害。主要危害幼嫩芽叶,导致叶两面均呈褐色、叶片硬化、变脆、变厚、萎缩、生长缓慢或停滞。

(2) 发生与环境条件的关系 侧多食跗线螨的发生和消长,主要受气候、农事操作、越冬基数和天敌等的影响。

① 气候 前文已述,卵和幼螨对湿度要求高,对螨发育繁殖的最适温度为16~23℃,相对湿度为80%~90%。夏秋季节温度适宜、土壤湿度大、田间郁蔽、空气相对湿度高,有利于侧多食跗线螨发生。气温超过35℃,卵孵化率显著降低,且幼螨和成螨的死亡率提高。据测定,34~35℃室温持续2~3h后,若螨死亡率可达80%,成螨死亡率高达60%以上。适宜的光照度能促进侧多食跗线螨的生长发育,光照过强则能明显抑制侧多食跗线螨的生长发育和繁殖;光照度过弱或长时间光照度过低,也不利于侧多食跗线螨发生及繁殖。

② 农事操作 侧多食跗线螨主要靠爬行或随气流进行短距离扩散,通过整枝打杈等农事活动人为携带做远距离传播,也可通过水流传播。

③ 食料 辣椒窄叶型品种有"苏椒2号"、"苏椒5号"和"江西牛角椒",茄类品种中有"丰研1号"、"长茄"、"灯泡茄"和"圆茄",茶树品种有"云南大叶茶"、"黔湄502"、"黔湄701"、"蜀永2号"、"蜀永3号"、"蜀永703"、"蒙山11号"、"蒙山16号"、"蒙山23号"、"台茶10号"和"台茶16号"等,对该螨有较强抗性或耐性,不利于其生长和繁殖。辣椒品种"浙研1号"、"浙研5号"和"板桥1号"等宽叶型品种,茄子品种"荆州长白茄",茶树品种"四川中叶茶",对该螨抗性较差。不同茄子果型对螨抗性不同,表现为圆形裂果率较高,灯泡形次之,长茄形则相当轻。成螨有趋嫩性,活动能力较强,当取食部位变老时会向植株幼嫩部位迁移,因此,留养茶园、幼龄茶园和秋茶未采完的茶园,一般受害较重。

④ 越冬基数 该螨冬季主要在温室内越冬，少数雌成螨可在冬作物或杂草根部越冬，若基数较大，会造成来年严重危害。

⑤ 天敌 侧多食跗线螨的天敌有多种，如食螨瓢虫、草蛉、食螨蓟马、钝绥螨和盲走螨等，其中食螨瓢虫和钝绥螨抑制作用显著。

8.6.4 螨情调查和预测

根据茶园或茄果类蔬菜的不同类型（好、中、差），设立标准地，采取5点取样，每点确定5株，每年春季从5月下旬至9月上旬，每隔5～7d检查1次。每株按上、中、下随机各取叶片5张，共15张。一般在春季日平均气温16℃左右时，每张叶片上有成螨和若螨10～30头（茶树）、10～30头（茄果类）时应考虑进行防治。茄果类蔬菜防治适期露地为7月上旬、8月上旬、8月底9月初；保护地为9月底10月初。茶树在6月初、8月中旬危害较重。

8.6.5 防治方法

防治在选用抗（耐）螨品种和加强田间管理的基础上，辅以生物防治和药剂防治的综合防治措施。由于侧多食跗线螨生育周期短、繁殖速度快，因此应特别注意早期防治。

（1）农业防治 推广抗性品种，如茄子种植抗性较强的"丰研1号"，辣椒推广窄叶型品种，茶树"黔湄502"、"蜀永703"和"蒙山11号"等。蔬菜尽量不连作，水旱轮作，冬季清洁田园。

（2）生物防治 各种防治方法使用应在不伤害天敌的条件下进行。特别禁止使用杀伤天敌的化学药剂，以保护天敌，如食螨瓢虫、草蛉、食螨蓟马、钝绥螨、畸形螨和盲走螨等。茶园释放德氏钝绥螨，每平方米释放25～30头，释放时间以9月至翌年3月为适。

（3）药剂防治 茶黄螨个体小，世代重叠，幼螨和成螨均造成危害，主要集中在顶部叶片背面和花柄、果实基部危害。在湖北，在一年内茄果类蔬菜（如番茄、辣椒和茄子）露地有3次种群高峰：7月中旬、8月中旬和9月上旬，保护地10月上中旬也有1次种群高峰。目前茄果类蔬菜上该螨还没有制定标准防治指标，建议防治指标为10头/叶；防治适期，露地为7月上旬、8月上旬、8月底9月初，保护地为9月底10月初。茶树建议防治指标10～30头/叶，防治适期在6月初、8月中旬。

药剂以喷雾为主，主要集中在顶部2～5片叶片背面、花蕾和幼果。可选用的药剂有：73%克螨特乳油1 000倍液、25%扑虱灵可湿性粉剂2 000倍液、25%灭螨猛可湿性粉剂或10%吡虫啉可湿性粉剂1 500倍液、5%尼索朗乳油2 000倍液、2.5%天王星乳油3 000倍液、20%复方浏阳霉素乳油1 000倍液、15%哒螨酮乳油3 000倍液、0.12%天力Ⅱ号可湿性粉剂1 000～1 500倍液、35%赛丹乳油2 000～3 000倍液，效果都较好。采茶前7d停止用药。

8.7 枸杞刺皮瘿螨

8.7.1 概述

枸杞刺皮瘿螨（*Aculops lycii* Kuang）属于瘿螨科刺皮瘿螨属，是20世纪80年代在宁夏枸杞产区猖獗发生的新害螨，俗称枸杞锈螨、枸杞锈壁虱。枸杞刺皮瘿螨广泛分布在宁夏的中宁、银川、贺兰、青铜峡、灵武、中卫、平罗和吴忠，以及新疆的精河、石河子、昌吉、奇台和阿克苏。

在枸杞上，除枸杞刺皮瘿螨外，还有 5 种瘿螨危害，它们是：a. 拟大枸杞瘤瘿螨 (*Aceria paramacrodonis* Kuang)，分布于宁夏的中宁、山东的德州、甘肃的兰州、青海的西宁；b. 白枸杞瘤瘿螨 (*Aceria pallida* Keifer)，分布于宁夏的银川、贺兰、中宁以及新疆的精河、石河子和阿克苏，国外分布在美国；c. 拟华氏瘿螨 [*Aceria parawagnoni* (Kuang)]，分布于宁夏的银川；d. 枸杞金氏瘤瘿螨 [*Aceria tjyingi* (Manson)]，分布于上海市、江苏的南京和赣榆、河北昌黎和台湾省，国外分布于日本；e. 枸杞叶刺瘿螨 (*Phyllocoptes lyciumi* Song，Xue et Hong)，分布于甘肃宕昌。

枸杞刺皮瘿螨主要危害栽培枸杞和野生枸杞，以危害叶为主，也危害嫩茎和幼果。危害从植株的下部开始，逐渐向顶部发展转移，受害叶初期失绿、增厚，后期叶质变脆、易折断，叶色变成锈色，失去光合作用能力，提早落叶。受害严重的枸杞树有时出现枝条短缩，叶片变小，似丛枝状，严重影响当年的产量和秋梢的抽发，以及花芽的形成，可使枸杞减产达 34%。

8.7.2　形态特征

枸杞刺皮瘿螨的形态特征见图 8-7。

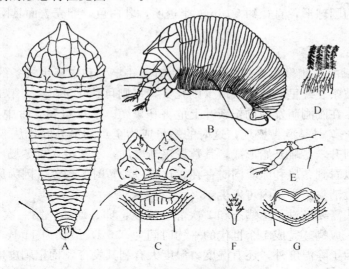

图 8-7　枸杞刺皮瘿螨

A. 雌成螨背面观（原雌）　B. 雌成螨侧面观（冬雌）　C. 雌螨足基节和生殖器盖片

D. 侧面微瘤　E. 足 I　F. 羽状爪　G. 雄螨生殖器

（仿匡海源，1983）

（1）雌成螨原雌　体长 170～180 μm，宽 65 μm，厚 50 μm，体梭形，淡黄色。喙长 20.8 μm，斜下伸。背盾板长 46 μm，宽 50 μm，有前叶突。背中线不明显，仅有后端的 1/2；侧中线呈波状，亚中线分叉，各纵线间有横线相连，构成网室。背瘤位于盾后缘，瘤距 33 μm；背毛长 11.6 μm，后指。足基节有腹板线，基节有短条纹饰，基节刚毛 3 对，基节刚毛 I 长 4.6 μm，基节刚毛 II 长 15.4 μm，基节刚毛 III 长 24.6 μm。足 I 长 34.7 μm，股节长 10.2 μm，股节刚毛长 12.7 μm；膝节长 5.4 μm，膝节刚毛长 23.9 μm；胫节长 8 μm，胫节刚

毛长 $3.9\mu m$，位于背基部 $1/3$ 处；跗节长 $6.2\mu m$；羽状爪长 $7\mu m$，爪端球不明显，羽状爪 4 分支。足Ⅱ长 $32.9\mu m$，股节长 $10\mu m$，股节刚毛长 $9.8\mu m$，膝节长 $5.4\mu m$，膝节刚毛长 $7.7\mu m$，胫节长 $7.5\mu m$，跗节长 $6.2\mu m$，羽状爪长 $7\mu m$，爪端球不明显，羽状爪 4 分支。大体有背环 27 环，环上生有较大的椭圆形微瘤；腹环 $65\sim70$ 个，具有圆形微瘤。侧毛长 $21.6\mu m$，生于第十六环；腹毛Ⅰ长 $33\mu m$，生于第三十一环；腹毛Ⅱ长 $24.6\mu m$，生于第四十八环；腹毛Ⅲ长 $23\mu m$，生于体末第五环。有副毛。雌螨外生殖器长 $9.2\mu m$，宽 $20\mu m$，生殖器盖片有纵肋 $8\sim10$ 条，生殖毛长 $15.4\mu m$。营自由生活。

雌成螨冬雌为原雌滞育越冬的状态，体长 $150\sim160\mu m$，宽 $74\mu m$，厚 $68\mu m$，体梭形，棕黄色。大体背环有 $43\sim46$ 环，腹环有 $60\sim64$ 环，背腹环光滑。大体侧毛长 $24.7\mu m$，生于第十二环；腹毛Ⅰ长 $46.2\mu m$，生于第二十三环；腹毛Ⅱ长 $34.6\mu m$，生于第三十八环；腹毛Ⅲ长 $30.8\mu m$，生于体末第五环。其他形态特征基本上与原雌相同。

（2）雄成螨 体长 $175\mu m$，宽 $54\mu m$，体型小于雌螨，体梭形，淡黄色。雄性外生殖器宽 $17.7\mu m$，生殖毛长 $12.3\mu m$。其他特征相似于雌螨。

（3）幼螨和若螨 初孵化出的幼螨无色透明，后为白色半透明，体长 $100\sim130\mu m$，足 2 对。若螨初期为乳白色，后期为黄色，体长 $160\sim170\mu m$，外形与成螨相似，但外生殖器尚未发育完全。

（4）卵 卵为圆球形，直径约 $50\mu m$，半透明，乳白色，卵壳表面具网状纹饰。

8.7.3 发生规律

枸杞刺皮瘿螨的冬雌聚集在枸杞冬芽鳞片间和一年生和二年生枝条的裂缝或凹陷处越冬，每个芽眼或枝条裂缝里的越冬数量少则几头，多则可达 1 380 头。第二年春，4 月上中旬冬雌出蛰活动，在刚刚萌发的枸杞新叶上危害和繁殖。从出蛰到 5 月中下旬是危害初期，螨量逐渐上升，$6\sim7$ 月是危害盛期，这时的螨量成为全年的最高峰，从 8 月开始螨量陆续下降或出现小的回升，冬雌开始形成，其数量逐渐增加，不断进入越冬场所准备越冬，但在同一越冬场所可以看到冬雌和原雌同时存在，这是一种暂时的现象，因为原雌没有滞育而不能越冬，最后死亡消失。一年内可发生 13 代左右。

完成一个世代需要经过 4 个螨态和 2 次静止蜕皮：卵、幼螨、第一次静止蜕皮、若螨、第二次静止蜕皮、成螨。完成 1 个世代的平均时间为 $9.5d$，最长为 $11d$，最短为 $7d$，影响个体发育速度的因子除温度外，还有湿度，湿度大有利其发育。枸杞刺皮瘿螨属于喜阴性螨类，一般受害叶片上的螨量，叶背面占 97.2%，叶正面占 2.8%，但受害重的叶片，其叶背螨面量占 71.6%，叶正面螨量占 28.4%。

枸杞刺皮瘿螨的传播方式除爬行或弹跃（以叶片为支点，头尾相靠拢，把身体弯成弓形，凭借尾体之力，把螨体弹出）外，主要依靠风雨、昆虫、人畜和苗木携带等进行远距离传播。

8.7.4 防治方法

（1）农业防治 人工铲除生长于田埂、地头、沟边、房前屋后的野生枸杞，避免用枸杞树做围栏。春秋两季修剪整枝时及时清除枯枝落叶并销毁，夏季及时剪除徒长枝和根蘖苗，防止枸杞刺皮瘿螨的滋生和蔓延。及时修剪园中枝条，通风透光。

（2）选用种植抗性品种 选用"宁杞1号"等抗螨品种等。

（3）药剂防治 应抓住3个用药时间，第一次在春季，在5月上中旬用药，此时害螨出蛰不久，正在新叶上取食和繁殖，螨量虽不多，但是是影响中期螨量多少的关键时刻。因此，务必十分重视早春防治。第二次用药在6～7月枸杞生长旺季，有选择性地进行重点防治，抑制高峰的出现。第三次用药在秋季8～9月，可减少越冬基数，这是摘果后的一次防治，一般容易忽视。

可选择的药剂有：25％敌灭灵可湿性粉剂1500倍液，在4月下旬枸杞萌发抽条期定向全株喷雾，药液覆盖整个树冠；1.8％齐螨素乳油3000倍液，根据田间虫情，每隔14～23d喷药1次。也可选择0.9％阿维菌素2000倍液、73％锐螨净乳油1000倍液、10％吡螨胺水剂1000倍液、0.3％苦参素1号或苦参素4号1000倍液，喷雾。

8.8 六点始叶螨

8.8.1 概述

六点始叶螨〔*Eotetranychus sexmaculatus*（Riley）〕属于叶螨总科叶螨科始叶螨属，别名六斑黄蜘蛛、橡胶黄蜘蛛，国外分布于日本、美国和新西兰等，国内分布于广东、广西、海南、云南、四川、湖南、江西和台湾等地。

六点始叶螨可危害橡胶、柑橘、油桐、腰果、茶树、番石榴、台湾相思、苦楝、芒果和菠萝蜜等20多种经济植物和野生植物。该螨是我国海南和粤西地区等地橡胶树的重要害螨，以成螨、若螨和幼螨刺吸危害胶树叶片，主要危害老叶（即成熟叶片）特别是老化初期叶片。开始时沿叶主脉两侧基部危害，受害处呈现黄色斑块；尔后扩展至侧脉间，最后全叶变黄。轻则使叶片叶绿素受破坏，影响光合作用，重则造成叶片枯黄脱落，导致停割，严重影响当年胶乳产量。

1993年以来，受干旱天气影响，六点始叶螨在海南垦区各农场橡胶树上相继暴发，危害猖獗。如1993年在海南省国营新中、东太和东平等农场受害严重，造成大面积橡胶树落叶，损失干胶均百吨以上。1994年以后，大岭、新星、乌石、红华、白沙、南海、阳江、立才、南岛、南昌和红泉等农场相继暴发成灾，对干胶生产造成严重损失。

8.8.2 形态特征

六点始叶螨的形态特征见图8-8。

（1）雌成螨 体长0.34～0.43mm，宽0.20～0.25mm，体黄色，后期稍带橙黄色。体椭圆形，中部稍宽，后端略圆，大多数个体背面有4个不规则的黑点，有的则有6个或无斑点。

（2）雄成螨 体长0.30～0.33mm，宽0.13～0.15mm，体较瘦小狭长，末端略尖，呈楔状，足较长，背面也有黑色斑点。

（3）卵 卵为圆形，稍扁，光滑，有1直立的梗，直径0.11～0.13mm。初产时乳白色，后变成橙黄色，孵化前又变为浑浊乳白色。

（4）幼螨 体长0.13～0.14mm，近圆形，淡黄色，具足3对，体背无黑斑或黑斑不明显。

（5）若螨 体长0.20～0.35mm，足4对，形似成螨。

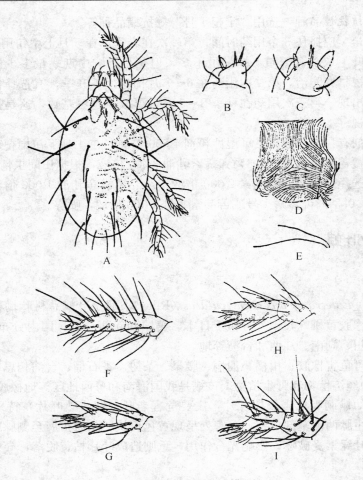

图 8-8 六点始叶螨

A. 雌螨背面观 B. 雄螨须肢跗节 C. 雌螨须肢跗节 D. 生殖盖肤纹 E. 阳茎
F. 雌螨足Ⅰ跗节和胫节 G. 雄螨足Ⅰ跗节和胫节 H. 雌螨足Ⅱ跗节和胫节 I. 雄螨足Ⅱ跗节和胫节

(仿忻介六，1988)

8.8.3 发生规律

（1）生活史和习性 六点始叶螨在海南岛年发生 23 代左右，世代重叠。在海南、粤西无越冬现象，冬季仍然有少量在未脱落的橡胶叶上或枝条上继续危害，大部分则随胶树冬季落叶而迁移到地面附近的小灌木、杂草和台湾相思上栖息取食。

每年开春随着温度上升，橡胶树开始萌动抽叶，六点始叶螨从枝条或其他寄主转移到新抽的橡胶叶上繁殖危害，其种群数量随新抽胶叶的老化而增加，如遇干旱年份，往往暴发成灾。海南垦区近年来由于受干旱天气影响，六点始叶螨的危害一般自 4 月至 5 月上中旬开始有受害植株出现；随着干旱天气的延续，5 月下旬种群数量激增；6 月上旬达到危害高峰期，7 月以后种群数量锐减；10 月下旬至 11 月再回升，形成 1 个次高峰。橡胶树受害落叶主要在 5～6 月，常严重影响着当年的胶乳产量；11 月份发生一般较轻，且接近停割期，虽有少部分落叶但对橡胶树不会造成大的危害。

雌雄螨一生可交配多次，产卵一般在交配后 2～3 d 内进行，有些则在交配的当天，少数要等第五天才开始。雌螨每天产卵数量最多可达 13 粒，最少 1 粒；一生产卵多达 114 粒，少数仅产 1 粒，极少数不产卵。卵产于叶片背面，老、嫩叶片均为其产卵场所。

幼螨发育至成螨需要经过 3 次蜕皮，蜕皮前各有一段静止期。雄螨蜕皮次数虽然与雌螨相同，但其发育速度较雌螨快 1～2 d。当雌若螨尚处于最后一龄蜕皮前的静止阶段时，雄成螨已守候在旁，并将其前足放置在雌若螨体上，待雌螨一蜕皮，两性立即交配。

不论成螨、若螨还是幼螨，当螨口较少时，取食为害多在叶片背面的主脉两侧，然后扩散至各侧脉间。一般叶片基部先出现黄白色斑，然后是叶片中部主脉两侧相继出现，最后才全叶变黄。

各龄期长短与发育时的温度关系密切。在一定范围内，温度高则发育速度快，反之发育时间较长，30℃是六点始叶螨生长发育和繁殖比较适宜的温度。日平均温度为 20℃时，完成 1 代需 19～21 d；日平均温度为 26.8℃时，完成 1 代需 11～12 d；日平均温度为 28℃左右时，完成 1 代需 10～11 d。

(2) 发生与环境条件的关系　六点始叶螨在橡胶树上的分布、发生数量和危害程度与气候、食物和天敌等有密切关系。

① 气候因子

A. 温度和湿度：六点始叶螨的发生危害与气候因子有密切关系，特别是 4～5 月的高温干旱往往是当年暴发成灾的关键因素。据东平农场观测，1992—1995 年螨害发生较重的年份，4～7 月平均气温均比常年高 0.7～1.0℃，降水量较常年偏少 400 mm 以上，空气相对湿度多在 84% 以下，蒸发量大于降水量。

B. 风雨：大风或大雨均会使螨口密度大幅度下降。但风力不大则有助于螨类的传播。东平农场 1992—1995 年螨害发生较重的年份，4～7 月日平均风速较常年低 0.4 m/s 左右。1972 年 11 月湛江地区和平农场发生螨害，遇上一场 8～9 级热带风暴，过后螨口密度下降 92.6%。1977 年湛江地区湖光农场螨害发生，连续两天大雨（降水量为 81.7 mm）之后，螨口密度下降 41.9%。

C. 胶园立地环境：地势高的橡胶树受害轻，低洼地的受害重。据调查，山顶、山腰和洼地的橡胶树受害率分别为 48.5%、66.0% 和 85.1%。

② 食物

A. 橡胶树物候期：橡胶树处于古铜期时对六点始叶螨的生长发育和繁殖最为有利，此时螨发育期短，产卵量大。例如在橡胶树古铜期叶片上取食的每天每头平均产卵量为 1.99 粒，而在变色期叶片上取食的则只有 0.92 粒。

B. 橡胶树品系：不同品系的橡胶树叶片受六点始叶螨危害程度有明显差异。东平农场在 1993 年对六点始叶螨的危害与品系关系的调查结果表明，"PR107"受害最重，"RRIM600"和"RRIM712"（"热垦 126"）次之，"PB86"受害最轻。1993 年因螨害大量落叶引起停割的 117 个树位中，"PR107"有 91 个，约 113.3 hm²，占 77.8%；"RRIM600"停割 26 个，约 30.7 hm²，占 22.2%。在受害最重的约 133.3 hm² 胶园中的落叶量，"PR107"的达 73 叶/m²，"RRIM600"的为 41 片/m²，"PR107"的平均单株落叶量达到 25% 以上，而"RRIM600"的则为 15% 左右。"PR107"的螨口密度为 89 头/叶，"RRIM600"的则为 46

头/叶；"PR107"的受害株率达到98%，"RRIM600"的为46.5%。

C. 橡胶树长势：橡胶树生长健壮时受害较轻，生长弱则受害较重。据在调查，长势弱的植株受害率为42%，长势健壮的植株受害率只有16%。

D. 橡胶树树冠的层次与方位：在树冠纵向，一般是下层枝叶首先受害，然后向中、上层枝叶扩散蔓延。螨口数量以下层分布最多，中层次之，上层最少。因此下层枝叶受害最重，也往往造成叶片先发黄脱落，枝条干枯。在树冠横向，各方位叶片上的螨数无显著差异。

E. 防风林及邻近寄主植物：橡胶林段中先受螨害的是靠近防风林的植株，然后逐渐向胶园中部扩展；邻近植物为芒果、菠萝蜜的胶园中植株的螨害常常发生早、程度重。

③ 天敌　胶园六点始叶螨的天敌种类有植绥螨、草蛉、小黑瓢虫、隐翅虫、六点蓟马和瘿蚊幼虫等，其中属于植绥螨科的钝绥螨属（*Amblyseius*）占70%～80%，特别是其中的纽氏钝绥螨［*Amblyseius newsami*（Evans）］和拉哥钝绥螨［*A. largoensis*（Muma）］所起的抑制作用最为明显，是控制六点始叶螨的优势种天敌。纽氏钝绥螨和拉哥钝绥螨每头雌螨每天可分别捕食六点始叶螨9.87头和10.7头。海南在4～7月钝绥螨数量基本上随着害螨数量的上升而上升，以后钝绥螨的数量出现波动变化。钝绥螨在每叶0.2～0.3头的密度下，完全可以控制六点始叶螨的数量。如果考虑到所有种类天敌的作用，则当天敌与害螨的比例为1∶30左右时，害螨数量锐减。田间调查天敌和害螨的比例为1∶10左右时，天敌可将六点始叶螨持续控制于经济危害水平之下。

8.8.4　防治方法

（1）避免选用六点始叶螨的中间寄主树种防护林　避免选用台湾相思等作为防护林，以减少六点始叶螨冬季的生活场所，从而降低其翌年发生基数。

（2）加强田间调查，做好短期测报　六点始叶螨发生数量较为严重的林段，其种群数量剧增一般发生在第一蓬叶老化的时候，因此3月下旬至5月份的监测工作显得尤为重要，特别是干旱年份，这是全年控制害螨发生危害的关键。除了橡胶树外，也应加强对邻近寄主植物（如芒果和菠萝蜜等）上六点始叶螨的监测。若调查每片胶叶平均有螨4～8头，就应考虑化学防治。在以后各月是否需要进行喷药防治，取决于螨情、天气情况和天敌数量，一般当螨数低于4～8头/叶、雨量充沛、天敌与害螨的比例在1∶30左右时，可不必进行化学防治。

（3）化学防治　可用于防治六点始叶螨的药剂有：5%尼索朗乳油2 000～3 000倍液、73%克螨特乳油2 000～3 000倍液、20%灭扫利乳油2 000～3 000倍液、1.8%阿维菌素乳油4 000～6 000倍液、50%托尔克（苯丁锡）可湿性粉剂2 000～3 000倍液、20%哒螨酮可湿性粉剂3 000～4 000倍液等。15%哒螨·阿维烟雾剂是目前胶园防治六点始叶螨的首选。化学防治除了针对发生螨害橡胶树外，邻近寄主植物上的六点始叶螨也不应遗漏。

（4）生物防治　胶园生态系统比较稳定，天敌丰富，特别是捕食螨，一般平均每叶可达0.4～0.6头，对害螨的发生有很大的控制作用，因此应注意对胶园自然天敌的保护利用。

【思考题】

1. 我国棉花主要害螨有哪些？如何科学地进行治理？
2. 如何做好茶叶害螨的绿色防控？
3. 简述橡胶害螨的发生危害规律和防治对策。

第9章

果 树 害 螨

9.1 柑橘全爪螨

9.1.1 概述

柑橘全爪螨[*Panonychus citri* （McGregor）]又名柑橘红蜘蛛、瘤皮红蜘蛛，属真螨总目绒螨目前气门亚目异气门总股缝颚螨股叶螨总科叶螨科。它是一种世界性的柑橘害螨，主要分布于中国、美国、日本、印度、南非和地中海国家。它是我国柑橘产区普遍发生、危害最严重的害螨。在四川、重庆、浙江、福建、江西、湖南和广西等地，其猖獗危害给农业生产造成了重大损失。

柑橘全爪螨寄主广泛，有30科40多种植物，除柑橘类外，还危害梨、桃、柿、枣、桑、桂花、垂柳、月季和一品红等经济作物和园林观赏植物。柑橘苗木和幼树受害较重。成螨、若螨和幼螨群集于嫩叶枝梢及果实上刺吸汁液，但以叶片受害最重，被害叶片呈现许多灰白色小斑点，失去光泽，严重时全叶灰白，造成大量落叶、落果，影响树势和柑橘果产量。

9.1.2 形态特征

柑橘全爪螨的形态特征见图9-1。

（1）雌成螨 体长0.3～0.4mm，卵圆形，暗红色，背面有5排小瘤状突起，每个突起上有1根白色刚毛，足4对。

（2）雄成螨 体较雌成螨小，鲜红色，体呈菱形，后端较狭窄。

（3）卵 直径约0.13mm，球形略扁，红色有光泽，顶部有一垂直长柄，从柄端向四周散射10～12根细丝，粘于叶面。

（4）幼螨 体长约0.2mm，淡红色，足3对。

（5）若螨 体形和色泽近似成螨，但体较小，足4对。幼螨蜕皮后为前期若螨，体长0.2～0.25mm；第二次蜕皮后为后期若螨，体长0.25～0.3mm。第三次蜕皮后为成螨。

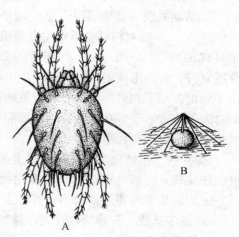

图9-1 柑橘全爪螨
A. 雌成螨 B. 卵

9.1.3 发生规律

（1）生活史和习性 柑橘全爪螨一年发生代数，随各地温度高低而异，年平均气温

15℃地区发生 12～15 代，18℃地区可发生 16～17 代。世代重叠。多以卵和成螨在叶片背面或枝条裂缝及潜叶蛾危害的卷叶内越冬。冬季温暖地区无明显越冬休眠现象。全年以春、秋两季发生严重，特别是春季发生最重。一般在 3 月上旬开始危害，4～5 月春梢抽发，新叶伸展，柑橘全爪螨从老叶转移到新梢、新叶上危害，由于嫩叶营养丰富，加上这一时期环境温度适宜，天敌不多，使柑橘全爪螨迅速繁殖，易暴发成灾。6～7 月，当旬平均温度超过 25℃时，螨口即明显下降。7～8 月高温季节发生量更少。9～10 月秋季螨口又复上升，若秋季长期干旱，也能成灾。

柑橘全爪螨繁殖方式以两性生殖为主，其后代绝大多数为雌螨；也能行孤雌生殖，但后代绝大多数为雄螨。雌螨出现后即交配，一生可交配多次。每雌螨日平均产卵 2.9～4.8 粒，一生平均产卵 31.7～62.9 粒，春秋世代产卵多，夏季世代产卵少。卵多产于叶片及嫩梢上，叶片正面和背面均有，但以叶片背面中脉两侧居多。卵的发育起点温度为 8.2℃，有效积温为 109.6 d·℃，孵化的最适温度和湿度分别为 25～26℃和 60%～70%。柑橘全爪螨各虫态发育历期与温度变化有密切关系，卵期在夏季 4.5 d，在冬季可达 2 个月以上。雌成螨寿命夏季平均为 10 d 左右，冬季平均为 50 d。

幼螨孵化后即取食危害。成螨行动敏捷，在叶背面和正面均有分布。夏季高温有越夏习性，越夏场所主要在枝干裂缝、上翘的树皮下及树冠内部的夏梢基部等处。亦有喜阳光和趋嫩绿习性，多在向阳方向危害，因此以树冠中上部和外围叶片受害较重，并常从老叶转移到嫩绿的枝叶、果实上危害。

(2) 发生与环境条件的关系 柑橘全爪螨的发生和消长，受气候、越冬虫口基数、食料、天敌和人为（如施用农药和栽培管理）等诸多因素影响，其中温度和湿度常起主导作用。

① 气候 柑橘全爪螨发育和繁殖的适宜温度一般为 20～30℃，25℃为最适温度，低于20℃，活动减弱。春季高温干旱少雨是全爪螨猖獗发生的重要因素之一，而夏季高温（温度超过 30℃）则对柑橘全爪螨生存繁殖不利。据安徽省观察，气温 30～32℃时，卵的孵化率只有 61.97%～69.37%；气温 25～28℃时，孵化率可高达 80.49%～81.14%。在温度条件适宜时，若降雨频繁，则对其发生也不利。除降雨强度大时，对该螨有直接冲刷作用外，由于降雨提高了相对湿度，有利于致病微生物蔓延流行，同时降雨使柑橘叶片表面在相当长的时间保持着水膜，在水的物理性质和表面张力作用下，阻碍了柑橘全爪螨的取食和爬行及其生殖行为，使死亡率上升。

② 食料 柑橘全爪螨在柑橘树上的分布，常随枝梢的抽发而转移，这是由于新梢、新叶组织柔软，可溶性糖类和水解氮化物含量高，对害螨生长和繁殖有利。因此，凡是抽梢早，或因栽培管理粗放抽梢不整齐的苗木和橘园，一般受害较重。

③ 越冬基数 若卵基数较大，越冬螨量每叶超过 1 头，又遇上冬春干旱时，常造成柑橘全爪螨严重危害。

④ 天敌 柑橘全爪螨的主要天敌有多种食螨瓢虫、捕食螨、亚非草蛉、塔六点蓟马、草间小黑蛛及芽枝霉等，其中食螨瓢虫和捕食螨抑制作用显著。

⑤ 农药 近 20 多年来，由于一些柑橘园长期连续使用单一的高毒有机磷农药杀死大量效天敌，因而导致害螨的再猖獗发生。另外，经常施用溴氰菊酯、氰戊菊酯等拟除虫菊酯类农药，因能延长雌成螨寿命，增加其产卵量，加快卵的孵化速率，也能诱发全爪螨的大发生。因此，必须注意科学、合理地轮换使用各类农药。

9.1.4　螨情调查和预测

根据柑橘园的不同类型，设立标准地，采取棋盘式布点确定 10 株标准树，每年春季从 4 月初、秋季从 8 月上旬开始，每隔 5～7 d 检查 1 次。每标准树冠按东、南、西、北、中随机各取叶片 4 张，共 20 张。一般在春季日平均气温 20℃ 左右时，每张叶片上有成螨和若螨 7～8 头（百叶天敌数不足 5 头）时，应考虑进行防治。在秋季即使每张叶片上有害螨 7～8 头，但天敌与害螨之间益害比达 1：20 左右时，进行监视可暂缓施药，以保护和发挥天敌控制害螨的作用。只有待柑橘全爪螨螨口急剧增加，每张叶片上有害螨 10 头以上时，应及时进行防治。一般春梢芽长 1～3 cm 时，正值害螨越冬卵盛孵期，且害螨尚未上春梢嫩叶危害时，全园喷第 1 次药，以后视螨情发展和天敌及气候条件等情况，隔 7 d 后喷第二次药。

9.1.5　防治方法

防治柑橘全爪螨的关键时期是春芽萌发至开花前，后期提倡自然控制，不宜普遍用药。

（1）生物防治　一些柑橘产区采取保护、利用捕食螨防治柑橘全爪螨均获得成功，有效地控制了害螨的发生危害。现已在橘园中利用的捕食螨有：德氏钝绥螨、尼氏钝绥螨、纽氏钝绥螨等。保护利用的方法可在橘园中种植藿香蓟（白花草），或在橘园套种苏麻、紫苏、芝麻、豆类和绿肥等作物。例如种植藿香蓟，清明前后每公顷橘园播种 7.5 kg，柑橘树周围 0.5 m 内不种，3 个月即可长至 40 cm 高，可覆盖橘园，一年可收割几次，可做肥料或鱼饲料，藿香蓟的花粉可以作为捕食螨的食科，捕食螨又喜欢在藿香蓟绒毛上产卵、栖息、繁殖，使整个橘园的捕食螨种类和数量大大增加。同时降低夏季园内地温，提高相对湿度。

此外，福建省农业科学院植物保护研究所在利用胡瓜新小绥螨控制柑橘全爪螨方面做了不少工作，开辟了较为成功的商业化道路。

（2）药剂防治

a. 采果后至春芽萌发前的低温季节，施用 1～2 波美度的石硫合剂，以压低越冬螨口基数。

b. 开花前温度较低（20℃ 以下）可选用的药剂有：20％ 速螨酮可湿性粉剂 25～50 g、5％ 尼索朗（噻螨酮）乳油 40～66.7 mL、5％ 氟虫脲（氟虫脲）乳油 66.7～100 mL、10％ 螨即死（喹螨特）乳油 33～50 mL、95％ 机油乳剂 500～650 mL，兑水 100 L 喷雾。

c. 开花后使用速效、对天敌杀伤作用较小的药剂，适用的农药有：1.8％ 阿维菌素乳油 20～33 mL、25％ 三唑锡可湿性粉剂 50～100 g、5％ 霸螨灵（唑螨酯）悬浮剂 50～100 mL、73％ 克螨特乳油 33～50 mL，50％ 托尔克（苯丁锡）可湿性粉剂 40～50 g，兑水 100 L 喷雾。

9.2　柑橘始叶螨

9.2.1　概述

柑橘始叶螨（*Eotetranychus kankitus* Ehara）俗称柑橘黄蜘蛛，属叶螨科，分布于浙江、江西、湖北、四川、重庆、湖南、广西和陕西等柑橘产区。寄主植物除柑橘外，还有桃、葡萄、豇豆、小旋花和蟋蟀草等植物。柑橘叶片、嫩梢、花蕾、幼果等均可被害。以春梢嫩叶受害最重。成螨、幼螨和若螨喜群集在叶背主脉、支脉、叶缘处危害。老叶叶片被害后形成黄斑，春梢嫩叶受害凹陷扭曲、畸形，凹陷处常有丝网覆盖，叶螨常在网下活动和产

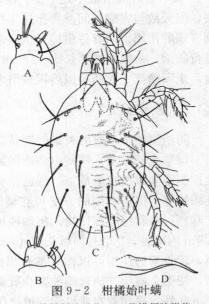

卵。果实被害常在果萼下或果皮低洼处形成灰白色斑点，并引起落果。受害严重时引起大量落叶、落花、落果、枯枝，影响树势和产量。如湖南湘西自治州 8 县市均有发生，其中 1999—2003 年连年大发生，年发生面积均在 24 000 hm² 以上，年损失柑橘产量均在 4.3×10⁷ kg 以上，因柑橘始叶螨危害，泸溪县达岚镇 2001 年绝收，古丈县罗依溪镇 2003 年减产 50%以上。

9.2.2 形态特征

柑橘始叶螨的形态特征见图 9 - 2。

（1）**雌成螨** 体长 0.384mm，体宽 0.183mm，椭圆形，浅白色或黄绿色，前足体和末体的两侧各有 1 个小黑斑点。须肢端感器柱形，其长约为宽的 2 倍；背感器小柱状。气门沟末端向内侧膨大，呈短钩形。足 I 爪间突具 3 对针状毛。

（2）**雄成螨** 体较雌成螨小。须肢端感器短锥形。足 I 跗节爪间突呈 1 对粗大的爪状。阳具向后方逐渐收窄，呈 45°角下弯，其末端稍向后方平伸。

（3）**卵** 卵直径 0.12～0.14mm，扁球形，光滑。初产时乳白色光滑透明，后转橙黄色，近孵化时灰白色，浑浊。卵顶端有 1 根较粗的柄。

（4）**幼螨** 幼螨体近圆形，长约 0.17mm，足 3 对。初孵时淡黄色，在春、秋季节，经 4 天后雌性背面就可见 4 个黑斑。

（5）**若螨** 若螨其体形与成虫相似，较小，足 4 对。前若螨体色与幼虫相似，后若螨颜色较深。

图 9 - 2 柑橘始叶螨
A. 雄螨须肢跗节 B. 雌螨须肢跗节
C. 雌螨背面观 D. 阳茎
（仿江原昭三，1993）

9.2.3 发生规律

（1）**生活史和习性** 柑橘始叶螨在我国南方 1 年发生 13～20 代，世代重叠。在年均温 18℃左右地区，1 年发生 16 代以上；在 15～16℃地区，年发生 12～14 代。以卵和雌成螨在树冠内膛、中下部的当年生春梢和夏梢的叶背凹陷处越冬，以潜叶蛾危害的僵叶上螨数最多。春梢抽发后，即向春梢叶片转移，秋后向夏秋梢转移。一年中以开花前后，在春梢叶片上发生危害多，6 月以后虫口急剧下降，10 月后略回升。成螨在气温 1～2℃时静止不动，3℃以上开始活动，14～20℃繁殖最快。据湖南西部调查，春芽萌发至开花前后（3～5 月）是危害盛期（比柑橘全爪螨早 15d 以上），4 月上旬至 5 月上旬是全年中危害最严重的时期。

柑橘始叶螨喜阴湿，果园荫蔽、树冠内部、中下部叶背面光线较暗的地方发生较多。该螨主要行两性生殖，也有孤雌生殖现象。卵多产于叶背主脉、支脉两侧或叶背丝网下。

柑橘始叶螨各螨态均为聚集分布，但不同螨态在树冠不同方位的聚集强度有差异，卵在上段、西向、外部聚集强度最大；幼若螨以上段、北向、内部聚集强度最大；成螨在中段、南向和内部聚集强度最大；活动螨在上方、南向和内部聚集强度最大。成螨的聚集主要是由外界因素引起的，而卵和幼若螨的聚集除与外界因素有关外，还与本身的聚集行为有关。

（2）发生与环境条件的关系　此螨的发生与气温、降水量和树势强弱有密切关系。

① 气候　据周良等研究，柑橘始叶螨发育的适温区间为 20～30 ℃,65%～75% 为其发育的适湿区间。高温低湿和低温高湿均不利于此螨的生长发育。一般认为，该螨的发育和繁殖的最适温度 20～25 ℃。25 ℃ 以上时虫口下降，30 ℃ 以上死亡率高，故 7～8 月发生量少。

② 品种与管理　一般发枝多、叶片小的，对柑橘始叶螨抗（耐）性差；施肥灌水不合理，不注重修枝、涂干，造成树势衰弱，有利于害螨繁殖危害。

③ 天敌　柑橘始叶螨的天敌种类与柑橘全爪螨相似。

9.2.4　防治方法

柑橘始叶螨防治关键时期是在春芽萌发至开花时用药剂防治，后期则提倡自然控制，不应普遍用药。所用药剂及方法参照柑橘全爪螨。

此外，加强肥水管理、搞好橘树修剪、保护和利用天敌等措施，对害螨有较好的控制作用。

9.3　橘皱叶刺瘿螨

9.3.1　概述

橘皱叶刺瘿螨［*Phyllocoptruta oleivora*（Ashmead）］俗称柑橘锈壁虱、柑橘锈螨，属真螨总目绒螨目前气门亚目真足螨总股瘿螨总科瘿螨科，是重要的柑橘害螨，广泛分布于世界各柑橘产区，如美国、中国、意大利、马耳他、塞尔维亚、伊朗、以色列、约旦、肯尼亚、马达加斯加、南非、印度、日本、越南、澳大利亚、巴西、阿根廷、哥伦比亚和委内瑞拉等国。在我国，分布于各柑橘产区，其中四川、湖南、湖北、浙江、广东、广西、福建、台湾和重庆等柑橘产区受害最重。如 2007—2010 年在湖南省均属偏重发生；在四川省很多柑橘产地，果实的受害率可达 50% 左右。

橘皱叶刺瘿螨的寄主植物仅限于柑橘类，其中以柑、橘、橙和柠檬受害较重，红橘和甜橙特别严重，柚、金柑受害较轻。受害严重的树，叶片枯黄脱落，削弱树势。橘皱叶刺瘿螨以成螨和若螨群集于叶、果和嫩枝上，刺吸汁液。叶片上多在叶背面出现许多赤褐色的小斑，逐渐扩展到全叶，从而引起叶片卷缩、叶面粗糙，以至于枯黄脱落，削弱树势。果实受害后，在果面凹陷处出现赤褐色斑点，逐渐扩展整个果面而呈黑褐色，果皮粗糙，果小、味酸、皮厚，品质变劣，产量降低。广东、闽南称受害果为黑皮果，福州称之为紫柑，四川称其为象皮果，湖南称其为油它子。

9.3.2　形态特征

橘皱叶刺瘿螨的形态特征见图 9 - 3。

（1）雌成螨　体纺锤形，长 0.158 mm，宽 0.053 mm，橙黄色。喙长 0.026 mm，斜下伸。背盾板有前叶突；背中线不完整，并有两处与侧中线相连；侧中线完整，前端 1/3 处形成菱形图案，并有横线与亚中线相连；背瘤位于盾后缘之前，背毛内上指。前基节间具腹板线，基节刚毛 3 对，基节光滑。足具模式刚毛，羽状爪单一，5 支，爪具端球。大体具宽背中槽，两边有侧脊，背环 31 个，光滑；腹环 58 个，有微瘤。侧毛 1 对，腹毛 3 对，尾体由 5 个环组成，尾毛 1 对，副毛 1 对。雌外生殖器盖片基部有粒点，中端部有纵肋 14～16 条，生殖毛 1 对。

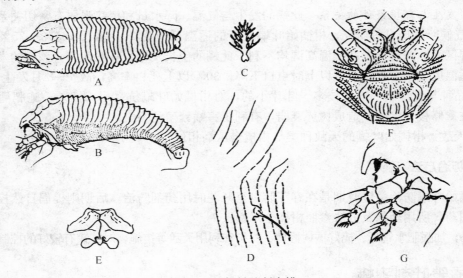

图 9-3　橘皱叶刺瘿螨

A. 雌螨背面观　B. 雌螨侧面观　C. 羽状爪　D. 侧面微瘤

E. 雌螨内生殖器　F. 雌螨足基节和生殖器盖片　G. 足Ⅰ和足Ⅱ

(仿 Baker 等，1996)

（2）雄成螨　体纺锤形，长 0.135mm，宽 0.054mm。雄外生殖器宽 21μm，生殖毛 1 对。

9.3.3　发生规律

（1）生活史和习性　橘皱叶刺瘿螨年发生 18～30 代，世代重叠。橘皱叶刺瘿螨的越冬虫态和越冬场所因各地冬季的气温高低而有所不同。四川和浙江以成螨在柑橘腋芽内、潜叶蛾和卷叶蛾危害的僵叶或卷叶内、柠檬秋花果的萼片下越冬；在福建以各种螨态在叶片和绿色枝条上越冬；在广东，多在秋梢叶片上越冬；在湖南主要以雌成螨群集在枝梢上的腋芽缝隙中和病虫危害的卷叶内越冬。

橘皱叶刺瘿螨一般营孤雌生殖，其繁殖力特别强。卵一般为散生，多产在叶片背面和果面凹陷处。初孵若螨静伏不动，后渐活跃，2 龄若螨活动较强，成螨活跃；如遇惊扰迅速爬行，还可弹跳。成若螨均喜阴畏光，在叶上以叶背面主脉两侧较多，叶正面较少；在柑橘树上，先在树冠下部和内部的叶上发生，然后转移至果面和外部的叶片上危害。

在一株柑橘树上，先在树冠下部和内膛的叶片上发生，然后转移至果面和外部叶片上危害。在叶背面的主脉两侧多，叶正面上较少。果实上先从果蒂周围而后蔓延到果实的阴面，最后遍布全果。

（2）发生与环境条件的关系　橘皱叶刺瘿螨终年在柑橘树上活动，其发生和消长的规律随地理环境、气候条件和柑橘品种不同而异。橘皱叶刺瘿螨个体小，可借风力、昆虫、雀鸟、器械、苗、果的运输传播蔓延。

① 气候　当白天温度达 15℃ 以上时，便可活动取食。日平均气温达 15℃ 左右，春梢萌发时开始产卵，4 月上旬开始爬上新梢嫩叶，聚集在叶背的主脉两侧危害，5 月中旬以后虫口密度迅速增加，5～6 月蔓延至果面上，7～8 月螨口发展到当年的最高峰，7～10 月为发生盛期，多时一叶和一果有螨、卵数达几百至千余头。在叶和果面上附有大量虫体和蜕皮壳，好似一薄层灰尘，在这个时期以前，是药剂防治的适宜时期。8 月以后部分螨转移至当

年生秋梢叶上危害，直到 11 月仍能见到其在叶片和果实上取食，在 7～9 月高温、低湿条件下常猖獗成灾。一年中，一般春季干旱对其发生不利，而伏旱反而有利。

② 果树长势和果园管理情况　一般上年发生严重或防治较差，管理粗放，柑橘树长势差的衰弱树，发生早且重。

③ 天敌　该螨的天敌有多种，其中多毛菌是最重要的天敌之一。伏旱对多毛菌生长不利，因而致使橘皱叶刺瘿螨大发生。此外，常用铜制剂（如波尔多液）或锌制剂（如代森锌）防治病害的柑橘园，其橘皱叶刺瘿螨也很严重，因为铜制剂杀死多毛菌，并能使橘皱叶刺瘿螨的卵和若螨发育历期缩短，成螨寿命延长，有利于其生长发育。

9.3.4　防治方法

橘皱叶刺瘿螨的综合防治，包括监测发生动态、加强肥水管理、科学合理使用农药、保护利用天敌等综合措施。

（1）加强柑橘园的肥水管理　增施有机肥，增强树势，提高植株的抗虫能力。有条件的果园，在旱时要及时灌溉，同时搞好果园种草覆盖，改善果园小气候，能减轻橘皱叶刺瘿螨的危害。

（2）保护利用天敌　在多毛菌流行时尽量少用铜制剂防治柑橘病害，注意使用选择性农药并合理用药，以保护天敌。

（3）局部发生时药剂挑治中心虫株　在 5～8 月每 10 d 左右巡视 1 次柑橘园，当螨口密度达到 10 倍扩大镜下每视野 3～5 头或发现个别树有少数黑皮果和个别枝梢叶片黄褐色脱落时立即喷药防治。注意喷射树冠内部、叶背和果实的阴暗面。主要药剂有：0.3～0.5 波美度石硫合剂或多毛菌菌粉（7 万菌落/g）300～400 倍液、25% 单甲脒水剂 3 000～4 000 倍液、73% 克螨特乳油 4 000～5 000 倍液、20% 双甲脒（螨克）乳油 3 000～5 000 倍液、20% 杀灭灵乳油 1 250～2 500 倍液。

9.4　柑橘瘤瘿螨

9.4.1　概述

柑橘瘤瘿螨〔*Aceria sheldoni* (Ewing)〕又名柑橘瘤壁虱、柑橘芽壁虱，属瘿螨总科瘿螨科，为世界性柑橘害螨，国内分布于四川、重庆、浙江、云南、贵州、广西、湖南、湖北、安徽、江苏、陕西等地。柑橘瘤瘿螨主要危害柑橘春梢的腋芽、花芽、嫩叶、新梢果蒂等幼嫩组织。春芽受害形成胡椒状的虫瘿，使枝梢变为扫帚状，叶片稀少，受害严重时植株完全不能正常抽梢和开花结果。

柑橘瘤瘿螨的寄主植物仅限于芸香科植物，以柑橘属及枳属为主。在柑橘属中以红橘为主，甜橙次之，柚、柠檬及四季柑再次；枳受害较轻。春芽受害严重时，植株不能正常抽梢和开花结果，严重影响树势。

匡海源和洪晓月（1991）在贵州省贵阳市柑橘树上采集到一种瘤瘿螨，经鉴定为柑橘瘤瘿螨的亚种——中华柑橘瘤瘿螨（*Aceria sheldoni chinensis* Kuang et Hong），与柑橘瘤瘿螨在背盾板、羽状爪等上有些区别。目前，中华柑橘瘤瘿螨分布于贵州贵阳和四川高县，寄主包括柑橘和酸橙，寄主被害状为芽瘿。

9.4.2 形态特征

柑橘瘤瘿螨的形态特征见图 9-4。

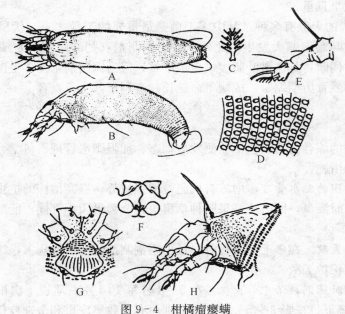

图 9-4　柑橘瘤瘿螨
A. 雌螨背面观　B. 雌螨侧面观　C. 羽状爪　D. 侧面微瘤　E. 足 I
F. 雌螨内生殖器　G. 雌螨足基节和生殖器盖片　H. 雌螨足体侧面观
(仿 Baker 等，1996)

（1）雌成螨　体纺锤形，长 0.170～180 mm，宽 0.035～0.042 mm，黄至橘黄色。背盾板纹线模糊，有主要纵线 3 条，中线间断，在背盾板后缘前方有一个箭头状纹饰；侧中线完整，亚中线向后延伸至背瘤，并在背瘤前与一条横曲线相遇。背瘤位于背盾板后缘，背毛后指。大体有背腹环 65～70 个，腹环较背环略少。腹环具椭圆形微瘤。生殖器盖片有纵肋 10～12 条。羽状爪 5 支。

（2）雄成螨　体型同雌螨，但较小，体长 0.120～0.130 mm，宽约 0.030 mm。

9.4.3 发生规律

柑橘瘤瘿螨 1 年发生 10 多代，主要以成螨在虫瘿内越冬。春天柑橘萌芽时，成螨从老虫瘿内爬出，危害春梢的新芽、嫩枝、叶柄、花苞、萼片和果柄，受害处迅速产生愈伤组织，形成新虫瘿。出瘿始期与春梢萌芽物候期基本一致。3～4 月当红橘萌发抽梢时，旧瘿内的成螨因营养不良而迁移，使虫瘿内虫口密度迅速下降，新芽受害形成虫瘿，潜伏其中继续产卵繁殖。非越冬的生长季节，瘿内各种虫态并存。在 4～7 月繁殖高峰时，新虫瘿内虫口增加，最多达 680 头左右，而老虫瘿内的虫口数则慢慢下降至约 280 头，5～6 月生长发育快，几天可完成 1 个世代，7 月以后发生量逐渐减少。故秋梢受害较春梢轻。

9.4.4 防治方法

柑橘瘤瘿螨防治的措施包括下述几方面。

（1）加强检疫　该螨可随苗木接穗调运而传播，不到疫区调运苗木和接穗，可避免其扩展蔓延。

（2）农业防治　受害重的柑橘园，在夏梢抽发前，第一次生理落果期后进行重修剪，清除大部分有虫瘿的枝叶集中烧毁。并对重剪植株加施速效肥，及早恢复树势，并保证秋梢健壮抽发。冬季采果后再修剪1次，进一步清除残余的害螨。

（3）化学防治　柑橘萌芽到开花之间（3～4月），选用下列药剂进行防治：40％氧乐果乳油或40％水胺硫磷乳油1 000～2 000倍液、50％磷胺乳油或25％亚胺硫磷乳油1 000倍液、0.5～1波美度石硫合剂或20％哒螨酮3 000倍液。每15 d喷1次，连续2～3次。

9.5　山楂叶螨

9.5.1　概述

我国黄河仁果区和长江核果区北部，以及辽东半岛的果树螨类主要为山楂叶螨 [*Amphitetranychus viennensis* (Zacher)]（又名山楂红蜘蛛、山楂双叶螨）和苹果全爪螨 [*Panonychus ulmi* (Koch)]（又名苹果红蜘蛛、榆全爪螨）。两种叶螨常混合发生，20世纪80年代后，山楂叶螨逐渐上升为优势种。

山楂叶螨分布较广，主害区在黄河仁果区。主要寄主为蔷薇科植物，如苹果、梨、桃、山楂、李、杏、樱桃和沙果，也可危害草莓等，嗜食苹果、梨、桃。苹果全爪螨则主要危害苹果。

山楂叶螨以成螨、若螨、幼螨集中于寄主叶片背面刺吸汁液，也可刺吸嫩芽和幼果，受害叶片首先呈现失绿小斑点，以后逐渐相连成片，造成叶片枯黄、脱落，严重时引起果树秋季二次开花，不仅影响当年水果产量和质量，而且引起树势衰退，影响次年产量。

9.5.2　形态特征

山楂叶螨的形态特征见图9-5。

（1）成螨　雌成螨卵圆形，体长0.55～0.59 mm，宽0.35～0.39 mm，冬型体红色；夏型体初为红色，取食后暗红色。雄成螨菱形，体长0.42～0.45 mm，宽0.20～0.25 mm，淡黄色至淡绿色。体背毛12对，腹毛16对，毛基无瘤状突起，肛侧毛1对。

（2）卵　卵为圆球形，光滑，有光泽，初产时黄白色或浅橙黄色，近孵化为橙红色，直径约0.15 mm。

（3）幼螨　足3对，近圆形，体长约0.19 mm，初孵为黄白色，取食后为淡绿色。

（4）若螨　足4对，体椭圆形，体长约0.22 mm，翠绿色。

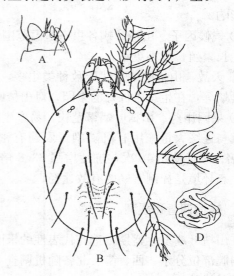

图9-5　山楂叶螨

A. 雌螨须肢跗节　B. 雌螨背面观　C. 阳茎　D. 气门沟

（仿江原昭三，1993）

9.5.3 发生规律

(1) **生活史和习性** 山楂叶螨年发生代数因地区或同一地区因营养条件差异而有不同。辽宁兴城每年发生 3～6 代，河北每年发生 3～7 代，甘肃每年发生 4～5 代，陕西每年发生 5～6 代，山西每年发生 6～7 代，山东青岛每年发生 7～8 代，河南和安徽每年发生 12～13 代。均以受精雌成螨在果树主干裂缝或树基部土缝中滞育越冬，少量可在果园枯叶上越冬。次年日平均气温达 9～10℃（黄淮平原地区 4 月上中旬）树芽开始萌动时，越冬成螨开始出蛰活动，苹果和梨的花序分离及初花期为出蛰盛期，此时越冬雌成螨上升至果树内膛幼芽、嫩叶上取食。日平均气温达 16℃左右开始产卵，产卵高峰期通常与果树的盛花期相一致。后随着种群数量的增加，个体逐渐由果树内膛向外围扩散，由下部枝条向中上部扩散。全年危害高峰在 7 月中旬至 8 月中下旬。9 月下旬可见越冬成螨，11 月中旬后全部越冬。山楂叶螨的扩散方式在树内为爬行，在果树间主要借助于风力和水流，也可通过爬行。

山楂叶螨初孵幼螨行动敏捷，无吐丝习性，但雌性若螨和雌成螨有吐丝结网的习性。主营两性生殖，也可进行孤雌生殖。产卵量因发生时间而异，越冬代成螨历期长，单雌平均约产 80 粒卵；夏季高温成螨历期短，单雌平均约产 30 粒卵。成螨产卵于寄主叶片主脉两侧或丝网上。

山楂叶螨的发育起点温度，成螨为 9～10℃，卵为 13.4℃，幼螨及若螨为 16.6℃；在 18.3℃、24℃和 26℃时，卵的历期分别为 10d、8d 和 5d，幼螨历期分别为 3d、2d 和 2d，若螨历期分别为 8d、8d 和 6d。

(2) **发生与环境条件的关系** 山楂叶螨种群数量消长主要受气候、营养、果园用药和天敌的影响。

① 气候因子 山楂叶螨各虫态适温范围为 25～30℃，一般在 7～8 月份，气候干旱有利于其生长繁殖，危害更重。

② 天敌 山楂叶螨自然天敌种类很多，如草蛉类、食螨瓢虫类、小花蝽、塔六点蓟马和捕食螨等，在生态条件好的果园，对山楂叶螨具有较强的控制效应。

③ 果园用药 山楂叶螨繁殖快，易产生抗药性，近 10 年来山楂叶螨种群上升，猖獗发生，就与连续大量施用有机磷剧毒农药有密切关系。如内吸磷累计使用 20 次，抗性增强 13.4 倍；累计使用 40 次，抗性增强 63.8 倍。因此，加强果园管理，合理使用农药，调节果园生态环境是控制害螨的有效途径。

9.5.4 螨情调查和预测

在山楂叶螨发生盛期，选有代表性的果园 5～10 个，每园按双对角线 5 点取样，每次在树冠内膛部位分东、西、南、北各随机调查 5 片叶，每株 20 片叶，共 100 片叶，调查统计卵及活动螨数。

从落花后至 7 月中旬，当平均百叶有成螨 200 头，或有活动的幼、若、成螨共 400 头，立即发出防治适期预报。7 月中旬以后，当平均百叶有活动螨量 700～800 头，且益害比值在 50 以上，应立即防治。若成螨和若螨较少，而卵和幼螨比达 50%时，即为卵孵化高峰，应立即防治。

9.5.5 防治方法

山楂叶螨的防治应坚持以调节果园生态环境和保护利用自然天敌为基础，以冬季防治压低基数为重点，关键阶段突击使用化学农药杀螨的策略。

（1）农业防治 合理修剪，冬、春果园增施有机肥（腐熟的饼肥或人畜粪尿），以增强树势，提高果树耐害性。果园地面种植覆盖作物、绿肥（紫花苜蓿或白三叶）或保留可利用的杂草，增加果园植被的种类，用于蓄养天敌。秋季在果树中下部主干上绑缚带叶草把，诱集越冬成螨，冬季集中消灭。冬季进行果园管理，人工刮去主干老皮，结合用石灰水涂干，杀灭越冬成螨。

（2）药剂防治 害螨出蛰后，果树发芽前，可喷 0.3～0.5 波美度石硫合剂。在第一代卵孵化盛期和 7～8 月份大发生前，及时开展调查，达防治指标时喷药防治。药剂种类和用量可参考柑橘全爪螨。

9.6 二斑叶螨

9.6.1 概述

二斑叶螨（*Tetranychus urticae* Koch）又名二点叶螨，属叶螨总科叶螨科，广泛分布于世界各地，是果树、蔬菜、花卉上的重要害螨，主要在寄主叶背面取食和繁殖。苹果、梨和桃等果树受害，初期叶面沿叶脉附近出现许多细小失绿斑痕，随着害螨数量增加，受害加重，叶背面逐渐变褐色，叶面呈苍灰绿色，变硬变脆，被害严重时造成大量落叶，其被害状与山楂叶螨危害状相似。害螨密度过高时，则出现大量个体垂丝拉网，借风传播扩散。

二斑叶螨在我国由董慧芳等于 1983 年在北京市天坛公园的一串红上首次发现，推测为随入境的活体花卉植株带入的，目前北京、河北、山西、天津、山东、辽宁、陕西、河南、江苏和安徽等省有报道。在重要的苹果产区山东省，20 世纪 90 年代前，危害山东苹果的主要是山楂叶螨和苹果全爪螨，1989 年首先招远市果树上发现二斑叶螨，后在烟台和临沂两市的 10 多个县相继发现，目前已遍布烟台、临沂、青岛、菏泽、潍坊、泰安和淄博等市的多个县（市），且部分果园已泛滥成灾，并逐渐向全省扩散，3 种害螨常年发生。在苹果生产大省辽宁，自 1997 年传入后，蔓延速度极快，并连年在果区大发生，目前遍布全省，发生面积约 1.5×10^5 hm² 左右。在北方一些果园，二斑叶螨已取代苹果全爪螨和山楂叶螨成为优势种。二斑叶螨因寄主范围广、繁殖速度快、抗药性高、隐蔽性强，而给果树、蔬菜生产造成严重危害，成为农业生产上的一个重要问题。

9.6.2 形态特征

二斑叶螨的形态特征见图 9-6。

（1）雌成螨 身体呈椭圆形，长 0.428～0.529 cm，宽 0.308～0.323 cm。除越冬代滞育个体体色呈橙红色外，均呈乳黄色或黄绿色。该螨体躯两侧各有一块黑斑，其外侧 3 裂，内侧接近体躯中部呈横山字形。

（2）雄螨 身体略小，长 0.365～0.416 cm，宽 0.192～0.220 cm。体末端尖削，体色与

雌螨相同。

（3）幼螨和若螨　身体均呈乳黄色或黄绿色。

（4）卵　卵呈圆球形，有光泽，直径 0.1mm，初产时无色，后变成淡黄色或红黄色，临孵化前出现 2 个红色眼点。

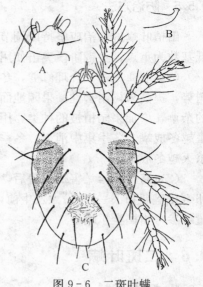

图 9-6　二斑叶螨
A. 雌螨须肢跗节　B. 阳茎　C. 雌螨背面观
（仿江原昭三，1993）

9.6.3　发生规律

（1）生活史和习性　二斑叶螨年发生代数在我国辽宁 8～9 代，华北地区 12～15 代，南方 20 代以上，以雌成螨在土缝、枯枝落叶下、树皮裂缝等处吐丝结网潜伏越冬。3 月中旬至 4 月中旬，当平均气温上升到 10℃左右时，越冬雌成螨开始出蛰；当平均气温升至 13℃左右时，开始产卵，平均每雌产卵 100 多粒。卵经过 15 d 左右孵化，4 月底至 5 月初为第一代孵化盛期。幼螨上树后先在长枝叶片上进行危害，然后再扩散至全树冠。7 月螨量急剧上升，进入大量繁殖和发生期，发生危害高峰在 8 月中旬至 9 月中旬。进入 10 月份，当气温下降至 17℃以下时，出现越冬雌螨；当气温进一步下降至 11℃以下时，全部变成滞育个体。山东省的调查发现，二斑叶螨田间种群的年消长曲线为两端平缓、中央陡然升高的单峰曲线，一般在 6 月至 7 月上旬为高峰期。

短日照和低温是诱导二斑叶螨发生滞育的主要因子。二斑叶螨属于长日照发育短日照滞育型。在实验室条件下，当温度为 15℃，每日光照超过 13 h 时，该螨不发生滞育个体；当每日光照时间为 12 h 时开始出现滞育个体，以后随着光照时间的缩短，滞育率逐渐增加。

二斑叶螨在树内不同方向和高度上均以个体群的形式存在，个体群的分布为聚集分布，其中上层和南面树冠的聚集度最高，而下层和内部树冠的聚集度最低。

二斑叶螨的生殖方式以两性生殖为主，在无雄螨时也可以进行孤雌生殖。该螨的发育起点温度为 11.65℃，完成 1 代所需的有效积温为 162.19 d·℃。

（2）发生与环境条件的关系

① 寄主　用不同寄主植物来饲养二斑叶螨，其发育历期存在不同程度的差别。顾耘研究发现，生活在花生叶上的二斑叶螨，其发育历期比苹果叶上二斑叶螨的卵期短 6.2%～9.2%，虫期短 2.5%～7.9%，二者差别不大。在雌成螨的生殖力的各项指标上，不同寄主对成螨的寿命影响不大，但对产卵前期和产卵量具有显著的影响。在 25℃和 30℃恒温条件下，产卵前期相差 82.2%甚至 100%以上；产卵量相差 88.8%～94.4%。

闫文涛等以二斑叶螨、山楂叶螨和苹果全爪螨为研究对象，苹果幼树为寄主，采用单一种群和复合种群相结合的饲养方法，在室温 25℃条件下研究种群复合对 3 种害螨的种群动态影响。结果表明，在复合种群中各害螨的种群增长均受到显著抑制，害螨间存在种间竞争。二斑叶螨具有更快的种群增长速度、危害速度和转移速度，更强的主动转移能力，总能成为复合种群中的优势种群。3 种害螨的种间竞争优势排序为：二斑叶螨＞山楂叶螨＞苹果全爪螨。二斑叶螨与朱砂叶螨的种间竞争也表明，二斑叶螨具有更强的种间竞争力。

② 气候　二斑叶螨发育的最适温度为 24～25℃，最适相对湿度为 35%～55%，高温对发育不利。顾耘等研究了高温对二斑叶螨和朱砂叶螨致死作用，发现在 32℃、35℃、38℃和 42℃ 4 种温度处理 4h 后，两种叶螨的卵、若螨和雌成螨 3 个不同发育阶段均表现出不同程度的死亡，其死亡率随着温度的升高而提高；在相同温度下其死亡率高低顺序为卵＞若螨＞雌成螨；高温条件下，二斑叶螨的死亡率要明显高于朱砂叶螨。

9.6.4　防治方法

防治二斑叶螨应从生态系统出发，充分发挥生态因子对二斑叶螨的控制作用，创造有利于天敌生长发育的生态条件，控制二斑叶螨的危害，合理使用农药，协调与生物防治和其他措施的关系，从而达到对二斑叶螨持续控制的目的。

（1）农业防治　结合各项农事操作，秋后清除枯枝落叶并集中烧毁。秋深耕，冬灌均可消灭大量越冬雌成螨。在越冬期间刮除树干上的老翘皮和粗皮，消灭其中的越冬雌成螨。可在二斑叶螨越冬前，在根颈处覆草，并于 3 月上旬前将覆草收集、烧毁，以降低越冬基数。

此外，果园应尽量避免间作豆科作物。

（2）生物防治　二斑叶螨的天敌种类繁多，可分为捕食性和寄生性天敌两大类。寄生性天敌主要是各种菌类和病毒等，捕食性天敌包括捕食性昆虫、捕食性蜘蛛和捕食性螨类等，有食螨瓢虫、小花蝽、草蛉、蓟马和捕食螨等 10 多种。顾耘等用深点食螨瓢虫以及张新虎等用芬兰钝绥螨来防治二斑叶螨都取得不错的效果。尼氏钝绥螨对二斑叶螨若螨和成螨的捕食量较小，对卵的捕食量较大。美国、英国、荷兰已工厂化大规模生产植绥螨，荷兰有 60% 的温室用智利小植绥螨防治黄瓜上的二斑叶螨，英国为 75%，芬兰、瑞典和丹麦为 70%～75%。

（3）化学防治　孟和生等发现二斑叶螨对药剂的敏感度显著低于苹果全爪螨，所以防治起来更为困难。赵业霞等发现 1.8% 爱福丁乳油防治二斑叶螨效果在 95% 以上。爱福丁的作用机理与已产生了较强抗药性的有机磷类和拟除虫菊酯类药剂的作用机理完全不同，可以作为新型农药来防治二斑叶螨。王开运等指出，应该在冬季和早春施用一些杀成螨活性比较高的杀螨剂如虫螨腈和阿维菌素，以降低其越冬雌成螨的数量，越冬代成螨出蛰后便及时喷洒一些杀卵效果好的药剂，以压低第一代卵；夏秋成螨盛发期则应该把杀成螨活性好的与杀卵活性好的药剂混合使用，否则，单用任何一种杀螨剂均不会达到理想的效果。

9.7　苹果全爪螨

9.7.1　概述

苹果全爪螨［*Panonychus ulmi* （Koch）］又称为欧洲红叶螨（European red mite），原产于欧洲，后传入世界各地，是欧洲、美洲、亚洲等地苹果、梨和一些核果树上的重要害螨。在苹果树上危害常使叶色变褐，严重时会引起落叶，从而导致果实变小、产量降低。我国分布于北京、辽宁、内蒙古、河北、山东、山西、河南、陕西、甘肃和宁夏等地，在华北、东北等地发生较重。

9.7.2 形态特征

苹果全爪螨的形态特征见图 9-7。

（1）雌成螨 体长 0.381 cm，宽 0.292 cm，圆形，背部隆起，侧面观呈半球形，体色深红。背毛白色，粗壮，具粗茸毛，共 26 根，着生于黄白色的毛瘤上。须肢端感器长略大于宽，顶端稍膨大。背感器小枝状，与端感器等长。刺状毛较长，约为端感器的 2 倍。口针鞘前端圆形，中央微凹。气门沟端部膨大，呈球形。背表皮纹纤细。足 I 爪间突坚爪状，其腹基侧具 3 对与爪间突爪近于相等。足 I 跗节 2 对双毛相距近。

（2）雄成螨 体长 0.246 cm。须肢端感器柱形，长宽略等。背感器小枝状，其长大于端感器。足 I 爪间突同雌螨。足 I 跗节双毛近基侧有 3 根触毛和 3 根感毛，双毛腹面有 2 根触毛。足 II 跗节双毛近基侧有 2 根触毛和 1 根感毛。阳具末端弯向背面，呈 S 形弯曲，末端尖细。

（3）卵 卵呈葱头形，顶部中央有 1 根刚毛，夏卵橘红色，冬卵深红色。卵表面布满纵纹，直径 0.13～0.15 mm。

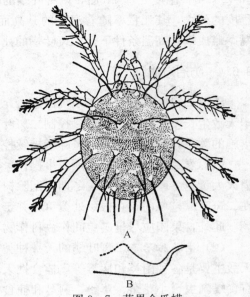

图 9-7 苹果全爪螨
A. 雌螨背面观 B. 阳茎
（仿忻介六，1988）

9.7.3 发生规律

（1）生活史与习性 苹果全爪螨在英国南部 1 年发生 5 代，在美国 5～8 代。在我国，吉林延边每年发生 5～6 代，在辽宁兴城地区每年发生 6～7 代，在河北省昌黎地区每年发生 9 代，均以卵在短果枝、果台和 2 年生以上的枝条上越冬。苹果全爪螨卵的发育起点温度和有效积温分别是 7.79 ℃和 113.49 d·℃，全世代分别是 9.78 ℃和 202.16 d·℃。完成 1 代所需时间为 10～14 d。

苹果全爪螨的幼螨、若螨和雄螨多在叶片背面活动、取食；静止期多在叶背面基部主脉和侧脉的两旁，以口器固着于叶上，不食不动；而雌螨多在叶片正面活动危害。一般不吐丝结网。受害叶片在正面呈现失绿斑点，严重枯焦。在虫口密度过高而营养条件不利时，成螨常大批垂丝下降，随风飘荡，借以扩散。

苹果全爪螨雌成螨产两种类型的卵，夏卵产在叶片上，是非休眠的；冬卵主要产在树皮上。越冬卵为深红色，夏卵为橘红色。卵的类型由光周期、温度和雌成螨的营养条件所决定。与山楂叶螨和二斑叶螨不同，苹果全爪螨是以卵越冬的。苹果全爪螨的越冬卵从 8 月中旬开始出现，进入 9 月中旬数量显著上升，至 9 月底达到高峰。冬卵主要来自第五代和第六代成螨。冬雌的产生主要决定于光周期变化和寄主植物的营养条件，后者的影响极为显著，当它们取食衰老或被害严重的叶片时，即使在足以抑制滞育发生的长光照和高温条件下，也能产生大量冬雌。因此，寄主植物的被害程度，可以影响冬卵的出现时期。

（2）发生与环境条件的关系

① 气候条件　早春干旱对苹果全爪螨繁殖有利。从全年种群数量消长的情况来看，以越冬代、第一代和第二代的螨量为多，以后各世代的螨量显著减少，这主要与前期（5～6月）气候干旱、天敌很少，后期（7～8月）雨季来临、天敌活动频繁有关。适宜的生长温度为 25～28℃、相对湿度为 40%～70%。雨水冲刷是种群增长的限制因素。

② 天敌　苹果全爪螨的天敌有深点食螨瓢虫、束管食螨瓢虫、陕西食螨瓢虫、异色瓢虫、大草蛉、小草蛉、小黑花蝽、六点蓟马、长须螨和芬兰真绥螨等，它们在田间对苹果全爪螨有一定的控制效果。

9.7.4　防治方法

苹果全爪螨防治上要抓住两点，首先要加强预测预报，及时掌握冬卵孵化期和第一代夏卵盛孵期的关键时期；其次要早期防治。

（1）人工防治　人工防治的主要措施有：a. 彻底清园，彻底清除树干粗皮、老翘皮，并集中烧毁。b. 刮除树上越冬卵。c. 树干涂抹粘虫胶，于春天、夏初在树干中下部涂抹 5～10cm 宽的粘虫胶，可有效防治红蜘蛛危害。

（2）化学防治　抓住用药的关键时期，第一次关键时期在越冬卵孵化盛期，第二次关键时期在第一代卵孵化盛期，第三次防治的关键时期是在各世代重叠发生时期。防治效果较好的药剂有阿维菌素、尼索朗、克螨特、四螨嗪和喹螨醚等。

（3）生物防治　一方面要重视本地天敌的保护和利用，另一方面可以释放天敌。据甘肃和宁夏等地研究，在苹果示范园释放胡瓜新小绥螨、巴氏钝绥螨，能有效控制苹果全爪螨的种群增长。

9.8　荔枝瘤瘿螨

9.8.1　概述

荔枝瘤瘿螨［*Aceria litchii* (Keifer)］别名荔枝毛蜘蛛、毛壁虱、瘿壁虱，属瘿螨总科瘿螨科，为我国各荔枝产区常发性害螨。

荔枝瘤瘿螨主要危害荔枝，营半自由生活，以成螨和若螨吸取荔枝的叶片、枝梢、花和果实的汁液，同时分泌某种物质，引起被害部位的生理变异，致使被害部位初期出现稀疏的灰白色绒毛，以后逐渐变为绒毛密集的黄褐色至深褐色，形似毛毡，被害叶片正面失去光泽，凹凸不平。因此，被害叶常称为毛毡病。被害枝梢干枯，花序、花穗被害则畸形生长，不能正常开花结果。幼果被害则容易脱落，影响荔枝生产。据在广西调查，严重受害的果枝着果数减少57.6%；叶片或果实受害均使果重减少 10%。除荔枝外，荔枝瘤瘿螨也危害龙眼。

9.8.2　形态特征

荔枝瘤瘿螨的形态特征见图 9-8。

（1）雌成螨　体蠕形，长 0.11～0.14mm，宽 0.04mm，厚 0.03mm，初呈淡黄色，后逐渐变为橙黄色。头小，螯肢和须肢各 1 对，足 2 对；大体背腹环数相等，由 55～61 环组成，均具有完整的椭圆形微瘤。腹部末端渐细，有长尾 1 对。

雄螨难采集到。

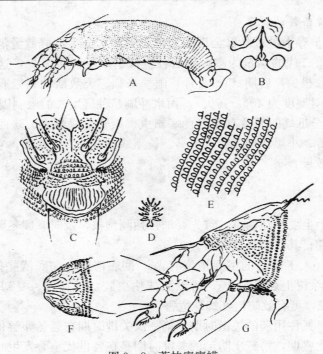

图 9-8 荔枝瘤瘿螨

A. 雌螨侧面观 B. 雌螨内生殖器 C. 雌螨足基节和生殖器盖片

D. 羽状爪 E. 侧面微瘤 F. 背盾板 G. 雌螨足体侧面观

(仿 Keifer, 1943)

（2）卵 卵微小，球形，光滑，淡黄色，半透明。

（3）若螨 若螨形似成螨，初孵时体灰白色，后渐变淡黄色，体较小，腹部环纹不明显，尾端尖细。

9.8.3 发生规律

（1）生活史和习性 在广州地区，荔枝瘤瘿螨 1 年可发生 16 代，世代重叠。以成螨在枝冠内膛的晚秋梢或冬梢毛毡中越冬，无真正的休眠。3 月初开始危害，4 月开始大量繁殖，5～6 月是危害盛期。以后各时期嫩梢亦常被害，但冬梢受害较轻。该害螨在海南一年四季均可见到各个虫态。

新若螨在嫩叶背面及花穗上危害，经 5～7 d 后便出现黄绿色斑块，这里的寄主组织表皮细胞因受刺激而产生大量绒毛状物。绒毛初为白色透明状，后期呈黄褐色，被害处叶面突出，严重时表面呈红褐色。被害花穗花器膨大如倒钟成簇。虫瘿生长半年以内虫口密度最高，过后渐少。18 个月后的老虫瘿几乎无螨。

瘿螨生活在虫瘿绒毛间，平时不甚活动，阳光照射或雨水侵袭时较活跃，在绒毛间上下蠕动。产卵在绒毛基部。瘿螨喜欢隐蔽，树冠稠密、光照不良的环境，树冠下部和内部，虫口密度较大；叶片上则以叶背面居多。

瘿螨可借苗木、昆虫、器械和风力等传播蔓延。

（2）发生与环境条件的关系

① 气候 荔枝瘤瘿螨在田间的消长和发生受到气温或大暴雨的影响比较大，特别是台风

雨或大暴雨对降低虫口密度有很大作用。在海南那大地区，一般5月份为全年螨口的高峰期，其次为9月中旬至10月下旬；6～8月份由于气温较高，雨量比较集中，虫口密度较低。

② 食料 在荔枝园生态系统中，食物因素是决定螨口消长的关键因素，每次嫩梢期，荔枝瘤瘿螨种群数量都有所发展。其中春梢上瘿螨的峰期比较常见，夏秋梢期则常受气象因子制约。

荔枝不同品种间的受害情况也有差异。据在海南调查，"珍珠红"、"黑叶"、"淮枝"受害较重、"桂味"、"糯米糍"居中，"三月红"受害最轻。

在树冠各层中，以下部和内膛叶受害多，中层次之，通风透光的上层少。但树冠东、南、西、北各方向的受害情况差异不大。

③ 天敌 据广东省农业科学院研究发现，捕食荔枝瘤瘿螨的天敌在广州荔枝园有长须螨科的具瘤神蕊螨（*Agistemus exsertus* Gouzález‐Rodriguez）和植绥螨科的尼氏真绥螨［*Euseius nicholsi* (Ehara et Lee)］两种。它们均以成螨和若螨爬行于瘿螨危害部位上觅食，在荔枝上终年都可发生。这两种捕食螨均随瘿螨数量的上升而增加，尤以具瘤神蕊螨为明显，其高峰期往往出现在瘿螨发生高峰期之后，对随后瘿螨的发生数量有一定的抑制作用。

9.8.4 防治方法

（1）苗木检疫 在调运苗木时，要认真检查，若发现苗木带有被害的叶片，应及时剪除烧毁，还可喷施药液消毒苗木，以减少虫源。

（2）农业防治 结合荔枝采后修剪，除去瘿螨危害枝及过密的阴枝、弱枝、病枝，使树冠适当通风透光，及时摘除并烧毁被害叶片，可显著减少虫源和创造不利于瘿螨发生的环境。

（3）化学防治 在防治上应着重抓好开花前春梢和作为结果母枝抽发初期的化学防治工作，因为这时期螨口数量少，被害斑块绒毛稀疏，防治可收到良好的效果，其中应以开花前春梢防治为重点。药剂可选用20％克螨氰菊乳油3 000倍、2.5％功夫乳油3 000倍液、28％尼索螨特乳油1 500～2 000倍液喷施。

（4）天敌的保护 在化学防治中应注意对天敌特别是捕食螨的保护。对受害较重的品种和果园实行重点挑治，而对受害较轻的品种和果园应力求少喷药或不喷药，以保护瘿螨天敌免受伤害。据广东省农业科学院研究报道，由7月至年底，除了秋梢抽发后有瘿螨危害外，都不必喷施农药，因为这期间捕食螨数量多，基本上可控制瘿螨数量的上升，若喷施农药，反而会破坏自然生态平衡而导致瘿螨严重发生。

9.9 梨植羽瘿螨

9.9.1 概述

梨植羽瘿螨［*Eriophyes pyri* (Pagenstecher)］又称为梨潜叶瘿螨、梨叶肿瘿螨、梨瘿螨、桃水疱螨和桃芽螨，俗称梨潜叶壁虱，属瘿螨总科瘿螨科瘿螨属。

梨植羽瘿螨属世界性分布的害螨，寄主植物有梨、苹果、海棠、桃、花楸和山楂等蔷薇科植物，以梨为主。可危害叶、花蕾和子房等部位，但以危害叶片为主。被害初期在叶面出现疱疹，严重时疱疹红肿，叶皱缩，沿叶缘由叶正面向叶背面卷成筒状，老叶被害后反卷叶缘。红肿的疱疹呈海绵状，这就是虫瘿。每个虫瘿都有一个开口，允许螨体出入，在虫瘿内螨体能继续生长繁殖，直至被害叶枯死。被害子房、花蕾脱落，造成落花落果，然后螨体迁移。梨树受害后，可减产25％。用做砧木的实生木苗被害后，嫁接不易成活，这是由于芽接时，被害砧木的皮不易剥离所致。此螨在全球的分布很广，我国分布于山东、河南、陕西和甘肃一带，国外分布于欧洲的中部和西部、南非、北美和印度等地。

9.9.2　形态特征

梨植羽瘿螨的形态特征见图9-9。

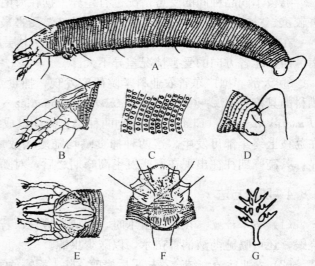

(1) 雌成螨　体圆筒形，蛆状，体长0.180～0.230 mm，宽0.045～0.057 mm，厚0.043～0.055 mm，淡黄色，到秋季体色呈微红或浅棕色。喙长约0.021 mm，斜下伸。背盾板长约0.026 mm，宽约0.044 mm，背中线不完整，断续波状，侧中线完整，盾板两侧有粒点。背瘤位于盾板后缘，瘤距0.012 mm，背毛长0.022 mm，背毛前指。足基节间有腹板陷，足基节刚毛3对，基节布有粒点。足Ⅰ各节具刚毛，足Ⅱ无胫节刚毛。羽状爪单一，4分支。爪端球不明显。大体背环和腹环相当，具80～90环，均具椭圆形微瘤。侧毛1对，腹毛3对，尾毛1对，有副毛。雌性外生殖器盖片上有10～12条纵肋，生殖毛1对。

图9-9　梨植羽瘿螨
A. 雌螨侧面观　B. 雌螨颚体足体侧面观
C. 雌螨背环腹环微瘤侧面观　D. 雌螨尾体侧面观
E. 雌螨颚体足体背面观　F. 雌螨足基节和外生殖器
G. 羽状爪
(仿Keifer, 1938)

(2) 雄成螨　体型与雌螨相似，比雌螨略小，体长0.150～0.170 mm，宽0.038～0.040 mm。雄性外生殖器宽0.014 mm，有生殖毛1对。

(3) 卵　卵呈椭圆形，无色半透明。

(4) 幼螨和若螨　初孵幼螨体裸露，有光泽。第一次静止蜕皮后成为若螨，淡黄色，观察不到生殖器盖片。

9.9.3　发生规律

(1) 生活史和习性　梨植羽瘿螨一年发生多代，以雌成螨在芽或花芽的芽片间、树枝的翘皮下越冬，但以在芽中越冬为主。翌年春天树芽萌发时，滞育的越冬雌螨开始出蛰，从芽片中爬出，转到嫩叶背面取食危害，形成虫瘿后钻入虫瘿内，大量繁殖危害新叶，直到夏梢形成。夏末秋初，成螨从虫瘿中爬出转移至芽的芽片之间准备越冬。越冬的部位和进入越冬的时间与寄主品种、树龄等有关。例如在成年果树或早熟品种上，越冬时间从7月上旬即开始，到10月中旬结束。越冬初期在芽苞的第一和第二鳞片之间，到冬季进入芽苞中部的黄色绒毛中。一个芽苞往往有越冬螨1 500头左右。

(2) 发生与环境条件的关系　高湿低温有利于梨植羽瘿螨的繁殖发育。危害梨树以春季为主，这是每年防治的重要时机。出蛰雌螨的卵产在芽片的基部内侧，每头雌螨产7～21粒卵。10～17℃时，卵经过18 d孵化；18～24℃时，卵经过7 d即可孵化。5～6月份完成1代的时间为23～26 d。越冬所产的卵，在萌芽时开始孵化。幼螨危害嫩叶，形成虫瘿，虫瘿浅绿色或浅红色，初期虫瘿内有螨1～2头，以后在其中繁殖。虫瘿变黑干枯时，其中的害螨就已迁到别处危害。

9.9.4　防治方法

（1）农业防治　培育和选用高产优质抗螨梨树品种，加强梨园的管理，降低梨园小气候的相对湿度和温度，抑制螨的繁殖。

（2）植物检疫　对梨苗木和接穗进行严格的检验检疫，防止传入非疫区。若发现有害螨存在，可用40～50℃的热水处理20 min，效果良好。

（3）生物防治　生物防治是减少农药污染，保证梨的品质和产量的有效途径。天敌种群较少的梨园可以释放天敌，如莱茵盲走螨 [*Typhlodromus rhenanus* (Oudemans)]、苹果绥伦螨（*Seiulus pomi* Parrott）、食螨瓢虫、花蝽和草蛉等天敌生物。减少化学防治次数，选择对天敌杀伤力小的农药，是保护梨园天敌的积极措施。

（4）化学防治　在早春及前期用药，此时气温较低，选择不受气温影响的卵螨兼治型持效期较长的杀螨剂，有10%红果悬浮剂、20%爱杀螨乳油、20%苯双得可湿性粉剂、5%尼索朗乳油等。在中后期气温较高时用药，选择触杀性强、击倒快的杀螨剂，如34%大克螨乳油、41%金霸螨乳油、73%克螨特乳油等。为了防止螨类产生抗药性，使用农药应该连续打击、轮换用药。

9.10　葡萄缺节瘿螨

9.10.1　概述

葡萄缺节瘿螨 [*Colomerus vitis* (Pagenstecher)] 属瘿螨总科瘿螨科缺节瘿螨属，在我国分布于河南、陕西和新疆等地，国外分布于美国、加拿大、瑞士、保加利亚和俄罗斯等国家。

葡萄缺节瘿螨的寄主主要是葡萄。主要危害叶片，也危害花序和卷须。用刺吸式口针吸取植物细胞汁液，被害处由于受到刺激，叶细胞产生不规则的分裂，叶的表皮细胞可增殖19～29倍，生成绒毛状组织，称之为毛毡。多数毛毡位于叶背，大小和形状不一，被害初形成的毛毡为白色或黄白色，后变成褐黄色。受害严重的叶片发黄干枯，造成落叶，被害后的花序褐卷须最后亦干枯致死。被害叶片色素遭到破坏，碳水化合物含量减少，蛋白质也遭到破坏，鞣酸的含量相应增加。

9.10.2　形态特征

葡萄缺节瘿螨的形态特征见图9-10。

（1）雌成螨　体蠕虫形，长0.160～0.200 mm，宽0.050 mm，厚0.040 mm，淡黄色或乳白色。喙长0.021 mm，斜下伸。背盾板长0.027 mm，宽0.022 mm，背盾板上有数条纵纹，背中线在前面2/3处向后伸出，亚中线完整，有许多侧中线纵纹，最内侧的两条终止于背瘤，其余围绕背瘤向后终止于盾板后缘。背瘤位于盾板后缘的前方，有纵轴。背毛前指。足基节间有腹板陷，基节刚毛3对，基节上有短曲线饰纹。足Ⅰ各节具刚毛，足Ⅱ胫节刚毛缺；羽状爪单一，5分支，爪间突不具端球。大体背腹环数相仿，65～70环，均具椭圆形微

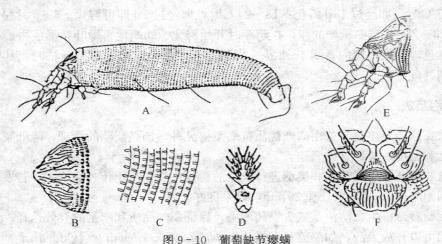

图 9-10　葡萄缺节瘿螨

A. 雌螨侧面观　B. 背盾板背面观　C. 背腹环微瘤侧面观　D. 羽状爪

E. 颚体足体侧面观　F. 足基节和雌性外生殖器

(仿 Keifer，1944)

瘤。大体具侧毛 1 对，腹毛 3 对，尾毛 1 对，无副毛。雌性外生殖器靠近足基节，呈菱形，生殖器盖片有纵肋 16 条，呈间断状，分成 2 列，生殖毛 1 对。

（2）雄成螨　体型与雌螨相似，略比雌螨小，体长 0.140～0.160 mm，宽 0.045 mm，厚 0.035 mm。

（3）卵　卵呈圆球形，淡黄色，很小。

（4）幼螨和若螨　初孵幼螨体裸露，有光泽。第一次静止蜕皮后成为若螨，淡黄色，观察不到生殖器盖片。

9.10.3　发生规律

（1）生活史和习性　葡萄缺节瘿螨一年发生 3 代左右，以雌螨在葡萄芽的芽片间的绒毛中越冬，有群集越冬习性。80%～90% 的越冬个体在一年生枝条芽的芽片内，余者可在一年生枝条基部的翘皮下。越冬死亡率为 5%～6%。翌年早春葡萄芽膨大开放时开始危害，展叶后便分散到叶片背面表皮毛间隙中吸取养分，受害叶背面最初呈现透明状斑点，逐渐从白色斑点变为茶褐色斑纹。叶表面长出毛毡，初为灰白色，逐渐变为褐色或黑褐色，使叶片畸形，通常新梢端部虫量密度较高。葡萄缺节瘿螨主要繁殖方式为孤雌生殖，为半自由生活的生活方式，即自由生活（个体完全裸露）和非自由生活（虫瘿内）的中间类型，到秋季落叶前的 4～6 个星期内，越冬雌螨又迁移到芽片上越冬。

（2）发生与环境条件的关系　葡萄缺节瘿螨发生高峰的时间与温度密切相关，每年的 6～8 月份发生量最大，葡萄受害也最为严重。到 9 月中旬后，随着气温的下降，螨口密度渐渐减小，到 10 月上旬，成螨潜入芽内越冬。

9.10.4　防治方法

（1）农业防治　培育和选用高产优质抗螨葡萄品种，加强葡萄园的管理，在受害的葡萄采收后，彻底清除园内枝叶，集中烧毁，以免扩散。在春季新叶长出时若发现有叶片被害，应立即摘除并烧毁。

（2）植物检疫 对葡萄苗木和插条进行严格的检验检疫，防止传入非疫区。若发现有害螨存在，可将苗木或插条用 30～40℃ 的热水处理 3～5 min，然后再移入 50℃ 的热水中处理 5～7 min，效果良好。

（3）生物防治 天敌种群较少的葡萄园可以释放天敌，如盲走螨、植绥螨、食螨瓢虫、花蝽和草蛉等天敌生物。减少化学防治次数，选择对天敌杀伤力小的农药，是保护葡萄园天敌的积极措施。

（4）化学防治 春季葡萄春芽膨大时喷施 4～5 波美度石硫合剂杀灭越冬成螨，是防葡萄瘿螨不可缺少的一种最佳的基本防治措施。展叶后立即喷施 0.3～0.5 波美度石硫合剂，杀灭转移分散成螨，降低早期害螨数量基数，并对控制整个生长季的螨量发生起十分重要的作用。葡萄生长季，发生严重的园内可采用瘿螨药灭螨，如 73％ 克螨特 2 000～3 000 倍液进行喷施，7～10 d 防效在 90％ 以上。

9.11　苹果斯氏瘿螨

9.11.1　概述

苹果斯氏瘿螨〔*Aculus schlechtendali*（Nalepa）〕又称斯氏刺瘿螨，属瘿螨总科瘿螨科刺瘿螨属。

苹果斯氏瘿螨属世界性分布的害螨，寄主植物仅有苹果，以成螨、若螨和幼螨危害叶片，多聚集于叶的主脉、侧脉两侧吸取汁液，以叶背虫数居多。受害叶片失绿、色淡，继而呈黄绿色，叶背呈黄褐色。受害严重果园植株被害率高达 80％～90％，对苹果树势影响极大。在全球的分布很广，在我国分布于北京、甘肃、新疆、西藏和四川等地，国外分布于欧洲的中部和西部、北美洲、新西兰等地。

9.11.2　形态特征

苹果斯氏瘿螨的形态特征见图 9-11。

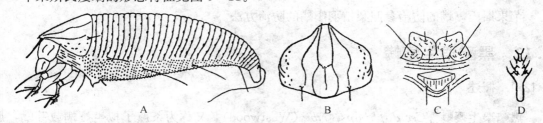

图 9-11　苹果斯氏瘿螨
A. 雌螨侧面观　B. 背盾板背面观　C. 足基节和雌性生殖器盖片　D. 羽状爪
（仿匡海源，1995）

（1）雌成螨 体纺锤形，体长 0.175 mm，宽 0.064 mm，厚 0.027 mm，淡黄色。喙长约 0.023 mm，斜下伸。背盾板长约 0.043 mm，宽约 0.055 mm，有前叶突及端刺。背中线不完整，仅留有后部的 1/3，前部有横线与侧中线相连，侧中线完整，波状，亚中线不完整，背瘤位于近盾后缘，瘤距 0.032 mm。背毛长 0.015 mm，斜后指。足基节间有腹板陷，足基节刚毛3对，有短条饰纹。足Ⅰ各节具刚毛，足Ⅱ无胫节刚毛。羽状爪单一，4分支。爪具端球。大体背环30～33个，有椭圆形微瘤；腹环60～66个，具圆形微瘤。侧毛1对，腹毛3对，尾毛1对，有副毛。雌性外生殖器盖片上有10～12条纵肋，生殖毛1对。

（2）雄成螨　体型与雌螨相似，比雌螨略小，体长约0.165mm，宽约0.060mm。雄性外生殖器宽0.020mm，有生殖毛1对。

（3）卵　卵呈圆形，淡黄色半透明，很小。

（4）幼螨和若螨　初孵幼螨体裸露，有光泽。第一次静止蜕皮厚成为若螨，淡黄色，观察不到生殖器盖片。

9.11.3　发生规律

（1）生活史和习性　苹果斯氏瘿螨一年发生多代，以雌成螨在芽腋两侧20～30头群集越冬，11月下旬可在幼树梢端幼叶上找到，但数量极少。越冬雌成螨于翌年4月上中旬均气温12℃左右，苹果芽萌动时开始出蛰，以花序分离至盛花期为出蛰盛期，整个出蛰期20～25d。苹果斯氏刺瘿螨自苹果萌芽展叶开始，直至落叶均可在叶上危害。此螨全年以5月中旬至6月中旬为发生高峰期，6月下旬虫口数量下降，7月中旬以后，一直维持在较低水平。

（2）发生与环境条件的关系　苹果斯氏瘿螨田间种群数量消长与温度、湿度、降雨及天敌有关。少雨、低湿和温暖天气有利于该螨发生和危害。5月中旬至6月中旬周平均温度为18～24℃、相对湿度58%～68%、降水量3～10mm，在此期间植株叶片嫩绿，营养丰富，天敌未大量活动，因而种群数量高，发生危害重，为全年发生高峰期。6月下旬以后，气温升高，雨量增加，湿度增大，以捕食螨（*Amblyseius* sp.）为主的天敌大量活动，明显抑制苹果斯氏瘿螨种群数量的增长。苹果斯氏瘿螨的发生量与苹果品种也有关系，凡苹果叶片茸毛多的品种（如"红富士"、"伏帅"、"长富"）叶面上虫口密度大；茸毛较少的品种（如"好矮生"、"金冠"和"澳洲青苹"）虫口密度次之；叶片茸毛少的品种虫口密度最低。据此认为，受苹果斯氏瘿螨危害的轻重与苹果品种叶片茸毛多少有关，凡苹果叶片茸毛多的品种受害重。

9.11.4　防治方法

苹果斯氏瘿螨的防治参照梨植羽瘿螨的防治方法。

9.12　黑醋栗生瘿螨

9.12.1　概述

黑醋栗生瘿螨〔*Cecidophyopsis ribis*(Westwood)〕又称为茶藨子拟生瘿螨或芽螨，属瘿螨总科瘿螨科拟生瘿螨属。

黑醋栗生瘿螨在我国黑龙江危害黑穗醋栗的芽，俗称大芽子病。芽受害后膨大，不展叶开花，逐渐枯死，被害率通常为5%～30%。由于此螨繁殖和蔓延速度快，且生活周期绝大多数时间是在芽内叶原基处群集危害产卵，因芽的外侧有多层鳞片包裹，喷药不易接触虫体，给防治带来困难。现在已经成为黑穗醋栗生产上的大敌。

该螨广布于欧洲的奥地利、比利时、保加利亚、捷克、斯洛伐克、丹麦、芬兰、法国、德国、荷兰、波兰、西班牙、瑞典、英国和俄罗斯等国家，大洋洲的澳大利亚和新西兰，北美的加拿大。20 世纪初俄罗斯侨民将黑穗醋栗引入中国黑龙江省栽培，20 世纪 80 年代初在黑龙江省尚志县首次发现该螨，它正在我国栽培黑醋栗的地区逐步蔓延。

9.12.2　形态特征

黑醋栗生瘿螨形态特征见图 9 - 12。

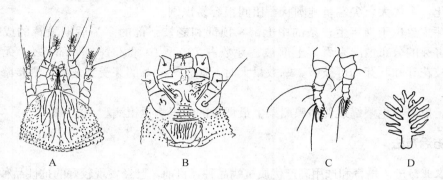

图 9 - 12　黑醋栗生瘿螨

A. 雌螨颚体足体背面观　B. 足基节和雌性外生殖器

C. 前足后足侧面观　D. 羽状爪

（仿 Amrine 等，1994）

（1）雌成螨　体蠕虫形，体长 0.175 mm，宽 0.047 mm，厚 0.050 mm，淡黄色或白色。喙长约 0.016 mm，斜下伸。背盾板长约 0.030 mm，宽约 0.026 mm。背盾板各中线俱在，背中线在前缘处稍后于亚中线和侧中线，背中线和侧中线完整，亚中线每侧 4 条，在两边中部各形成一 M 形图案。两侧缘布有粒点，无背瘤和背毛。足基节间有腹板陷，足基节刚毛 3 对，基节有短条饰纹。足Ⅰ各节具刚毛，足Ⅱ无胫节刚毛。羽状爪单一，5～6 分支。爪端球不明显。大体背环和腹环相仿，68～71 个，均具圆形微瘤。侧毛 1 对，腹毛 3 对，尾毛 1 对，无副毛。雌性外生殖器盖片上有 8～10 条纵肋，生殖毛 1 对。

（2）雄成螨　体型与雌螨相似，比雌螨略小，体长约 0.155 mm，宽约 0.045 mm。雄性外生殖器宽 0.015 mm，有生殖毛 1 对。

（3）卵　卵呈圆形，淡黄色半透明，很小。

（4）幼螨和若螨　初孵幼螨体裸露，有光泽。第一次静止蜕皮后成为若螨，淡黄色，观察不到生殖器盖片。

9.12.3　发生规律

黑醋栗生瘿螨一年发生 5～6 代。田间生活史不整齐，世代重叠。该螨春天进入新发的芽，可以钻至胚胎期花朵的内室，起初发育缓慢，夏季来临时，雌螨开始大量产卵，雄螨数量也增多。夏末和秋天，芽明显增大。在 10 月份，该螨会出现一个秋季峰，此时若遇到寒冷的天气，它会休眠，在波兰冬季死亡率高。当春天环境温度达到 6～8℃时，种群数量又会恢复。4～5 月份，每个芽包里螨的数量可达数千头。

该螨以雌成螨在芽内越冬，越冬代瘿螨在 0℃以上有效积温达 68.7 d·℃，黑穗醋栗芽苞萌动时结束休眠。有效积温达 118.5 d·℃黑穗醋栗开始吐叶时，部分成螨开始产卵，产卵后的成螨随即死亡。当有效积温达 174 d·℃时，卵开始孵化，第一代螨出现，此时黑穗醋栗展叶。积温达 193.6～207.2 d·℃，正值黑穗醋栗始花期，前若螨发育成后若螨，并有少数发育为成为第一代成螨。

此螨在芽内的叶原基内侧凹陷处大量群集危害，一个中等大小的芽上一般有 2 万～3 万个成螨和若螨，较大的芽上有 5 万～7 万个，个别大芽上达 8 万个左右。螨害芽由于外部形态出现变化，个体大，尖端呈钝圆状，田间很容易识别。

被害芽主要位于当年生枝条的中上部，顶部和老枝下部的多为后期发育的成螨危害所致，按照害芽的分布情况来看，上部被害芽数占 70%，中部 23%，下部 7%。无论是基生枝还是短枝花芽和叶芽均可被害。螨数量大时，70%～80%的芽受到危害，直接降低黑穗醋栗的产量。

此外，黑醋栗生瘿螨还传播黑醋栗上最严重的病毒病返祖病。

9.12.4　防治方法

（1）**农业防治**　培育和选用高产优质抗螨品种，目前，已经发现较好的抗性品种有蜡茶藨子（*Ribes cereum* Dougl.）、血红茶藨子（*R. glutinosum* Benth.）和（*R. janczewskii* L.）。在冬末或早春发芽以前，人工摘除膨大的芽瘿，集中销毁。加强对黑穗醋栗田园的管理。

（2）**植物检疫**　在移栽时，对苗木进行严格的检验检疫，防止传入非疫区。

（3）**生物防治**　天敌种群较少的田园可以释放天敌，如盲走螨、植绥螨、食螨瓢虫、花蝽和草蛉等。减少化学防治次数，选择对天敌杀伤力小的农药，是保护天敌的积极措施。

（4）**化学防治**　目前，对黑醋栗生瘿螨的化学防治主要依赖有机氯杀虫剂硫丹。人工合成的拟除虫菊酯类杀虫剂甲氰菊酯也能够控制黑醋栗生瘿螨。喷药的时期选择在胀芽期和初花、末花期喷药，要求喷透喷细，达到淋洗程度。为了增加渗透提高药效，药液中可加入渗透剂。由于螨的大量迁移期与花期吻合，因此使用杀螨剂应避免伤及传粉的蜜蜂。

【思考题】

1. 柑橘树上有哪些主要的害螨？它们的危害性如何？
2. 苹果树上主要的害螨是如何危害的？防治上需要采取什么样的措施？
3. 二斑叶螨是危害果树和蔬菜等多种作物的大害螨，如何进行有效的控制？
4. 梨、荔枝、葡萄等果树上的害螨有哪些？如何进行防治？
5. 果树上的害螨是一类非常重要的害虫，给果树生产和农民增收带来严重的影响，如何科学、因地制宜地设计综合防治方案？

第10章

天 敌 螨 类

10.1 植绥螨科及其重要种类

植绥螨是植食性螨类、蓟马、粉虱等小型害虫的有效天敌，许多种类已在生物防治方面得到广泛研究，在农业生产中具有重要的利用价值。目前世界植绥螨科已知种约为 2 250 种，其中美国 295 种、中国 280 种、印度 190 种、澳大利亚 167 种、巴西 142 种、南非 140 种、俄罗斯 115 种、乌克兰 108 种、加拿大 104 种、巴基斯坦 102 种、菲律宾 98 种、日本 94 种、墨西哥 91 种、智利 30 种（Moraes 等，2004）。

10.1.1 植绥螨科功能结构和分类特征

10.1.1.1 外部形态

植绥螨科的外部形态特征见图 10-1、图 10-2。

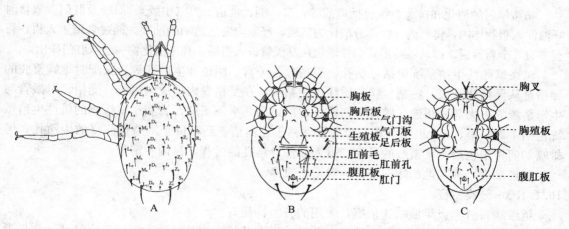

图 10-1 植绥螨科（Phytoseiidae）成螨外部形态特征

A. 雌螨背面 B. 雌螨腹面 C. 雄螨腹面

（仿吴伟南，2009）

植绥螨体椭圆形，活体半透明，有光泽，体色从乳白到红或褐色，与摄取的食物颜色有关。成螨体长不超过 500 μm，一般较叶螨小，足长，行动敏捷。身体由颚体和躯体组成，颚体位于体前方，由须肢、口针和螯肢组成。螯肢 1 对，端部具两趾：定趾和动趾，钳状；雄螨螯肢上具导精趾。须肢 1 对，跗节具分 2 叉的叉毛 1 根，又称爪形刚毛。植绥螨背面以一块完整的背板覆盖（除大绥螨属 Macroseius 外），背板刚毛 13～23 对，绝大多数为 20 对以下，背板两侧的盾间膜上具 1～3 对亚侧毛。腹面具胸板、生殖板（雄螨愈合为胸殖板）、

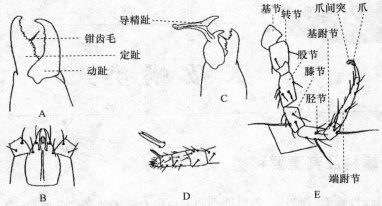

图 10 - 2 植绥螨科（Phytoseiidae）成螨颚体和足的形态特征

A. 雌螨螯肢 B. 口下板 C. 雄螨螯肢 D. 须肢 E. 足

（仿吴伟南，2009）

足后板和腹肛板（少数种类分裂为腹板和肛板，或仅有肛板）。雌螨腹面中央骨板最多时有大小不等的 9 块，雄螨腹板较简单，由胸殖板和腹肛板两块大型骨板组成。幼螨 3 对足，若螨和成螨 4 对足，足分为基节、转节、股节、膝节、胫节和跗节，跗节又被裂缝分为基跗节和端跗节，末端为爪和爪间突。气门板 1 对，发达，围绕气门和气门沟，后方延至足Ⅳ基节外侧，前方延伸与背板愈合。

10. 1. 1. 2 内部结构

植绥螨科的消化和排泄系统包括口前腔、口、咽、食道、胃（中肠）、回肠及肛门。取食时唾液注入猎物体内，将其内含物部分消化为流质，经肌肉发达的咽的抽吸，通过食道进入胃，胃至少有 2 个胃盲囊。以鸟嘌呤形式的排泄物从马氏管进入直肠，和未消化物一起从肛门排出。

植绥螨雌性生殖系统包括导精孔、受精囊、子宫、阴道和生殖孔等。交配时雄螨螯肢的导精趾从导精孔进入，将精包状物质注入受精囊，在受精囊内形成内精包。受精囊以微管与生殖系统的中央部分相连。雄性生殖系统解剖结构几乎不了解，智利小植绥螨的雄性生殖系统包括 1 对精巢、1 个射精管和 1 个附腺。精子经输精管到开口于胸殖板前缘的生殖孔，但雄螨如何将精包附着在螯肢的导精趾进入雌性导精孔的过程，目前不清楚。

神经系统，和其他革螨一样，为食道所贯穿。

10. 1. 1. 3 分类特征

植绥螨科分类以雌成螨为依据，常用的分类特征有：

（1）背面 背板刚毛的着生位置、数目、形态及长度均是极为重要的鉴定特征，背板形状及其上的刻纹图案也具有分类意义。

（2）腹面 胸板的长宽比例及其后缘形状，受精囊颈的形状，足Ⅳ膝节、胫节和基跗节上巨毛的数目、形状、大小都是重要的分类特征。腹肛板形状和骨化程度、气门沟长短及其末端伸达的位置也具分类价值。

中国植绥螨科分亚科检索表

1. 前侧毛 4 对 ·········· 钝绥螨亚科（Amblyseiinae）

前侧毛 5 对或 6 对 ·········· 2

2. 前亚侧毛 r_3 在背板上，后侧毛 1 对 ·· 植绥螨亚科（Phytoseiinae）

前亚侧毛 r_3 在盾间膜上，后侧毛多于 2 对 ·································· 盲走螨亚科（Typhlodrominae）

中国植绥螨科已知属检索表

1. 背板前侧毛 4 对 ··· 2

背板前侧毛 5～6 对 ·· 8

2. 前亚侧毛 r_3 在骨化的盾间膜上 ·· 伊绥螨属（Iphiseius Berlese）

前亚侧毛 r_3 在膜质的盾间膜上 ··· 3

3. 后亚侧毛 R_1 在背板上，近 R_1 毛处具强烈的缺口 ··· 冲绥螨属（Okiseius Ehara）

后亚侧毛 R_1 在盾间膜上或在背板上，但不具缺刻 ·· 4

4. 腹肛板具肛前毛 2～3 对 ··· 5

腹肛板具肛前毛 0～1 对 ··· 小植绥螨属（Phytoseiulus Evans）

5. 背刚毛以 S_4 最长，背中毛缺 J_2，S 系列毛缺或仅具 S_5，近 S_4 毛处具深刻口，足Ⅳ最少具巨毛 4 根·····

··· 拟植绥螨属（Paraphytoseius Swirski et Shechter）

不具上述特征 ·· 6

6. 背刚毛仅 Z_5 粗壮、稍长，其余短小，腹肛板卵形或骨化弱，肛前毛为 3 对，排成二横列···········

··· 钝绥螨属（Amblyseius Berlese）

不具上述特征 ·· 7

7. 腹肛板骨化弱，边界不清，且其周围盾间膜上具细蜜条纹··················印小绥螨属（Indoseiulus Ehara）

腹肛板轮廓清晰，且其周围盾间膜上无条纹 ································· 真绥螨属（Euseius Wainstein）

8. 背板前侧毛 5 对 ·· 钱绥螨属（Chanteius Wainstein）

背板前侧毛 6 对 ··· 9

9. 前亚侧毛 r_3 在背板上，缺 S 系列毛 ··· 植绥螨属（Phytoseius Ribaga）

前亚侧毛 r_3 盾间膜上，S 系列毛至少具 1 根 ································· 盲走螨属（Typhlodromus Scheuten）

10.1.2　植绥螨科生物生态学特征

10.1.2.1　个体发育

（1）发育阶段　植绥螨的生长发育一般有卵、幼螨、第一若螨、第二若螨和成螨 5 个阶段。但伪钝绥螨［Neoseiulus fallacis (Garman)］的雄螨没有第二若螨期。

① 卵　卵呈椭圆形，初产时无色半透明，不久即变黄或橘黄色。卵一般产于敞开的叶表面，黏着于蛛网、菌丝等丝状物上，或产于叶脉凹陷处。

② 幼螨　足 3 对，色淡，柔软，背板 2 块。

③ 若满　足 4 对，背板毛和成螨一样。搜索食物的能力和范围更大。

（2）发育历期　从卵发育至成螨产下第一粒卵所需时间的比例，卵期约占 30%，幼螨期占 10%，第一若螨和第二若螨期各占 15%，雌成螨产卵前期占 30%。活动期的幼螨和若螨在蜕皮前无明显的静息期，蜕皮后即能活动觅食。

植绥螨各幼期虫态的历期都非常短，成螨的历期较长，在 20～30℃ 范围内，多数种类成螨的大多数个体的寿命都可达 20 d 以上，在食物等条件满足的情况下，一些个体的历期可长达 100 d 左右，如草栖钝绥螨［Amblyseius herbicolus (Chant)］最长可达 103 d。

（3）生长发育与环境条件的关系

① 温度　植绥螨的发育起点温度多为 10℃左右，大多种类在气温 12℃以上就开始活动，25～30℃是发育适温。在这种适宜的温度条件下，多数种类的个体发育历期仅 6～7 d，明显短于叶螨。特别是智利小植绥螨（*Phytoseiulus persimilis* Athias‐Henriot）只需 4～5 d，发育速度较二斑叶螨、朱砂叶螨快 2 倍。适温下，雌成螨一般 24 h 左右开始产卵，每雌日产卵数为 2～2.5，平均可持续 30 d 左右（贺丽敏等，1996）。植绥螨的发育历期随着温度升高而变短，一般在适温范围内发育速度和温度呈直线正相关，如拟长毛钝绥螨 [*Neoseiulus pseudolongispinosus*（Xin, Liang et Ke）] 和长刺钝绥螨 [*Neoseiulus longispinosis*（Evans）] 等植绥螨（忻介六，1988），而胡瓜钝绥螨 [*Neoseiulus cucumeris*（Oudemans）] 在 20～32℃的温度梯度下呈双曲线型相关（经佐琴等，2001）。

② 湿度　温度主要影响植绥螨发育速度，而湿度的高低直接影响植绥螨卵和幼螨的存活，因为它们对不良环境的抵抗力最弱。25℃下相对湿度不足 43% 是限制普通真绥螨 [*Euseius vulgaris*（Liang et Ke），又称普通钝绥螨] 卵孵化的极限区（陈艳，1993）。韦德卫等发现湿度在 85% 以下对真桑钝绥螨 [*Neoseiulus makuwa*（Ehara）] 卵的孵化不利，幼螨期对湿度的反应最为敏感，需要相当高的湿度。而西方静走螨 [*Galendromus occidentalis*（Nesbitt），又称西方盲走螨] 卵的孵化率、幼螨至成螨的存活率及成螨的产卵量都表现耐旱忌湿的性能（董慧芳，1986）。

10.1.2.2　植绥螨的越夏、越冬和滞育

（1）越夏　植绥螨的越夏和越冬主要是当高温或低温来临时采取的一种自我保护措施。植绥螨的越夏问题在国内研究的还不多，主要为曹国华等对智利小植绥螨在这方面的研究。平均温度在 29～31℃之间的 6 月上旬至 7 月中旬，智利小植绥螨种群数量保持相对稳定，生育与死亡趋于动态平衡状态。7～8 月平均温度达到 32℃以上时，种群数量锐减，下降率达 73.4%，对智利小植绥螨影响显著。这种气候条件显然不适合智利小植绥螨的生长发育。1987 年将智利小植绥螨引入南昌地区时，须采用冰箱冷藏保种越夏，野外释放的智利小植绥螨不能建立自然种群。经数年历代对智利小植绥螨的高温锻炼筛选，其耐热抗干性有所提高，种群才可以安全越夏。

（2）越冬　植绥螨一般以雌成螨在杂草上越冬。拟长毛钝绥螨以雌成螨主要在二斑叶螨数量较多的杂草一年蓬上越冬。根据 3 月 27 日对一年蓬的调查，越冬部位主要集中在茎和根的结合部。在室内调查智利小植绥螨的耐寒性，其结果是，成螨－10℃处理 1.5 h 就全部死亡；在－5～0℃处理 48 h，尚有半数以上残存。因而认为越冬中的生存量的减少，并不是由于低温，而可能由于风雨使螨从寄主植物上脱落而致死亡。一般认为，智利小植绥螨在自然环境中能否定居，除最低温度低于－10℃的地区外，只要有适当的交替食料，而夏季温度不超过 32.5℃，是能够定居的（忻介六，1988）。

（3）滞育　滞育是对寒冷气候的一种适应。雌成螨冬季滞育的显著特征就是不产卵。滞育雌螨体肥壮，忍饥耐寒力强。Rock 等人曾对伪钝绥螨进行滞育诱导试验，认为该螨为短光照滞育型。国内学者也对伪钝绥螨的滞育进行过研究。在温度为 15.5℃时，16 h 光照-8 h 黑暗和 8 h 光照-16 h 黑暗条件下饲育，滞育率分别为 0 和 83.3%。诱导滞育的敏感中期是个体发育的初期。卵、幼螨、前若螨、后若螨和刚羽化的雌成螨置于滞育诱导条件下饲养，其雌成螨滞育率分别为 83.3%、81.1%、75%、44.6% 和 0%（李亚新等，1990）。

10.1.2.3　交配和生殖行为

植绥螨一般都行两性生殖，无孤雌生殖现象。

在室内对东方钝绥螨（*Amblyseius orientalis* Ehara）和尼氏真绥螨 [*Euseius nicholsi* (Ehara et Lee)，又称尼氏钝绥螨] 的研究中发现，交配前，雄螨积极主动寻找雌螨并辅助雌后若螨蜕皮。正式交配的方式为雄下雌上，雌雄腹面紧贴。东方钝绥螨的交配持续时间长于尼氏真绥螨。交配结束至产卵，雌螨需要大量取食。尼氏真绥螨的卵全为散产，东方钝绥螨则散产和聚集兼有（赖永房等，1990）。

植绥螨的交配时间长短不一，不同种类的植绥螨也各不相同。江原钝绥螨（*Amblyseius eharai* Amitai et Swirski）交配时间最长为 12min（张守友，1990）；而拟长毛钝绥螨 1 次完全交配的平均时间为 183min，最长达 253min（徐学农等，1994）。

10.1.2.4　植绥螨的食物、食性及捕食行为

（1）食物　植绥螨的食物相当广泛，主要嗜食叶螨；也捕食瘿螨、跗线螨、镰螯螨、粉螨等。除螨类外，花粉是植绥螨重要的替代食物，粉虱、介壳虫、蚜虫等昆虫的卵和若虫及其蜜露，微生物的菌丝，孢子等也可作为植绥螨的补充食物，但这些食料的营养价值较低，只能维持其生存。

（2）食性　植绥螨按食性分为下述 4 大类群。

① 专食性植绥螨　此类仅捕食叶螨类，主要是小植绥螨属（*Phytoseiulus*）类例，如智利小植绥螨。

② 选择性的捕食叶螨类的种类　此类包括静走螨属（*Galendromus*）、一些新小绥螨属（*Neoseiulus*）和极少数的盲走螨属（*Typhlodromus*）。

③ 泛食性的种类　此类主要为小部分的小新绥螨属、绝大多数的盲走螨属和钝绥螨属（*Amblyseius*）。

④ 专食花粉的植绥螨　此类存在真绥螨属（*Euseius*）中。

（3）捕食行为　植绥螨利用须肢感觉发现到食物后，螯肢和第一对足协作捕捉住猎物，并将口针刺入猎物体内，注入唾液促进前消化，部分消化的猎物内含物是流动性的，通过吸食入胃。当植绥螨吸取有色的物质饱食后，通过透明的体壁能见到呈 H 形的胃和胃盲囊。随着猎物密度的增加，搜寻和取食的时间逐渐缩短，捕食不完全的猎物比例不断增加。这说明捕食螨在猎物密度低时，通过较长时间的取食，以充分利用猎物体内的养分，从而增强在猎物稀少条件下的生存能力；而在猎物密度高时，捕食螨通过不完全取食的行为可杀伤更多的猎物。另外，在猎物密度高时，捕食螨的休息时间显著缩短，因此有理由认为猎物超过一定密度后对捕食螨的捕食活动有刺激作用（周爱农等，1989）。

10.1.2.5　自然种群动态

植绥螨的数量与害螨的数量发生有一定的相随性，可以依据益害螨比例的高低来合理制定害螨防治措施。

1987 年在未施任何农药的橘园里，爱泽真绥螨 [*Euseius aizawai*(Ehara et Bhandhufalck)，又称间泽钝绥螨] 于 7 月初开始出现，以后逐渐增多，至 8 月中旬，发生数量已超过柑橘红蜘蛛（李宏度等，1990）。据郅军锐（1992）报道，尼氏真绥螨发育起点温度高于其捕食对象柑橘全爪螨和柑橘始叶螨，加之冬季用高毒化学农药清园杀死杀伤越冬个体，早春种群无法迅速增加。东方钝绥螨在柑橘园的自然种群数量高峰期在 10 月下旬，柑橘全爪螨种群数量出现高

峰期在 10 月上旬，两者间隔 15～20 d(夏斌等，1996)。

苏柱华（2004）在 7 种果树螨类的资源调查中发现，果树螨类群落益害螨比例最高一般出现在 2～3 月份及 7～8 月份，比例最低的月份出现在 9～11 月份，其次为 5～6 月份。原因可能是夏天高温低湿不适宜于螨类的种群数量增长。害螨的活动性不大，仅在果树上，受高温和低温的影响较严重，发生受到抑制，而捕食螨活动能力强，大多来源于杂草或其他植物上，来回于果树和草丛，造成高低温期果树上捕食螨数量的增加害螨数量下降。

10.1.2.6　植绥螨在生物防治中的应用

20 世纪 40 年代以后，大量使用滴滴涕（DDT）引起了叶螨大猖獗，人们利用植绥螨成功地控制了其危害，这在生物防治史上可以与 1888 年引进澳洲瓢虫防治吹绵蚧相媲美。在意大利，畸形钝绥螨［*Amblyseius aberrans*(Oudemans)］和梨盲走螨（*Typhlodromus pyri* Scheuten）是防治葡萄树上苹果全爪螨和鹅耳枥始叶螨［*Eotetranychus carpini*(Oudemans)］的重要天敌。Duso（1989）报道，冬季将这两种植绥螨释放到葡萄树上，整个生长季节甚至下一个季节都有理想的防效。美国利用西方静走螨防治苹果树上的麦氏叶螨及葡萄、桃和杏树上的叶螨，取得了良好效果（贺丽敏等，1996）。Oatman 等（1976）证明，在每株草莓上释放 5～10 头智利小植绥螨雌成螨就能成功防治二斑叶螨。在加利福尼亚州智利小植绥螨的大量培养，已广泛应用于草莓上二斑叶螨的防治，成为世界上各大生物防治公司的主要产品。胡瓜新小绥螨是目前在生物防治中应用较为成功的捕食性天敌之一，在荷兰、英国和法国等地，通过人工繁殖而广泛应用于防治温室大棚黄瓜、辣椒等蔬菜和花卉上的蓟马，成为国际上天敌公司的主要产品，作为商品销售已有 10 余年的历史。

我国对植绥螨的利用较早。1963 年，中国农业科学院柑橘研究所开始应用植绥螨防治柑橘全爪螨，并证明植绥满是柑橘全爪螨的有效天敌。1975 年，华南农学院将植绥螨经人工繁殖后在广东柑橘园释放，取得了显著的防治效果。张守友 1990 年报道，东方钝绥螨在自然条件下完全能够控制苹果全爪螨和山楂叶螨。自广东省昆虫研究所首次成功地利用钝绥螨防治柑橘全爪螨以后，广西、江西、湖南均有利用植绥螨防治柑橘全爪螨的研究。二斑叶螨、神泽叶螨等近年来在棉花、蔬菜、瓜果等作物上广泛发生，危害严重，但利用植绥螨进行防治后，得以有效控制。邹萍等 1986 年，在 8 000 hm²（12 万亩）棉花、西瓜和茄子等作物区释放拟长毛钝绥螨，6～8 d 内就有效地控制了叶螨危害。陈文龙等 1994 年，在上海应用尼氏真绥螨防治大棚草莓上的朱砂叶螨获得较好成效。王润贤等 2002 年，在茶园中释放植绥螨后的 20 d，能使害螨最大防治率达 46% 左右，从而使害螨的发生控制在防治指标内，减少了对茶叶的危害。另外还有一些植绥螨种类如昌德里棘螨（*Gnorimus chaudhrii* Wu et Wang）是捕食水稻跗线螨（*Steneotarsonemus* sp.）的重要天敌（吴伟南等，1991）。

尽管我国植绥螨资源丰富，也有许多优秀的种类，但引进国外优质高效的植绥螨仍具有重要意义。我国曾引进 4 种植绥螨：智利小植绥螨、西方静走螨、伪钝绥螨和胡瓜新小绥螨。它们都在我国的害螨生物防治中发挥了重要作用。杨子琦等 1990 年，利用十年生以下的橘树行间栽培茄子、菜豆，在叶螨发生初期，释放智利小植绥螨防治蔬菜上的神泽叶螨获得较好成效。董慧芳等在温室栽培的一串红（*Salvia splendens* Sell ex Roem. et Schult）、马蹄莲［*Zantedeschia aethiopica*（Linn.）Spreng］和爬蔓绣球（*Pelargonium laleripes* L'Hérit.）等花卉上释放智利小植绥螨防治二斑叶螨获得较好成效。张乃鑫等 1987 年报道，在兰州苹果园，以 1∶36～64 益害比释放西方静走螨雌成螨，经过 45～60 d，释放树上山楂叶螨和李始叶螨的种群数量发展缓慢，渐趋衰亡，完全控制了李始叶螨危害，减少用药 3～4 次，而且效果持续了两年。王宇人等（1990）报道，释放伪钝绥螨可控制苹果全爪螨危害，减少果园用药 3 次，伪钝绥螨成为控制叶螨发生的有效天敌。胡瓜新小绥螨食性较杂，能取食毛竹多种害螨，在一些生物学特性上与本地种竹盲走螨有优势互补的作用。自 1998 年以来，福建采用将纯竹林逐步改造成混交林，减少地面垦复、劈杂次数，保留浅根性杂草，并在每年的 5～6 月释放人工繁育的捕食螨，增加毛竹林益螨数量，取得了显著的控制效果（张艳璇等，2004）。我国已建成第一个年产 1 100 亿只捕食螨的产业化生产基地，商品化生产胡瓜新小绥螨，用于危害柑橘、毛竹及温室作物（黄瓜、甜椒、草莓和一些观赏植物）上害螨的生物防治。

10.1.3 植绥螨主要种的概述

我国植绥螨资源相当丰富，大量的资源调查工作是在 20 世纪 70 年代末开始的。到目前为止，据不完全统计约有 320 余种，其中有利用价值的有 20 种左右。

10.1.3.1 东方钝绥螨

东方钝绥螨（*Amblyseius orientalis* Ehara）的形态特征见图 10 - 3。

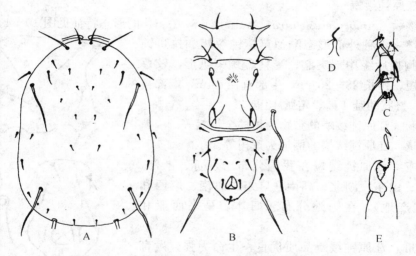

图 10 - 3 东方钝绥螨（*Amblyseius orientalis* Ehara）

A. 背板 B. 腹面 C. 足Ⅳ D. 受精囊 E. 螯肢

（1）雌螨 背板长 365～375 μm，宽 220～225 μm，光滑。背刚毛 17 对。亚侧毛 r_3 与 R_3 在盾膜上。Z_4 和 Z_5 很长，具微刺，$Z_5 > Z_4 > s_4 > j_3 > j_1$，其余各毛短小或微小。腹肛板五边形，长大于宽，且稍宽于生殖板，肛前毛 3 对，肛前孔 1 对，孔距 19 μm。腹肛板两侧盾间膜各具 4 对毛，JV_5 长，光滑。足后板 2 对，长形。螯肢强大，定趾多齿，钳持齿毛 1 根，动趾 3 齿。气门沟伸至毛之间，足Ⅳ膝节、胫节和基跗节各具巨毛 1 根。各毛长度：j_1 为 30 μm，j_3 为 56～60 μm，j_4、j_5、j_6、J_2、J_5 和 z_5 为 6～8 μm，z_2 为 14 μm，z_4 为 18～19 μm，Z_1 为 9～10 μm，Z_4 为 98～100 μm，Z_5 为 205～213 μm，s_4 为 83～95 μm，S_2 为 13～15 μm，S_4 为 10 μm，S_5 为 9～10 μm，r_3 为 20 μm，R_1 为 25～27 μm。

（2）猎物 东方钝绥螨的猎物为苹果全爪螨、柑橘全爪螨、山楂叶螨和二斑叶螨等。

（3）栖境 东方钝绥螨的栖境为柑橘、梨、苹果、桃、枣树、柿、杨和女贞等。

（4）分布　东方钝绥螨在我国分布于河北、辽宁、江苏、安徽、福建、江西、山东、湖北、湖南、广东和贵州，在国外分布于韩国、印度、日本（模式产地）、俄罗斯和美国（夏威夷）。

（5）利用　东方钝绥螨的适应性较强，喜欢在较光滑的叶面上活动，捕食范围较广，最喜捕食山楂叶螨卵及若螨，同时喜食苹果全爪螨，这给在苹果园内利用它防治叶螨创造了有利条件。张守友等（1992）报道，在 $3\,667\,m^2$（5.5 亩）351 株十五年生苹果树的果园内，按 1：57 或 1：73 的益害比释放东方钝绥螨防治苹果全爪螨和山楂叶螨，全年不喷杀螨杀虫剂，可将苹果全爪螨控制在每叶 0.1～0.5 头，将山楂叶螨控制在每叶 0.1～0.3 头，每叶有东方钝绥螨 0.1～0.5 头，相对防治效果达到 93.4%。东方钝绥螨还是柑橘全爪螨的有效天敌，在柑橘园，两者数量发生有一定的相随性，东方钝绥螨自然种群数量出现高峰期的时间较柑橘全爪螨晚 15～20 d（夏斌，1996）。试验发现，柑橘全爪螨在东方钝绥螨的重复攻击下才能致死，当猎物密度过大，东方钝绥螨重复攻击率相对减少时，柑橘全爪螨的死亡数增加缓慢，甚至降低（甘明等，2001）。因此，进行生物防治时，要在害螨发生高峰期前，释放东方钝绥螨。

10.1.3.2　江原钝绥螨

江原钝绥螨（*Amblyseius eharai* Amitai et Swirski）的形态特征见图 10-4。

（1）雌螨　本种外部形态酷似草栖钝绥螨和拉哥钝绥螨，但其胸板后缘中部突起；受精囊颈喇叭形，较草栖钝绥螨为短，颈长 23～25 μm，中部直径 4 μm，端部直径 5～6 μm；螯肢动趾 4 齿，定趾 13 齿。

（2）猎物　江原钝绥螨的猎物为柑橘全爪螨等。

（3）栖境　江原钝绥螨的栖境为茶树等。

（4）分布　江原钝绥螨在我国分布于江苏、浙江、福建、江西、山东、湖北、湖南、广东、海南、广西和香港（模式产地），在国外分布于日本、马来西亚和韩国。

（5）利用　江原钝绥螨品质优良，生命力强，发育速度快，产卵量高，对害螨有较强的控制效能。雌成螨每天平均捕食柑橘全爪螨幼螨和若螨 7.4～32.3 头，是我国南方农林害螨的重要天敌，是柑橘园的优势种。实验室可用蓖麻花粉进行人工大量繁殖，但更嗜食皮氏叶螨（*Tetranychus piercei* McGregor）。在日本（Ehara，1977）和广东省（陈守坚，1982）研究人工大量繁殖释放于柑橘园防治柑橘全爪螨中发现，本种需要在较高湿度下才能完成发育及控制害螨种群。

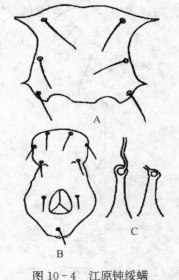

图 10-4　江原钝绥螨
（*Amblyseius eharai* Amitai et Swirski）
A. 胸板　B. 腹肛板　C. 受精囊

10.1.3.3　拟长毛钝绥螨

拟长毛钝绥螨［*Neoseiulus pseudolongispinosus*（Xin，Liang et Ke）］的形态特征见图 10-5 和图 10-6。拟长毛钝绥螨以前常用学名为 *Amblyseius pseudolongispinosus* Xin，Liang et Ke。

（1）雄螨　背板长 299 μm，宽 261 μm。亚侧毛 2 对，在背板上。腹肛板盾形，具网纹。肛前毛 3 对，星形肛前孔 1 对，孔距 17 μm。导精趾 T 形。各毛长度：j_1 为 13～15 μm，j_3

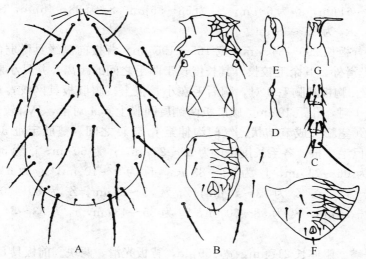

图 10-5　拟长毛钝绥螨 [*Neoseiulus pseudolongispinosus* (Xin，Liang et Ke)]
A. 背面　B. 腹面　C. 足Ⅳ　D. 受精囊　E. 螯肢　F. 雄腹肛板　G. 导精趾

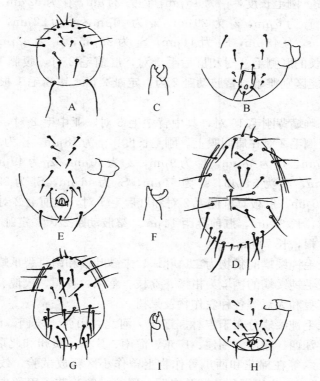

图 10-6　拟长毛钝绥螨 [*Neoseiulus pseudolongispinosus* (Xin，Liang et Ke)] 未成熟期
A～C. 幼螨　A. 背面　B. 腹面　C. 螯肢　D～F. 前若螨　D. 背板　E. 腹面
F. 螯肢　G～I. 后若螨　G. 背板　H. 腹面　I. 螯肢

为 43～45 μm，j_4 为 33～38 μm，j_5 为 43～45 μm，j_6 为 53～58 μm，J_2 为 58～60 μm，J_5 为 8～9 μm，z_2 为 40～44 μm，z_4 为 50～53 μm，z_5 为 25 μm，Z_1 为 58～63 μm，Z_4 为 56～

$58\,\mu m$，Z_5 为 $60\sim61\,\mu m$，s_4 为 $68\,\mu m$，S_2 为 $53\sim55\,\mu m$，S_4 为 $38\sim46\,\mu m$，S_5 为 $25\sim28\,\mu m$，r_3 为 $29\sim35\,\mu m$，R_1 为 $35\sim38\,\mu m$。

(2) 雌螨 背板长 $290\sim340\,\mu m$，宽 $165\sim195\,\mu m$，背板前侧缘具微弱的网纹。背刚毛除 j_1 与 J_5 短小光滑外，其余毛较长，其长度长于两毛之间的距离，并具小刺。S_5 毛长度约等于 Z_5 毛的 $1/2$。胸板具胸毛 3 对，胸后毛在小骨板上。腹肛板具网纹，近似五边形，长大于宽，肛前孔 1 对，孔距 $19\,\mu m$。腹肛板两侧盾间膜上具 4 对毛，JV_5 较长，具刺。足后板 2 对。受精囊颈室膨大成节结状。气门沟伸至 j_1 与 j_3 之间。螯肢定趾 3 齿，动趾 2 齿。足Ⅳ仅基跗节具巨毛 1 根。各毛长度：j_1 为 $20\sim23\,\mu m$，j_3 为 $60\,\mu m$，j_4 为 $50\sim53\,\mu m$，j_5 为 $58\sim60\,\mu m$，j_6 为 $66\sim71\,\mu m$，J_2 为 $73\sim83\,\mu m$，J_5 为 $9\sim10\,\mu m$，z_2 为 $63\sim68\,\mu m$，z_4 为 $70\,\mu m$，z_5 为 $30\sim34\,\mu m$，Z_1 为 $73\sim78\,\mu m$，Z_4 为 $73\sim78\,\mu m$，Z_5 为 $80\sim90\,\mu m$，s_4 为 $70\sim78\,\mu m$，S_2 为 $70\sim76\,\mu m$，S_4 为 $58\sim60\,\mu m$，S_5 为 $35\sim43\,\mu m$，r_3 为 $53\sim54\,\mu m$，R_1 为 $58\sim64\,\mu m$。

(3) 第一若螨 躯体长 $217\,\mu m$，宽 $159\,\mu m$，背板光滑，两块。前板具 8 对毛，背中毛 2 对，亚中毛 1 对，侧毛 5 对。除 j_1 和 J_5 短外，其余各毛较长。亚侧毛 2 对在盾间膜上。气门沟伸至 z_2 水平位置。刚毛长度，j_1 为 $16\,\mu m$，j_3 为 $34\,\mu m$，j_4 为 $32\,\mu m$，j_5 为 $44\,\mu m$，j_6 为 $40\,\mu m$，J_2 为 $38\,\mu m$，J_5 为 $6\,\mu m$，z_2 为 $29\,\mu m$，z_4 为 $40\,\mu m$，z_5 为 $22\,\mu m$，Z_1 为 $41\,\mu m$，Z_4 为 $48\,\mu m$，Z_5 为 $49\,\mu m$，s_4 为 $43\,\mu m$，S_2 为 $44\,\mu m$，S_4 为 $28\,\mu m$，S_5 为 $32\,\mu m$，r_3 为 $17\,\mu m$，R_1 为 $22\,\mu m$。肛板具等长的肛侧毛 3 对和肛后毛 1 对，肛前毛 2 对，腹侧毛 1 对和尾毛 1 对，肛前孔距 $11\,\mu m$。不能区别雌雄。螯肢动趾 2 齿，定趾 2 齿，钳齿毛 1 根。足Ⅳ基跗节具巨毛 1 根，长 $71\,\mu m$。

(4) 第二若螨 雌螨背刚毛 19 对，其中背中毛 6 对，亚中毛 2 对，侧毛 9 对。j_1 和 J_5 短，其余各毛长。亚侧毛 2 对在盾间膜上。刚毛长度：j_1 为 $18\,\mu m$，j_3 为 $41\,\mu m$，j_4 为 $35\,\mu m$，j_5 为 $41\,\mu m$，j_6 为 $46\,\mu m$，J_2 为 $48\,\mu m$，J_5 为 $9\,\mu m$，z_2 为 $40\,\mu m$，z_4 为 $49\,\mu m$，z_5 为 $27\,\mu m$，Z_1 为 $47\,\mu m$，Z_4 为 $49\,\mu m$，Z_5 为 $51\,\mu m$，s_4 为 $51\,\mu m$，S_2 为 $46\,\mu m$，S_4 为 $32\,\mu m$，S_5 为 $30\,\mu m$，r_3 为 $34\,\mu m$，R_1 为 $36\,\mu m$。肛板具肛侧毛 3 对和肛后毛 1 对，肛前毛 2 对，腹侧毛 2 对，后腹毛 2 对，尾毛 1 对，长 $32\,\mu m$，肛前孔距 $14\,\mu m$。螯肢动趾 2 齿，定趾 3 齿，钳齿毛 1 根。足Ⅳ基跗节具巨毛 1 根，长 $71\,\mu m$。

(5) 猎物 拟长毛钝绥螨的猎物为二斑叶螨、朱砂叶螨和南京裂爪螨等。

(6) 栖境 拟长毛钝绥螨的栖境为柑橘、荔枝、苹果、香蕉、玫瑰、桑、柏、黄麻、棉花、玉米、茄子、豇豆和大豆等各种农作物及果树。

(7) 分布 拟长毛钝绥螨分布于吉林、辽宁、河北、山西、陕西、山东、上海、江苏、浙江、安徽、湖北、江西、湖南、福建、广东、海南、广西、贵州和北京。

(8) 利用 忻介六等在棉花和西瓜等作物上曾作小区释放试验，效果良好。吴千红等（1992）在上海郊区进行 2 次田间释放试验表明，用该螨防治茄子田的朱砂叶螨可以完全不喷农药或者减少农药用量的 90% 以上。梁来荣等（1992）以叶螨为饲料大量增殖该螨成功，并开发了该螨大量繁殖的工艺流程。

10.1.3.4 伪钝绥螨

伪钝绥螨 [*Neoseiulus fallacis* (Garman)] 的形态特征见图 10-7。伪钝绥螨以前常用学名为 *Amblyseius fallacis* (Garman)。

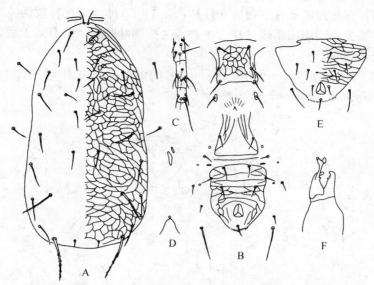

图 10－7 伪钝绥螨 ［*Neoseiulus fallacis*（Garman）］
A. 背面 B. 腹面 C. 足Ⅳ D. 受精囊 E. 雄腹肛板 F. 导精趾

（1）**雄螨** 背板长 286 μm，宽 189 μm，r_3 与 R_1 在背板上。腹肛板具网纹，肛前毛 3 对，肛前孔 1 对，位于 JV_2 的内侧下方，肛前孔距 14 μm。JV_5 毛长 34 μm。各毛长度，j_1 为 21 μm，j_3 为 26 μm，j_4 为 19 μm，j_5 为 19 μm，j_6 为 21 μm，J_2 为 28 μm，J_5 为 7 μm，z_2 为 26 μm，z_4 为 26 μm，z_5 为 17 μm，Z_1 为 28 μm，Z_4 为 41 μm，Z_5 为 52 μm，s_4 为 31 μm，S_2 为 34 μm，S_4 为 34 μm，S_5 为 28 μm，r_3 为 26 μm，R_1 为 21 μm。

（2）**雌螨** 背板长 378 μm，宽 200 μm，具稠密的网纹。背刚毛 17 对，J_5 毛稍短，其余各毛中等长度；Z_4 和 Z_5 具微刺，余者光滑。亚侧毛 r_3 与 R_1 在盾间膜上。胸板具胸毛 3 对，胸后毛在小骨板上。腹肛板长大于宽，宽于生殖板。肛前毛 3 对，星月形的肛前孔 1 对，位于 JV_2 内侧下方。后足板 2 对，外侧者细长，内侧者短。气门沟伸至接近 j_1 水平位置。受精囊颈铃形。螯肢定趾 4～5 齿，动趾 3 齿。足Ⅳ膝节、胫节和基跗节具巨毛各 1 根。各毛长度，j_1 为 22～25 μm，j_3 为 40～45 μm，j_4 为 35～37 μm，j_5 为 37～42 μm，j_6 为 43～48 μm，J_2 为 50～52 μm，J_5 为 14～15 μm，z_2 为 45 μm，z_4 为 44～45 μm，z_5 为 34 μm，Z_1 为 51 μm，Z_4 为 86 μm，Z_5 为 92 μm，s_4 为 56 μm，S_2 为 62 μm，S_4 为 45 μm，S_5 为 50～52 μm，r_3 为 34 μm，R_1 为 45 μm。

（3）**猎物** 伪钝绥螨的猎物为山楂叶螨和苹果全爪螨等。

（4）**栖境** 伪钝绥螨的栖境为矮生植物和苹果等落叶果树。

（5）**分布** 伪钝绥螨广泛分布于北美洲（美国和加拿大），其中美国是模式产地。

（6）**利用** 伪钝绥螨原产于美国北部和加拿大南部的温带地区，Croft 等（1971）报道，伪钝绥螨在美国中西部和东部苹果园内，捕食苹果全爪螨和二斑叶螨，是当地苹果园中控制害螨的有效天敌，曾先后被引入新西兰等地并获得成功。1983 年中国农业科学院生物防治研究室张乃鑫等从美国将该螨引入我国，用于控制苹果全爪螨和山楂叶螨。此后，李继祥等（1986）在西南橘园利用伪钝绥螨控制柑橘害螨，发现该螨喜食柑橘全爪螨和橘皱叶刺瘤螨，认为在橘园害螨综合治理中可广泛推广应用。王宇人等（1990）报道，1987—1988 年的田间应用试验表明，青岛地区 5 月下旬或 6 月初，以 1：50 的益害比释放伪钝绥螨，可控制苹果全爪螨危害，减少果园施用杀螨 3 次，本种成为控制叶螨发生的有效天敌。

10.1.3.5　纽氏钝绥螨

纽氏钝绥螨［*Neoseiulus newsami*（Evans）］的形态特征见图 10-8。纽氏钝绥螨以前常用学名为 *Amblyseius newsami*（Evans）。

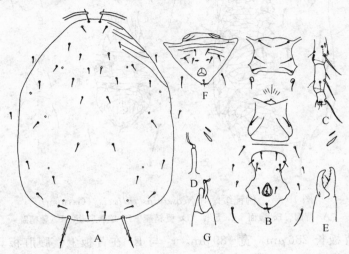

图 10-8　纽氏钝绥螨［*Neoseiulus newsami*（Evans）］
A. 背面　B. 腹面　C. 足Ⅳ　D. 受精囊　E. 螯肢　F. 雄腹肛板　G. 导精趾

（1）**雄螨**　背板长 280～290 μm，宽 185～190 μm。亚侧毛 2 对在背板上，腹肛板盾形，具网纹。肛前毛 3 对，肛前孔 1 对。导精趾呈倒 L 形。足Ⅳ具巨毛 3 根，其长度为：膝节毛 44～45 μm，胫节毛 38～40 μm，基跗节毛 48～50 μm。刚毛长度为：j_1 为 23～28 μm，j_3 为 30～40 μm，j_4、j_5、j_6、J_2、J_5 和 z_5 为 8～9 μm，z_2 为 8～9 μm，z_4 为 13 μm，Z_1 为 11～13 μm，s_4 为 15～17 μm，S_2 为 10～13 μm，S_4 为 11～13 μm，S_5 为 10 μm，r_3 为 10 μm，R_1 为 13 μm。

（2）**雌螨**　背板长 350～354 μm，宽 250～275 μm，前侧缘具线纹，背刚毛 17 对，亚侧毛 2 对在盾间膜上，Z_5 毛粗壮，末端有微弱的小刺，其余各毛光滑。胸板具胸毛 3 对，腹肛板似花瓶形，长大于宽，侧缘凹入，最宽处为肛门对着的水平位置。肛前毛 3 对，前两对在侧缘，肛前孔 1 对。足后板 2 对。螯肢定趾 7～10 齿，钳齿毛 1 根，动趾 2～3 齿。气门沟向前伸至 j_1 之间。足Ⅳ膝节、胫节、基跗节上各具巨毛 1 根，长依次为 53～66 μm、38～50 μm 和 49～63 μm。各毛长度，j_1 为 22～33 μm，j_3 为 10 μm，j_4 为 8～10 μm，j_5 为 8～9 μm，j_6 为 8～10 μm，J_2 为 12～13 μm，J_5 为 8 μm，z_2 为 10 μm，z_4 为 10～11 μm，z_5 为 9～10 μm，Z_1 为 13～14 μm，Z_4 为 13～14 μm，Z_5 为 45～60 μm，s_4 为 8～10 μm，S_2 为 8 μm，S_4 为 13～14 μm，S_5 为 13 μm，r_3 为 10～15 μm，R_1 为 10～12 μm。

植绥螨的雌雄背刚毛的长度，一般是相似的，仅是雄螨的较短。但本种雌螨 j_1 与 j_3 的长度比例与雄螨该毛的比例是相反的，即雄螨的 $j_1 > j_3$，但雄螨的 $j_1 < j_3$。

（3）**猎物**　纽氏钝绥螨的猎物为柑橘全爪螨等。

（4）**栖境**　纽氏钝绥螨的栖境为柑橘、丝瓜、节瓜、水瓜、豆角、棉花、荔枝、龙眼、姜、藿香蓟、紫苏和橡胶。

（5）分布　纽氏钝绥螨在我国分布于江苏、江西、福建、广东、海南和香港，在国外分布于泰国、马来西亚（模式产地）和巴布亚新几内亚。

（6）利用　本种是广东地区柑橘园内捕食柑橘全爪螨的优势种。幼螨喜食全爪螨的卵，每日平均采食量为 7 粒。雌成螨嗜食若螨和幼螨，每日可捕食全爪螨若螨 10 头。该螨取食柑橘全爪螨的量虽不如尼氏钝绥螨的大，但其种群内禀增长力比尼氏钝绥螨稍高，且其数值反应比尼氏钝绥螨强。因此，只要基数不是太低，两种捕食螨能比较有效地控制柑橘全爪螨种群（夏育陆，1989）。

10.1.3.6　真桑钝绥螨

真桑钝绥螨［*Neoseiulus makuwa*（Ehara）］的形态特征见图 10−9。真桑钝绥螨以前常用学名为 *Amblyseius makuwa* Ehara。

（1）雄螨　背板长 260～270 μm，宽 170～180 μm，光滑，r_3 与 R_1 在背板上。腹肛板盾形，具微弱的网纹，肛前毛 4 对，肛前孔 1 对，孔距 15 μm。气门沟伸至 j_1 基部水平位置。导精趾呈 T 形。各毛长度，j_1 为 15～18 μm，j_3 为 17 μm，j_4 为 10～13 μm，j_5 为 13 μm，j_6 为 13 μm，J_2 为 13 μm，J_5 为 10 μm，z_2 为 12～15 μm，z_4 为 15 μm，z_5 为 10 μm，Z_1 为 13 μm，Z_4 为 28～32 μm，Z_5 为 38 μm，s_4 为 28～30 μm，S_2 为 15～18 μm，S_4 为 12～15 μm，S_5 为 13 μm，r_3 为 15 μm，R_1 为 13 μm。

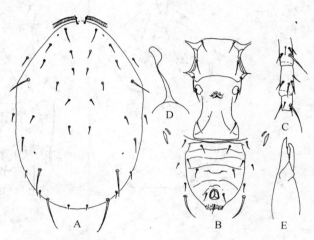

图 10−9　真桑钝绥螨［*Neoseiulus makuwa*（Ehara）］
A. 背面　B. 腹面　C. 足Ⅳ　D. 受精囊　E. 螯肢

（2）雌螨　背板长 315～330 μm，宽 195～200 μm。本种重要特征为受精囊大而长，颈呈喇叭形，粗长，长 33～38 μm。背板刚毛 17 对，Z_4 与 Z_5 毛较长具微刺，s_4 毛的长度约为 z_2 或 z_4 毛的 2 倍。腹肛板前侧角稍突出，肛前毛 3 对，肛前孔 1 对。螯肢定趾 4～5 齿，钳齿毛 1 根，动趾 1 齿。足Ⅳ仅具 2 根巨毛，分别在膝节和基跗节上。各毛长度，j_1 为 12～17 μm，j_3 为 22～25 μm，j_4 为 11～13 μm，j_5 为 10～14 μm，j_6 为 11～13 μm，J_2 为 12～14 μm，J_5 为 9 μm，z_2 为 15～16 μm，z_4 为 13～17 μm，z_5 为 10～12 μm，Z_1 为 13～15 μm，Z_4 为 40～42 μm，Z_5 为 55 μm，s_4 为 32～36 μm，S_2 为 20～22 μm，S_4 为 12～16 μm，S_5 为 12～15 μm，r_3 为 16～19 μm，R_1 为 12～15 μm。

（3）猎物　真桑钝绥螨的猎物为柑橘全爪螨等。

（4）栖境　真桑钝绥螨的栖境为柑橘、杉树、茶、葡萄、野苋菜、风轮菜、水稻、大豆和烟草等。

（5）分布　真桑钝绥螨在我国分布于黑龙江、吉林、辽宁、江苏、安徽、江西、山东、福建、湖北、湖南、广东、广西、海南、四川、贵州、云南、甘肃和台湾，在国外分布于韩国和日本（模式产地）。

（6）利用　本种是广西柑橘园捕食柑橘全爪螨的优势种之一，对柑橘全爪螨不同螨态的嗜食性程度依次为卵＞幼螨和若螨＞成螨。与其不同的是，江原钝绥螨的嗜食程度为若螨＞幼螨＞成螨＞卵，喜食活动螨态，只在活动螨态不存在时取食卵。从 1987—1988 年对浦北的调查材料可以看出，每年 6 月以后，本种与柑橘全爪螨的消长相吻合，具控制害螨种群密度和危害的潜能（韦德卫等，1989）。真桑钝绥螨不仅捕食柑橘全爪螨，还可取食花粉。在广西栽种或野生相当普遍的黄瓜、茉莉花和马缨丹的花粉可以作为室内繁殖真桑钝绥螨的饲料。特别是黄瓜的花粉，在进一步明确连续多代饲养的效果后，就有可能作为室内大量繁殖的饲料（蒲天胜，1991）。

10.1.3.7　草栖钝绥螨

草栖钝绥螨［*Amblyseius herbicolus*（Chant）］的形态特征见图 10-10。

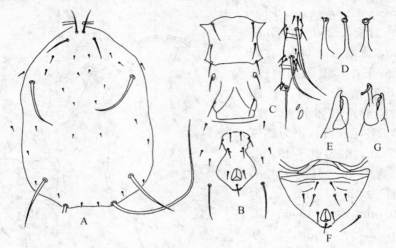

图 10-10　草栖钝绥螨［*Amblyseius herbicolus*（Chant）］
A. 背面　B. 雌螨腹面　C. 足Ⅳ　D. 受精囊　E. 螯肢　F. 雄腹肛板　G. 导精趾

（1）雄螨　背板长 $250\sim260\,\mu m$，宽 $165\sim201\,\mu m$，亚侧毛 2 对在盾间膜上。气门沟伸达 j_1 与 j_3 之间。腹肛板前半部具线纹，肛前孔 1 对，肛前毛 3 对（JV_1、JV_2 和 ZV_2）。导精趾呈倒 L 形。各毛长度，j_1 为 $30\sim35\,\mu m$，j_3 为 $43\sim55\,\mu m$，s_4 为 $73\sim83\,\mu m$，Z_4 为 $78\sim105\,\mu m$，Z_5 为 $220\sim320\,\mu m$。

（2）雌螨　背板长 $330\sim360\,\mu m$，宽 $210\sim245\,\mu m$，光滑。背板毛 17 对，j_1、j_3、s_4、Z_4 和 Z_5 毛的长度渐增，Z_5 最长，Z_4 和 Z_5 具微刺，其余各毛微小，光滑。胸板光滑，骨化弱，后缘近平直。腹肛板瓶形，侧缘近肛前孔处收缩；正对肛门位置张开，为腹肛板的最宽处。气门沟伸至 j_1 之间。螯肢定趾 11～12 齿，钳齿毛 1 根；动趾 4 齿。受精囊颈喇叭形，颈的两边逐渐向囊部张开，颈长 $28\sim33\,\mu m$，颈中部直径 $4\,\mu m$，端部直径 $5\sim6\,\mu m$。足Ⅳ膝节、胫节和基跗节具巨毛 3 根。j_1 长 $35\sim40\,\mu m$，s_4 长 $88\sim100\,\mu m$，Z_4 长 $90\sim105\,\mu m$，Z_5 长 $228\sim320\,\mu m$。

（3）猎物　草栖钝绥螨的猎物为叶螨、细须螨、瘿螨和跗线螨等。

（4）栖境　草栖钝绥螨我国西南地区栖于矮生木本及草本植物等。

（5）分布　草栖钝绥螨在我国分布于黑龙江、辽宁、江苏、江西、福建、河南、湖南、广东、广西、海南、四川、贵州、云南和甘肃，在国外分布于印度、伊朗、印度尼西亚、菲律宾、巴布亚新几内亚、新喀里多尼亚、危地马拉、波多黎各、南非、安哥拉、澳大利亚、新西兰和美国（模式产地）。

（6）利用　草栖钝绥螨是害螨的有效天敌，每日捕食柑橘全爪螨7头，人工繁殖以皮氏叶螨或二斑叶螨做饲料的繁殖率较以花粉为好。四川省已人工大量繁殖本种，用于防治茶跗线螨，取得显著成效。国内所称德氏钝绥螨实为江原钝绥螨（*Amblyseius eharai* Amitai et Swirski）和草栖钝绥螨［*Amblyseius herbicolus* (Chant)］的混合种（胡敦孝等，1989）。

10.1.3.8　津川钝绥螨

津川钝绥螨（*Amblyseius tsugawai* Ehara）的形态特征见图10-11。

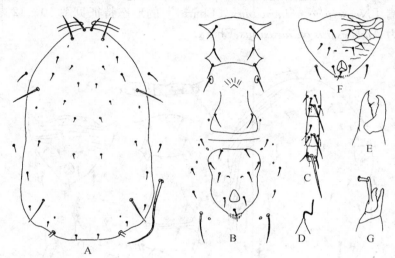

图10-11　津川钝绥螨（*Amblyseius tsugawai* Ehara）

A. 背面　B. 雌螨腹面　C. 足Ⅳ膝节、胫节和基跗节　D. 受精囊

E. 螯肢　F. 雄腹肛板　G. 导精趾

（1）雄螨　背板长270 μm，宽200 μm，亚侧毛2对在背板上，腹肛板盾形，具网纹，肛前毛3对，肛前孔1对，孔距18 μm。导精趾呈倒L形。气门沟伸至j_1基部水平位置。各毛长度，j_1为22 μm，j_3为32 μm，j_4为6 μm，j_5为6 μm，j_6为6 μm，J_2为6 μm，J_5为6 μm，z_2为10 μm，z_4为10 μm，z_5为8 μm，Z_1为10 μm，Z_4为38 μm，Z_5为85 μm，S_2为13 μm，S_4为10 μm，S_5为10 μm，r_3为18 μm，R_1为10 μm。

（2）雌螨　背板长335～360 μm，宽210～225 μm，具微弱的网纹，s_4、Z_4和Z_5较长，s_4与Z_4近于等长，$j_3>j_1$，其余各毛微小。亚侧毛r_3与R_1在盾间膜上。气门沟伸至j_1之间。胸板具胸毛3对，胸后毛在小骨板上。腹肛板五边形，长大于宽，侧缘稍凹入。肛前毛3对；肛前孔1对，位于JV_2之间的下方。螯肢定趾9～11齿，动趾3齿，钳齿毛1根。足Ⅳ膝节、胫节和基跗节各具巨毛1根。各毛长度，j_1为25～27 μm，j_3为40～43 μm，j_4为5～6 μm，j_5为6 μm，j_6为7～8 μm，J_2为7～8 μm，J_5为7～8 μm，z_2为10～11 μm，z_4为8～13 μm，z_5为6～7 μm，Z_1为7～8 μm，Z_4为50～52 μm，Z_5为125～140 μm，s_4为45～50 μm，S_2为11～14 μm，S_3为8～9 μm，S_4为6～7 μm，r_3为17～18 μm，R_1为13 μm。

（3）猎物　津川钝绥螨的猎物为二斑叶螨和斯氏狭跗线螨等。

（4）**栖境**　津川钝绥螨的栖境为柑橘、橄榄、水稻、甘蔗、棉花、大豆和蔬菜等农作物。

（5）**分布**　津川钝绥螨在我国分布于黑龙江、吉林、辽宁、北京、上海、江苏、浙江、安徽、福建、江西、山东、湖北、湖南、广东、广西、海南、贵州和云南，在国外分布于韩国和日本（模式产地）。

（6）**利用**　津川钝绥螨在湖南、江西、福建和广东水稻田常与鳞纹钝绥螨一起，数量仅次于后者，它们对控制水稻上的斯氏狭跗线螨起一定的作用。Ehara(1964) 报道，该螨捕食大豆上的二斑叶螨。

10.1.3.9　冲绳钝绥螨

冲绳钝绥螨［*Neoseiulus okinawanus*（Ehara）］的形态特征见图 10-12。冲绳钝绥螨以前常用学名为 *Amblyseius okinawanus* Ehara。

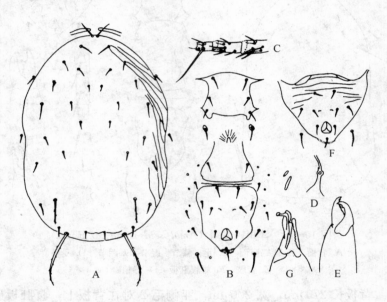

图 10-12　冲绳钝绥螨［*Neoseiulus okinawanus*（Ehara）］
A. 背面　B. 雌螨腹面　C. 足Ⅳ　D. 受精囊　E. 螯肢
F. 雄腹肛板　G. 导精趾

（1）**雄螨**　背板长 244 μm，宽 189 μm，亚侧毛 r_3 与 R_1 在背板上。腹肛板盾形，具网纹，肛前毛 3 对，肛前孔 1 对。足Ⅳ膝节、胫节和基跗节各具巨毛 1 根。

（2）**雌螨**　背板长 350～360 μm，宽 230～242 μm，侧缘具网纹，背刚毛 17 对。Z_4 与 Z_5 毛稍长，且 Z_4 的长度约为 Z_5 的 1/2，具微刺，其余各毛短小，光滑。肛腹板长大于宽，且宽于生殖板。肛前毛 3 对，肛前孔 1 对，孔距 20 μm。螯肢定趾多齿，钳齿毛 1 根，动趾 3 齿。气门沟伸至 j_1 之间。受精囊颈喇叭形。足Ⅳ膝节、胫节和基跗节各具巨毛 1 根。各毛长度，J_1 为 18～22 μm，j_3 为 14～16 μm，j_4 为 8～10 μm，j_5 为 8～10 μm，j_6 为 9～12 μm，J_2 为 12～15 μm，J_5 为 9 μm，z_2 为 12～15 μm，z_4 为 12～15 μm，z_5 为 8～10 μm，Z_1 为 12～15 μm，Z_4 为 29～39 μm，Z_5 为 75～90 μm，s_4 为 17～22 μm，S_2 为 15～18 μm，S_4 为 14～18 μm，S_5 为 14～18 μm，r_3 为 12～13 μm，R_1 为 8～10 μm。

（3）猎物　冲蝇钝绥的猎物为叶螨等。

（4）栖境　冲蝇钝绥的栖境为柑橘、荔枝、龙眼、芒果、梨、苦楝、刺槐、多种蔬菜及杂草。

（5）分布　冲蝇钝绥在我国分布于江苏、浙江、安徽、福建、江西、山东、湖南、广东、广西、海南、贵州、云南、香港和台湾，在国外分布于韩国、泰国、俄罗斯、巴布亚新几内亚和日本（模式产地）。

（6）利用　徐洁莲（1984）报道，冲蝇钝绥喜食瓜、菜、豆等多种蔬菜上的叶螨，每雌每日捕食叶螨卵 14.9～45 粒，或幼螨 17.5～30 头。本种还是柑橘园中捕食螨的重要种类之一，许长藩等（1996）报道，该螨 1 年可能繁殖 27 代，世代历期短，夏季 6～8 d1 个世代，春秋节季 10～18 d1 个世代，冬季稍长也只 19～21 d1 个世代。繁殖快，便于人工饲养繁殖利用。柑橘是短低温果树，该螨能耐低温，若螨在 -6℃时 6 h 致死，在 -8℃时 4 h 致死；成螨在 -8℃时 8 h 致死，在 -10℃时 3 h 致死，在果园的分布范围广。

10.1.3.10　胡瓜新小绥螨

胡瓜新小绥螨［*Neoseiulus cucumeris*（Oudemans）］的形态特征见图 10-13。胡瓜新小绥螨以前常被称为胡瓜钝绥螨［*Amblyseius cucumeris*（Oudemans）］。

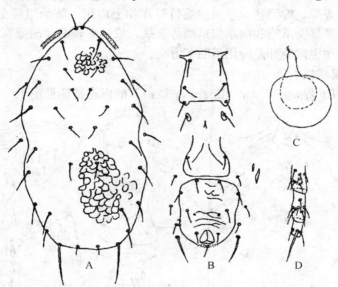

图 10-13　胡瓜新小绥螨［*Neoseiulus cucumeris*（Oudemans）］

A. 雌螨背面　B. 雌螨腹面（胸板、生殖板、肛腹板）

C. 受精囊　D. 足Ⅳ膝节、胫节、基跗节和端跗节

（1）雌螨　背板长 385 μm，宽 211 μm，具微弱的网纹。背刚毛 17 对，Z_5 稍长，锯齿状，其余大多数毛长度较为相似。s_4、S_2、S_4、S_5 和 Z_4 约略等长。亚侧毛 2 对（r_3 与 R_1）在盾间膜上。胸板具胸毛 3 对，后缘宽 83 μm，第四对胸毛在小骨板上。生殖板后缘宽 72 μm，生殖毛 1 对。腹肛板近三角形，具微弱的网纹，长 127 μm，宽 104 μm。肛前毛 3 对（JV_1、JV_2、ZV_2），肛前孔 1 对，孔距 21 μm。腹肛板两侧具 4 对毛（ZV_1、ZV_3、JV_4 和 JV_5），JV_5 长 41 μm。足后板 2 对，初生板长 28 μm，次生板长 10 μm。受精囊烧杯形，颈长 10 μm。气门沟伸至 j_3 基部，足Ⅳ膝节、胫节和基跗节各具 1 根短巨毛，长度分别为 24 μm、

$29\,\mu m$ 和 $48\,\mu m$。各毛长度，j_1 为 $24\,\mu m$，j_3 为 $34\,\mu m$，j_4、j_5、j_6 和 J_2 为 $20\sim25\,\mu m$，J_5 和 z_2 为 $31\,\mu m$，z_4 为 $31\,\mu m$，z_5 为 $21\,\mu m$，Z_1 为 $31\,\mu m$，Z_4 为 $40\,\mu m$，Z_5 为 $72\,\mu m$，s_4 为 $41\,\mu m$，S_2 为 $34\,\mu m$，S_4 为 $34\,\mu m$，S_5 为 $34\,\mu m$，r_3 为 $31\,\mu m$，R_1 为 $31\,\mu m$。

（2）猎物　胡瓜新小绥螨的猎物为蓟马、叶螨和粉螨等。

（3）栖境　胡瓜新小绥螨的栖境为蔬菜、瓜果和观赏植物。

（4）分布　胡瓜新小绥螨分布于法国、瑞士、德国、荷兰、英国、俄罗斯、波兰、意大利、印度、阿尔及利亚、埃及、以色列、伊朗、新西兰、澳大利亚、加拿大、美国和墨西哥等。

（5）利用　胡瓜新小绥螨是目前在生物防治中应用较为成功的捕食性天敌之一，在荷兰、英国和法国等地，通过人工繁殖而大量广泛应用于防治温室大棚黄瓜、辣椒等蔬菜和花卉上的蓟马。我国复旦大学曾在 20 世纪 80 年代从荷兰引进胡瓜新小绥螨，用于防治温室蓟马。1996 年福建省农业科学院张艳璇研究员通过国家引智项目引进胡瓜新小绥螨，1997 年成功地研究出适合我国国情具有自主知识产权的胡瓜新小绥螨人工饲养方法及工艺流程并获得国家发明专利，解决了产品包装、冷藏和运输等技术难题，同时发展并完善了一套以应用胡瓜新小绥螨为主的以螨治螨生物防治技术，1997 年以来已在全国 20 个省市的 500 余个县市的柑橘、棉花、香梨、啤酒花、苹果和毛竹等作物上应用，防治柑橘全爪螨、二斑叶螨、土耳其斯坦叶螨、苹果全爪螨和南京裂爪螨等害螨，成功率较高。胡瓜新小绥螨的工厂化生产，为其他捕食螨在中国的开发应用指明了方向。

10.1.3.11　尼氏真绥螨

尼氏真绥螨 [*Euseius nicholsi* （Ehara et Lee）] 的形态特征见图 10 - 14。

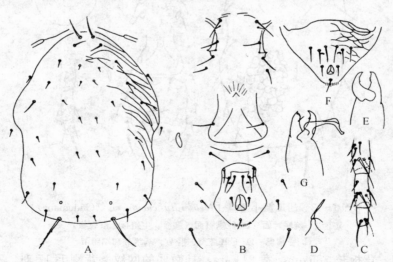

图 10 - 14　尼氏真绥螨 [*Euseius nicholsi* （Ehara et Lee）]
A. 背面　B. 雌螨腹面　C. 足Ⅳ膝节、胫节、基跗节　D. 受精囊
E. 螯肢　F. 雄腹肛板　G. 导精趾

（1）雄螨　背板长 $265\sim270\,\mu m$，宽 $212\sim220\,\mu m$。亚侧毛 2 对，生于背板上。腹肛板盾形，具网纹，前缘中央凸出，前缘两侧呈尖锐角状。肛前毛 3 对，后 2 对近前排列在同一线上，其间具肛前孔 1 对，新月形。气门沟伸至 j_3 基部。各毛长度，j_1 为 $32.5\,\mu m$，j_4、j_5、

j_6 和 J_2 近等长，为 $12.5\sim15\,\mu m$，j_3 为 $35\,\mu m$，J_5 为 $6.5\,\mu m$，z_2 为 $20\,\mu m$，z_3 为 $21.5\,\mu m$，z_4 为 $37.5\,\mu m$，Z_2 为 $30\,\mu m$，Z_5 为 12 $15\,\mu m$，Z_6 为 12 $15\,\mu m$，s_4 为 $22.5\,\mu m$，s_6 为 $25\,\mu m$，S_2 为 $32.5\,\mu m$，S_4 为 $52.5\,\mu m$，r_3 为 $15\,\mu m$，R_1 为 $13.5\,\mu m$。

（2）雌螨　背板长 $365\sim381\,\mu m$，宽 $265\sim282\,\mu m$，侧缘具细线纹或网纹。背毛 17 对，背中毛 6 对，侧毛 9 对，中毛 2 对。亚侧毛 2 对，生于盾间膜上。S_4 长且较粗，毛近顶端具小齿；除 S_4 外，其余背毛以 j_1 显著较长或与 z_4 等长，均光滑。气门沟仅伸达足 I 基节。胸板具胸毛 3 对；胸后板极细小，胸后毛 1 对。生殖板宽于腹肛板，具生殖毛 1 对。腹肛板略似卵圆形，长大于宽，最宽处近为肛门水平位置。肛前毛 3 对，呈弯曲的二横列：前列 1 对，后列 2 对；第一对和第三对生于骨化程度较强的腹肛板前部。新月形肛前孔 1 对。4 对腹侧毛生于腹肛板四周盾间膜上。足后板 1 对，前端呈钩状。螯肢定趾 4 齿，动趾 1 齿。足 IV 膝节、胫节和基跗节各具巨毛 1 根，长度依次为 $52\,\mu m$、$35\,\mu m$ 和 $65\,\mu m$。各毛长度，j_1 为 $32.5\,\mu m$，j_3 为 $30\,\mu m$，j_4 为 $12.5\,\mu m$，j_5 为 $10\,\mu m$，j_6 为 $14\,\mu m$，J_2 为 $15\,\mu m$，J_5 为 $5\,\mu m$，z_2 为 $20\,\mu m$，z_3 为 $22.5\,\mu m$，z_4 为 $32.5\,\mu m$，Z_2 为 $27.5\,\mu m$，Z_5 为 $12.5\,\mu m$，Z_6 为 $15\,\mu m$，s_4 为 $22.5\,\mu m$，s_6 为 $22.5\,\mu m$，S_2 为 $30\,\mu m$，S_4 为 $65\,\mu m$，r_3 为 $16\,\mu m$，R_1 为 $16\,\mu m$。

（3）猎物　尼氏真绥螨的猎物为柑橘全爪螨、柑橘始叶螨和侧多食跗线螨等。

（4）栖境　尼氏真绥螨的栖境为柑橘、茶、枣、桃、李、荔枝、龙眼、柚、青冈、女贞、苏麻、楝树、蓖麻、陆英等多年生植物，以及丝瓜、紫苏、藿香蓟、薄荷、艾蒿和辣椒等一年生植物。

（5）分布　尼氏真绥螨在我国分布于江苏、福建、江西、湖北、湖南、广东、广西、海南、四川、贵州、云南和香港（模式产地），在国外分布于泰国。

（6）利用　尼氏真绥螨发育历期短，繁殖速度快，雌成螨寿命长，捕食范围广，食量大，在我国分布较广且是贵州省柑橘园叶螨天敌的优势种。据郅军锐（1994）报道，尼氏真绥螨对柑橘始叶螨幼螨的捕食量最大，因此应在柑橘始叶螨幼螨盛发期进行释放。陈文龙（1994，1996）报道，在草莓大棚内释放尼氏真绥螨能较好地防治朱砂叶螨和二斑叶螨。尼氏真绥螨有残杀性，根据周建华（2004）调查，套种绿肥、萝卜、蓖麻、茶树的橘园，该螨种群数量趋于平稳。王朝海（2004）报道，通过引移释放尼氏真绥螨，保护利用橘园天敌，生物防治与化学防治的协调管理等措施的应用，对柑橘叶螨防治的年均施药次数从 6.23 次减少到 1.94 次，防治用工减少 54.07%，防治费用减少 77.78%，柑橘产量提高 1 568.4 kg/hm²，新增投入产出比达 1∶10.97。

10.1.3.12　卵圆真绥螨

卵圆真绥螨［*Euseius ovalis*（Evans）］的形态特征见图 10-15。

（1）雄螨　背板长 $280\,\mu m$，宽 $210\,\mu m$，亚侧毛 r_3 和 R_1 在背板上。腹肛板盾形，前半部具微弱的网纹，肛前毛 3 对，星形肛前孔 1 对。导精趾呈倒 L 形。各毛长度，j_1 为 $27\,\mu m$，j_3 为 $15\,\mu m$，j_4 为 $6\,\mu m$，j_5 为 $6\,\mu m$，j_6 为 $6\,\mu m$，J_2 为 $10\,\mu m$，J_5 为 $5\,\mu m$，z_2 为 $9\,\mu m$，z_4 为 $10\,\mu m$，z_5 为 $6\,\mu m$，Z_1 为 $19\,\mu m$，Z_4 为 $10\,\mu m$，Z_5 为 $46\,\mu m$，s_4 为 $13\,\mu m$，S_2 为 $12\,\mu m$，S_4 为 $14\,\mu m$，S_5 为 $11\,\mu m$，r_3 为 $12\,\mu m$，R_1 为 $10\,\mu m$。

（2）雌螨　背板长 $360\,\mu m$，宽 $260\,\mu m$，前侧缘具微弱的线纹。背刚毛 17 对，前侧毛 4 对。Z_5 毛较粗长，具微刺，j_1 毛次长，其余毛短小。生殖板后缘宽 $106\,\mu m$，远宽于腹肛板。腹肛板长 $114\,\mu m$，宽 $81\,\mu m$，近卵圆形。肛前毛 3 对，排成二横列，后两对几乎在一条线

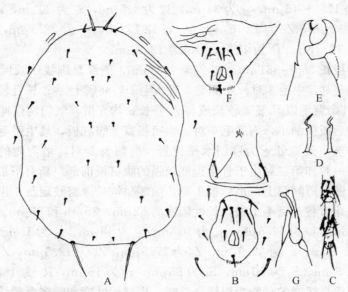

图 10-15　卵圆真绥蟎［*Euseius ovalis*（Evans）］
A. 背面　B. 雌蟎腹面　C. 足Ⅳ膝节、胫节、基跗节　D. 受精囊
E. 螯肢　F. 雄腹肛板　G. 导精趾

上。螯肢较小，定趾长 28 μm，4～5 齿；动趾长 26 μm，1 齿。受精囊颈细长 22 μm。气门沟伸至稍超过 z_2。足Ⅳ膝节、胫节和基跗节各具巨毛 1 根。各毛长度，j_1 为 38 μm，j_3 为 16 μm，j_4 为 7 μm，j_5 为 7 μm，j_6 为 10 μm，J_2 为 14 μm，J_5 为 9～10 μm，z_2 为 14 μm，z_4 为 14 μm，z_5 为 10 μm，Z_1 为 12～14 μm，Z_4 为 12～13 μm，Z_5 为 69～72 μm，s_4 为 17 μm，S_2 为 17 μm，S_4 为 17 μm，S_5 为 17 μm，r_3 为 14 μm，R_1 为 14 μm。

（3）猎物　卵圆真绥蟎的猎物为柑橘全爪蟎等果树叶蟎。

（4）栖境　卵圆真绥蟎的栖境为柑橘、梨、桃、荔枝、龙眼、西瓜、羊蹄甲、橡胶、蓖麻、苦楝、油桐、桑、女贞和大叶相思等。

（5）分布　卵圆真绥蟎在我国分布于江苏、浙江、福建、江西、湖南、广东、广西、海南、贵州、云南、香港和台湾，在国外分布于日本、印度、菲律宾、毛里求斯、澳大利亚、新西兰、巴布亚新几内亚、斐济、美国（夏威夷）、墨西哥和马来西亚（模式产地）。

（6）利用　卵圆真绥蟎是我国南方果树上常见种，以花粉为饲料，容易人工大量繁殖。它在荔枝树上频繁取食荔枝瘿蟎，也捕食其他害蟎，是控制荔枝瘿蟎的优势种（吴伟南等，2009）。台湾还发现，它是控制神泽叶蟎的优势天敌种。

10.1.3.13　芬兰真绥蟎

芬兰真绥蟎［*Euseius finlandicus*（Oudemans）］的形态特征见图 10-16。

（1）雄蟎　背板长 250 μm，宽 195 μm，亚侧毛 2 对，在背板上。腹肛板前半部具网纹，肛前毛 3 对，也排列成弯曲的二横列。导精趾呈倒 L 形。各毛长度，J_5 为 5 μm，Z_5 为 44 μm，s_4 为 37 μm，其余各毛长度为 14～28 μm。

（2）雌蟎　背板长 310～350 μm，宽 212～224 μm，光滑仅侧缘有线纹。背刚毛 17 对，Z_5 毛最长，有微刺，j_1 毛次之，J_5 毛微小，其余各毛长 15～30 μm。腹肛板卵圆形，肛前毛 3 对，排列成弯曲的二横列。螯肢较小，定趾 4 齿，动趾 1 齿。J_5 长为 8 μm，Z_5 长为

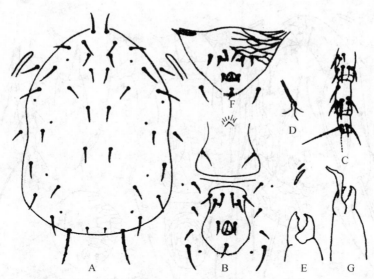

图 10-16　芬兰真绥螨 ［*Euseius finlandicus* （Oudemans）］

A. 背面　B. 雌螨腹面　C. 足Ⅳ膝节、胫节和基跗节　D. 受精囊
E. 螯肢　F. 雄腹肛板　G. 导精趾

$50\sim58\,\mu m$，s_4 长为 $30\sim35\,\mu m$。

（3）若螨　足 4 对（幼螨蜕皮增加第四对足），第一若螨背板 2 块，腹部较圆，第二若螨的愈合为 1 块，雄若螨变化较小，雌若螨腹部椭圆，近似成螨。

（4）猎物　芬兰真绥螨的猎物为山楂叶螨、二斑叶螨、苹果全爪螨、针叶小爪螨和瘿螨等。

（5）栖境　芬兰真绥螨的栖境为苹果、桃、核桃、李、山楂、杏、栎、椿树、海棠、桦树、木槿、榆、栾树、山荆子和二球悬铃木。

（6）分布　芬兰真绥螨在我国分布于河北、江苏、山东、陕西和甘肃，在国外分布于印度、日本、韩国、加拿大和芬兰（模式产地）等。

（7）利用　芬兰真绥螨是针叶小爪螨的优势天敌之一，其分布广，田间种群数量大，食性广，捕食效能高，生活周期短，年世代数多，雌虫比例高，繁殖力强，抗逆性强，是板栗产区宝贵的天敌资源。田间建立种群后，能长期抑制叶螨的大发生，作用持久，并能大大减少农药投资。随着害螨抗性的增强和农药污染问题的日益严重，芬兰真绥螨在害螨的综合治理中将发挥越来越大的作用，显示出广阔的应用前景（关秀敏，2002）。

10.1.3.14　智利小植绥螨

智利小植绥螨（*Phytoseiulus persimilis* Athias-Henriot）的形态特征见图 10-17。

（1）雄螨　背板长 $310\,\mu m$，宽 $206\,\mu m$，亚侧毛 r_3 与 R_1 在背板上。腹肛板具网纹，肛前毛 3 对，圆形的肛前孔 1 对，位于 JV_2 毛的内侧下方。各毛长度，j_1 为 $24\,\mu m$，j_3 为 $38\,\mu m$，j_4 为 $45\,\mu m$，j_5 为 $62\,\mu m$，j_6 为 $124\,\mu m$，J_5 为 $5\,\mu m$，z_2 为 $7\,\mu m$，z_4 为 $52\,\mu m$，z_5 为 $7\,\mu m$，Z_1 为 $83\,\mu m$，Z_5 为 $96\,\mu m$，s_4 为 $141\,\mu m$，S_4 为 $103\,\mu m$，S_5 为 $24\,\mu m$，r_3 为 $24\,\mu m$，R_1 为 $24\,\mu m$。

（2）雌螨　背板长 $330\sim347\,\mu m$，宽 $206\sim213\,\mu m$，活体橙红色。背板侧缘具网纹，后背板具颗粒状网纹。背刚毛 14 对，j_1、z_2、z_5、S_5 和 J_5 较短，光滑外，其余各毛较长或很

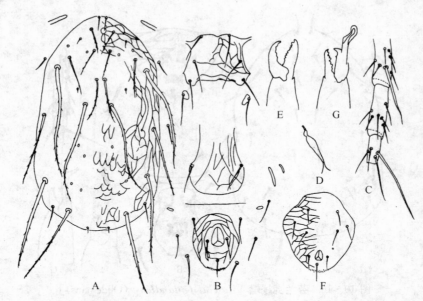

图 10-17　智利小植绥螨（*Phytoseiulus persimilis* Athias-Henriot）

A. 背面　B. 雌螨腹面　C. 足Ⅳ膝节、胫节和基跗节　D. 受精囊

E. 螯肢　F. 雄腹肛板　G. 导精趾

长，具微刺。胸板具网纹，胸毛 3 对，胸板后缘具 2～3 各齿状突。腹肛板近圆形，无肛前毛。螯肢定趾 8～9 齿，动趾 3 齿。受精囊管状，颈中部收缩，近囊部张开。足Ⅳ具巨毛 3 根。各毛长度，j_1 为 24～28 μm，j_3 为 38～41 μm，j_4 为 45～48 μm，j_5 为 62 μm，j_6 为 113～115 μm，J_5 为 5 μm，z_2 为 10～14 μm，z_4 为 52～58 μm，z_5 为 10 μm，Z_1 为 107～117 μm，Z_5 为 117～125 μm，s_4 为 125～128 μm，S_4 为 134～141 μm，S_5 为 21 μm，r_3 为 24～28 μm，R_1 为 24～28 μm。

（3）猎物　智利小植绥螨的猎物为二斑叶螨、朱砂叶螨、截形叶螨、皮氏叶螨和神泽叶螨等。

（4）栖境　智利小植绥螨的栖境为大豆、黄瓜、桃和草莓等

（5）分布　智利小植绥螨分布于智利、利比亚、突尼斯、意大利、法国（南部）、澳大利亚和阿尔及利亚（模式产地）。

（6）利用　自 Athias 和 Henriot（1957）发现智利小植绥螨具有突出的控制叶螨的能力以来，20 世纪 60 年代在温室作物上实施了用智利小植绥螨防治二斑叶螨的项目，美国加利福尼亚州也利用智利小植绥螨防治二斑叶螨，并且又将其推广到澳大利亚、新西兰、以色列及南非等国家。智利小植绥螨是世界上各大生物防治公司的主要产品，荷兰 60% 的温室，英国 75% 的温室，芬兰、瑞典和丹麦 70%～75% 的温室使用智利小植绥螨进行生物防治。加拿大和俄罗斯对危害温室黄瓜、辣椒、草莓和一些观赏植物上的叶螨（特别是二斑叶螨）进行生物防治。我国自 1975 年起先后从瑞典、澳大利亚引入智利小植绥螨，在释放防治花卉上的二斑叶螨（董慧芳，1985、1986）、芸豆上的神泽叶螨（陈凤英，1991）和露天草莓园的神泽叶螨（张艳璇等，1996）上均获成功。不过，到目前为止，利用智利小植绥螨防治害螨成功的例子仅限于叶螨属的种类，用植物花粉、蜂蜜和鱼粉为饲料繁殖本种都未获成功。因此，在大量饲养本种时，只要用当地易于采集的叶螨属种类就可以了。

10.1.3.15 西方静走螨

西方静走螨［*Galendromus occidentalis*（Nesbitt）］的形态特征见图10-18。国内过去一直称该螨为西方盲走螨（*Typhlodromus occidentalis* Nesbitt）。

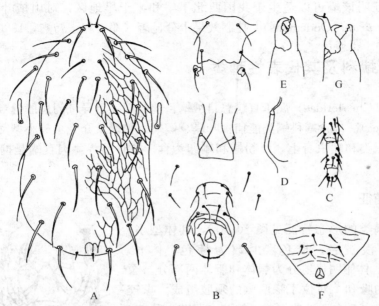

图10-18 西方静走螨［*Galendromus occidentalis*（Nesbitt）］
A. 背面 B. 雌螨腹面 C. 足Ⅳ膝节、胫节和基跗节 D. 受精囊
E. 螯肢 F. 雄腹肛板 G. 导精趾

（1）雄螨 背板长 279 μm，宽 162 μm，r_3 与 R_1 在背板上，肛前毛3对，导精趾呈倒L形。各毛长度，j_1 为 19 μm，j_3 为 52 μm，j_4 为 38 μm，j_5 为 48 μm，j_6 为 59 μm，J_2 为 59 μm，J_5 为 10 μm，z_2 为 45 μm，z_3 为 45 μm，z_4 为 55 μm，z_5 为 48 μm，Z_4 为 55 μm，Z_5 为 55 μm，s_4 为 59 μm，s_6 为 62 μm，S_2 为 62 μm，S_3 为 48 μm，r_3 为 38 μm。

（2）雌螨 背板长 329～332 μm，宽 172～179 μm，具网纹，背刚毛17对，其中前侧毛6对，后侧毛3对（S_2、S_5 和 Z_5）、亚侧毛仅1对（r_3）。除 j_3 毛和 J_5 毛短外，其余各毛较长，其长度超过两毛之间的距离。胸板具胸毛2对，第三对胸毛和胸后毛在小骨板上，腹肛板长大于宽，肛前毛3～4对，3对较长的毛在腹肛板两侧的盾间膜上。受精囊颈长管状。气门沟很短，伸至 s_4 基部水平位置。足Ⅳ膝节、胫节和基跗节无明显的巨毛。各毛长度，j_1 为21 μm，j_3 为 55～59 μm，j_4 为 34～38 μm，j_5 为 41～52 μm，j_6 为 59～65 μm，J_2 为 59～65 μm，J_5 为 10 μm，z_2 为 55～62 μm，z_3 为 52 μm，z_4 为 52～59 μm，z_5 为 45～52 μm，Z_4 为 59 μm，Z_5 为 52～62 μm，s_4 为 62～65 μm，s_6 为 65～72 μm，S_2 为 65～69 μm，S_5 为 59～62 μm，r_3 为 45 μm。

（3）猎物 西方静走螨的猎物为苹果叶螨、李始叶螨、山楂叶螨、朱砂叶螨和二斑叶螨等。

（4）栖境 西方静走螨的栖境为苹果、葡萄、棉花、草莓和落叶松等。

（5）分布 西方静走螨分布于加拿大（模式产地）和北美西部。

（6）利用 西方静走螨是苹果叶螨的有效天敌。在美国华盛顿州防治苹果害螨取得成功后引起许多国家重视。澳大利亚和新西兰相继引入西方静走螨,在控制二斑叶螨方面获得极大成功,被认为是作物害虫综合防治中利用植绥螨防治害螨的成功范例。1981 年,我国从美国和澳大利亚引进该种,1983—1990 年对其的食性、区域适应性及控制苹果叶螨的效果进行了研究,证明该螨可以适生于我国西北干旱和半干旱地区,对山楂叶螨和李始叶螨[*Eotetranychus pruni*(Oudemans)]控制效果十分显著(邓雄和张乃鑫,1990)。

10.2 肉食螨科及其代表性种类

肉食螨科(Cheyletidae)属于真螨总目绒螨目前气门亚目异气门总股缝颚螨股肉食螨总科(Cheyletoidea)。肉食螨科螨类能捕食叶螨、瘿螨、粉螨及介壳虫等小型动物,有些种类生活在鸟类、鼠类和爬虫身上,以粉螨和螨卵为食。在自然界,肉食螨是抑制害螨种群的因子。

10.2.1 形态特征

肉食螨科螨类的形态特征见图 10 - 19,其体型小,体色为白色、浅黄色、橙色,少数为棕色。体长200~1 600 μm。体躯明显地分为颚体和躯体两部分。颚体由中央部分的喙和 1 对位于喙两侧的须肢组成。喙较大,管状。须肢由 5 个活动节组成:转节、股节、膝节、胫节和跗节。须肢末端具爪,称为胫爪,爪内面有小齿,齿的数目是分类依据之一;跗节上常有 1~2 根梳状毛。螯肢基愈合成螯板(针鞘),动趾短针状。躯体通常菱形,少数卵圆形,包括前足体、后足体和末体。躯体背板常有 1~2 块板(盾片),板上有细致刻点,而其余部分有细致且有规则的条纹。前背板常为梯形,有前侧毛3 对,后侧毛 1~2 对;后背板常狭长,有 3~6 对刚毛。在前后背板间有 1 对肩毛(h),肩毛的长短和形状为分类的依据。足由 5 个活动节组成:转节、股节、膝节、胫节和跗节。基节已与腹面表皮愈合,不能活动。

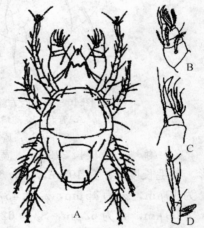

图 10 - 19 肉食螨科(Cheyletidae)
马六甲肉食螨
(*Cheyletus malaccensis*)

A. 雌螨背面观 B~C. 须肢 D. 跗节 Ⅰ
(仿夏斌,2004;叶蓉等,1996)

10.2.2 生物学特性

肉食螨的生活史通常可分为卵、幼螨、前若螨、后若螨和成螨 5 个时期。通常在进入前若螨、后若螨和成螨之前各有一短暂的静止期。普遍发生孤雌生殖现象。肉食螨的生长发育温度范围为 8~32 ℃,在 31.5 ℃时肉食螨的寿命为 10 d,在 9.4 ℃时的寿命为 84 d。在最适温度 17~23 ℃和最适相对湿度 85%~100%的条件下,肉食螨的平均寿命一般为 1~2 个月左右。肉食螨为节肢动物的捕食者和节肢动物与脊椎动物的寄生物。捕食种类以螨类和幼小的昆虫等为食,食物不足时会自相残杀。从幼螨到成螨的食量逐渐增加,雌螨食量大大超过雄螨。它们生活在储藏物中、植物叶或树皮上、地面枯枝落叶及动物巢穴中,其中有些种类对害虫具有自然控制作用。

10.2.3 利用情况或潜力

肉食螨是一类捕食性螨，能捕食叶螨、粉螨、瘿螨及介壳虫等小型动物，被认为是可用于生物防治目的的有益螨类，是世界性分布的类群。国外学者在20世纪初就开展了肉食螨生态利用方面的研究，我国对肉食螨生态有关研究少见报道。Zaher（1981）对螯颊螨［*Cheletogenes ornatus*（Canestrini et Fanzago）］捕食二斑叶螨进行了研究；Mohamed（1982）对肉食螨（*Cheyletus cacahuamilpensis* Baker et Storchia）捕食细须螨做了研究，发现一头雌成螨一个历期平均可以捕食143.2头猎物，一头雄螨可捕食63.6头。Shepard（1939）研究了肉食螨发生率对粉螨捕食的影响，得出肉食螨高发季节对粉螨捕食效果明显。Burett（1977）发现普通肉食螨［*Cheyletus eruditus*（Schrank）］对粗脚粉螨（*Acarus siro* Linnaeus）数量的控制起着决定性作用。Cebolla等（2009）对马六甲肉食螨（*Cheyletus malaccensis* Oudemans）的食性进行研究，发现其为寡食性捕食螨，对害螨类控制作用明显，尤其对椭圆食粉螨（*Aleuroglyphus ovatus* Troupeau）和害嗜鳞螨［*Lepidoglyphus destructor*（Schrank）］作用效果显著。我国张艳璇等（1997）对马六甲肉食螨与害嗜鳞螨的捕食关系进行了研究。

10.2.4 代表种简述

马六甲肉食螨（*Cheyletus malaccensis* Oudemans）是肉食螨科螨类的代表。

雌螨躯体长约650μm，颚体较大，约为躯体长度的0.55倍。须肢股节外缘凸，宽度与长度相等，胫节爪基部通常有一个呈两叶状的齿，外梳毛比爪长，有齿15个，内梳毛有齿25～30个。气门沟M形。前背板大，几乎覆盖前半体，宽为长的1.2倍，前背板上有4对栉状边缘毛；腰毛与前背板后缘几乎位于同一水平。肩毛长矛状，明显长于被毛。跗节I感棒相对粗短，基部扩大，无支持毛。

马六甲肉食螨可在储藏的稻谷、大米、小麦中发现。它能捕食粉螨，每个成螨1昼夜能捕食粉螨10头左右，整个胚后发育期能捕食100多头。一头雌螨最多能产卵73个，产卵期持续6d。雌螨产卵后常守伏在卵堆上面加以保护。此螨目前在我国分布于四川、上海、北京和东北等地。

10.3 长须螨科及其代表性种类

长须螨科（Stigmaeidae），属于真螨总目绒螨目前气门亚目异气门总股缝颚螨股缝颚螨总科（Raphignathoidea）。长须螨多生活在苔藓、地衣、地面的枯枝落叶或土壤中，但某些种类生活于植物上，可以捕食叶螨科、镰螯螨科和跗线螨科等植食性螨类，其中神蕊螨属（*Agistemus*）和寻螨属（*Zetzellia*）的种类是叶螨、瘿螨和细须螨常见的捕食者，其在生物防治中的作用仅次于植绥螨。如苹果寻螨［*Zetzellia mali*（Ewing）］在北美洲、欧洲和以色列取食果园中几种叶螨，是一种有益的螨类。神蕊螨属（*Agistemus*）以及中侧螨属（*Mediolata*）的几种螨类在世界各地也捕食叶螨和其他节肢动物。长须螨科中两个最大的属分别是长须螨属（*Stigmaeus*）和真长须螨属（*Eustigmaeus*）。

10.3.1 形态特征

长须螨科的形态特征见图 10 - 20。该螨
类体型微小，体长 200～500 μm。体色多呈黄
色、橙色或红色。体壁柔软，具不同形状和
数目的背板。螯肢基部通常愈合，螯肢动趾
呈细针状。须肢有拇爪复合体，无梳状毛，
胫节爪发达，胫节和跗节约等长，跗节有一
末端为三齿状感毛。气门沟发达，从螯肢基
部可延伸至足Ⅱ基节。前足体有眼或缺，体表
骨化，背面无冠脊，背板数目多样，前背板
上盅毛（trichobothria）毛状，后背板上无覆
瓦状背片。足Ⅰ、足Ⅱ基节与足Ⅲ、足Ⅳ基节呈
两组分开，足膝节无特长毛（elongate seta）。

10.3.2 生物学特性

长须螨的生活史包括卵、幼螨、第一若
螨、第二若螨和成螨 5 个阶段。长须满的生长
发育受温度和食物的影响，最适温度为 24～
25℃，最佳食物为猎物卵。Zaher 等（1971）
报道，具瘤神蕊螨（*Agistemus exsertus*
González - Rodríguez）在夏季平均发育历期
为 10.9 d，产卵率为 4.7 粒/d；在冬天平均发
育历期为 43.7 d，产卵率为 1.1 粒/d。该螨以
叶螨卵为饲料时，成虫寿命为 28～30 d，总产

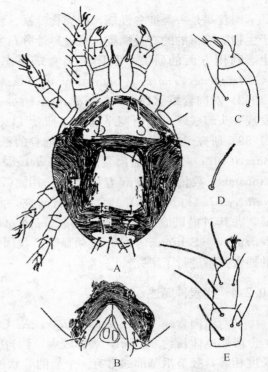

图 10 - 20　长须螨科（Stigmaeidae）
花溪寻螨（*Z. huaxiensis*）
A. 雌螨背面　B. 末体腹面
C. 须肢　D. be 毛　E. 足Ⅰ跗节
（仿胡成业，1996）

卵量为 80～81 粒；而以其他虫态叶螨为饲料，成螨寿命为 18 d，总产卵量为 33～40 粒。苹
果寻螨在 18～20℃，相对湿度 56％时完成一代平均需 21.0 d。苹果寻螨在最适发育温度
24℃下，产卵前期和产卵期分别为 1.5 d 和 9.4 d，雌螨每天产卵 1.7 粒。

10.3.3 利用情况或潜力

国外对于长须螨的研究始于 19 世纪上半叶，我国长须螨的研究工作始于 20 世纪 80 年
代初。目前开展比较多的是有关长须螨的分类工作，截止到 2009 年，全世界共有长须螨 30
属 300 多种，在我国记载的有 8 属 44 种。有关利用长须螨进行害虫防治的研究也较少。其
中，已经报道的具有害虫生物防治潜力的长须螨分别是苹果寻螨、细毛神蕊螨［*Agistemus
terminalis*（Quayle）］和具瘤神蕊螨。

苹果寻螨在我国分布于辽宁、山东和山西等苹果产区，在国外分布于欧洲、美国和
加拿大等地，主要生活在苹果、梨等蔷薇科果树上，取食山楂叶螨和苹果全爪螨的卵。
该螨还可以捕食苜蓿苔螨（*Bryobia praetiosa* Koch）的卵以及镰螯螨和甲螨，一般在管理
水平较低的苹果园及梨园易于发现。细毛神蕊螨在我国分布于广东和江西等柑橘产区，

在国外分布于日本、印度、美国和墨西哥等地，主要生活在柑橘、橡胶和温室观赏植物等作物上，取食柑橘全爪螨、六点始叶螨 [*Eotetranychus sexmaculatus* (Riley)] 和其他叶螨的卵。具瘤神蕊螨不仅可以捕食柑橘上的植食性螨，还可以捕食蚜虫、介壳虫、粉虱的若虫和取食蜜露。每头雌螨一生可以捕食柑橘全爪螨的卵及幼螨 53~379 个（头），平均 179.3 个（头）。

10.3.4　代表种简述

这里介绍具瘤神蕊螨（*Agistemus exsertus* González – Rodríguez）。

成螨背部有明显的瘤状突起，体色呈红色，卵圆形。雌螨体长 354 μm，背板无网纹。颚体底部着生 2 对刚毛；须肢跗节荆毛端部为三叉状；背板无网纹，前足体板后缘中部向内凹；眼后体发达，分成 2 个部分，大的部分直径约为眼径的 3 倍。背毛 12 对，粗壮，具细齿，着生在突出的结节上。腹部末端着生有殖肛区以及 3 对腹毛，腹毛均具细齿。殖肛区着生肛毛 3 对（ps_1、ps_2、ps_3）均具细齿；侧殖毛 2 对（ag_1、ag_2）；生殖毛 1 对 g_1，较肛毛光滑，无细齿。足的毛序为：基节 2-1-2-2；转节 1-1-1-1；股节 5-4-2-2；膝节 3-1-0-0；胫节 5-5-5-5；跗节 12-9-7-7。除了跗节Ⅳ没有感棒以外，跗节Ⅰ至跗节Ⅲ都具 1 个感棒。卵圆形，橙红色。幼螨近圆形，橙黄色至橙红色，足 3 对。若螨较成螨略小，尾部尖削，足 4 对，橙红色。

该螨具有明显的兼食性，除了能捕食叶螨、瘿螨、粉螨、跗线螨等螨类外，还能捕食蚜虫、介壳虫、粉虱等小型昆虫。在 24~28 ℃时，以柑橘全爪螨的卵为猎物完成 1 代需 11~13 d，产卵量 11~68 粒，平均 34.1 粒，1 只具瘤神蕊螨一生可捕食柑橘全爪螨卵和若螨 179.3 只。交配行为会影响具瘤神蕊螨的生殖力，多次交配的雌成螨比只交配 1 次的生殖力强，在产卵量和后代性比上有显著的差异。具瘤神蕊螨可以进行孤雌生殖。具瘤神蕊螨在室内 1 年有 21 代，夏季 8 代、秋季 5 代、冬季 2 代、春季 6 代，温度升高能促进具瘤神蕊螨的发育和产卵。当猎物缺乏时会自相残杀，但猎物足够多时自相残杀不明显，如在一些较少施药的果园中，具瘤神蕊螨的种群数量极为丰富，在一片橙叶上具瘤神蕊螨最多时可达 48 头。

在自然条件下的柑橘园中，具瘤神蕊螨周年可见，冬季的种群数量很低，但它对低温有较强适应力，在每年 2 月下旬至 3 月上旬就能开始活动，在柑橘开花前后就已成为天敌的优势种，5~10 月种群数量能稳定地增加，夏季则常躲在粉虱的空壳中，冬季该螨在蜘蛛网、卷叶、粉虱的空壳、树皮等处越冬。不同猎物密度会影响具瘤神蕊螨的捕食作用，猎物密度过多或过少均会影响它的日捕食量。

10.4　绒螨科及其代表性种类

绒螨科（Trombidiidae），属于真螨总目绒螨目前气门亚目大赤螨总股寄殖螨股绒螨亚股绒螨总科（Trombidioidea）。绒螨科的幼螨寄生于节肢动物体上，成螨和若螨捕食叶螨和蚜虫等，如寄生于蝗虫的三角真绒螨 [*Eutrombidium trigonum* (Hermann)，俗称红蝗螨]、寄生于蚜虫的蚜异绒螨 [*Allothrombium aphids* (Geer)]、寄生于苜蓿象甲 [*Hypera postica* (Gyllenhal)] 的肥绒螨（*Trombidium hyperi* Vercammen – Grandjean）和亮绒螨（*T. auroraense* Vercammen - Grandjean）等，它们对害虫都有一定的控制作用。

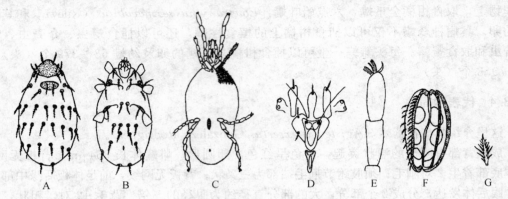

图 10-21　绒螨科（Trombidiidae）（卵形异绒螨 *A. ovatum*）

A、B. 幼螨的背面和腹面　C. 雌成螨腹面　D. 冠脊　E. 足Ⅰ末端

F. 生殖孔　G. 背毛

10.4.1　形态特征

　　绒螨科的形态特征见图 10-21。属大型螨类，体长可达 16 000 μm。红色。成螨和若螨躯体、须肢和足上被有绒状密毛。前足体背前有骨化很强的冠脊（crista metepica）。盅毛（trichobothria）1 对，起于冠脊前部或中部的感区（sensillary area）两侧。冠脊的外侧各有眼两对，着生于一对眼柄上。躯体腹面的生殖孔有生殖吸盘（genital acetabula）2 对或 3 对和刚瓣 2 对。须肢 5 节，胫节有端爪，与跗节成拇爪复合体。气门沟开口于螯肢内侧。幼螨异形，前足体背面有盾板，板上有盅毛 1 对和刚毛 2 对或 3 对。盾板后有小盾板 1 块，其上有刚毛 2 根。足Ⅰ和足Ⅱ的基节相连，其间有拟气门（urstigmata）。足Ⅰ股节有刚毛 5 根。末体腹面有肛门。

10.4.2　生物学特性

　　绒螨科螨类常 1 年发生 1 代。雌雄螨每年秋季成熟。成螨在土或地表杂质中越冬，或产卵越冬。幼螨春夏寄生于昆虫和其他节肢动物体上。1～2 周后离开寄主，到土内转化为静止不动的第一若螨。自由生活的第二若螨夏天出现于土表和植物上，捕食小型节肢动物。第三若螨在土内静止不动。成螨秋季出现，捕食小型节肢动物。其生活史如图 10-22 和表 10-1 所示。

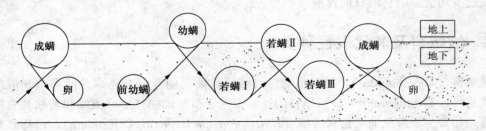

图 10-22　卵形异绒螨的生活史图示

（仿张慧杰等，1997）

表 10 - 1　卵形异绒螨的生活史

(引自张慧杰等，1997)

发育期	时间	个体发育期（d）
卵	上年 9 月上中旬至翌年 4 月中下旬	220.8
前幼螨	4 月中下旬至 5 月上、中旬	19.5
幼螨	5 月下旬至 6 月上旬	22.0
若螨Ⅰ	6 月上旬至 6 月中旬	12.0
若螨Ⅱ	6 月中旬至 6 月下旬	13.0
若螨Ⅲ	6 月下旬至 7 月上旬	13.0
成螨	7 月中旬至 12 月中下旬	59.0

注：表中的数据为年平均温度为 13.7℃下的发育历期。

10.4.3　利用情况或潜力

关于绒螨科中异绒螨的生物学研究较多。其中具有代表性的是小枕异绒螨（*Allo-thrombium pulvinum* Ewing）和卵形异绒螨（*A. ovatum* Zhang et Xin）。据报道，这两异绒螨螨对棉花上的棉蚜（*Aphis gossypii* Glover）均有控制作用（张智强，1988；张智强和忻介六，1989；张慧杰等，1997；段国琪等，2007；杨子山等，2008）。小枕异绒螨还对棉花上的二斑叶螨具有一定的捕食作用，研究发现当百株异绒螨 40 头以上，就能有效控制二斑叶螨危害（陈佩龙等，1981；张智强和忻介六，1989）。这两种螨都具有生物防治开发潜力。

10.4.4　代表种简述

这里介绍卵形异绒螨（*Allothrombium ovatum* Zhang et Xin）。

雌成螨体长 2 646 μm。最宽处位于第一对足和第二对足基节与第三对足和第四对足基节间约 2/3 处，宽度为 1 494 μm；最窄处在与第三对足和第四对足基节稍后方，宽为 1 296 μm。前足体背面中央有盾板，盾板前部中央有向前突出的头脊，呈棒状，顶端有多数前伸的细分支状刚毛，盾板后半部有心形的感区，其前部有 2 个未骨化的三角形孔，在其外侧顶角处各有 1 根前伸的感器，感区后部中央有 1 个卵形孔。感区前部刚毛向前伸，两侧刚毛向后伸。盾板后方有一高度骨化的三角形骨片，与感区分离。盾板前部两侧各有 1 侧板，后端超过眼柄基部。颚体由颚基、螯肢和须肢组成。须肢粗壮，由 5 节组成。胫节爪与跗节组成拇爪状复合体。生殖孔位于第三对足和第四对足基节稍后方，有生殖吸盘 3 对。生殖孔两侧有中殖瓣与侧殖瓣各 1 对。

幼螨红色，长椭圆形，体长 362.6 μm。背面背盾板 2 块，前背盾板大，后缘中部具一钝突，具细分支毛 3 对和感毛 1 对。背盾板后有小背板 28 块，每小板上着生 1 细分支毛，前后排列成 6 横列，毛序为：2 - 2 - 8 - 8 - 6 - 2。

卵形异绒螨是我国北方地区棉蚜一种外寄生性天敌。该螨在山西每年发生 1 代，以卵在土壤内越冬。卵形异绒螨为幼期寄生物，幼螨出壳后不久就爬向棉蚜的越冬寄主花椒、夏至草或其他植物上寻觅蚜虫，建立寄生关系。它的蚜虫寄主有棉蚜、麦二叉蚜［*Schizaphis graminum*（Rondani）］、桃蚜［*Myzus persicae*（Sulzer）］、大豆蚜（*Aphis glycines* Matsumura)、萝卜蚜［*Lipaphis erysimi*（Kaltenbach）］和豌豆蚜［*Acyrthosiphon pisum*（Harris）］等。在自然条件下，幼螨对棉蚜的寄生率最高，桃蚜次之，麦二叉蚜最低，寄生率依次为 42.9%、13.1% 和 5.5%。有翅蚜是幼螨在田间扩散的主要载体。

10.5　大赤螨科及其代表性种类

大赤螨科（Anistidae,）属于真螨总目绒螨目前气门亚目大赤螨总股大赤螨股大赤螨总科（Anystoidea）。大赤螨科在地面及落叶层中生活，行动极为敏捷，捕食蚜虫、蓟马及各种害螨等小型节肢动物。

10.5.1　形态特征

大赤螨科的形态特征见图 10 - 23。体型较大，体长 500～1 500 μm，多为淡黄色和橘红色，体柔软。前足体板有或无。前半体和后半体之间无界线。体近圆形，后半部宽于前半部。喙短锥状。螯肢动趾弯曲成钩状，须肢胫节内方有爪 3 个，两跗节很长，位于胫节的腹方末端。螯肢基部气门沟显著，前足体前端有一小丘状突起，其上有刚毛 1 对。足很长，横行排列呈辐射状，足的基节可分为 1～2 个密切相连的群。各足跗节不分节或分为数节，其上有 2 爪，爪可分为梳状、齿状及毛状，并有爪状、刷状或铃状的爪间突。跗节比胫节爪长。无生殖吸盘。前足体无感器。

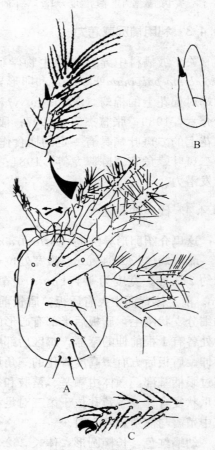

图 10 - 23　大赤螨科（Anistidae）

A. *Bechsteinia* sp. 成螨背面　B. 爪

C. *Anystis* sp. 跗节 I

10.5.2　生物学特性

在美国加利福尼亚州的柑橘园曾发现敏捷大赤螨（*Anystis agilis* Banks）捕食柑橘蓟马和柑橘全爪螨；在加利福尼亚州两年发生 1 代，成为葡萄叶蝉的主要天敌，每天取食若虫 5.6 头。同时每天能消耗二斑叶螨成螨 39 只。当用二斑叶螨饲养时，每只敏捷大赤螨一生食用 872.6 只雌叶螨，每天取食 20～40 只。对该猎物的低龄期则捕食较少。在仅用叶螨饲养时，捕食者变得迟钝并排列成行（Sorensen 等，1976）。取食叶蝉的能育力稍高于以叶螨为食的螨类（32.9 粒对 29.1 粒卵）。也可饮用淡水和植物渗出液。在加拿大不列颠哥伦比亚省，敏捷大赤螨取食苜蓿上各龄期的蚜虫，在当地常与这些害虫在一起（Frazer 和 Nelson，1981）。敏捷大赤螨也是美松针钝喙大蚜［*Schizolachnus piniradiatae*（Davidson）］的重要捕食者，可消灭约 53% 的蚜虫越冬卵（Grobler，1962）。

10.5.3　利用情况或潜力

大赤螨对控制果园植食性螨类的作用，除少数例子外，研究的不多。由于敏捷大赤螨世代历期长，并有自相残杀习性，无法遴选为室内大量饲养的天敌，加之其行为漂浮不定，未能在一个场所内停留足够长的时期，被认为作为有害生物综合治理的作用物是不实际的。但在农业生态系统中有必要应当尽量保存其种群。Muma（1975）曾发现敏捷大赤螨捕食紫牡蛎盾蚧［*Lepidosaphes beckii*（Newman）］的若虫，但不经常。MacPhee 等（1961）认为，敏捷大赤螨对许多杀虫剂十分敏感，仅对二嗪农例外。

10.5.4　代表种简述

（1）圆果大赤螨　圆果大赤螨［*Anystis baccarum*（Linnaeus）］雌螨体长 1 100～1 500 μm，橘红色，体近圆形，后半体后部最宽。须肢胫节内侧有 3 个小棘，前足体背板明显宽于长，有刚毛 3 对。足长，其上有无数长短刚毛，行动很迅速。圆果大赤螨在果园内与杂草和灌木丛中数量较多，可捕食叶螨、蚜虫、介壳虫及小型节肢动物。圆果大赤螨分布于我国以及欧洲、非洲、大洋洲、北美洲、日本等地，能捕食植食性螨类与害虫。当捕食者与猎物起始比例为 1∶30 时，在 2 d 和 5～7 d 内便清除了黑莓和大豆上叶螨的危害，当捕食者与猎物起始比例为 1∶50 时，7 d 内也控制了黑莓上的叶螨（Lange 等，1974）。但是，圆果大赤螨的生殖率较低，使其作为生物防治作用物的影响力较低。近年来，国内对圆果大赤螨进行过一些利用研究，试用于松干蚧的生物防治，有一定效果。

（2）柳大赤螨　柳大赤螨（*A. salicinus* L.）1956 年被从法国南部引入澳大利亚，以防治红足海镰螯螨［*Halotydeus destructor*（Tucker）］，大大降低了该地害螨的种群数量（Wallace，1981）。该螨在南非是红足海镰螯螨和绿圆跳虫（*Sminthurus viridis* L.）的有效捕食者（Meyer 等，1987）。

10.6　赤螨科及其代表性种类

赤螨科（Erythraeidae），属于真螨总目绒螨目前气门亚目大赤螨总股寄殖螨股赤螨亚股赤螨总科。赤螨科的幼螨寄生于直翅目（Orthoptera）、半翅目（Hemiptera）、鳞翅目（Lepidoptera）、膜翅目（Hymenoptera）以及双翅目（Diptera）等重要的农业害虫，而成螨及若螨则捕食蚜虫、介壳虫以及红铃虫、棉铃虫、卷叶虫等害虫的卵；也捕食各种害螨。

10.6.1　形态特征

赤螨科螨类的形态特征见图 10 - 24。

赤螨科的幼螨也和绒螨一样，幼螨与成螨形状非常不同，在现今很多为方便起见作为不同的属加以处理，因此幼螨也有很多的属，是使赤螨的研究复杂的重要原因。但是若不进行饲养，成螨与幼螨是无法合并的。在现阶段把幼螨当作完全不同的属是方便的，也是除此之外没有办法的，但是将来必须统一。所以赤螨的形态也以对幼螨和若螨、成螨分别加以叙述较为方便。

幼螨躯体大小依取食食物的多少而变化，长为 700～1 600 μm，宽为 300～900 μm。卵圆形，多为淡红色，有时呈橘红色。但在酒精中长期保存后则退色，变为乳白色。在寄生昆虫上一般可以看到此种幼螨的大小和颜色。躯体背面前方有背板一块，其后方两侧有单眼 1～2 对。背面及腹面着生多数有分支的刚毛。足 3 对，且较长。躯体向前方突出，有螯肢和须肢各 1 对，螯肢末节极度弯曲成钩状。须肢 5 节，一般在胫节与膝节背面各有刚毛 1 根，胫节的背、侧及腹面也各有刚毛 1 根。胫节末端有爪，爪前端分叉或不分叉。跗节与胫节腹面相联结。一般有轮状纹的距 1 根与长刚毛约 7 根。口下板与螯盔（galae）的前端成

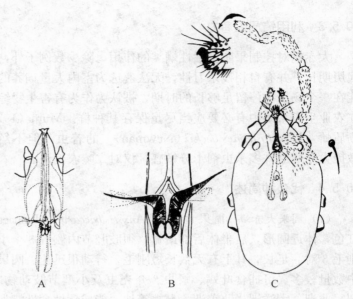

图 10 - 24　赤螨科（Erythraeidae）
A. 颚体和螯肢缩肌　B. 气门结构　C. 背部

吸盘状，包被螯肢。口下板与螯盔均各有刚毛 1～2 对。背板背面有细的横行条纹，也有平滑而多数刻点的。背板的大小与形状，因种类而不同，是鉴别种类的特征。背板一般有分支的侧毛 2～3 对，感毛 2 对。侧毛与背毛相似，而感毛则细，也有不分支的。足 3 对，各基节不相联结。无拟气门。各足基节上的毛序（足基节毛序 coxal setal formula）依各属而异。例如赤螨属（*Erythraeus*）与纤赤螨属（*Leptus*）为 1 - 1 - 1，而小丽赤螨属（*Charletonia*）则为 1 - 2 - 2。足由基节、转节、股节（基股节、端股节）、膝节、胫节及跗节等 6 节构成，足 I 和足 II 膝节、胫节及跗节以及足 III 胫节与跗节均有棘状毛、简单毛及感毛等特殊刚毛，这些毛为分类鉴定特征。跗节有爪 2 个，其中仅其前爪（anterior claw）分支成栉状的，也有两爪均不分支的；也有爪的前端具钩的，这些形态差异为分类特征。爪间突一个，通常长而不分支。

　　成螨与幼螨的大小略相等，形状为稍不规则的卵圆形，躯体多有凹缢。多为红色，也有稍带黑色的。躯体背面中央头背（criata metopica）两侧一般有单眼 1～2 对。背面与腹面密生多数刚毛，此种刚毛有分支的，有羽状的，也有变形为鳞片状的。足 4 对，细长，一般比体还长，适于奔走，爪 1 对。生殖孔与肛孔位于腹方。颚体上有螯肢与须肢各一对，螯肢极细长，前端尖。须肢均为拇爪复合体，很发达，螯肢向上下运动，可缩入体内，结构与幼螨基部相同，稍细长，其上密生细毛。背板与幼螨完全不同，前端为前感觉区，后端为后感觉区，此两区之间有一深沟，由具有坚硬表皮的头背联结。各感觉区一般均有一对感觉毛，而前感觉区除一对感觉之外，尚有分支的或羽状的刚毛一对。

10.6.2　生物学特性

　　赤螨的幼螨多寄生于昆虫与蛛形纲动物；大多数寄生在直翅目、鳞翅目、同翅目、鞘翅目及双翅目的昆虫上。加拿大的 Herne 与 Putman 两人详细研究了普氏多室赤螨（*B.*

putmani Smiley)（1966，1970）；以后 Cadogan 与 Laing（1977，1981）也研究其生活史及饲养方法。以苹果全爪螨的卵饲养普氏多室赤螨雌螨，可以产卵数批，共 175 粒。在野外卵是产于树皮孔穴等处的，需一定温度才能发育。在 12.5～17.5℃时孵化最好，20℃时约 6 星期完成其整个发育。发育温度不能低于 25℃。该螨在整个活动期间，可取食多种节肢动物（包括蛾类和蚜虫）及其卵（Childers 和 Rock，1981；Welbourn，1983）。雌螨也可取食花粉，但幼螨不能仅以花粉完成其发育。也有报道称，雌螨的幼螨在 20℃与 25℃时取食 20 粒以下的苹果全爪螨的卵，若螨则取食 89～100 粒；成螨在 20℃时取食 351 粒，而在 25℃时取食 253 粒。也可以有树栖苔螨（*Bryobia arborea* Morgan et Anderson）与二斑叶螨饲养，但通常易被叶螨的丝网缠住。在缺乏猎物时，此螨也会捕食长须螨及肉食螨等捕食螨。

10.6.3 利用情况或潜力

美国、加拿大、德国、荷兰和日本等对赤螨的研究甚多，我国除曾义雄发表台湾省两种丽赤螨新种外，尚无研究。Southcott（1961，1966）与 Kawashima（1958）很早就提出赤螨作为生物防治作用物的潜能。但主要的困难是，有很多报道认为作为生物防治作用物的赤螨，其寄生效率不高以及对寄主缺乏不利影响。这对于如直翅目、鳞翅目和鞘翅目昆虫的大型寄主，可能是正确的，但对于如半翅目（叶蝉科）和弹尾目昆虫的小型寄主，其寄主与寄生物的大小比例是协调的。似乎作为生物防治作用物的幼螨应该寄生于小型寄主。还值得注意的是，许多专家认为赤螨与绒螨的幼螨可能是昆虫病原的媒介，此推断尚未被充分证实。

10.6.4 代表种简述

这里介绍食卵赤螨 *Abrolophus* sp.（丽颈赤螨属）。

此螨雌成螨体长 960～1 150 μm，宽 530～600 μm，鲜红色，长椭圆形。体躯密被短毛，体前端尖，后端钝圆，近前足体后方最宽。前足体背中央有硬化的长纵脊，脊上有 2 对感觉毛，脊前端具刚毛 3 根，在头脊的两侧着生单眼一对，眼下方无毛。须肢胫节端部呈拇爪复合体。螯肢直而长，呈针状，基部向内弯形似剪刀，能缩入和伸出。足细长，足 Ⅳ 最长，足 Ⅰ 次之，足 Ⅱ 最短，各足跗节末端具一对爪，无爪间突。足 Ⅰ 跗节扁平膨大，足的各节均被许多触毛。生殖孔纵裂，位于足 Ⅳ 基节之间。该螨在小麦、蚕豆、豌豆及绿肥、蔬菜等作物上都有发现，数量较多，可取食叶螨、蚜虫及鳞翅目害虫的卵、叶蝉、盲蝽的卵。

10.7 吸螨科及其代表性种类

吸螨科（Bdellidae）属于真螨总目绒螨目前气门亚目真足螨总股吸螨总科（Bdelloidea）。在地面、苔藓、枯枝落叶及植物上营自由生活，捕食小型节肢动物及其卵。

10.7.1 形态特征

吸螨科的形态特征见图 10-25。

此螨的特征为延长的颚体，故有 snout mite 之名。体红或黑色，长 500～3 000 μm，体色部分由于表皮的色素，部分则由于内脏器官的颜色。表皮柔软，平滑或有皱纹，大多无骨板。颚体基部球根状，向前端逐渐变细。口下板腹面区域为小沟状的构造，其侧缘向基部在

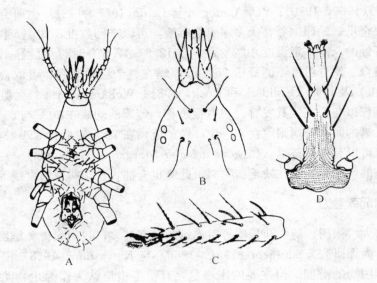

图 10-25　吸螨科（Bdellidae）

A. 吸螨（*Bdella sp.*）雄成螨腹面　B. 躯体背部　C. 跗节 I　D. 长角吸螨（*Bdella longicornis*）颚体腹面

中间相遇形成亚螯肢的架子，即口上板。口下板末端截断状，以各种结构二个扁叶终结。其腹面区域有若干毛，为分类重要特征。螯肢紧位于口下板上方，由一薄的粗的隔膜在中线相分隔。各侧末端为一对无齿的螯钳。螯肢背方有毛，毛管及位置为属的特征。

　　活螨的长须肢向前方及上方伸出，须肢由 6 节构成。基节与口下板基部愈合，转节小而无毛，股节分裂为长的近基的基股节、（有不同数目的毛）与短的端股节（有一条背毛）。膝节有各种长度，有毛 5～7 根。胫节和跗节有典型的 2 根长感毛，若干短毛及盅毛。

　　口下板与口上板封闭有肌肉的咽的开口，吊在上咽之上。这是一个复杂的构造，主要由一个延长的三角板附着在基部，而基部为新月形膜状结构，其上方表面有多数刺。此种刺也排列在口上，以防止固体颗粒进入。咽的背区向前扩展为下咽或舌；下咽像扁平的舌，其边缘卷曲并愈合成膜状的管子，管长超过颚体末端。下咽末端稍扩大，并能向各个方向移动。吸螨捕食其他螨类及小型昆虫，用螯肢的细长叶片刺入捕获物的表皮，管状的下咽由有肌肉的咽的吸力吸取体液。消化道由于支囊（diverticulum）的发达，开口于食管，能储存大量液体。前足体为倒三角形，顶端变细，与颚体基部相遇。背侧通常有毛 3 对；前足体侧毛与前足体中毛及 2 对尖长的感器或盅毛着生于杯状的假气门器。虽然前足体背板的范围不明显，但伪气门器区域的表皮加厚，有的其中的表皮内突发达。这个区域的体壁也显著起脊，脊突在一定间隔起伏不平，形成显著的花纹。通常有眼二对，位于后感器（盅毛）外方，而中眼有时在前感器之间，如 *Cyta* 属。

　　后半体长方形，有平滑或羽状毛，排成 5 横列。最前方的称为内肩毛和外肩毛。生殖孔位于足 IV 基部后方。雌雄均有生殖褶覆盖，均各有生殖毛 1 列，其外侧有生殖侧毛。雌螨有可伸缩的产卵管，其基部为 3 对生殖盘或感觉器。雄性外生殖器更为复杂，主要由一个薄的肌肉的阳茎构成，阳茎周围为鞘，并由基骨片支持。尾孔或排泄道的开口在体躯末端的纵缝，与若干肛毛相关联。

足有活动的节 6 节，基节部分与体躯愈合。有时有横收缩部分横过股节，状似增加的节。跗节通常长，末端为短的前跗节。前跗节有爪一对及中间垫状的爪间突或爪垫。爪有小的背脊，脊上有微细突起。足有多数毛及感棒，其排列与分布为分类的特征，特别在前方 2 对足上为多。真毛是平滑或羽状，感棒末端长而尖（盅毛）或短而圆。气门一对位于螯肢基部之间的背中线上，与增厚成螺旋形的气管相接。针吸螨亚科（Spinibdellinae）与管吸螨亚科（Cytinae）还有生殖气管，并开口于生殖褶下方。

10.7.2 生物学特性

吸螨科螨类卵稍椭圆形，有棒状刺覆盖，褐色，产在地上或腐烂植物碎片上。生活史有卵、3 个若螨期及成虫期。常以丝线捕获在基质下方的小节肢动物，例如柯氏针吸螨 [*Spinibdella cronini* (Baker et Balock)] 即如此。某些吸螨在蜕皮时也有吐丝习性，并结丝茧供其纤弱时期作为隐蔽场所。Snetsing(1956) 曾报道扁吸螨（*Bdella depressa* Ewing）是多种葡萄叶螨（特别是二斑叶螨、苜蓿苔螨和麦岩螨）以及跳虫的贪婪捕食者。扁吸螨从幼螨发育至成螨在室内（相对湿度 90%），15℃下需 21～30d，21℃时需 14～21d（在此温度下卵的孵化也最理想）。1 头幼螨至少要吃叶螨卵 3 粒或幼螨 2 只，每只若螨至少要吃叶螨成螨或苔螨 2～3 只才能完成其发育。扁吸螨产卵于干枯树皮裂缝中，主要以卵越冬。

10.7.3 利用情况或潜力

我国吸螨有 14 种，分属于 4 亚科 6 属。Anderson 与 Morgan (1958) 报道，加拿大西部一种尚未鉴定的吸螨是苜蓿苔螨的最重要捕食者，从早春到秋末积极捕食，于猎物卵的旁边产卵，普遍见于肥田作物及果园树干（但不在叶片上）。Wallace 与 Mahon (1972) 报道，澳大利亚有几种吸螨捕食叶螨。在美国加利福尼亚州的早春，葡萄上植绥螨数量尚未达到足以控制叶螨之前，长角吸螨（*Bdella longicornis* L.）以每天 1.8～3.3 只的速率捕食葡萄叶螨（Sorensen 等，1983），使早春叶螨数量减少，这样，后来的植绥螨就易控制叶螨了。石拟吸螨 [*Bdellodes lapidaria*(Kramer)] 已知是绿圆跳虫（*Sminthurus viridis* L.）的有效捕食者。绿圆跳虫成为澳大利亚和南非牧场的重大害虫已达 50 余年了，用滴滴涕（DDT）杀灭此害虫作用有限，反而会杀灭石拟吸螨，随后绿圆跳虫种群数量可增加了 5～19 倍。由于初冬吸螨数量达到每平方米 20 只以上，因而冬末绿圆跳虫的发生大受抑制。这一成功促使南非引进石拟吸螨，并在那里定居，甚至在南非还控制另一种有害跳虫耕地圆跳虫（*Bourletiella arvalis* Fitch）(Wallace 与 Walters，1974)。不过该捕食螨在澳大利亚并未进入害虫所有分布地，因而后来又引进了另一种吸螨毛新皮吸螨 [*Neomolgus capillatus* (Kramer)]。据称，几种尚未定名的吸螨，在澳大利亚是苜蓿蚜虫的主要捕食者（Milne 和 Bishop，1987）。Muma(1975) 报道，在美国佛罗里达州，分吸螨（*Bdella distincta* Baker et Balock）捕食盾蚧卵和爬行期若虫。

10.7.4 代表种简述

这里介绍凹针吸螨 [*Spinibdella depressa* (Ewing)]。

（1）雌螨 体红色，体表有条纹；体长（包括颚体）824 μm。须肢 Ⅱ 至 Ⅳ 节上毛序为 8-1-4-6。螯肢有条纹，刚毛 2 根，较长。口下板有条纹，背毛 1 对，较小。足前体背面的条纹为稀间断型。足前体背侧毛光滑,接近前感器。前足体背中毛光滑。眼1对。前半体背面的刚毛被有微毛。肛毛1对,肛后毛1对,无肛侧毛。生殖区的生殖毛9对,生殖侧毛16对(也有11对的)。尚有不对称的生殖侧毛3～4条,位于足Ⅲ和足Ⅳ基节之间。足的爪侧无微毛。

(2)雄螨 除生殖区外均与雌螨相同。生殖毛12对。

(3)作用 此螨属于针吸螨属(*Spinibdella*),在面粉或粮袋周围的破片中常见,似捕食其他螨类。

10.8 巨须螨科及其代表性种类

巨须螨科(Cunaxidae)与吸螨科一样,也属于真螨总目绒螨目前气门亚目真足螨总股吸螨总科,在地面、苔藓、枯枝落叶及植物上营自由生活,捕食小型节肢动物及其卵。

10.8.1 形态特征

巨须螨科螨类的形态特征见图10-26。

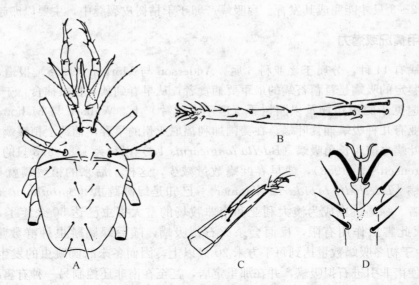

图10-26 巨须螨科(Cunaxidae)
A. 巨须螨(*Cunaxa* sp.)雌成螨背部 B. 钩螯巨须螨(*Cunaxa setirostris*)跗节Ⅰ
C. 似巨须螨(*Cunaxoides* sp.)须肢 D. 钩螯巨须螨(*Cunaxa setirostris*)前跗节Ⅰ

巨须螨科螨类为小至中等大小的螨类,一般体长400～600μm,菱形,颜色鲜艳,为红色或红褐色,有时因食物关系而带有褐黑色的斑点。和其他螨类一样,体躯分为颚体和躯体两部分。

颚体呈锥状。基部宽,末端向前逐渐变细,由1对螯肢、1对须肢和下颚体(hyponathum)构成。螯肢位于颚体背面,由3节(基节和两部分端节)构成,定趾退化,动趾镰刀状。须肢位于颚体两侧,基节形成颚基,其余的3～5节为须肢主体。须肢上着生有强壮的刺、刚毛、距或表皮内突,末端(除1属外)有一个强壮的爪,为分类的重要特征。

下颚体包括内磨叶（entomala）、口下板（hypostome）和颚基（颚体基节区）3 部分。下颚体上着生有 4 对下颚体毛（hg_1 至 hg_4），其中下颚体毛 hg_3 最长。内磨叶上着生 4 根口侧毛（adoral seta）。基节区光滑或有条纹或有突起。

　　躯体由分颈沟（位于前足体和后足体之间）分为前足体（propodsoma）与后半体（hysterosoma）两部分。前足体上着生足 Ⅰ 和足 Ⅱ，后半体再分为后足体和末体（足 Ⅳ 后的部分）两部分。躯体的背面有不同程度骨化的背板，背板光滑，或有条纹和乳状突起。背板的有无及多少，是分类的特征。前足体背面有 2 对感觉刚毛（盅毛），即前感器和后感器以及 1 对背侧毛（dl_1）和 1 对背中毛（dc_1）。眼有或无。后半体背面着生背侧列毛 2～3 对（dl_2、dl_5、dl_6），dl_5 有时缺如，背中毛 5 对（dc_2 至 dc_6）。孔隙 1 对，位于背中毛 dc_4 的后侧方。躯体腹面包括前足体基节区、后足体基节区、生殖区和肛区。基节分离成各侧两组基节板。有时前足体基节愈合成一块胸板。基节毛序和腹面体壁上的毛序为分类上的特征。生殖区位于足 Ⅳ 基节后方。生殖瓣不同程度地骨化。生殖毛 4 对（g_1 至 g_4），生殖吸盘 2 对。肛区位于躯体末端，肛毛 1 对，肛侧毛 1～2 对。足 4 对，均由转节、基股节、端股节、膝节、胫节和跗节组成。基节部分与躯体愈合。跗节通常长，末端为短的前跗节。前跗节有爪 1 对及 1 个爪间突，还有 4 根放射小枝（raylet）。足上有感觉毛和感棒，其数量和排列是分类的特征。

10.8.2　生物学特性

　　巨须螨的生活史包括卵、幼螨、第一若螨、第二若螨、第三若螨及成螨共 6 个时期。由卵孵出的幼螨具有 3 对足，无生殖毛和第二对、第三对下颚体毛。若螨和成螨有足 4 对。第一若螨有生殖孔和两块微弱的生殖瓣，生殖毛和生殖吸盘各 1 对。第二若螨具有生殖吸盘 2 对，生殖毛 3 对。第三若螨具有生殖吸盘 2 对，生殖毛 4 对。巨须螨发育的最适温度为25～30℃。温度对巨须螨的发育和捕食量有很大影响。Zaher 等（1975）用书虱和东方真叶螨 [*Eutetranychus orientalis* (Klein)] 饲养卷须巨须螨 [*Cunaxa capreola* (Berlese)]，30 ℃时完成 1 个世代约 4 周，每雌产卵约 45 粒；整个发育期间平均每只巨须螨食书虱 230 头或叶螨 472 只。巨须螨在腐殖质和落叶表面及杂草中栖息，捕食小型节肢动物。山雀似巨须螨 [*Cunaxoides parus* (Ewing)] 为苹蛎蚧的天敌（Ewing，1917）。橄榄似巨须螨 [*Cunaxoides oliveri* (Schruft)] 为葡萄上三脊瘿螨 [*Calepitrimerus vitis* (Nalepa)] 的捕食者，也常在有螨害的果树树皮上发现，在大麦粉及小麦等储粮中也有发现。

10.8.3　利用情况或潜力

　　有关利用巨须螨来防治害虫的工作，国内外均缺乏研究和实践。前文已述，山雀似巨须螨 [*Cunaxoides parus* (Ewing)] 是苹蛎蚧的天敌；橄榄似巨须螨为葡萄上三脊瘿螨的捕食者。卷须巨须螨捕食侧多食跗线螨。在美国佛罗里达州的柑橘园发现有许多种巨须螨捕食柑橘害虫（Mumu，1963）。有报道，在南非一种似巨须螨捕食柑橘全爪螨。据调查，在广东的果园、茶园里常常发现巨须螨科螨类，如非洲红瘤螨（*Rubroscirus africans* Den Heyer）、卷须巨须螨、橄榄似巨须螨、盾柱螨（*Scutopalus* sp.）等，而且数量不少。可见巨须螨对抑制害虫害螨发挥一定作用，在生物防治上有一定的重要性。巨须螨分布于全世界。

10.8.4 代表种简述

这里介绍钩螯巨须螨［*Cunaxa setirostris*（Hermann）］。

雌螨躯体长约 500 μm，红色，有柔软微细折皱的表皮覆盖。颚体延长成锥体状结构，螯肢暴露在背面，动趾钩状，无定趾。颚体腹面部分远端为一小的膜质叶片，其上有小刚毛 3 对，前方一对较长的刚毛更接近基端。须肢延长，超越螯肢末端，须肢胫节末端为小爪，上有一条刚毛，在其内方表面有一个明显的刺或表皮内突，其附近有较长的刚毛 1 条。须肢膝节和端股节的内侧也着生相似的表皮内突，胫跗节、膝节及股节背面有附毛（additional seta），转节仅腹毛 1 条。前足体三角形，后半体相似，有背板一块覆盖。前足体背面有长感觉毛 2 对及较短的刚毛 1 对。后半体背板有短毛 4 条。

10.9　蒲螨科及其代表性种类

蒲螨科（Pyemotidae）属于真螨总目绒螨目前气门亚目异气门总股异气门股蒲螨总科（Pyemotoidea）。蒲螨多与昆虫相关联，通常是昆虫的捕食者，常侵害或杀死同翅目、鞘翅目、双翅目及膜翅目昆虫。有些种类还是粮仓中鳞翅目害虫的幼虫及蛹的普通捕食者，也侵害其他粮仓害虫。

10.9.1　形态特征

蒲螨科螨类的形态特征见图 10 - 27。

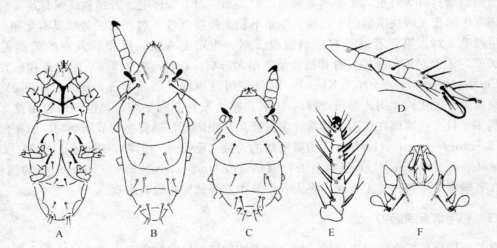

图 10 - 27　蒲螨科（Pyemotidae）*Pyemotes dimorphus*
A. 雌成螨腹面　B. 雌成螨背面　C. 雌成螨背面　D. 雌成螨足Ⅳ　E. 雌成螨足Ⅰ　F. 颚体背面与躯体前部

蒲螨科螨类躯体卵圆形，前足体前缘无悬垂于颚体的板状延伸物，而这种颚体板状延伸物却是盾螨科（Scutacaridae）的特征。雌螨足Ⅲ与足Ⅳ构造相同，由此可与跗线螨相区别。各足由 4 节或 5 节构成，末端有膜质前跗节及爪 2 个。雌螨一般有膨腹现象。蒲螨属（*Pyemotes*）躯体卵圆形，前足体背板前缘部分突出于颚体上。雌螨足Ⅰ有 5 节，末端有单爪。足Ⅱ至足Ⅳ

末端有爪 2 个及前跗节。雄螨足Ⅳ跗节只有 1 爪。雌螨末体由于发育的卵而膨大。

10.9.2　生物学特性

小蠹蒲螨群（*Pyemotes scolyti* group）是栖息在小蠹坑道中的螨类，捕食小蠹的卵、幼螨及若螨。成螨被利用于携播异型的雌螨。小蠹蒲螨群异型扩展到雄螨及雌螨，此种携播雌螨（称为携播型 phoretomorph）较正常的雌螨更短更阔，此外携播体的足Ⅰ极度增厚，且有更强大的爪间突爪。虽然小蠹蒲螨群在其寄主关系上有局限性，但虮状蒲螨群则有广阔的寄主范围，经常在昆虫饲养室及储藏食物中发现。

10.9.3　利用情况或潜力

蒲螨多与昆虫相关联，通常是昆虫的捕食者。主要的属是蒲螨属（*Pyemotes*），常侵害或杀死同翅目、鞘翅目、双翅目及膜翅目昆虫。麦蒲螨 [*Pyemotes tritici* (Lageze - Fossat et Montagnei)] 是虮状蒲螨群（*P. ventricosus* group）的一种，是粮仓中鳞翅目昆虫幼虫及蛹的普通捕食者，也侵害其他粮仓害虫。麦蒲螨能注入毒素于获物，使其麻痹，甚至死亡。同时对人体能产生严重的皮肤病、气喘、恶心及其他症状。其他种类，茨氏蒲螨（*P. zwoelferi* Krczal）及赫氏蒲螨 [*P. herfsi* (Oudemans)] 也能产生毒素。有人根据对人及南部松小蠹的毒性来区分蒲螨的种类。

10.9.4　代表种简述

（1）赫氏蒲螨 [*Pyemotes herfsi* (Oudemans)]

① 雌螨　未怀孕赫氏蒲螨雌螨长约 223 μm，而怀孕雌螨则直径可达 2mm。幼龄雌螨躯体为扁平卵圆形，灰白或略带黄色。前足体侧缘几乎挺直，有背面突起 1 对，假气门器官位于其后方。假气门器是与细柄相连接的球状头部的刚毛，插入杯状结构中。后半体长度为前足体 2 倍以上，并分为 5 节，向躯体后方面逐渐缩小。足Ⅰ表皮内突与长的腹板相连，足Ⅱ表皮内突则与足Ⅰ基片（epimerite）相接，几达腹板。足Ⅲ至足Ⅳ表皮内突和足Ⅳ基片斜插入体中，末端游离。生殖孔位于体躯末端。气门在颚体基部两侧开口，两条气管由此聚合，通入储气囊，以供给身体后部的空气。躯体刚毛细而光滑，顶毛在背侧向前伸越颚体，内胛毛和外胛毛着生于假气门器之前及后，而外胛毛较内胛毛长。后半体第一节有刚毛 2 对，第二节有刚毛 1 对，第三节有刚毛 2 对，体躯后缘有长的刚毛 2 对。肩区侧方有长的刚毛 1 对。在腹面，足Ⅰ基节有刚毛 1 对，足Ⅱ基节有刚毛 2 对，末体有刚毛 5 对。颚体圆形，螯肢针状，须肢各节彼此无法区别。足分为 5 节，第一对足起触角的作用，其他各足则用于步行。足Ⅰ跗节粗钝，并有粗的钩状爪，足末端有若干细刚毛，外缘有一条有条纹的短感棒。但在足Ⅰ胫节同一位置上有较狭的器官。足Ⅱ至足Ⅳ跗节有叉状爪着生长细的前跗节上，而此前跗节再扩展成双叶的爪垫。足Ⅳ股节又分为短的基股节及较长端股节，而足Ⅱ至足Ⅳ则是分裂的。

② 雄螨　一般附着在雌体上，表面上与跗线螨雄螨相似。体躯后缘有尾节状附肢，上有交配用的吸盘。口器及前方 3 对足与雌螨相似，但第四对足的股节弯曲而延长，且不再分节。足Ⅳ跗节末端的爪粗大。

③ 生物学特性　蒲螨属的各种螨类是昆虫的外寄生物，其雌螨用螯肢刺入昆虫体壁取

食。雄螨在雌螨膨胀的末体上爬行，进行寄生。卵在雌体内发育直至成螨。那时它们的性别可通过透明几丁质体壁观察到的特征而鉴别。当一个幼龄雌螨将出生时，在母体内移动到生殖孔附近而产出。雄螨似乎能感觉到雌螨的产出，也移向生殖孔。用其强有力的第四对足，抓住幼龄雌螨，拖出生殖孔，完成出生，并进行交尾。据说雄螨绝不帮助雄幼螨的出生，而幼龄雌螨也无须依赖雄螨的帮助而产出母体。若将所有雄螨都从受孕雌螨的末体移去，而幼龄雌螨因此孤立，就使幼龄雌螨进行孤雌生殖，而产出的都是雄性的。

此外，处理感染此螨物品的人会引起皮肤病。它在我国给养蚕业造成的损失比较严重。

（2）麦蒲螨 ［*P. tritici*（Lageze‑Fossat et Montagnei）］　此螨足Ⅱ至足Ⅳ长度与其大小的比例较其他蒲螨属的种类显著为大，寄生于麦蛾及谷蛾等仓库害虫上。

（3）茨氏蒲螨（*P. zwoelferi* Krczal）　此螨前足体板3对刚毛的相对长度，可与赫氏蒲螨及博氏蒲螨（*P. boylei* Krczal）相区别。最长的刚毛是后伪气门刚毛，向前伸时超越足Ⅰ跗节。前伪气门刚毛仅顶毛或气门刚毛长度之半。据说其毒素是由须肢基部的腺体分泌的，一个雌螨可在2 min内使蜡蛾幼虫完全麻痹。在新西兰，它寄生在一种鞘蛾 *Coleophora deauratella* Lienig et Zeller 幼虫上，此种鞘蛾幼虫危害白苜蓿。

10.10　镰螯螨科及其代表性种类

镰螯螨科（Tydeidae）属于真螨总目绒螨目前气门亚目真足螨总股镰螯螨总科（Tydeoidea）。镰螯螨是农业螨类中具有重要经济意义的类群，它们食性杂，既有常在植物叶片或苔藓表面活动的种类和在粮仓谷物碎屑中活动的种类，又有植食性、菌食性的种类，还有捕食性的益螨。作为果园常见的天敌种类，其作用主要有3方面：捕食某些害虫；可以作为其他捕食者的替代食料；随蜜露生产者之后进行"清扫"，因而能减轻煤污病造成的损害。

10.10.1　形态特征

镰螯螨科螨类的形态特征见图10‑28。

镰螯螨特征不易描述，但易于认识，小型至极小型，150～500 μm，骨化轻微或不骨化。须肢4节，形状典型，各属中刚毛数不同：末节（跗节）有刚毛5条，有时可有小的基毛、双毛，腹方及近基部可有一感棒；亚末节（胫节）有1～2条简单的刚毛，粗壮的节（股、膝节）近基部常有刚毛2条，而短节（转节）无刚毛。动趾针状，并不对立。体躯毛序简单，前足体上有背毛3对及感觉毛1对，有2个种1对消失。感觉毛通常显著，并位于拟气门中，但若干种类所有前足体刚毛及其基部均相同。感觉毛通常位于第二对前足体毛内侧，但其位置可能变化。前足体毛以 P_1 与 P_2（前列）表示，感觉毛以 P_3（第二列）表示。后半体排列也很简单，或为5横列，每列4条，或为4排半，即缺后侧1对。以 $D_1 \sim D_5$ 表示背毛，$L_1 \sim L_5$（或 L_4）表示侧毛。D_4 及 L_4、C_5 及 L_5 可能比其他刚毛为长而不同。背体毛较为简单、被有短毛，具锯齿的矛状或棍棒状等。前线螨属（*Pronematus*）、三眼镰螯螨属（*Triophtydeus*）等类群的 L_2 毛向背方移动到 D 毛线上。

有腹体毛3对，但生殖毛及肛毛数常因属与种而不同，各以肛毛、生殖毛、副殖毛及腹毛表示之。

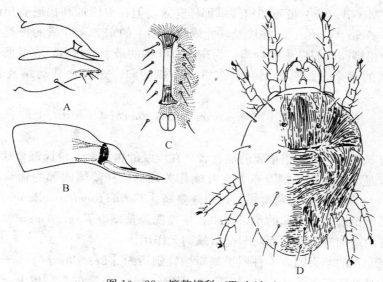

图 10-28　镰螯螨科（Tydeidae）

A. *Lorryia bedfordiensis* 颚体侧面观　B. *L. montrealensis* 螯肢
C. *L. bedfordiensis* 雌成螨生殖域　D. *Paralorryia* sp. 雌成螨背面

背面条纹图样对属及种都很重要。镰螯螨属（*Tydeus*）的条纹最简单，前足体的条纹为纵行，后半体为横行；花纹叶片的高度与宽度有变化。前线螨属花纹在后半体的前背区为纵行。罗里螨属（*Lorryia*）花纹为网状，或全部或一部，在腹面也可如此，并可能有少数尖瘤。

后半体背面及侧面可有强健的叶片，此种结构在多数属均有，不能作为属的特征。在制片时可能不见。

前足体上有眼（色素区），一般为1对，三眼镰螯螨属有第三眼，即前中眼。此种眼点制片时不见，不用于鉴定属与种。外生殖器各属不同（Baker，1965）。

雄螨除体躯较小、肛孔远较雌螨为小外，其他都与雌螨相同。未曾见其交尾，所以推测雄螨是产生精包的。

10.10.2　生物学特性

镰螯螨生活史由幼螨、3个若螨与成螨组成。各若螨期在生殖区的毛序各不相同。Knop等（1983）曾在24℃和30℃、相对湿度40%～75%下用各种花粉饲养过安氏同前线螨 [*Homeopronematus anconai*（Baker）]。在24℃下雌螨平均1世代需21d，每头雌螨产卵约16粒，在30℃下，每头雌螨产卵约41粒，平均1世代12d。雌雄性比为2：1。此螨在田间作为捕食性植绥螨的替代食料。在美国加利福尼亚州圣荷安金谷1年约发生10个重叠世代。雌螨取食各发育期的番茄刺皮瘿螨 [*Aculops lycopersici*（Tryon）]，大大减少瘿螨数量，没有这种捕食螨的番茄苗，会因为瘿螨危害而枯死，而有捕食螨的番茄苗仍很健壮。

10.10.3　利用情况或潜力

镰螯螨是果园内常见的种类，其中前线螨属是全世界分布的。普遍前线螨

［*P. ubiquitous* (McGregor)］虽不如植绥螨那样有效，但在美国加利福尼亚州能杀死大量的榕瘿螨［*Aceria ficus* (Cotte)］。在埃及，此螨与柑橘上的东方真叶螨的种类相联系，而且在未喷洒农药的柑橘园代替钝绥螨种类，为东方真叶螨的最大捕食者。在其肠道中也曾发现有番茄刺皮瘿螨的残余。此螨特别喜食东方真叶螨的卵，亦取食其幼螨及若螨，但不食成螨。

在德国西部，施氏同前线螨［*Homeopronematus staerki* (Schruft)］取食葡萄上的葡萄瘿螨。

镰螯螨属与罗里螨属也是很重要的捕食者。在埃及的柑橘上，科氏镰螯螨（*Tydeus kochi* Oudemans）是与普通前线螨及东方真叶螨相关联的。在德国西部的葡萄上，戈氏镰螯螨（*T. goetzi* Schruft）捕食葡萄瘿螨。加州镰螯螨［*T. californicus* (Banks)］也捕食葡萄及苹果上的苹果全爪螨。在南非的苹果园中，格拉氏镰螯螨（*T. grabouwi* Meyer et Ryke）对朱砂叶螨种群的增加有反应，而对苹全爪螨则无作用。

在加拿大魁北克的苹果园，一种罗里螨对榆牡蛎盾蚧［*Lepidosaphes ulmi* (L.)］有较低的控制率。在受油橄黑盔蚧［*Saissetic oleae* (Bernard)］危害的柑橘树上，以杀虫剂除去台湾罗里螨（*Lorryia formosa* Cooremann），叶丛上的煤污病远较未除去捕食螨的要严重得多。已知台湾罗里螨以蚧的蜜露为食，推测它起到柑橘叶丛清道夫的作用。

10.10.4 代表种简述

（1）科氏镰螯螨 科氏镰螯螨（*Tydeus kochi* Oudemans）雌螨体长约 390 μm，白色，背面有颗粒联结的刻点。背毛较短，有侧枝。感毛鞭状。生殖毛 6 对，殖侧毛 4 对。腹面中央部分的刻点成 V 字形。足 I 至足 IV 基节毛数为 3 - 1 - 3 - 1。颚体有刚毛 2 对，刻点成横列。螯肢基部愈合，须肢较短，其上的刚毛由末节起毛序为 6 - 2 - 2 - 0。足 I 和足 II 跖节的感棒小。各足无爪间突。

（2）断镰螯螨 断镰螯螨（*T. interruptus* Thor）体长 250~280 μm，菱形，淡黄色。表皮皱褶，由间距等长的小突起联结成线而加深皱纹。颚体短而宽，腹方顶端分成两叶。螯肢动趾为一细小的弯刺，位于定趾上的一条浅沟内。须肢跗节末端有一束 5 根刚毛和 1 根小的基感棒，胫节、股节和膝节各有刚毛 2 根。前足体由一条横沟与后半体分开，横沟在背中线处不完整。前足体上伸出前足体毛 3 对（P_1~P_3），和 1 对较大的感毛，感毛着生在显著的假气门器中。后半体背方与侧方着生背毛 5 对和侧毛 4 对。腹面通常有腹毛 3 对。腹面生殖孔周缘有生殖毛 6 对和较长的殖侧毛 4 对。肛门侧着生 1 对刚毛。各足细长，末端有一对爪和一个垫状爪间突或爪垫。足 I 跗节背方有 1 个小丘，其上着生 1 根逐渐变细的感棒和 2 根不等长的刚毛。2 根附毛位于较远端，3 节较短的刚毛围绕跗节顶端，3 根轮生的刚毛分别着生在胫节、膝节和股节上，转节上着生单一的刚毛。

断镰螯螨广泛分布于东北、华东、中南、西南等地。虽然，它对储粮的危害不大，但大量发生有可能侵袭人和家畜；也在储藏的中药材中发现。

（3）网罗里螨 网罗里螨［*Lorryia reticulata* (Oudemans)］后半体背毛为 4 列半，没有 L_5 毛。体背面全为网状纹所覆盖。网纹有刺状叶。生殖毛 6 对，副殖毛 4 对，肛毛 1 对，腹毛 3 对。须肢毛序为 5 - 2 - 2 或 5 - 1 - 2。足毛序特殊，足 IV 基节有刚毛 1 或 2 根。

10.11 寄螨科及其代表性种类

寄螨科 (Parasitidae) 属于寄螨总目中气门目单殖板亚目革螨股寄螨亚股寄螨总科 (Parasitoidea)，自由生活，种类很多，分布很广，能捕食弹尾目昆虫及其他小节肢动物。

10.11.1 形态特征

寄螨科螨类的形态特征见图 10-29。

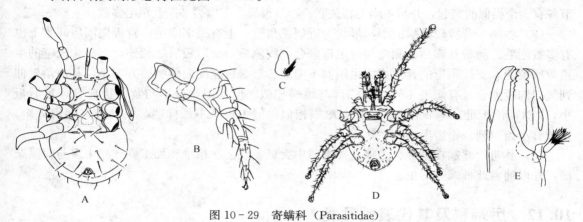

图 10-29 寄螨科 (Parasitidae)
A. *Parasitus* sp. 雌成螨腹面 B. 雄成螨第二足 C. 前跗节
D. *Poecilochirus necrophori* 第二若螨腹面 E. *Parasitus diversus* 雄成螨螯肢

背面为 1 或 2 块背板所覆盖。背板表面通常革质化。雌螨生殖孔为胸后板和三角形的生殖板所覆盖。胸侧板与生殖板愈合。气门沟显著，第二胸板齿横列。须肢跗节的趾节三叉。足Ⅰ胫节有腹毛 4 条。雄螨螯肢动趾有导精趾，末端与动趾愈合。雄螨足Ⅱ股节与膝节膨大，且有粗距或突起。

10.11.2 生物学特性

寄螨自由生活，种类很多，分布很广，Holzmann(1969) 将其分为 7 属，能捕食弹尾目昆虫及其他小节肢动物。

10.11.3 利用情况或潜力

真革螨属 (*Eugamasus*) 是一种捕食线虫及小蠹虫坑道中的螨类。寄螨属一种 (*Parasitus* sp.) 捕食小蠹虫。甲虫寄螨 [*Parasitus coleoptratorum* (L.)] 常见捕食家蝇幼虫。布氏真革螨 (*Eugamasus butleri* Hughes) 为储藏物中螨的重要捕食者。一种寄螨 *Parasitus fucorum* (De Geer) 及 *P. bombophilus* Vitzthum 的第二若螨则被熊蜂所携播，而其他生活期则见于蜂巢中。

10.11.4 代表种简述

这里介绍布氏真革螨 (*Eugamasus butleri* Hughes)。

(1) 雄螨 躯体红褐色，末端稍尖。背面为 2 块密接的背板所覆盖，板上有鳞片状条纹及多数光滑而尖的刚毛。背板前方与气门沟板愈合，后方与肛腹板愈合，因此，除基节区外，整个身体为坚硬的外骨骼所覆盖。第三胸板两侧有小足内前板1对。胸板前缘界限不明，第一对胸毛位于盾间膜上。胸殖板从足Ⅱ基节延伸到足Ⅳ基节，其前缘包围足Ⅱ基节，但不与气门沟板或背板相接。胸殖板在足Ⅱ至足Ⅳ基节区与足内板愈合，通常有刚毛5对。肛腹板覆盖末体其余部分，有多数细毛。气门在足Ⅲ和足Ⅳ基节之间开口，接在气门沟下方的是1条波状通道，直伸到体侧缘。颚角轮廓明显，直接着生在须肢基节上。头盖分3叉，中叉较两侧的长。螯肢大，且骨化程度高。导精趾端部与动趾愈合。定趾有小齿1个及微小的钳齿毛1条。足粗大，腹面有很多不规则突起，股节有大的圆锥形突起1个，端部为1个小的拇指状结构。膝节和胫节各有1个类似的突起，并与1刚毛相关联。趾节很长，有横裂2条及粗毛多数。

（2）雌螨　背板较雄螨的小，形状为近似三角形，上有很多刚毛。背板周围盾间膜上也有多数刚毛。胸板及胸后板侧缘与内足板愈合，胸侧板与胸后板后缘相连，部分为铰链的生殖板所覆盖。支撑阴道的骨片或内生殖器不明显。肛腹板宽度向体躯后方缩小，其前角延伸到气门沟板愈合，有刚毛7对。气门沟与雄螨相似，但气门沟板不与背前板愈合。足后板小，1对，位于足Ⅳ基节后方。头盖与雄螨相似，但中央叉不那样明显。动趾有倒齿2个，定趾有小齿一列。钳齿毛小，1条。

（3）作用　此螨在稻谷、砻糠及碎米屑中大量发现。在粮堆和加工副产品中多与粉螨杂居，并以捕食此种螨类为生。

10.12　厉螨科及其代表性种类

厉螨科（Laelapidae），属于寄螨总目中气门目单殖板亚目革螨股皮刺螨亚股皮刺螨总科（Dermanyssoidea），营自由生活，兼性寄生或专性寄生。本科种类分布广，在各种哺乳动物和鸟类体上及其巢穴中发现，也可在夜蛾身上找到。在稻谷、小麦、大麦及米糠中，常与其他螨类杂居，并以捕食其他螨类为生。

10.12.1　形态特征

厉螨科螨类的形态特征见图10-30。

螯钳多为钳状（少数为剪状），具齿或不具齿。口下板毛3对。叉毛一般为2分叉。背板一块，覆盖背面大部分。生殖腹板大小不一，滴水状、囊状或其他形状。气门沟发达程度不一，典型种类很发达而且长，但少数种类缺如。胸叉发达，具叉丝。胸板刚毛一般为3对，或具若干根副刚毛。有些种类足基节上有距状毛或隆突；没有后跗节。雄螨腹面为一整块全腹板，很少分裂为胸殖腹板和肛板；其螯钳一般演变为导精趾（少数例外）。

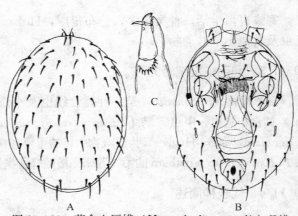

图10-30　茅舍血厉螨（*Haemolaelaps casalis*）雌螨
A. 背面　B. 腹面　C. 螯钳

10.12.2　生物学特性

厉螨营自由生活，兼性寄生或专性寄生。下盾螨亚科（Hypoaspidinae）螨类常在草茬及土壤基质中发现，但下盾螨属（*Hypoaspis*）、土厉螨属（*Ololaelaps*）、拟厉螨属（*Laelaspis*）、裸厉螨属（*Gymnolaelaps*）、*Gaeolaelaps*、*Ayersacarus* 以及其他下盾螨亚科的属经常在哺乳动物及节肢动物的巢中及昆虫体上发现。下盾螨属某些种类在各种甲虫鞘翅下找到，而鞘厉螨属（*Coleolaelaps*）种类限在鳃金龟亚科（Melolonthine）的害鳃金龟属（*Anoxia*）及云鳃金龟属（*Polyphylla*）的鞘翅下发现。同样的肺厉螨属（*Pneumolaelaps*）种类则于熊蜂的巢中及其体上发现。血革螨亚科（Haemogamasinae）是啮齿类及（偶尔）鸟类的兼性寄生物，并有巢栖的习性。多数血革螨是多食性的，取食已死的节肢动物、线虫或植物质。有些则侵入幼稚的皮肤及其饲料。血厉螨属的其他种类与血厉螨亚科短胸螨属（*Brevisterna*）一同是专性血食的。

10.12.3　利用情况或潜力

厉螨科种类分布广，在各种哺乳动物及鸟类体上和巢穴中发现，也在夜蛾身上找到；在稻谷、小麦、大麦及米糠中，与其他螨类杂居，并以捕食其他螨类为生。如酪阳厉螨 [*Andralaelaps casalis* （Berlese）] 可在室温及 87% 相对湿度中，以麦胚为食的粗脚粉螨为饲料，大量繁殖。

10.12.4　代表种简述

这里介绍茅舍血厉螨 [*Haemolaelaps casalis* （Berlese）]。

（1）雌螨　体长 738（700～793）μm，宽 522（480～602）μm（括号外数据为平均值，括号内数据为变动范围，下同）。动趾与定趾各具 2 小齿；钳齿毛细长，末端直，有时弯曲。头盖呈丘状，前缘光滑。背板具网纹，几乎覆盖整个背部，长 717（689～757）μm，宽 483（452～532）μm；板上除 39 对主刚毛外，在 $D_6 \sim D_8$ 间尚有 2 根副刚毛。胸板前缘不很清晰，较平直，后缘微内凹，中部长 94 μm，最狭处 133 μm；具刚毛 3 对，隙孔 2 对，St_1 在板的前缘上。生殖腹板后部膨大，其宽度明显大于肛板的宽度，宽 139（123～153）μm，具刚毛 1 对。肛板近三角形，长宽几乎相等，107（91～117）μm×109（99～115）μm；Ad 位于肛门中横线上，长 33 μm，PA 较长 45 μm。气门沟前端达足 I 基节中部。足后板最大的一对呈长杆状，次大的一对呈 〈 形，这是鉴别本种的重要特征之一。

（2）雄螨　体长 535 μm，宽 375 μm。导精趾具槽，较直。全腹板在足 IV 基节后膨大，板上除刚毛外具 10 对刚毛。

（3）寄主　茅舍血厉螨寄主广泛，可寄生于黄毛鼠、针毛鼠、社鼠、褐家鼠、小家属、黑尾鼠、黑线仓鼠，隐纹花松鼠华南亚种等鼠类和家燕等鸟类，也生活于鸡窝、草堆、稻谷、大麦、小麦、米糠和白糖等处。

（4）分布　茅舍血厉螨世界性分布。

（5）生活习性　茅舍血厉螨是兼性吸血的巢栖型螨。在 25～30 ℃条件下，整个生活史需时 15～27 d，其中卵期与幼虫期各为 1～2 d，前若虫期 4～7 d，后若虫期 7～14 d。雌螨以产前若虫为主，有时产幼虫，极少产卵。一生产子代 7～26 个，雌雄比约为 3∶1。雌螨也可行孤雌生殖，所产子代皆为雄螨。本螨是以杂食为主，兼营吸血，喜食蜱、螨和蚊、蚋等的卵、幼虫和若虫；能吃动物性废物，以及蚤和蜱的粪便、螨和小型动物的蜕皮和尸体；又喜食游离血和干血，也可以从成鸟、雏鸟和幼鼠的完整皮肤上吸血。雌螨食物中含有血食则繁殖量增高，但最高的繁殖量是混合营养，而不是单一的血食。本螨取食频繁，而一次吸血量仅为体重的 40%～60%。若虫消化血食与蜕皮间没有相关性，雌螨也没有生殖营养相关性。曾有大量本螨叮人的报道。

10.13　囊螨科及其代表性种类

囊螨科（Ascidae）属于寄螨总目中气门目单殖板亚目革螨股皮刺螨亚股囊螨总科（Ascoidea）。部分种类经过室内饲养发现其能捕食二斑叶螨、瘿螨、杂拟谷盗（*Tribolium confusum* Jacquelin du Val）、赤拟谷盗［*Tribolium castaneum*（Herbst）］、毛毡黑皮蠹（*Attagenus minutus* Olivier）、负袋衣蛾［*Tinea pellionella*（L.）］和线虫等。目前囊螨防治线虫的潜力，尚未在大田条件下进行评估。

10.13.1　形态特征

囊螨科螨类的形态特征见图 10-31。

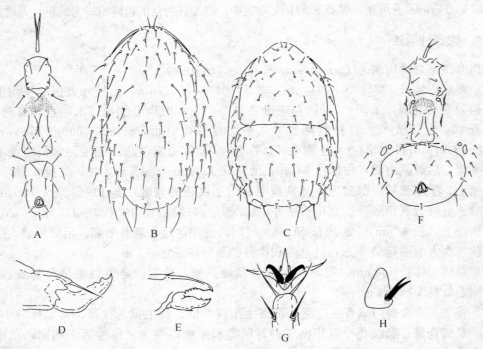

图 10-31　囊螨科（Ascidae）

A. 跗蠊螨（*Blattisocius tarsalis*）雌成螨腹面　B. 雌成螨背面　C. *Asca* sp. 雌成螨背部
D. 跗蠊螨雌成螨螯肢　E. 短肛厉螨（*Proctolaelaps pygmaeus*）雌成螨螯肢
F. *Lasioseius garambae* 雌成螨腹面　G. *Cheiroseius* sp. 雌成螨跗节Ⅱ　H. 须肢趾节

成螨背板完整或再分裂，背板刚毛23对以上。缘毛多于3对，位于背板周围的盾间膜上。雌螨胸后毛位于分离的板片或表皮上。生殖板长大于宽，后缘平截状或圆形，生殖毛1

对，着生在盾间膜上。受精囊在足Ⅲ与足Ⅳ基节之间开口。雄螨有胸殖板与腹肛板。螯肢有齿，在咀面上有钳齿毛或透明的叶片。雄螨螯肢上有导精趾，须肢跗节趾节一般三叉。第二胸板有齿 7 横列。头盖形状多变，但绝不为单个齿状突起。足Ⅰ有时无前跗节及爪。足Ⅰ胫节有腹毛 3 条，足Ⅰ股节共有 11 条或 12 条刚毛。

10.13.2 生物学特性

目前有关囊螨生物学的系统性研究比较少。据 Haines(1981) 研究，蚋螋螨 [*Blattisocius tarsalis* (Berlese)] 在 27℃相对湿度 73%的条件下，饲以干果斑螟 [*Ephestia cautella* (Walker)] 活卵时，完成 1 代（卵到卵）需 8d。饥饿雌螨在这种条件下可活 11d。饲养并终生配对的雌成螨产卵约 32 粒。未成熟期发育需消耗 4 粒粉斑螟卵。雄螨一生约需 65 粒卵，雌螨需食 100 粒卵。此螨由各种蛾类携播而扩散，如果一头蛾上携带螨数超过 8～10 头，其寿命将缩短（White 和 Huffaker，1969）。Hafez 等（1988）在 28～32℃、相对湿度 84%～94%条件下，以刚产下的赤拟谷盗和锯谷盗 [*Oryzaephilus surinamensis* (L.)] 卵饲喂，发现雌螨食量比雄螨大，而且性成熟也比雄螨快，取食锯谷盗的比取食赤拟谷盗的发育更快，产卵量也高。Lindquist 等（1989）对角绥螨（*Antennoseius janus* Lindquist et Walter）的研究发现，温度 23℃，相对湿度 96%时，饲以线虫，完成一代为 9～11d，各发育阶段均为线虫、弹尾目昆虫及螨的贪婪捕食者。囊螨的栖息场所多样，地面上、土壤及堆肥中、储藏食品及食糖中、植物上、鸟兽的巢穴中均有发现。此科分布全世界，约有 350 种，分为 5 个属（Evans，1958）。从其螯肢形状说明有捕食性及菌食性的习性。其中若干种类在储藏物中捕食螨类及昆虫。

10.13.3 利用情况或潜力

我国普遍发现矮肛厉螨 [*Proctolaelaps pygmaeus* (Müller)]，此螨可用真菌在室内饲养，室外发现可捕食二斑叶螨和瘿螨，在土壤中、腐烂叶片、小麦、木材及球茎上均可找到，也曾发现于小型哺乳动物及禽褥草内。雌螨能产卵 25 粒，卵经 1～3d 孵化，幼螨期 2～4d，若螨期 3～8d。

蚋螋螨经常可在储粮害虫如粉斑螟、印度谷螟 [*Plodia interpunctella* (Hübner)] 和麦蛾 [*Sitotroga cerealella* (Olivier)] 等虫上找到，以卵和幼虫为食，产卵于丝网上；以蛾体尤其翅基部携播。在杂拟谷盗、赤拟谷盗、毛毡黑皮蠹、负袋衣蛾的虫体上也找到。在非常特殊条件下能控制地中海粉斑螟（*Ephestia kuehniella* Zeller）的繁殖，例如可控制不超过 8mm 的谷物深处的地中海粉斑螟，若超过此条件，蚋螋螨常被消灭。云杉夜蛾（*Epizeuxis aemula* Hübner）上常找到蚋螋螨，此夜蛾是在森林地面上取食枯叶的，并不侵染储藏谷物。但在密西西比偶尔可侵染作为饲料的谷物，所以推测此种夜蛾可能是蚋螋螨的媒介。在肯尼亚有报告称，蚋螋螨是控制危害袋装玉米的粉斑螟的主要因素，在不使用杀虫剂的情况下，该螨能控制粉斑螟，也能控制其他储藏物蛾类（它们是蚋螋螨的嗜好猎物）。在热带地区，这种防治特别奏效，因为在这里谷物捕食螨轻微污染是无关紧要的。

Binns(1973) 证实，在小范围盆栽试验中，盾北绥螨（*Arctoseius cetratus* Sellnick）可使一种蘑菇害虫 *Lycoriella auripila* (Winnertz)（双翅目尖眼蕈蚊科）卵的孵化率减少 85%左右。该螨还可控制另一种蘑菇害螨食菌蚋线螨（*Tarsonemus myceliophagus* Hussey）

的数量。Dmoch 等（1995）发现半裂北绥螨（*Arctoseius semiscissus* Berlese）是蘑菇房里普遍的捕食者，几乎可完全控制尖眼蕈蚊危害。台湾毛绥螨（*Lasioseius parberlesi* Tseng）为台湾主要水稻害螨斯氏狭跗线螨的天敌（曾义雄，1984），该螨对害螨数量增加表现出数量反应，曾义雄（1984）认为此螨在台湾南部可控制斯氏狭跗线螨数量使之仅仅局部发生和不造成损失。双刺毛绥螨（*Lasioseius bispinosus* Evans）可防治危害百合的百合根螨（*Rhizoglyphus robini* Claparede），对隐藏在百合球根的根螨有极强的搜索能力。

肩毛绥螨（*Lasioseius scapulatus* Kennett）在 24℃下，以燕麦滑刃线虫（*Aphelenchus avenae* Bastian）为食，完成 1 代只需 6 d，由于螨量增加，供饲线虫数量锐减。肩毛绥螨食量大，生活史短，是线虫的良好天敌。不过它还可取食真菌，并非专一捕食线虫，线虫栖息于根圈范围内，而肩毛绥螨栖息于土表，作为生物防治作用物实为一个弱点。认为肩毛绥螨最适合于特殊环境（如温室内）防治线虫。尾簇毛绥螨（*Lasioseius penicilliger* Berlese）在小规模的盆栽试验中可使植物线虫种群下降了 44%。

捕食植物线虫的囊螨还有其他一些种类，捕食有害线虫的益螨搜索能力比较强，不足的是非专一性，栖息土表，仅是有害线虫垂直分布区的一部分，其活动受土壤孔隙大小限制，仅靠偶然与线虫相遇才发生攻击。

10.13.4 代表种简述

（1）跗蠊螨 [*Blattisocius tarsalis* (Berlese)]
① 雌螨　体长 520～600 μm。体躯淡黄，足跗节色较深。背板网纹模糊，有刚毛 3 对，胸毛位于盾间膜上。生殖板有刚毛 1 对。肛板椭圆形，除肛毛外只有刚毛 3 对。气门沟短，向前延伸达足Ⅱ基节后缘。气门沟板后方与足外板愈合。受精囊球形，有一弯管开口于足Ⅲ和足Ⅳ基节之间。头盖圆滑弯曲。颚角细长，集中。定趾无齿，远短于动趾，末端有钳齿毛。动趾有小齿 3 个。
② 雄螨　长约 450，腹面有板 2 块，腹肛板覆盖后半体大部，肛前毛 6 对，在雄螨的正常气门沟外面另有一个"气门沟"。螯肢定趾较雌螨的为长，但仍短于动趾。导精趾末端弯曲。
③ 作用　此螨在仓中捕食粉螨、印度谷蛾及麦蛾等仓虫的幼虫和卵。Haines(1980) 曾试验用做干果斑螟 [*Ephestia cautella* (Walker)] 的自然控制作用者。Treat(1969) 发现常在云杉夜蛾体上寄生，此蛾系取食森林地面的叶片。

（2）齿蠊螨 [*B. dentriticus* (Berlese)]
① 雌螨　体长约 470 μm，体淡黄色，背面几乎完全为一块有细网纹的板片所覆盖，背上有刚毛 36 对，15 对位于后区，除背板后缘 1 对长毛外，背板上刚毛均光滑而弯曲。背板后半外侧盾间膜上有缘毛 7 对。胸板前半网纹模糊，有刚毛 2 对，第三对胸后毛着生在独立的板上，该板与胸板以及部分包围足Ⅱ基节后缘的足内板相愈合。生殖板与腹肛板网纹模糊，有肛前毛 4 对。腹肛板外盾间膜上有刚毛 3 对及较长的刚毛 1 对。气门沟板向后延伸，与包围足Ⅳ基节后缘的足外板相接。两块足后板狭。头盖边缘光滑而圆，颚角细长而聚合。螯肢二趾均有齿，约等长。足Ⅳ足跗节基部有巨毛。
② 雄螨　体长约 370 μm，背板毛序与雌螨相似，胸殖板后部及整个腹肛板有网纹。颚角较雌螨的长，导精趾槌状。
③ 作用　此螨在砂糖中发现，捕食腐食酪螨，尤喜食其卵及幼螨，也能捕食拉哥钝绥

螨。平均需要取食 70 个卵或 50 个幼螨或少量第一若螨才能完成发育。在温度 22.2℃、相对湿度 80% 下，以腐食酪螨幼螨为食，雌螨和雄螨各需 9 d 和 10 d 才能完成发育。只有交配后雌螨才能产卵，若以菌为食，不能完成发育。

10.14 巨螯螨科及其代表性种类

巨螯螨科（Macrochelidae）属于寄螨总目中气门目单殖板亚目革螨股皮刺螨亚股真伊螨总科（Eviphidoidea）。巨螯螨科某些属的种类是由节肢动物携播的，如地盾螨属与巨全盾螨属的种类是自由生活的捕食螨，巨螯螨属各个种类还可在蜜蜂、蚁、鸟的巢穴、哺乳动物窝以及鸟类、哺乳动物的毛皮上找到。捕食各种有机物质中的线虫、蝇蛆和其他微型节肢动物。

10.14.1 形态特征

巨螯螨科的形态特征见图 10-32。

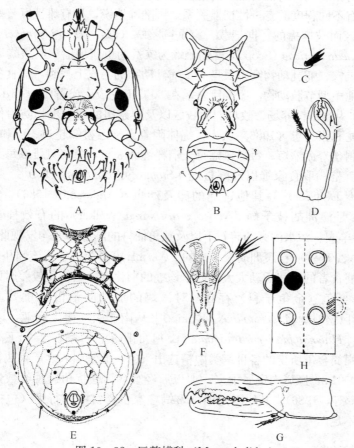

图 10-32 巨螯螨科（Macrochelidae）

A. *Lordocheles rykei* 雌成螨腹面　B. *Holocelaeno melisi* 雌成螨腹面

C. 须肢趾节　D. *Holostaspella bifoliata* 雌成螨螯肢　E. *Holostaspella punctata* 雌成螨腹面

F. *Macrocheles* sp. 足Ⅲ跗节　G. *Geholaspis mandibuiaris* 雌成螨螯肢　H. 足Ⅳ膝节毛序

成螨表皮黑褐，第二胸板齿排成横列。须肢趾节分成三叉。雌雄螨螯肢均具强壮的有齿趾，动趾基部关节膜的腹缘和背缘着生 1 对明显的羽状毛和一条光滑毛。雄螨导精趾末端游离。背板完整。雌螨腹面为胸板、生殖板及肛腹板所覆盖。足Ⅲ与足Ⅳ基节间有小的胸后板和不明显的足后板。足内板和足外板很发达。胸板、胸后板及生殖板上着生 5 对刚毛，但肛腹板除与肛门相关联的 3 对刚毛外，还有 2～5 对刚毛。雄螨腹面由全腹板覆盖，或由胸殖板与肛腹板覆盖。肛腹板不与背板愈合。气门位于足Ⅲ与足Ⅳ基节之间，气门沟很发达，并在气门区围成圈。气门沟板前方与背板愈合，但后端游离。足Ⅰ无前跗节，爪间突或爪，末端为一毛簇。足Ⅰ胫节有腹毛 3 根，背毛 5 根，前侧毛 2 根。足Ⅰ膝节有腹毛及前侧毛各 2 根。

10.14.2　生物学特性

巨螯螨科某些属的种类是由节肢动物携播的，如地盾螨属与巨全盾螨属的种类是自由生活的捕食螨，经常与派盾螨科同栖在森林的落叶与腐殖质中，全黑螨属、巨螯螨属及新足螨属则与金龟甲和蝇类有不同程度的专一性携播关系，更准确地说，只有雌性巨螯螨附着在寄主昆虫的外咽片或基节区而被携播的。据记载，家蚕巨螯螨（*Macrocheles bombycis* Kishida）和家蝇巨螯螨［*M. muscaedomesticae* (Scopoli)］的雌螨为家蚕幼虫所携播。巨螯螨属各个种类还可在蜜蜂、蚁、鸟的巢穴、哺乳动物窝以及鸟类、哺乳动物的毛皮上找到，捕食各种有机物质中的线虫、蝇蛆和其他微型节肢动物。家蝇巨螯螨在 30℃ 下完成 1 代需要 4～5d，每只雌螨产卵约160 粒。巨螯螨作为禽畜饲养场、牧场、放牧区以及蘑菇房的蝇类生物防治作用物是有很大潜力的。我国薛瑞龙和张文忠（1986）认为，蝇体附着家蝇巨螯螨超过 10 只时，宿主的卵巢滤泡发育就受到抑制，寿命缩短。每只雌螨每天消耗蝇卵 3 粒，每 4 只雌螨每天平均消耗一龄蝇幼虫一条。其他巨螯螨取食家蝇以及厩螯蝇［*Stomoxys calcitrans* (L.)］、夏腹厩蝇和秋家蝇（*Musca autumnalis* De Geer）等其他害蝇的卵及幼虫（Anderson，1986）。光滑巨螯螨［*M. glaber* (Müller)］是澳洲胡枝子蝇（*Musca vetustissima* Walker）的有效捕食者（Wallace 等，1979）。在鸡窝、羊圈、污水沟旁的砖石下以及独角仙科的昆虫体上均发现此螨。据室内试验，将 50 只螨移入含 300～400 粒澳洲胡枝子蝇的 1 000mL 家畜粪饼中，该蝇几乎全部被消灭。在粪肥质量高时，捕食者的田间活动大大降低了该蝇的羽化率，当粪质较差时则全部被扑灭。有足够量的虫媒粪金龟（金龟子科）存在，对该螨的成功防治极为重要。Wallace 和 Holm（1983）曾把奇异巨螯螨［*M. peregrinus* (Krantz)］从南非引入澳大利亚，以加强对澳洲胡枝子蝇和西方角蝇［*Haematobia irritansexiqua* (L.)］的防治。该螨在 27℃ 下 3d 完成 1 个世代，它是从广泛的虫媒粪金龟所携的各种螨类中精选出来的。此螨引入之后很快扩散，并在两个释放点周围约 180 000 km² 区域内定居下来。但以后经观察，骚扰角蝇种类数量并未因巨螯螨而明显下降（Doube 等，1986）。其原因是因巨螯螨在家畜粪饼中的行为（包括搜索能力受到限制）和替代猎物不足。

10.14.3　利用情况或潜力

Krantz（1983）称，至今多数尚未研究的其他巨螯螨种类，也可作为有害蝇类的补充捕食者。巨螯螨还可把食虫真菌携带给它的寄主。禽畜粪堆施用杀虫剂防治家蝇，而巨螯螨对杀虫剂的敏感性成为其进一步应用的主要障碍。大多数有机磷和有机氯对这类螨是极致命的。有人提出选育杀虫剂抗性的蝇类捕食螨，以应用于蝇类综合防治。

10.14.4　代表种简述

（1）家蝇巨螯螨　家蝇巨螯螨 [*Macrocheles muscaedomesticae* (Scopoli)] 雌螨体长 980～1 010 μm，活体淡红褐色，行动迅速，背面有网状纹，有刚毛 28 对。约 20 对背腺的开口在此穿孔。多数背毛短而直，端部 1/3 为羽毛状，仅 j_5、j_6、J_5、z_1、z_3 和 z_6 光滑，J_5 全身一半以上有小分支。顶毛 j_1 彼此紧靠。腹面被有刻点和隆起的板片所覆盖，板上刚毛简单。腹肛板除与肛门有关的刚毛外，另有刚毛 3 对。除淡色的头盖外，颚体骨化程度高，头盖有 3 个明显的分支，中央分支末端再分叉，两侧分支常不对称，扁平而薄，边缘有锯齿。

此螨在家蝇及其他蝇类的滋生场所，以捕食其卵及幼虫等为生，亦捕食线虫。其第二若螨有两种显然不同的形态，一种成长为雌螨，另一种成长为雄螨，有孤雌生殖现象，处女雌产雄螨，曾交尾的雌螨产生雌螨，偶也产雄螨。

（2）光滑巨螯螨　光滑巨螯螨 [*M. glaber* (Müller)] 雌螨体长 858 μm，宽 599.9 μm。螯肢发达，螯钳有齿，动趾长 68.8 μm。颚沟有刺 6 列。叉毛三叉。背板覆盖整个背面，有刚毛 28 对，大部分刚毛光滑，额毛前半部羽状，基部相互紧靠，缘毛光滑并略向内弯。背板中部有一横纹。胸板长 193.8 μm，宽 184.6 μm（最窄处），板上刻点明显，第二胸毛之间有 1 条横纹，其后方有 1 个大的刻点区，有刚毛 3 对，隙状器 2 对。胸后板卵圆形，各有 1 条刚毛。生殖板前端圆钝，后端截平，有明显的刻点，两侧各有棒状骨片 1 块。肛腹板前缘平直，两侧在第二对肛前毛水平最宽，肛前毛 3 对，有 7 条由刻点组成的弧纹。气门沟前端伸达体前端中部。足 I 和足 II 的股节、膝节背面有羽状刚毛，足 III 和足 IV 除基节、转节外其余各节面均有羽状刚毛。

此螨在独角仙科昆虫上寄生。

【思考题】

1. 阐述天敌螨类在生物防治上的应用前景。

2. 植绥螨类有许多重要的天敌螨类，制约其大规模应用的瓶颈因素是哪些？

3. 胡瓜新小绥螨在中国工厂化生产的成功给人们的启示是什么？

4. 如何保护和利用肉食螨科、长须螨科、绒螨科、蒲螨科、镰螯螨科和厉螨科等天敌螨类？

5. 天敌螨类的鉴定和识别是比较困难的，有何思路解决这一难题？

主要参考文献

白学礼，顾以铭.1992.中国囊螨属一新种（蜱螨亚纲：囊螨科）[J].动物分类学报，17(3)：314-316.

蔡笃程，程立生，凌健林，等.1997.二斑叶螨实验种群生命表的组建和分析 [J].热带作物研究，17(1)：28-32.

蔡如希，岳觋，蒋代光.1991.苹果黄色叶螨（*Eotetranychus* sp.）生物学特性的研究 [J].四川农业大学学报，9(2)：314-320.

蔡如希，岳觋，蒋代光，等.1993.苹果黄始叶螨消长动态的研究 [J].四川农业大学学报，11(2)：318-322.

蔡少华，冯兰香，朱国仁，等.1984.国外对侧多食跗线螨的研究及防治方法 [J].国外农业科技，7(2)：20-25.

曹华国，梁雪妮，杨子琦.1996.神泽氏叶螨发育起点和有效积温的研究 [J].江西农业大学学报，18(4)：412-415.

曹华国，梁雪妮，杨子琦.1998.温湿度对神泽氏叶螨发育历期和产卵量的影响 [J].昆虫学报，41(2)：153-155.

曹华国，陶方玲，杨子琦.1995.智利小植绥螨种群越夏初步试验 [J].江西农业大学学报，17(1)：42-44.

陈凤英，杨子琪，曹国华.1991.释放智利小植绥螨防治芸豆上神泽氏叶螨的初步研究 [J].江西植保，14(2)：39-41.

陈华才，许宁，陈雪芬，等.1996.茶树对茶橙瘿螨抗性机制的研究 [J].植物保护学报，23(2)：137-142.

陈华才，殷坤山.2001.相对湿度对茶橙瘿螨种群的影响 [J].茶叶，27(1)：41-43.

陈健文，韦绥概.2002.瘿螨与寄主植物关系的研究概况 [J].广西农业生物科学，21(3)：195-198.

陈佩龙，王心亚，司金城，等.1981.二点叶螨天敌异绒螨习性的观察 [J].昆虫知识，18(4)：160-162.

陈瑞屏，徐庆华，李小川，等.2003.紫红短须螨的生物学特性及其应用研究 [J].中南林学院学报，23(2)：89-93.

陈寿铃，屈娟，李德福，等.1998.热水处理苗木花卉上蚧壳虫、螨和蚜虫的初步研究 [J].植物检疫，12(5)：273-274.

陈文龙，顾振芳，孙兴全，等.1996.尼氏钝绥螨的室内繁殖及其对二斑叶螨捕食作用的研究 [J].上海农学院学报，14(2)：101-105.

陈文龙，何继龙，马恩沛，等.1994.应用尼氏钝绥螨防治大棚草莓上朱砂叶螨的研究初报 [J].昆虫天敌，16(2)：86-89.

陈雪芬，朱玉成.1989.胁类杀螨剂对茶树害螨的药效 [J].中国茶叶，11(2)：22-24.

陈雪芬，朱玉成，肖强，等.1987.普特丹防治茶树害螨的研究 [J].中国茶叶，9(3)：10-12.

陈雪芬，肖强，姚惠明.1993.灭螨灵对茶树害螨的防治效果 [J].中国茶叶，19(6)：6-7.

陈学英，周章义，李景辉.1996.国槐截形叶螨的生物学特性及防治 [J].林业科学，32(02)：144-149.

陈艳.2004.几种花卉害螨及其检疫重要性 [J].植物检疫，18(5)：282-284.

陈艳，赵志模.1993.普通钝绥螨的生物学特性 [J].福建农学院学报（自然科学版），22(2)：188-192.

陈应武.2003.梨上瘿螨发生规律和防治技术的研究 [D].兰州：甘肃农业大学.

陈志杰，张淑莲，张美荣，等.1999.陕西玉米害螨的发生与生态控制对策 [J].植物保护学报，26(1)：7-12.

谌有光.1997.警惕二斑叶螨在陕西果区蔓延危害 [J].西北园艺,(1): 33-36.

谌有光.2000.我国害虫(螨)的研究与防治:回顾与展望 [J].昆虫知识,37(2): 107-110.

程虹.2009.中国缝颚螨总科种类名录及神蜑螨属研究(蜱螨亚纲:辐螨亚目)[D].福州:福建农林大学.

程立生.1994.二斑叶螨的检疫重要性 [J].植物检疫,8(3): 164.

崔玉宝.2005.蒲螨与人类疾病 [J].昆虫知识,42(5): 592-594.

邓国藩.1989.中国蜱螨概要 [M].北京:科学出版社.

邓国藩,王敦清,顾以铭,等.1993.中国经济昆虫志:第四十册 蜱螨亚纲·皮刺螨总科 [M].北京:科学出版社.

邓欣,等.2006.10%浏阳霉素乳剂防治茶橙瘿螨效果初报 [J].植物保护科学,22(2): 320-322.

邓雄,张乃鑫,贾秀芬,等.1990.西方盲走螨在兰州果园定植和防治叶螨效果的观察研究 [J].生物防治通讯,6(2): 54-58.

邓雄,张乃鑫.1990.西方盲走螨在兰州地区苹果园定殖和防治叶螨效果的观察研究 [J].生物防治通报,6(2): 54-58.

邓雄,郑祖强,张乃鑫,等.1988.西方盲走螨保护越冬的研究 [J].生物防治通报,4(3): 97-101.

董慧芳.1986.关于西方盲走螨在我国建立种群的适生条件 [J].昆虫知识,23(3): 130-132.

董慧芳,郭玉杰.1985.应用智利小植绥螨防治温室一串红上二斑叶螨的试验 [J].生物防治通报,1(1): 12-15.

董慧芳,郭玉杰,牛离平.1986.应用智利小植绥螨防治温室四种花卉上二斑叶螨的研究 [J].生物防治通报,2(2): 59-62.

董顺文,王朝生.1999.棉花抗螨机理的研究进展 [J].中国棉花,26(12): 2-5.

杜相革,严毓骅.1994.苹果园混合覆盖植物对害螨和东亚小花蝽的影响 [J].中国生物防治,10(8): 114-117.

杜志辉,安贵阳,赵政阳,等.2004.诱集带诱杀对苹果二斑叶螨发生危害的控制效果 [J].西北林学院学报,19(2): 95-97.

段国琪,张战备,张国强,等.2007.棉蚜外寄生性天敌——卵形异绒螨研究进展 [J].棉花学报,19(2): 145-150.

甘明,李明慧,胡思勤.2001.东方钝绥螨对柑橘全爪螨捕食效应的研究 [J].南昌大学学报(理科版),25(2): 131-133.

龚珍奇,夏斌,涂丹,等.2003.肉食螨生态学研究进展 [J].江西植保,26(4): 152-155.

顾勤华.1999.普通肉食螨的生活史研究 [J].江西植保,22(3): 14-15

顾以铭,郭宪国.1997.囊螨属一新种(蜱螨亚纲:囊螨科)[J].动物分类学报,22(2): 147-149.

顾以铭,王菊生.2000.贵州革螨·恙螨 [M].贵阳:贵州科技出版社.

顾以铭,王菊生,杨锡正,等.1987.中国寄螨亚科纪要及三新种(蜱螨目:寄螨科)[J].动物分类学报,12(1): 40-49.

关惠群,金道超.1992.贵州经济农螨 [M].贵阳:贵州科技出版社.

关秀敏,孙绪艮.2002.芬兰真绥螨捕食功能的研究 [J].山东农业大学学报,33(3): 297-301.

广东省昆虫研究室生物防治室,等.1978.利用钝绥满为主综合防治柑橘红蜘蛛的研究 [J].昆虫学报,21(3): 260-269.

桂连友.1999.茄子田间抗螨性鉴定 [J].湖北农学院学报,19(4): 307-309.

桂连友,龚信文,孟国玲,等.2001.茄子叶片组织结构与对侧多食跗线螨抗性研究 [J].植物保护学报,28(3): 213-217.

桂连友,龚信文,孟国铃,等.2001.茄子叶片气孔密度与侧多食跗线螨的数量关系 [J].园艺学报,

28(2)：170－172.

桂连友，孟国玲，龚信文，等.1998.侧多食跗线螨实验种群生命表的研究 [J].植物保护，25(6)：10－11.

郭文超，吐尔逊，许建军，等.2003.新疆玉米害螨天敌种类及其优势种天敌控害效应研究 [J].新疆农业科学，40(2)：81－83.

韩靖玲，庞保平，吕方，等.2004.玉米截形叶螨实验种群生殖力表 [J].内蒙古农业大学学报，25(1)：68－71.

何林.2003.朱砂叶螨 (*Tetranychus cinnabarinus*) 抗药性机理及抗性适合度研究 [D].重庆：西南农业大学.

何永福，李德友，李宏度，等.1993.间泽钝绥螨对柑橘全爪螨的捕食作用 [J].贵州农业科学，21(3)：37－40.

贺丽敏，于丽辰.1996.利用植绥螨防治害螨研究进展 [J].河北果树，7(4)：13－15.

洪晓月，程宁辉.1999.瘿螨传播植物病毒病害的研究进展 [J].植物保护学报，26(2)：307－309.

洪晓月，丁锦华.2007.农业昆虫学 [M].北京：中国农业出版社.

侯爱平，张艳璇，杨孝泉，等.1996.利用长毛钝绥螨控制冬瓜上二斑叶螨研究 [J].昆虫天敌，18(1)：29－33.

胡成业.1996.寻螨属一新种（蜱螨亚纲：长须螨科）[J].动物分类学报，21(1)：70－72.

胡敦孝，梁来荣.1989.钝绥螨属（蜱螨亚纲：植绥螨科）拉戈群两个种的比较研究 [J].北京农业大学学报，35(1)：75－78.

胡嗣基.1997.中国的巨须螨 [J].宁波师院学报（自然科学版），15(1)：56－59.

黄邦侃.1988.利用腹管食螨瓢虫控制柑橘全爪螨的研究 [J].植物保护学报，15(1)：1－6.

黄明度，熊锦君，杜桐源，等.1987.尼氏钝绥螨抗亚胺硫磷品系筛选及遗传分析 [J].昆虫学报，30(2)：133－139.

季洁，张艳璇，林坚贞，等.2006.具瘤神蕊螨的研究进展 [J].蛛形学报，15(1)：60－64.

姜晓环，徐学农，王恩东.2010.植绥螨性比及性别决定机制与影响因素研究进展 [J].中国生物防治，26(3)：352－358.

姜在阶.1992.中国蜱螨学研究研究概况 [J].昆虫知识，29(3)：159－162.

江汉华，李秀清，姚正昌，等.1988.江原钝绥螨的生物学及其对柑橘全爪螨的捕食作用的研究 [J].昆虫天敌，10(3)：165－169.

江洪.1985.利用智利小植绥螨防治花卉二点叶螨的研究初报 [J].昆虫天敌，7(1)：19－21.

江聘珍，谢秀菊，陈伟雄，等.1994.水稻跗线螨发生规律及防治 [J].广东农业科学，6(5)：37－40.

江聘珍，张晚兴，陈绍平，等.1999.水稻跗线蹒防治技术的推广应用 [J].广东农业科学，11(4)：33－34.

江西大学.1984.中国农业螨类 [M].上海：上海科学技术出版社.

金道超，关惠群，熊继文.1998.尼氏钝绥螨生物学研究初报 [J].山地农业生物学报（2）：42－45.

金道超，李隆术.1997.论水螨腺毛形态学与螨类体躯进化（蜱螨亚纲：水螨群）[J].昆虫学报，40(3)：231－246.

经佐琴，杨琰云，李新义，等.2001.黄瓜钝绥螨 (*Amblyseius cucumeris*) 发育历期与温度的关系 [J].复旦学报（自然科学版），40(5)：577－580.

匡海源.1965.棉叶螨的光周期反应 [J].昆虫知识，9(1)：5－8.

匡海源.1986.农螨学 [M].北京：农业出版社.

匡海源.1995.中国经济昆虫志：第四十四册 蜱螨亚纲：瘿螨总科 [M].北京：科学出版社.

匡海源.1996.我国重要农业害螨的发生与防治 [J].农药，35(8)：6－11.

赖永房，朱志民.1990.两种捕食螨的生殖行为 [J].江西大学学报（自然科学版），14(2)：35－41.

兰景华.1992.朱砂叶螨对棉叶细胞超微结构的影响 [J].西南农业大学学报，14(6)：528－530.

李定旭，张晓宁，杨玉玲，等.2010. 高温冲击对山楂叶螨的影响 [J]. 生态学报，30(16)：4437－4444.

李宏度，李德友，冉琼，等.1990. 柑橘红蜘蛛的发生与间泽钝绥螨的关系 [J]. 贵州农业科学，18(1)：17－20.

李继祥，张格成.1986. 利用虚伪钝绥螨控制柑橘螨类研究初报 [J]. 中国南方果树，15(2)：12－14.

李继祥，张格成，等.1995. 利用尼氏钝绥螨控制柑橘叶螨的研究 [J]. 浙江柑橘，12(2)：38－39.

李隆术.1990. 农业螨类研究进展 [J]. 中国农业科学，23(1)：20－30.

李隆术，李云瑞，卜根生.1985. 侧杂食跗线螨的生长发育与温湿度的关系 [J]. 昆虫学报.28(2)：181－187.

李隆术，李云瑞.1988. 蜱螨学 [M]. 重庆：重庆出版社.

李全平，白慧强，罗佑珍.2008. 罗宾根螨发育起点温度和有效积温的研究 [J]. 扬州大学学报（农业与生命科学版），29(2)：91－93.

李新唐.1998. 皮刺瘿螨生物学特性及防治 [J]. 植物保护，24(3)：32－33.

李亚新，张乃鑫.1990. 伪钝绥螨滞育的研究 [J]. 植物保护，16(5)：14－15.

李云瑞.1987. 蔬菜新害螨——吸腐薄口螨 *Histiostoma sapromyzarum* (Dufour) 记述 [J]. 西南农业大学学报，9(1)：46－47.

廖思米，耿金虎，徐希莲，等.2007. 熊蜂气管内寄生螨布赫纳蝗螨的生物学特性观察 [J]. 昆虫学报，50(10)：1083－1086.

林碧英，池艳斌.2001. 利用长毛钝绥捕食螨防治草莓神泽氏叶螨 [J]. 植物保护，27(2)：44－45.

林延谋，符悦冠，杨光融，等.1995. 温度对东方真叶螨的发育与繁殖的影响 [J]. 热带作物学报，16(1)：94－98.

刘长仲，贺春贵.1993. 苹果叶螨试验种群生命表的研究 [J]. 甘肃农业大学学报，28(3)：290－293.

刘怀，赵志模，王进军，等.2001. 食物对竹裂爪螨生长发育及繁殖的影响 [J]. 蛛形学报，10(1)：30－34.

刘会梅，孙绪艮，王向军，等.2003. 山楂叶螨滞育的初步研究 [J]. 昆虫学报，46(4)：500－504.

刘静，张方平，韩冬银，等.2008. 蒲螨生物学习性及对椰心叶甲龄期选择性的初步研究 [J]. 植物保护，34(5)：88－89.

刘树生，曹若彬，朱国念，等.1995. 蔬菜病虫草害防治手册 [M]. 北京：中国农业出版社.

刘婷，金道超.2005. 螨类信息素研究进展 [J]. 贵州农业科学，33(2)：97－99.

刘燕萍，高平，潘为高，等.2004. 几种植物提取物对两种农业害螨的毒力作用研究 [J]. 四川大学学报，41(1)：212－215.

刘燕南，刘明星.1995. 茶黄螨对辣椒的危害及防治 [J]. 湖南农业科学(4)：38－39.

刘奕清，徐泽，周正科，等.1999. 茶树品种抗侧多食附线螨的形态和生化特征 [J]. 四川农业大学学报，17(2)：187－191.

娄永根，程家安.1997. 植物的诱导抗虫性 [J]. 昆虫学报，40(3)：320－331.

卢振译.1982.（前苏联）棉花野生类型中的脂类与抗虫性的关系 [J]. 棉花科技情报，(2)：18－20.

鲁素玲，张建萍.2000. 新疆棉叶螨猖獗发生的原因及综防措施 [J]. 新疆农业科技学（增刊），125－127.

陆承志.1991. 吸螨和巨须螨在新疆首次发现 [J]. 塔里木农垦大学学报，3(2)：46－46.

陆云华.2002. 食用菌大害螨——腐食酪螨的生物学特性及防治对策 [J]. 安徽农业科学，30(1)：100－101.

吕文明，楼云芬.1995. 茶橙瘿螨消长动态及发生期预测 [J]. 茶叶科学，15(1)：7－32.

罗光宏.2001. 张掖地区玉米害螨的发生与防治对策 [J]. 甘肃农业科技(12)：36.

马立名，王身荣.1998. 国巨螯螨科 1 新种和 3 新记录（蜱螨亚纲：中气门亚目：巨螯螨科）[J]. 蛛形学报，7(2)：90－93.

马立芹，温俊宝，许志春，等.2009. 寄生性天敌蒲螨研究进展 [J]. 昆虫知识，46(3)：365－370.

毛文付，刘春仙.1995. 苹果树叶片及其氨基酸含量对山楂叶螨种群数量的影响 [J]. 华中农业大学学报，14(2)：138－163.

孟瑞霞，赵建兴，刘家骧，等.2001.玉米截形叶螨滞育诱导研究［J］.内蒙古农业科技，3：4-6.

聂继云，董雅凤.1997.果树二斑叶螨的研究进展［J］.中国果树(4)：46-47.

欧壮喆，郭惠俦，何泽流.1999.水稻跗线螨药剂防治技术的研究［J］.中国农学通报，15(5)：27-30.

潘国宋，刘建文，韦绥概，等.2006.广西右江河谷水稻具沟掌瘿螨大发生及原因浅析［J］.植物保护，32(3)：107-108.

彭军，马艳，崔金杰，等.2007.棉叶螨综合防治技术概述［J］.中国棉花，34(6)：11-13.

朴春树，周玉书，仇贵生，等.2000.二斑叶螨滞育特性的初步研究［J］.昆虫知识，37(4)：212-214.

蒲天胜，曾涛，韦德卫.1991.20种植物花粉对真桑钝绥螨饲养效果的综合评判［J］.生物防治通报，7(3)：111-114.

齐中举.2008.山楂叶螨行为的初步研究［D］.杨凌：西北农林科技大学.

覃荣，王文峰，扎罗，等.2009.西藏穗螨的发生与危害［J］.西藏农业科技，31(4)：17-19.

秦玉川，蔡宁华，黄可训.1991.山楂叶螨、苹果全爪螨及其捕食性天敌生态位的研究Ⅰ——时间与空间生态位［J］.生态学报，14(4)：1-8

邱峰.1992.棉田朱砂叶螨自然种群生命表［J］.昆虫知识，29(4)：199-201.

全国农业技术推广中心.2006.农作物有害生物测报技术手册［M］.北京：中国农业出版社.

任月萍，刘生祥.2007.汤普森多毛菌应用研究进展［J］.农业科学研究，28(1)：45-48.

荣秀兰，雷朝亮，姜勇，等.2000.朱砂叶螨实验种群的孤雌生殖效应［J］.蛛形学报，9(2)：82-85.

沈兆鹏.1988.肉食螨科分类要领及分属检索［J］.粮油仓储科技通讯，(05)：2-12.

沈兆鹏.2001.储藏农副产品中的真扇毛螨［J］.粮油仓储科技通讯，(6)：38-41.

石万成，谢辉，陈淑珍.1992.卵圆钝绥螨生活习性初步观察［J］.昆虫天敌，14(4)：169-172.

苏秀霞.2007.中国根螨属分类研究（粉螨目：粉螨科）［D］.福州：福建农林大学.

苏柱华.2004.七种果树螨类的资源调查及丰富度分析［D］.广州：华南农业大学.

孙绪艮.1991.应用智利小植绥螨防治叶螨情况简介［J］.山东林业科技(3)：55-56.

孙绪艮，李波，周成刚，等.1998.杨始叶螨滞育研究［J］.林业科学，34(5)：83-88.

孙绪艮，尹淑艳.2002.针叶小爪螨—寄主植物—芬兰钝绥螨相互关系的研究Ⅱ——挥发性物质在寄主植物—针叶小爪螨—芬兰钝绥螨之间的作用［J］.林业科学，38(2)：73-77.

孙绪艮，周成刚，刘玉美，等.1996.杨始叶螨生物学和有效积温研究［J］.昆虫学报，39(2)：166-171.

唐斌，张帆，陶淑霞，等.2004.中国植绥螨资源及其生物学研究进展［J］.昆虫知识，41(6)：527-531.

唐平.1998.棉叶螨的发生规律及防治［J］.阿克苏科技(1)：59-61.

唐以巡，漆定梅，赵辉，等.1993.桑红叶螨的天敌种类、分布及其捕食作用的初步研究［J］.蚕学通讯，13(3)：1-4.

王朝生，杨刚，董顺文，等.1991.棉叶螨种质川98系的选育［J］.中国农业科学，21(4)：32-40.

王海波，吴千红，高闻达.1993.茄子和朱砂叶螨相互作用研究［J］.应用生态学报，4(2)：174-177.

王宏毅.2002.卵形短须螨为害西番莲研究［J］.福建农林大学学报（自然科学版），(3)：320-323.

王慧芙.1981.中国经济昆虫志：第二十三册 螨目：叶螨总科［M］.北京：科学出版社.

王慧芙.1981.我国果园中常见的捕食螨——长须螨［J］.昆虫知识，18(2)：81-82，95.

王克让，郑莉，黄士尧.1990.农田门罗点肋甲螨生物学特性的研究［J］.植物保护，16(4)：2-4.

王丽真，郑经鸿，王新华，等.1988.新疆奎屯草场甲螨类生态学研究［J］.动物学报，34(1)：52-57.

王灵岚，孙玉梅，王敦清.1986.宽埃螨各胚后发育期形态的研究（中气门目：蝠螨科）［J］.昆虫学报，29(3)：314-323.

王平宇，朱志民，杨应桂，等.1998.镰螯螨的生物学特征［J］.江西植保，21(1)：33-34.

王润贤，葛晋纲.2002.茶园中利用植绥螨防治叶螨的效果［J］.茶叶通报，24(2)：27-28.

王宇人，李亚新，张乃鑫，等.1990.应用伪钝绥螨防治苹果全爪螨的试验［J］.生物防治通报，6(3)：

102-106.

王运兵，吕印谱.2004.无公害农药实用手册［M］.郑州：河南科技出版社.

韦德卫，曾涛，蒲天胜.1989.真桑钝绥螨生活习性的初步研究［J］.西南农业学报，2(3)：51-55.

韦德卫，曾涛，蒲天胜.1993.四种植绥螨的繁殖潜能测定［J］.广西植保(4)：7-8.

吴洪基.1994.圆果大赤螨的初步研究［J］.昆虫天敌，16(3)：101-106.

吴千红.1990.朱砂叶螨越冬的研究［J］.生态学杂志，9(6)：16-19.

吴伟南.1994.捕食螨的交替食物在植食性节肢动物的生物防治中的重要作用［J］.江西农业大学学报，16(3)：253-256.

吴伟南.1997.中国经济昆虫志：第五十三册 蜱螨亚纲：植绥螨科［M］.北京：科学出版社.

吴伟南，蓝文明.1988.我国柑橘园植绥螨及其利用问题［J］.昆虫知识，25(6)：341-344.

吴伟南，刘依华，蓝文明.1991.中国南方水稻植绥螨简记［J］.昆虫天敌，13(3)：144-150.

吴伟南，欧剑峰，黄静玲.2009.中国动物志：无脊椎动物 第四十七卷 蛛形纲：蜱螨亚纲：植绥螨科［M］.科学出版社.

吴伟南，张金平，方小端，等.2008.植绥螨的营养生态学及其在生物防治上的应用［J］.中国生物防治，24(1)：85-90.

仵均祥.2002.农业昆虫学（北方本）［M］.北京：中国农业出版社.

武予清，刘芹轩.1995.棉花叶片营养价值差异与抗螨性［J］.棉花学报，7(2)：109-112.

武予清，刘芹轩，高宗仁，等.1996.棉花品种的抗螨机制研究［J］.中国农业科学，29(3)：1-7.

武予清，刘芹轩，钟昌珍.1997.不同棉花品种苗期对朱砂叶螨抗性的筛选鉴定［J］.河南农业大学学报，31(3)：217-220.

夏斌.2004.中国肉食螨科分类及重要种类利用基础研究［D］.广州：华南农业大学.

夏斌，龚珍奇，余丽萍，等.2005.温度对普通肉食螨生长发育和存活率的影响［J］.南昌大学学报（理科版），29(3)：286-289.

夏斌，朱学春，朱志民.1996.钝绥螨种群消长规律及与其相关因子的数学模型［J］.南昌大学学报（理科版），20(4)：299-302.

夏育陆.1989.纽氏钝绥螨、尼氏钝绥螨及其猎物柑橘全爪螨生态学特性的比较研究［J］.生态学报，9(2)：174-181.

谢霖.2006.中国二斑叶螨和朱砂叶螨种群分子遗传结构的研究［D］.南京：南京农业大学.

忻介六.1978.益螨利用研究的进展［J］.昆虫知识，15(3)：88-90.

忻介六.1988.农业螨类学［M］.北京：农业出版社.

忻介六.1989.应用蜱螨学［M］.上海：复旦大学出版社.

熊锦君，杜桐源，黄明度.1988.尼氏钝绥螨抗亚胺硫磷品系在橘园应用试验初报［J］.昆虫天敌，10(1)：9-14.

许长藩，韦晓霞，李韬.1996.冲绳钝绥螨生物学特性及人工饲养研究［J］.福建果树(2)：23-26.

许俊杰，李照会，李伟，等.2002.柏小爪螨发育起点温度和有效积温的研究［J］.昆虫知识，24(6)：436-438.

徐国良，黄忠良，欧阳学军.2002.中国植绥螨的研究应用［J］.昆虫天敌，24(1)：37-44.

徐国良，吴洪基，童晓立，等.2002.斯氏狭跗线螨的抗逆力研究［J］.植物保护，28(5)：18-21.

徐洁莲.1984.广州地区菜田植绥螨和冲绳钝绥螨的生物学［J］.植物保护，11(1)：32-33.

徐林波，段立清.2005.枸杞瘿螨的生物学特性及其有效积温的研究［J］.内蒙古农业大学学报（自然科学版），26(2)：55-57.

徐学农，梁来荣.1994.拟长毛钝绥螨交配行为及生殖研究［J］.安徽农业大学学报，2(1)：21-26.

徐学农，许维谨.1992.麦岩螨实验种群繁殖特征生命表的比较研究［J］.安徽农学院学报，19(3)：228-233.

许志刚.2003.植物检疫学［M］.北京：中国农业出版社.

薛晓峰.2007.中国古北界瘿螨总科（蜱螨亚纲：前气门目）的分类研究 [D].南京：南京农业大学.

杨阳，张曙光，曾贞，等.2006.早生优质高产绿茶新品种玉绿的选育 [J].湖南农业大学学报（自然科学版），32(1)：41-44.

杨有权，齐心.1994.大蒜瘿螨的形态与危害症状观察研究 [J].吉林农业科学，19(4)：81-82.

杨子琦，曹华国，陈凤英.1991.神泽氏叶螨的初步研究 [J].江西农业大学学报，13(2)：129-133.

杨子琦，陈凤英.1990.释放智利小植绥螨防治蔬菜上的神泽氏叶螨的田间试验 [J].生物防治通报，6(2)：88-89.

杨子琦，陶方玲，曹华国，等.1989.应用智利小植绥螨防治茶叶、蔬菜、花卉上叶螨的效果 [J].生物防治通讯，5(3)：134.

杨子山，刘全义，马凡省.2008.棉田天敌——小枕异绥螨研究进展 [J].中国生物防治，24（增刊）：111-117.

羊战鹰，吴伟南.1998.植绥螨的培养与释放防治害螨研究 [J].昆虫天敌，20(2)：81-85.

叶蓉，夏斌，朱志民.1996.肉食螨的分类形态特征 [J].江西植保，19(3)：23-26，31.

尹淑艳，孙绪艮.2002.针叶小爪螨—寄主植物—芬兰钝绥螨相互关系的研究Ⅲ.寄主植物的化学组成与针叶小爪螨生长发育的关系 [J].林业科学，38(4)：106-110.

于丽辰，梁来荣，敖贤斌，等.1997.我国新天敌资源——小蠹蒲螨形态与生物学研究 [J].蛛形学报，6(1)：46-52.

于江南，王登元，袁仙歌.2000.土耳其斯坦叶螨实验种群生态学与生殖力表研究 [J].蛛形学报，9(2)：78-81.

袁庆东.2010.果园产用药剂对柑橘全爪螨和巴氏钝绥螨的影响研究 [D].重庆：西南大学.

岳德成，田永祥.1994.柳刺皮瘿螨生物学特性观察 [J].昆虫知识，31(5)：289-291.

张宝棣，潘泽鸿.1981.稻鞘跗线螨生物学特性的初步观察 [J].昆虫知识，18(2)：55-56.

张帆，唐斌，陶淑霞.2005.中国植绥螨规模化饲养及保护利用研究进展 [J].昆虫知识，42(2)：139-143.

张飞萍，蔡秋锦，卢凤美，等.2001.光照和温度对竹缺爪螨的影响 [J].浙江林学院学报，18(1)：66-68.

张飞萍，蔡秋锦，钟景辉，等.1999.南京裂爪螨生物学及其发生与温度、降雨的关系 [J].福建林学院学报，19(4)：372-374.

张慧杰，等.1997.卵形异绒螨的形态和生活史研究（真螨目：绒螨科）[J].昆虫学报，40(3)：288-296.

张建萍，鲁素玲，王军山，等.1997.新疆枸杞害螨种类研究初报 [J].石河子大学学报，15(2)：127-130.

张金发，孙济中.1993.棉花对朱砂叶螨的鉴定和机制研究.[J].植物保护学报，20(2)：156-161.

张丽芳，施永发，瞿素萍，等.2010.刺足根螨的生物学研究 [J].江西农业学报，22(2)：93-94.

张曼丽.2008.刺足根螨休眠体的形成与解除 [D].福州：福建农林大学.

张乃鑫，邓雄，陈建锋，等.1987.西方盲走螨防治苹果树叶螨的研究 [J].生物防治通报，3(3)：97-101.

张青文.2007.有害生物综合治理学 [M].北京：中国农业大学出版社.

张守友.1990.绥螨生物学及食量研究 [J].昆虫天敌，12(1)：21-24.

张守友，曹信稳，韩志强，等.1992.东方钝绥螨对苹果园两种叶螨自然控制作用研究 [J].昆虫天敌，14(1)：21-24.

张涛.2007.腐食酪螨种群生态学研究 [D].南昌：南昌大学.

张晚兴，江聘珍，谢秀菊，等.1995.水稻品种对跗线螨的抗性调查 [J].广东农业科学，(6)：38-39.

张燕，金道超，杨茂发，等.2002.甲螨的研究进展及展望 [J].贵州大学学报（农业与生物科学版），21(5)：368-374.

张艳璇，季洁，林坚贞.2003.从实验种群生命表的参数分析毛竹害螨暴发成灾的成因 [J].竹子研究汇刊，22(3)：23-29.

张艳璇，林坚贞.1986.稻田跗线螨及其四种天敌植绥螨识别 [J].昆虫知识，23(2)：83-85.

张艳璇，林坚贞．1996．应用智利小植绥螨控制露天草莓园神泽氏叶螨［J］．中国生物防治，12（4）：188-189．

张艳璇，林坚贞，侯爱平，等．1996．捕食螨大量繁殖、贮存、释放技术研究［J］．植物保护，22（5）：11-13．

张艳璇，林坚贞，季洁，等．2004．数值反应和实验种群生命表分析胡瓜钝绥螨对柑橘全爪螨的控制能力［J］．中国农业科学，37（12）：1866-1873．

张艳璇，林坚贞，翁志铿，等．1996．温度对长毛钝绥螨生育及捕食功能反应影响［J］．福建省农科院学报，11（1）：41-44．

张艳璇，王福堂，季洁，等．2006．胡瓜钝绥螨对香梨害螨控制作用的评价及其应用策略［J］．中国农业科学，39（3）：518-524．

张艳璇，张智强，斋藤裕，等．2004．混交林和纯竹林与毛竹害螨爆发成灾关系研究［J］．应用生态学报，15（7）：1161-1165．

张怡，张宗山，王芳，等．2007．枸杞瘿螨防治农药室内筛选及大田防治技术［J］．林业科技，32（1）：33-35．

张友军．2003．无公害农药使用指南［M］．北京：中国农业出版社．

张智强．1988．我国常见的两种异绒螨［J］．昆虫知识，25（3）：172-174．

张智强，梁来荣．1997．农业螨类图解检索［M］．上海：同济大学出版社．

张智强，忻介六．1989．小枕异绒螨的形态及生活史研究（真螨目：绒螨科）［J］．昆虫学报，32（2）：192-199．

张佐双，熊德平，程炜．2004．利用天敌蒲螨控制柏树蛀干害虫双条杉天牛［J］．中国园林，20（2）：75-77．

赵白鸽，严毓骅，段建军，等．1993．从苹果园植被多样化看叶螨天敌群落自然控制的生态学效应［J］．昆虫天敌，15（1）：22-27．

赵健，匡海源．1995．我国茶树上的瘿螨［J］．茶叶，21（2）：35-39．

赵景玮，黄俊义．1997.5℃条件下卵形短须螨 *Brevipalpus obovatus* Donnadieu 原始农药抗性测定方法的研究［J］．武夷科学，17（13）：229-232．

赵莉蔺，刘素琪，侯辉，等．2004．植物源杀螨剂的研究进展［J］．植物医生，17（3）：4-6．

赵琦，韦党扬．1991．两种捕食螨的生活习性及田间发生规律的初步观察［J］．昆虫天敌.13（1）：11-15．

赵善欢．2000．植物化学保护［M］.3版．北京：中国农业出版社．

赵志模，周新远．1984．生态学引论——害虫综合防治的理论及应用［M］．重庆：科学技术出版社重庆分社．

赵志模，朱文炳，叶辉，等．1985．橘全爪螨实验种群生命表的组建和分析［J］．西南农学院学报（3）：30-35．

浙江省黄岩柑橘研究所植保组．1974．柑橘锈壁虱的汤普森多毛菌的分离［J］．昆虫学报，17（2）：225-226．

郑雪，金道超．2008．温度对以二斑叶螨为食的尼氏真绥螨生长发育的影响［J］．植物保护，35（2）：61-64．

郅军锐．2004．农业害螨的生态控制研究进展［J］．山地农业生物学报，23（3）：260-265．

郅军锐．2002．侧多食跗线螨实验种群生命表研究［J］．贵州大学学报（农业与生物科学版），21（5）：339-343．

郅军锐．2002．侧多食跗线螨实验种群繁殖特征生命表［J］．昆虫知识，39（3）：199-202．

郅军锐，郭振中，熊继文．1992．温度对尼氏钝绥螨实验种群影响的研究［J］．生物防治通报，8（3）：115-117．

郅军锐，郭振中，熊继文．1994．尼氏钝绥螨对柑橘始叶螨捕食作用研究［J］．昆虫知识，31（1）：19-22．

周爱农，张孝羲．1989．长毛钝绥螨与朱砂叶螨相互作用的实验研究：功能反应和捕食过程［J］．昆虫天敌，11（4）：182-186．

周程爱，欧阳志云，邹建桐，等．1988．尼氏钝绥螨对柑橘红蜘蛛的捕食作用研究［J］．生物防治通报，4（3）：106-110．

周成刚，张卫光，乔鲁芹，等．2006．东方真叶螨的生物学特性、有效积温及发生规律［J］．林业科学，42（5）：89-93．

周建华，王宗明．2004．尼氏钝绥螨对柑橘红、黄蜘蛛的控制效果［J］．毕节师范高等专科学校学报，22（3）：91-96．

周建文，龚山华. 1986. 克螨特防治茶叶瘿螨药效试验初报 [J]. 茶叶通讯(4)：38，50.

周凯，夏斌，朱志民. 1996. 肉食螨的生物学特征 [J]. 江西植保，19(3)：27-31.

周明祥. 1992. 作物抗虫性原理的研究与应用 [M]. 北京：北京农业大学出版社.

周强，胡思勤，陈熙雯. 1995. 长须螨研究进展 [J]. 江西植保，18(1)：30-32.

朱国仁，张芝利，沈崇尧. 1992. 主要蔬菜病虫害防治技术及研究进展 [M]. 北京：中国农业科技出版社.

朱志民，周凯，夏斌，等. 2000. 温度对特氏肉食螨发育历期的影响 [J]. 南昌大学学报（理科版），24(4)：307-309.

邹萍，高建荣，马恩沛，等. 1986. 拟长毛钝绥螨捕食性和捕食量研究 [J]. 昆虫天敌，8(3)：137-141.

ALBERT G, COONS LB. 1999. The Acari：Mites//HARRISON F W, FOELIX R. Microscopic anatomy of invertebrates：Vol 8C Chelicerate Arthropoda[M]. New York：John Wiley & Sons, Inc.

AMRINE J W JR. 1996. Keys to world genera of the Eriophyoidea(Acari：Prostigmata)[M]. Michigan：Indira Publishing House.

AMRINE J W JR, STANTY T A, FLECHTMANN C H W. 2003. Revised keys to world genera of Eriophyoidea(Acari：Prostigmata)[M]. Michigan：Indira Publishing House.

ARAGDO C A, DANTAS B F, BENITES F R G. 2002. Effect of allelochemicals in tomato leaf trichomes on mite in tomato leaf trichomes on mite(*Tetranychus urticae* Koch)repellency in genotypes with different levels of 2 - tridecanone[J]. Acta Botanica Brasilica, 16(1)：83-88.

BADER C. 1982. Panisus - studien：2. zur morphologie von *Panisus sarasini* bader, 1981 (Acari, Actinedida, Hydrachnellae)[J]. Entomologica Basiliensia, 7：7-23.

BALASHOV Y S. 1972. Bloodsucking ticks (Ixodoidea) - vectors of diseases of man and animals[C]. Miscellaneous Publications of the Entomological Society of America, 8：160-376.

BECNEL J J, et al. 2002. Morphological and molecular characterization of a new microsporidian species from the predatory mite *Metaseiulus occidentalis* (Nesbitt) (Acari, Phytoseiidae)[J]. Journal of Invertebrate Pathology, 79(3)：63-172.

BOCZEK J H, SHEVTCHENKO V G, DAVIS R. 1989. Generic key to world fauna of eriophyoid mites (Acari：Eriophyoidea)[M]. Warsaw：Warsaw Agricultural University Press.

CEBOLLA R, PEKAR S, HUBERT J. 2009. Prey range of the predatory mite *Cheyletus malaccensis* (Acari：Cheyletidae) and efficacy in the control of seven stored - product pests[J]. Biological Control, 50：1-6.

CHO M R, KIM D S, IM DS. 1999. A new record of tarsonemid mite, *Steneotarsonemus spinki* (Acari：Tarsonemidae) and its damage on rice in Korea[J]. Korean Journal of Applied Entomology, 38(2)：157-164.

DICKE M, GOLS R, LUDEKING D, POSTHUMUS M A. 1999. Jasmonic acid and herbivory differentially induce carnivore - attracting plant volatiles in lima bean plants[J]. Journal of Chemical Ecology, 25(8)：907-922.

DUSO C. 1999. Role of the predatory mites *Amblyseius ersoni* (Chant) (Acari, Phytoseiidae) in vineyards 1. The effects of single or mixed phytoseiid population releases on spider mite densities(Acari：Tetranychidae)[J]. Journal of Applied Entomology, 107(5)：474-492.

EHARA S, SHINKAJI N. 1996. Principles of plant acarology(in Japanese). Tokyo：The National Association of Countryside Education.

EVANS G O. 1992. Principles of Acarology[M]. London：CABI Publishing.

EVANS G O, TILL W M. 1979. Mesostigmatic mites of Britain and Ireland(Chelicerata：Acari - Parasitiformes). An introduction to their external morphology and classification[J]. Transactions of the Zoological Society of London, 35：139-270.

FAN Q H, WALTER D E. 2006. Camerobia and Neophyllobius (Acari: Prostigmata: Camerobiidae) from Australia, with the descriptions of two new species[J]. Zootaxa, 1309: 1-23.

FAN Q H, ZHANG Z Q. 2004. Revision of *Rhizoglyphus* Claparède (Acari: Acaridae) of Australasia and Oceania[J]. London: Systematic & Applied Acarology Society, 1: 374.

FAN Q H, ZHANG Z Q. 2007. *Tyrophagus* (Acari: Astigmata: Acaridae)[C] // Fauna of New Zealand Number 56. Auckland: Manaaki Whenua Press, 1: 291.

FELDMANN A M. 1979. Fundamental aspects of genetic control of the two-spotted spider mite *Tetranychus urticae* (Acari: Tetranychidae)[J]. Miscellaneous report, 6: 150.

FELDMANN A M. 1981. Life table and male mating competitiveness of wild type and of a chromosome mutation strain of *Tetranychus urticae* in relation to genetic pest control[J]. Entomologia Experimentalis et Applicata, 29: 125-137.

FELDMANN A M, SABELIS M W. 1981. Karyotype displacement in a laboratory population of the two-spotted spider mite *Tetranychus urticae* Koch: experiments and systems analysis[J]. Genetica, 55: 93-110.

GERSON UR, KENNETH R, MUTTATH T I. 1979. *Hirsutella thompsonii*, a fungal pathogen of mites. II. Host-pathogen interactions[J]. Annals of Applied Biology, 91: 29-40.

GOLS R, POSTHUMUS M A, DICKE M. 1999. Jasmonic acid induces the production of gerbera volatiles that attract the biological control agent *Phytoseiulus persimilis*[J]. Entomologia Experimentalis et Applicata, 93: 77-86.

GOONEWARDENE H F, et al. 1980. Preference of the European red mite for strains of "delicious apple" with differences in leaf pubescence[J]. Journal of Economic Entomology, 73: 101-103.

GRANDJEAN F S. 1969. Rappel de ma classification des Acariens en 3 groupes. majeurs[J]. Terminologie en soma. Acarologia, 11: 796-827.

HARVEY T L, MARTIN T J. 1980. Effects of wheat pubescence on infestations of wheat curl mite and incidence of wheat streak mosaic[J]. Journal of Economic Entomology, 73: 225-227.

HELLE W, SABELIS M W. 1985. Spider mites: their biology, natural enemies and control (world crop pests 1)[M]. Amsterdam: Elsevier.

HONG X Y, et al. 2005. *Cheiracus sulcatus*, a newly found invasive Eriophyoid mite damaging rice in Guangdong Province, South China[J]. Acta Entomologica Sinica, 48(2): 279-284.

JEPPSON L R, KEIFER H H, BAKER E W. 1975. Mites injurious to economic plants[M]. Berkeley: University of California Press.

KEIFER H H. 1940. Eriophyoid studies XIII[C]//Bulletin of the California Department of Agricultural, 32: 212-222.

KEIFER H H. 1940. Eriophyoid studies VIII[C]// Bulletin of the California Department of Agriculture, 29(1): 21-46.

KETHLEY J. 1990. Acarina: Prostigmata (Actinedida)[C]// DINDALL D L. Soil biology guide. John Wiley & Sons, Inc: 667-755.

KRANTZ G W. 1978. A manual of acarology[M]. 2nd ed. Corvallis: Oregon State University Bookstore.

KRANTZ G W, WALTER D E. 2009. A manual of acarology[M]. 3rd ed. Lubbock: Texas Tech University Press.

LEMA K M. 1986. Further studies on green mite resistance in cassava. IITA Research Briefs, (7): 7-8.

LINDQUIST E E, EVANS G O. 1965. Taxonomic concepts in the Ascidae, with a modified setal nomenclature for the idiosoma of the Gamasina (Acarina: Mesostigmata)[J]. Memoirs of the Entomological Society of Canada, 47: 1-64.

LINDQUIST E E, SABELIS M W, BRUIN J. 1996. Eriophyoid mites: their biology, natural enemies and control(world crop pests 6)[M]. Amsterdam: Elsevier.

MCENROE W D. 1971. The red photoresponse of the spider mite, *Tetranychus urticae*[J]. Acarologia, 13: 113-118..

MCMURTRY J A, CROFT B A. 1997. Life - styles of phytoseiid mites and their roles in biological control [C]//Annual Review of Entomology, 42: 291-321.

MCMURTRY J A, SCRIVEN G T. 1966. The influence of pollen and prey density on the number of prey consumed by *Amblyseius hibisci*(Acarina: Phytoseiidae)[C]//Annals of the Entomological Society of America, 59: 147-149.

MEHMEJAD M R, UECKERMANN E A. 2001. Mites(Arthropoda, Acari)associated with pistachio trees (Anacardiaceae) in Iran(I)[J]. Systematic & Applied Acarology Special Publications. 6: 1-12.

MOMEN F M, et al. 2004. Dietary effect on the development, reproduction and sex ratio of the predatory mite *Amblyseius denmarki* Zaher & El-Borolosy(Acari: Phytoseiidae)[J]. International Journal of Tropical Insect Science, 24(2): 192-195.

MUMA M H. 1961. Subfamilies, genera, and species of Phytoseiidae(Acarina: Mesostigmata)[C]//Bulletin of the Florida State Museum, Biological Sciences, 5: 267-302.

MUMA M H, DENMARK H A. 1970. Arthropods of Florida and neighbouring land areas[C]// Phytoseiidae of Florida. Bureau of Entomology Contribution, 148: 150.

OATMANN E R, GILSTRAP FE, VOTH V. 1976. Effect of different release rates of *Phytoseiulus persimllis* (Acarina: Phytoseiidae)on the two - spotted spider mite on strawberry in Southern California[J]. Entomophoga, 21(3): 269-273.

OKU K, YANO S, TAKAFUJI A. 2002. Phase variation in the kanzawa spider mite, *Tetranychus kanzawai* Kishida(Acari: Tetranychidae)[J]. Applied Entomology and Zoology, 37(3): 431-436.

OVERMEER W P J. 1985. Alternative prey and other food resources[C]//HELLE W, SABELIS M W. Spider mites: their biology, natural enemies and vontrol. Amsterdam: Elsevier: 131-140.

OVERMEER W P J. 1985. Rearing and handling[C]//HELLE W, SABELIS M W. Spider mites: their biology, natural enemies and vontrol. Amsterdam: Elsevier: 162-170.

OVERMEER W P J, ZON A Q VAN. 1973. Studies on hybrid sterility of single, double and triple chromosome mutation heterozygotes of *Tetranychus urticae* with respect to genetic control of spider mites [J]. Entomologia Experimentalis et Applicata, 16: 389-394.

PAPADOULIS G T H, EMMANOUEL N G. 1993. New records of phytoseiid mites from Greece with a description of the larva of *Typhlodromus erymanthii* Papadoulis & Emmanouel(Acarina: Phytoseiidae)[J]. International Journal of Acarology, 19(1): 51-56.

PETERS K M, BERRY R E. 1980. Effect of hop leaf morphology on two spotted spider mite[J]. Journal of Economic Entomology, 73: 235-238.

SABELIS M W. 1981. Biological control of two - spotted spider mites using phytoseiid predators[D]. Ph D thesis of the University of Wageningen.

SCHUSTER M F, KENT A D. 1978. Mechanism of spidermite resistance in cotton [C]//BROWN J M. Proceedings of the Beltwide Cotton Production Research Conferences. National Cotton Council. Dallas, Texas: 85-86.

SHIMODA T, et al. 1997. Response of predatory insect *Scolothrips takahashii* toward herbivore - induced plant volatiles under laboratory and field conditions[J]. Journal of Chemical Ecology, 23(8): 2033-2048.

STRANDTMANN R W. 1967. Terrestrial Prostigmata(Trombidiform mites)[J] . Antarctic Research Series，10：51－80.

TURSUNOV K H Z, DARIER A S. 1979. Micromorphological study of the xylem in some cottons in connection with *Verticillium dahliae* Kleb infection[J] . Uzbekskiy Biologicheskiy Zhurnal，1：48－50.

WALTER D E. Invasive mite identification：tools for quarantine and plant protection [J] . Lucid v. 3. 3，last updated July 24，2006. Colorado State University，Ft. Collins，CO and USDA/APHIS/PPQ Center for Plant Health Science and Technology，Raleigh，NC. accessed on 25 Sept 200. http：//www. lucidcentral. org/keys/v3/mites/.

WALTERS D S，CRAIG R，MUMMA R O. 1990. Effect of mite resistance mechanism of geraniums on mortality and behavior of foxglove aphid[J] . Journal of Chemical Ecology，16：877－886.

ZHANG Z Q. 2003. Mites of greenhouses：identification，biology and control[M] . Wallingford：CAB Publishing.

ZHANG Z Q，et al. 2010. Centenary：progress in Chinese acarology[M] . Auckland：Magnolia Press.

ZHANG Z Q，FAN Q H. 2004. Redescription of *Dolichotetranychus ancistrus* Baker & Pritchard(Acari：Tenuipalpidae)from New Zealand[J] . Systematic & Applied Acarology，9：111－131.

ZHENG B Y. 1996. Two new larval mites of the Erythraeidae from China(Acari：Prostigmata)[J] . Acta Zootaxonomica Sinica，21(1)：62－69.

ZHENG B Y. 2002. A new species of the genus *Bochartia* Oudemans 1910(Acari：Erythraeidae)from China [J] . Journal of Central South Forestry University，22(1)：90－92.

ZHENG B Y. 2003. A new species of *Leptus* Latreille(Acari，erythraeidae)ecto－parasitic on an adult sawfly (Hymenoptera，Tenthredinidae)[J] . Acta Zootaxonomica Sinica，28 (1)：56－58.

ZON A Q VAN，OVERMEER W P J. 1972. Induction of chromosome mutations by X－irradiation in *Tetranychus urticae* with respect to a possible method of genetic control[J] . Entomologia Experimentalis et Applicata，15：195－202.

图书在版编目（CIP）数据

农业螨类学 / 洪晓月主编 . —北京：中国农业出
版社，2011.12
全国高等农林院校"十一五"规划教材
ISBN 978 - 7 - 109 - 16306 - 5

Ⅰ.①农… Ⅱ.①洪… Ⅲ.①农业害虫-蜱螨目-高
等学校-教材 Ⅳ.①S433.7

中国版本图书馆 CIP 数据核字（2011）第 240124 号

中国农业出版社出版
（北京市朝阳区农展馆北路 2 号）
（邮政编码 100125）
策划编辑 李国忠
文字编辑 李国忠

北京印刷一厂印刷 新华书店北京发行所发行
2012 年 2 月第 1 版 2012 年 2 月北京第 1 次印刷

开本：787mm×1092mm 1/16 印张：19.5
字数：470 千字
定价：39.00 元
（凡本版图书出现印刷、装订错误，请向出版社发行部调换）